HSE

石油工程
HSE监督

中国石化石油工程公司　　组织编写

中国石化出版社
·北京·

内 容 提 要

本书广泛吸收国内外先进HSE管理理论，充分总结提炼企业有效实践经验，主要内容包括HSE监督概述、HSE法律法规、HSE管理、HSE技术、地球物理勘探、陆上钻井作业、陆上井下特种作业、海上钻修井作业和石油工程建设等九个章节，涵盖石油工程现场HSE监督的各个方面。在编写过程中，注重准确定位、合理布局、突出重点和联系实际，体现了"精准、务实、管用"的要求。

本书既可作为石油工程HSE监督人员的工具书，也可供石油工程基层管理、技术、作业人员，以及企业各级HSE职能管理、相关专业管理人员学习使用。

图书在版编目（CIP）数据

石油工程 HSE 监督 / 中国石化石油工程公司组织编写 .
北京：中国石化出版社，2024. 10. -- ISBN 978-7-5114-7724-8
Ⅰ. F426. 22
中国国家版本馆 CIP 数据核字第 2024HY2859 号

中国石化出版社出版发行
地址：北京市东城区安定门外大街58号
邮编：100011 电话：（010）57512500
发行部电话：（010）57512575
http://www.sinopec-press.com
E-mail：press@sinopec.com
北京科信印刷有限公司印刷
全国各地新华书店经销
*
787 毫米 ×1092 毫米 16 开本 26.5 印张 618 千字
2024 年 10 月第 1 版   2024 年 10 月第 1 次印刷
定价：95.00 元

前言
PREFACE

习近平总书记强调，"安全生产是民生大事，一丝一毫不能放松。"石油工程技术服务涵盖地球物理、钻井、测录井、井下特种作业和石油工程建设等专业领域，业务链条长、作业工序多、施工范围广，存在高温高压、有毒有害等危害因素，以及井控及硫化氢泄漏、民用爆炸物品及放射源失控、直接作业环节人身伤害等安全风险，强化HSE监督工作是确保现场严格遵循制度规范、推动实现本质安全、提高环保和健康管理水平的重要保障。

为了帮助HSE监督人员全面理解HSE管理核心理念，掌握HSE监督工作方法，规范HSE监督工作行为，全面提升综合素养和实务能力，我们精心组织编写了本教材。

本书广泛吸收国内外先进HSE管理理论，充分总结提炼企业有效实践经验，内容包括HSE监督概述、HSE法律法规、HSE管理、HSE技术、地球物理勘探、陆上钻井作业、陆上井下特种作业、海上钻修井作业和石油工程建设等九个章节，涵盖石油工程现场HSE监督的各个方面。在编写过程中，注重准确定位、合理布局、突出重点和紧贴现场实际，体现"精准、务实、管用"要求，既可作为石油工程HSE监督人员的工具书，也可供石油工程基层管理、技术、作业人员，以及企业各级HSE职能管理、相关专业管理人员学习使用。

本书由中国石化石油工程公司组织编写，胜利石油工程公司、中原石油工程公司、江汉石油工程公司、西南石油工程公司、海洋石油工程公司、石油工程建设公司、地球物理公司等7家所属企业共同参与。

主要编写人员包括姜国富、杨鹏辉、李金其、耿雷、徐云龙、李深江、邵洪军、骞铁成、衣渊哲、张岚涛、刘方家、刘杨、范秋英、刘国强、庄凌云、张俊、董孙、高留群、刘涛、蒲科良、许佳伟、武君、杨志超等。

主要审稿人员包括吴柏志、张建阔、孙丙向、李利芝、卢云霄、李宏江，何立成、刘俊海、沈如立、郝广业、柳毅，陈宗琦、樊好福、赵荣峰、廖碧朝，钟成兵、吴绪虎，杜征鸿、简加田，蒋学锋、关义君，田辉、陈安明、杨戬等。

受编写时间和编者自身能力所限，书中难免有疏漏之处，敬请读者多提宝贵意见。

目录
CONTENTS

第一章 HSE 监督概述 **1**

第一节 HSE 监督职责与任务 2

第二节 HSE 监督工作流程 4

第三节 监督检查方式及工具 6

第四节 HSE 工作评价 13

第五节 HSE 监督沟通协调与情绪管理 15

第二章 HSE 法律法规 **21**

第一节 习近平生态文明思想和习近平总书记
　　　　关于安全生产的重要论述 22

第二节 HSE 相关法律法规 25

第三节 HSE 标准 30

第四节 HSE 管理体系及配套制度 34

第二章 IISE 管理 **39**

第一节 风险识别管控与隐患排查治理 40

第二节 直接作业环节监督 46

第三节　承（分）包商监督 ……………………………………… 62

第四节　员工健康 …………………………………………………… 66

第五节　环境保护 …………………………………………………… 76

第六节　应急管理 …………………………………………………… 88

第七节　事故事件的管理 ……………………………………… 100

第四章　HSE 技术　110

第一节　机械安全 ………………………………………………… 111

第二节　电气安全 ………………………………………………… 115

第三节　防火防爆安全技术 ……………………………………… 122

第四节　危险物品安全 …………………………………………… 132

第五节　特种设备安全技术 ……………………………………… 138

第六节　井控及硫化氢防护 ……………………………………… 158

第五章　地球物理勘探　173

第一节　重点施工工序 …………………………………………… 174

第二节　关键装备和要害部位 …………………………………… 190

第六章　陆上钻井作业　201

第一节　钻井工序 ………………………………………………… 202

第二节　关键装备 ………………………………………………… 227

第三节　高风险作业 ……………………………………………… 232

第七章　陆上井下特种作业　241

第一节　修井作业 ………………………………………………… 242

第二节　试油（气）作业 ………………………………………… 257

第三节　压裂酸化作业 …………………………………………… 272

第四节　连续油管作业 …………………………………………… 288

第五节　带压作业 ………………………………………………… 299

| 第八章 | 海上钻修井作业 | **308** |

第一节	基本要求	309
第二节	重点施工工序	310
第三节	关键装备	316
第四节	高风险作业	320
第五节	海上应急	325
第六节	重大隐患判定标准	330

| 第九章 | 石油工程建设 | **333** |

第一节	专项工程	334
第二节	关键设备	379
第三节	高风险作业	397

| **参考文献** | | **415** |

章节思维导图
及本章要点

第一章

HSE 监督
概述

　　石油工程包括陆地与海上地球物理勘探、钻井、测录井、井下特种作业和石油工程建设等专业，其工作性质具有易燃易爆、有毒有害和中毒窒息等特征。石油工程各专业 HSE 风险很高，强化现场的 HSE 工作是保障可持续、高质量发展的重要措施，现场 HSE 监督人员必须清楚自己的职责任务，熟悉 HSE 监督的工作流程，熟练掌握 HSE 监督检查方式方法及有关检查工具的工作原理和使用要求，清楚现场 HSE 风险，严肃查处各类违章违规，科学评估指导基层单位 HSE 工作，保持良好的沟通协调和情绪管理，扎实开展工作，才能预防并减少事故发生。

第一节　HSE监督职责与任务

　　HSE监督是指在生产过程中，对健康（Health）、安全（Safety）和环境（Environment）管理体系的执行情况进行监督检查的专业职能角色或岗位，通过一系列监督活动，HSE监督促进生产单位持续改善HSE绩效，预防和减少事故、职业病以及对环境的影响，保障员工的健康与安全，维护企业和社会的可持续发展。

一　HSE监督职责

（一）监督检查

　　（1）对HSE法律法规、标准规范、制度规定等在基层单位的贯彻落实情况进行督查检查。

　　（2）对动火、吊装、受限空间等特殊作业，以及拆搬安、井下故障复杂处理等高风险作业进行监督。

　　（3）对日常HSE管理和专项工作等开展监督检查，并对发现问题的整改情况进行核验。

（二）督促指导

　　（1）督促指导基层单位开展岗位风险识别和风险评估，落实风险管控措施。

　　（2）对现场存在的薄弱环节进行针对性培训指导。

　　（3）参与并指导基层单位班前班后会、HSE教育培训、应急演练等HSE活动。

　　（4）对发现的违章行为和事故隐患，下达隐患整改通知单或停工整改通知单，督促指导基层单位做好溯源分析和隐患整改。

（三）评价咨询

　　（1）对基层单位HSE管理现状进行综合评价，指出问题、提出改进意见，形成评价报告单。

　　（2）参与对基层单位HSE绩效、基层班子HSE履职能力和基层员工HSE绩效的考核评价，提出考核意见。

　　（3）为基层存在的HSE相关问题提供咨询和监督服务。

二　HSE监督权利

（一）违章处理权

　　（1）对违章人员和事故隐患相关责任人员进行HSE记分或责令离岗培训。

（2）对存在问题整改不及时、不到位的，对基层单位班子成员、关键岗位人员进行HSE记分。

（二）停工停产权

对存在重大事故隐患、不具备安全生产条件的施工现场责令停工停产。

（三）考核评价权

（1）对基层单位HSE工作进行评价。

（2）对基层单位HSE绩效提出考核意见。

（3）对基层班子成员和岗位员工的HSE绩效提出考核意见。

三 HSE监督任务

（1）监督基层单位落实岗位责任制、作业指导书、岗位操作手册，以及HSE相关标准和制度要求。

（2）监督指导基层单位开展风险识别和隐患排查整改。

（3）监督基层单位按要求落实直接作业环节管控措施和领导干部现场值班带班，对高风险作业实施"旁站"监督。

（4）利用视频监控系统、日常巡查等方式全方位开展监督检查，对"三违""低老坏"现象及时纠正，并提出问责意见。

（5）监督基层单位对承（分）包商落实属地管理职责，实施入场安全告知、设备机具确认、安全技术交底、施工过程管控及HSE业绩评价等全流程管理。

（6）监督基层单位定期开展职业健康检查，落实职业禁忌人员岗位调整和健康高风险人员"一人一策"健康干预方案；关注员工心理健康状态，提出调整建议。

（7）监督基层单位落实危险废物处置、噪声治理等环保依法合规要求。

（8）监督基层单位落实人员资质取证、实操培训和"师带徒"等，对监督检查发现的共性问题和薄弱环节开展针对性培训指导。

（9）督促指导基层单位编制完善应急处置方案、应急处置卡，开展应急演练，落实应急物资储备。

（10）评价基层单位HSE工作，以报告书的形式反馈至派出机构。对基层单位HSE绩效、基层班子HSE履职能力、基层员工HSE绩效提出考核意见。

四 HSE监督纪律

（1）认真履行HSE监督人员工作职责，完成HSE监督任务。

（2）依规进行HSE监督工作，做到公平公正履职。

（3）坚持工作原则，做到廉洁自律。

（4）遵守保密规定，不得泄露监督项目需要保密的事项。

第二节　HSE监督工作流程

HSE监督工作前，应携带适用的法律法规、标准规范、制度规定、办公用品及个人资信证件等必要工具和资料。在现场通过参加会议、巡回检查、视频观察和旁站监督等方式开展工作。HSE监督完成当期工作任务后，应对基层单位HSE工作进行总结评价并反馈。

一　工作准备

（一）驻井（项目）准备

（1）取得《HSE监督派遣令》。

（2）携带注册安全工程师执业资格证或安全生产知识和管理能力考核合格证、HSE监督资格证、井控证、H_2S防护证等个人证件。

（3）携带电脑、防爆手机、记录仪等办公用品。

（二）现场资料收集

（1）了解施工区域地形地貌、季节风向、环境敏感情况，以及施工项目受泥石流、洪水、滑坡、风暴潮等灾害侵袭的可能性，掌握周边村庄、学校、工厂等高后果区分布情况。

（2）查阅地质设计、工程设计和施工设计，掌握本工程项目主要风险及安全技术要求。

（3）了解施工项目周边医院、公安、消防机构情况，掌握应急部门联系方式。

（4）查阅基层单位HSE资料台账，了解现场HSE管理情况。

二　日常工作

（一）参加班前班后会

（1）班前会前，HSE监督应按照巡回检查路线进行检查。

（2）确认基层单位主要负责人、值班干部、班组关键岗位人员、承（分）包商及协作方现场作业人员参会。

（3）督导基层单位进行安全经验分享、识别当班作业风险、制定并落实管控措施。

（4）根据当班工作任务，结合巡回检查情况和作业安全提示进行补充提示。观察员工劳保穿戴、精神状态和身体状况。

（5）督导基层单位做好当班HSE工作总结和评价。

（二）过程监督

（1）通过视频观察、巡回检查等方式开展日常监督检查，发现违反HSE禁令和保命条款的，应立即停工，责令违章人员离岗培训；对违反石油工程严重违章判定标准的，立即制止、纠正，下达隐患整改通知单，限期整改并跟踪落实，未按要求整改的下发停工整改通知单。

（2）参加基层单位HSE会议，宣贯HSE要求，督促指导基层单位按要求开展工作。

（3）对高风险作业实施旁站监督，及时纠正违章违规，并指导规范操作，确保现场生产安全。

（4）监督现场人员遵守HSE规定；督促基层单位及时整改各级HSE检查提出的问题，并落实工作对策措施。

（5）按要求及时上报HSE监督相关情况。

（三）填写监督日志

每日填写监督日志，记录基层单位生产情况、HSE监督主要工作、发现的问题和采取的措施，以及基层单位经验做法等。

三　总结评价

HSE监督人员完成当期工作任务，应对基层单位HSE工作进行评价，形成评价报告单。评价内容包括人员情况、项目运行情况、HSE工作简况及经验做法、存在主要问题及整改情况和相关建议。

四　工作交接

HSE监督发生变更时，应进行工作交接，HSE监督离岗前应填写交接记录，交接内容包括现场基本情况、重点提示、未整改不符合项、风险预防措施和其他应交接事宜等。

第三节　监督检查方式及工具

HSE监督人员应熟练掌握"听、查、问、验、练"等HSE监督检查方法和HSE检查表、JSA分析等工具，熟练掌握安全视频监控、气体检测仪表、风速仪和电流、电阻检测仪表的使用方法，在现场依据相关法律法规、操作规程和规章制度，督促、检查基层单位的HSE工作，督促基层单位整改检查出的问题，及时消除问题隐患。现场监督任务结束，应对监督检查发现的各类问题进行汇总、分析，作为评价现场HSE管理水平的依据。

一　检查方式

（一）检查分类

HSE监督检查按检查实施的时间可分为岗位交接班巡回检查、作业过程日常检查、雨季和冬季等季节性检查、"两特两重"时期监督检查、复工复产或开（停）工前安全环保检查、事故类比排查等。按检查的内容、对象和目的可分为综合性检查和专项检查。综合性检查是一种全面而系统的检查活动，它旨在评估和提升生产过程及安全管理的总体安全水平，这种检查通常由企业的高层管理人员或外部的安全生产监督管理部门组织进行，参与成员可能包括但不限于安全、生产、设备、技术、保卫、工会等多个部门的代表；专项检查可分为关键设备设施或安全设施专项检查、重点工序或关键施工环节跟班作业检查、特殊作业和非常规作业旁站监督检查、环保或职业健康专项检查、防自然灾害专项检查、防火防爆或消防安全专项检查、用电安全专项检查等。

（二）检查方法

HSE监督检查根据检查的对象不同，利用音频、视频、仪器等不同的监督检查工具，采用"听、查、问、验、练"等工作方法进行。

听：主要是听有关管理人员、作业人员等对HSE管理情况的介绍，听取多方面的意见，以便进一步询问或者调查。

查：主要查看现场资料、记录、证件、现场安全标识以及生产作业现场环境情况、各类设备设施的防护情况、作业人员防护用品的使用情况、作业人员是否有违章行为、关键仪表是否按时检验、运行记录是否规范完整等。可采用旁站监督或安全视频监控系统观察，对现场HSE情况进行监督检查；也可采用查看相关记录，进行对照检查。

问：问即"询问"，询问分为针对性询问和随机询问。针对性询问主要用于违章、隐患和事故调查；随机询问主要是对有关HSE知识和HSE管理状况进行询问，了解被检查者对有关HSE知识和技能的熟练程度等，也可通过电话问询的方式进行抽查。

验：就是"检验""试验""测量"等。"检验"就是从总体中随机抽取部分样品进行分析判断，以此了解总体情况，从而根据检验结果判别当事人的行为是否违章，如现场观察或视频观察，对照标准操作规程判定岗位人员是否存在违章行为；"试验"主要指对各种安全防护装置性能和灵敏度进行检查，以确认其性能是否完好，如快速拉拽速差自控器绳索，判断其是否能及时锁紧；"测量"即利用工具进行测量，如利用可燃气体报警仪检测易燃易爆气体浓度是否超标，利用接地电阻仪测试用电设备的接地电阻是否符合要求等。

练：就是让被检查单位的人员对某项检查内容进行实地演练或者演示，以确定员工对该内容的掌握程度，如现场根据工况组织开展消防演练、正压式空气呼吸器穿戴、心肺复苏急救方法的实操、AED（自动体外除颤仪）的使用等。

（三）检查内容

（1）通过视频观察、巡回检查、旁站监督等方式开展日常监督检查。

（2）利用视频监控系统、日常巡查等方式全方位督查作业过程，及时纠正人的不安全行为，消除物的不安全状态。

（3）对关键施工环节进行督查。

（4）对关键装备、要害部位的运行情况进行抽查，督导岗位人员按要求检查和保养。

（5）对高处、动火、受限空间等高风险作业重点进行旁站监督。

（6）动态检查基层队 HSE 资料台账。

（7）对发现的违章行为应立即制止，对发现的隐患提出整改要求以隐患整改通知单或停工整改通知单的形式进行纠正。

二　检查工具

（一）视频监控系统

视频监控设施由摄像、传输、控制、显示、记录五部分组成。视频监控设施主要包括视频监控系统、单体录像设施和卫星定位装置三类，分别用于监控永久、固定式生产装置和场所，临时、流动式生产作业场所。

1. 使用原则与配置要求

1）使用原则

（1）选用固定式视频监控设施，也可根据实际安装移动式单体录像设施。

（2）安全视频监控系统影像记录资料宜通过网络上传，条件不允许时应就地存储。

（3）安全视频监控系统网络共用，平台共享。

2）配置要求

（1）按照《中国石化作业许可管理规定》规定，高安全风险作业包括动火、进入有限空间、高处作业、破土作业、临时用电、起重作业等应列为视频监控对象，采用固定式视频监控设施或移动式单体录像设施进行全过程监控和记录。

（2）钻井施工现场应安装视频监控设施，至少应安装7个固定摄像头，实现视频监控全覆盖、无盲区。7个摄像头监控区域如下。

①后井场区：监控范围包括泵房、罐区、发电房、后井场等。

②钻台区：监控范围包括整个钻台面。

③钻台下：监控范围包括钻台面下防喷器区域。

④前井场区：监控范围包括管架台等。

⑤循环罐区：监控范围包括循环罐、钻井泵等。

⑥二层台区：监控范围包括二层台指梁、猴台、安全通道等。

⑦司钻房：监控范围包括司钻的操作和仪器仪表。

（3）现场应至少配备2个移动摄像头，用于动火、设备检维修等关键作业的视频监控。

（4）现场存储设备一般设于干部值班房、HSE监督房或录井仪器房内，做到位置固定。

（5）可根据现场实际情况选用有线或无线摄像头，安装摄像头时，信号及电源线路架设应符合用电安全管理规定要求。

2. 管理与使用要求

（1）确保钻井、井下作业等施工现场视频监控系统提前安装、最后拆除，实现施工作业全过程视频监控。

（2）安全视频监控系统纳入安全设备设施进行管理，指定责任人定期巡回检查，建立日常使用、检查和维护台账。

（3）使用和操作人员应按操作步骤和程序操作，确保视频监控、卫星定位系统正常运行，出现故障应尽快修复。

（4）班前班后会上，应利用监控视频录像资料开展岗位安全培训，提升员工纪律性和安全意识。

（5）现场管理人员、HSE监督应随时查看和分析监控视频记录，查找"三违"行为，及时纠正违章，并跟踪问题整改。

（6）如发生各类人身伤害、火灾爆炸、井喷等事故（事件），责任单位应向调查组提交现场视频录像资料。作为事故（事件）调查、原因分析的重要资料，现场录像资料应作为档案资料予以长期保存。

（7）数据、图像记录一般应至少保存7天；关键部位（岗位）记录应至少保存30天。

（二）气体检测仪

为减少和避免施工作业过程中易燃易爆、有毒有害气体对人的健康、生命以及财产造成危害和损失，需要对作业环境易燃易爆、有毒有害气体进行检测并及时报警，以减少人员中毒窒息和现场火灾爆炸事故的发生。根据危害源有毒有害气体分为可燃气体与有毒气体两大类。有毒气体根据对人体不同的作用机理又分为刺激性气体、窒息性气体和急性中毒的有机气体三大类。

1. 分类

按使用方式：分为固定式气体检测仪和便携式气体检测仪。

按检测方式：分为扩散式气体检测仪和泵吸式气体检测仪。

按被检测气体：分为硫化氢气体检测仪、可燃气体检测仪、氧气含量检测仪、复合气体检测仪以及四合一气体检测仪。气体检测仪主要利用气体传感器来检测环境中存在的气体成分和含量。

2. 限值要求

氧气含量检测作业限值：作业区域环境氧气含量不得低于19.5%，有限空间内氧含量一般为19.5%～21%，在富氧环境下不得大于23.5%。

硫化氢检测作业限值：当硫化氢浓度大于20ppm（1ppm=10^{-6}）时必须佩戴正压式呼吸器进行检测。

3. 使用要求

1）一般要求

（1）使用前，气体检测仪应由有资质的单位检测合格，检测周期应在1年以内。

（2）使用时，应在非危险区域开启气体检测仪，气体检测仪自检无异常，检查电量充足后方可佩戴使用。

（3）严禁在危险区域对气体检测仪进行电池更换和充电。

（4）应避免气体检测仪从高处跌落或受到剧烈振动。如意外跌落或受到剧烈振动，必须重新进行开机和报警功能测试。

（5）气体检测仪的传感器要根据其使用寿命定期由有资质的机构进行检验和更换，出具检验合格报告后方可继续使用。

（6）硫化氢钻井作业现场应配备便携式硫化氢气体检测仪，作业人员每人1台。

（7）硫化氢钻井作业现场应配备一套固定式硫化氢气体监测系统，并应至少在以下位置安装监测传感器：①方井范围内下部；②钻台面井口附近；③钻井液出口管、接收罐或振动筛处；④钻井液循环罐近振动筛处；⑤未列入进入限制空间计划的所有其他硫化氢气体可能聚集的区域。

（8）气体检测仪应建立台账和使用维护记录。

2）使用前要求

（1）作业前仔细阅读与气体检测仪对应的使用说明书，熟悉仪器的性能和操作方法。

（2）检查电池电量是否充足，如发现电池电量不足应及时更换电池。

（3）检查进气口滤网有无杂物堵住，若堵住需清理干净或更换。

（4）开机启动时长按启动键保持3s，进入自检状态，观察检测仪设定低报警值、高报警值是否设定准确，如不符设定要求不准使用，并应立即校验。开机过程中自检时应听一下分级报警声光报警、震动报警是否准确，如不符合要求设定不准使用，并应立即校验。

（5）在清新空气条件下开机后观察初始数值是否准确，如显示数值不准确严禁使用，应立即校验。

3）使用中要求

（1）便携式气体检测仪使用时应佩戴在尽量接近口、鼻的部位，如衣服前领口、上衣口袋等，严禁将报警器放置于口袋内等不易查看的部位，影响检测数值。

（2）使用过程中应尽量避免碰撞，造成检测数据异常。

（3）气体检测仪传感器等部件属于精密部件，调整好的仪器不要随便开盖，使用过程中应注意防水和防止杂质进入，防止造成数据异常。

（4）使用时，如出现指示灯连续闪亮，显示屏突然无数值显示，气体明显超标区域显示数值不动作、差距大等异常情况应立即停止作业，撤离到空气清新区域观察是何问题，并及时排除，否则严禁继续使用。

4）使用后要求

（1）便携式气体检测仪使用完毕后按住关机键不放，显示屏显示5s倒计时，倒计时结束后，LCD显示"OFF"，随后仪器无显示，仪器关机，严禁直接取出电池强制关机。

（2）仪器关机后应对表面附着的灰尘进行清理，做好器材清洁。

（3）仪器长期不工作时，应关机，置于干燥、无尘、符合储存温度的环境中。

（4）气体检测仪专人专管，防止丢失或部件缺失，影响正常使用。

（三）电阻测试仪

电阻测试仪，是测量物体导电性的一种仪器，用于电气安全检查。电阻测试仪的种类较多，包括接地电阻测试仪、绝缘电阻测试仪、直流电阻测量仪、表面电阻测试仪以及回路电阻测试仪等。钳形接地电阻仪操作要求如下：

（1）任何情况下，使用钳形接地电阻仪者必须进行培训，或使用前详细阅读说明书。

（2）测量范围及使用环境应符合钳形接地电阻仪说明书要求，且禁止测试动力线。

（3）钳形接地电阻仪表面板及背板的标贴文字清晰；开机前，扣压扳机一两次，确保钳口闭合良好；开机自检过程中，不要扣压扳机，不能钳任何导线；必须等待自检完成，显示"OLΩ"符号后，才能测试被测对象。

（4）钳口接触平面保持清洁，不能用腐蚀剂和粗糙物擦拭；应避免钳形接地电阻仪受冲击，尤其是钳口接合面。

（5）易燃易爆危险场所，选用防爆型钳形接地电阻仪；防爆型产品，在危险场所内严禁拆卸和更换电池。

（6）钳形接地电阻仪在测量电阻时钳头会发出连续的轻微"嗡嗡"声（正常现象）；测量导线电流不要超过本钳表的测量上限。

（7）长时间不使用应取出电池。

（8）拆卸、校准、维修钳形接地电阻仪，必须由有授权资格的人员操作。

（四）风速计

1. 类型

风速计，是测量空气流速的仪器。它的种类较多，各有特点，可用于各种不同的场合。按照结构和工作原理可分为风杯风速计、螺旋桨式风速计、热线风速计、数字风速计、声学风速计等5种。

现场常用的是数字风速计，数字风速计是一种智能多功能测量设备，其内部采用了先进的微处理器作为控制核心，外围则采用了先进的数字通信技术。系统稳定性高、抗干扰能力强，检测精度高，风杯采用特殊材料制成，机械强度高、抗风能力强，显示器设计新颖独特，坚固耐用，安装使用方便。所有的电接口均符合国际标准，适用于不同的工作环境。

数字风速计用于测量瞬时风速和平均风速，具有自动监测、实时显示、超限报警控制等功能。

2. 现场应用

现场常用的风速计是数字风速计，多功能数字风速计不但能测量风速，还能测量风量、风温、空气温度。

根据《风力等级》（GB/T 28591—2012），依据标准气象观测场10m高度处的风速大小，将风力等级依次划分为18个等级（表1-3-1），表达风速的常用单位有3个，分别为n mile/h、m/s、km/h，我国台风预报时常用单位为m/s，钻修施工现场也使用该单位测量风速。数字风速计安全操作要求如下：

（1）测量人员应站在安全空旷位置，并落实必要的安保措施。

（2）数字风速计长时间不使用时，应将电池仓内的电池取出。

（3）请勿在易燃易爆、高温、高湿场所或雨雪天气下测量。

（4）严格按照使用说明书有关要求，进行日常的维护保养，并做好记录。

（5）禁止非专职、非培训的人员操作，发生故障或有疑问，及时联系专业人员。

表 1-3-1　风速等级表

风级	名称	风速/（m/s）	风级	名称	风速/（m/s）
0	无风	0.0~0.2	9	烈风	20.8~24.4
1	软风	0.3~1.5	10	狂风	24.5~28.4
2	轻风	1.6~3.3	11	暴风	28.5~32.6
3	微风	3.4~5.4	12	飓风	32.7~36.9
4	和风	5.5~7.9	13	—	37.0~41.4
5	劲风	8.0~10.7	14	—	41.5~46.1
6	强风	10.8~13.8	15	—	46.2~50.9
7	疾风	13.9~17.1	16	—	51.0~56.0
8	大风	17.2~20.7	17	—	≥56.1

注：离地10m处风速，m/s。

（五）数字万用表

数字万用表是一种多用途电子测量仪器，一般包含安培计、电压表、欧姆计等功能，有时也称为万用计、多用电表或三用电表，各个生产厂家生产的仪器使用功能可能会略有不同，但原理都是一样的。

1. 用途

万用表的用途很广，可以测量的物理量：直流电压、直流电流、交流电压、交流电流、毫伏电势、电阻、电容、频率、线路通断等。

2. 使用方法

使用前，应认真阅读有关的使用说明书，熟悉电源开关、量程开关、插孔、特殊插口的作用。按照使用说明书的要求测量交流和直流电压、电流，电阻。

3. 安全要求

（1）在测电流、电压时，不能带电换量程。

（2）选择量程时，要先选大的后选小的，尽量使被测值接近于量程。

（3）测电阻时，不能带电测量。因为测量电阻时，万用表由内部电池供电，如果带电测量则相当于接入一个额外的电源，可能损坏表头。

（4）使用完毕，应使转换开关在交流电压最大挡位或空挡上。

（5）不要接高于1000V直流电压或高于700V交流有效值电压。

（6）不要在功能开关处于 Ω 位置时，将电压源接入。

（7）在电池没有装好或后盖没有上紧时，不要使用。

（8）只有在测试表/笔移开并切断电源以后，才能更换电池或保险丝。

（9）任何测量均须在保证安全的前提下进行，执行相关安全规定。

第四节　HSE工作评价

一　评价方法

石油工程HSE工作常用评价方法主要包括HSE检查表、工作安全分析（JSA）、危险与可操作性分析（HAZOP），以及预危险性分析（PHA）、事件树分析（ETA）和领结分析（Bow-Tie Analysis）等。

（一）HSE检查表

HSE检查表是指健康、安全和环境三个方面的检查清单，用于评估和确保工作场所的健康安全环境符合标准和法规要求。这类检查表通常包括一系列详细的检查项目，旨在预防事故、减少风险、保护员工健康和维护环境质量。HSE检查表在内容上既简明扼要又能切合施工现场实际，突出重点、符合HSE要求。HSE检查表编制应依据有关法规、规定、规程和标准，做到HSE检查表内容依法合规、科学合理、依据充分、涵盖完整、符合实际、重点突出，具有较强的针对性和可操作性。

（二）JSA

JSA（Job Safety Analysis）是一种系统性的识别和控制工作场所中潜在危害的方法，旨在预防事故和伤害，提高工作安全性。即工作安全分析，又称作业安全分析，由美国葛玛利教授于1947年提出，是欧美企业长期在使用的一套较先进的风险管理工具之一。它是有组织地事先或定期对任何确定活动存在的危害进行识别、评估和制定实施控制措施的过程，可以指导岗位工人对自身的作业进行危害辨识和风险评估，仔细研究和记录工作的每一个步骤，识别已有或潜在的危害。JSA分析方法适用于新的或不经常做的或临时性的作业、特殊作业和非常规作业等高风险作业、承包商的作业、变更后的作业以及事故高发作业等。不适用于日常例行的、常规的作业，有标准操作规程、应急状态下的作业等。

JSA分析的步骤一般包括：确定作业活动、划分作业活动步骤、识别每个步骤中的危害、分析确定每个步骤中的风险、按判定准则确定风险的等级、制定具体可操作性强的风险削减或控制措施、将控制措施落实到具体岗位责任人进行实施。识别每个步骤危害时，应结合具体的作业场景，从人、物、环境、管理四个方面进行危害因素识别和分析，原则上危害因素不超过5项。控制措施应有针对性和可操作性，按工程技术措施、管理措施、个体防护措施和应急响应顺序逐项或组合制定。根据基层单位岗位配备和职能，把各项控制措施落实到具体责任人并确认（表1-4-1）。

表1-4-1　JSA分析记录表

编号：

作业活动：		XXX作业	区域/工艺过程		
分析人员					
序号	作业步骤	危害描述	现有控制措施	补充控制措施	备注
1					
2					
……					

（三）HAZOP

HAZOP分析是系统、详细地对工艺过程和操作进行检查，以确定过程偏差是否导致不希望的后果。该方法可用于连续或间歇过程，还可以对拟定的操作规程进行分析。HAZOP的基本过程以关键词为引导，找出工作系统中工艺过程或状态的变化（偏差），然后继续分析造成偏差的原因、后果以及可以采取的对策。HAZOP分析需要准确、最新的管道仪表图（P&ID）、生产流程图、设计示意图及参数、过程描述。

二　过程评价

主要评价各项HSE管理过程在施工作业现场的执行情况和有效性，评价基层HSE管理流程是否完善，是否能够覆盖施工作业现场所有可能的风险点；评价HSE管理措施在基层单位是否得到了有效执行；评价管理人员和员工是否熟悉并理解最新的法规要求；评价员工是否具备必要的安全知识和技能，是否定期组织应急演练等。通过现场观察及所收集的资料，对所确定的评估对象，识别尽可能多的实际和潜在的危害，包括：

（1）物（设施）的不安全状态，包括可能导致事故发生和危害扩大的设计缺陷、工艺缺陷、设备缺陷、保护措施和安全装置的缺陷。

（2）人的不安全行动包括不采取安全措施、误动作、不按规定的方法操作，某些不安全行为（制造危险状态）。

（3）可能造成职业病、中毒的劳动环境和条件，包括物理因素（噪声、振动、湿度、辐射）、化学因素（易燃易爆、有毒、危险气体、氧化物等）以及生物因素。

（4）管理缺陷，包括安全监督、检查、事故防范、应急管理、作业人员安排、防护用品缺少、工艺过程和操作方法等的管理。

三 专项评价

专项评价主要针对现场监督检查过程中动态甄别发现的典型和严重问题进行评价，包括以下几个方面：设备设施本质安全，评价施工作业现场某项设备设施是否安全可靠，是否存在潜在的安全隐患；作业环境，评估施工作业现场环境是否符合健康、安全和环境的要求，是否存在不良环境因素，是否存在易燃易爆风险。操作规范，评估常规作业及高风险作业过程中，操作规程是否存在缺陷和漏洞，是否存在重大风险和隐患。

四 综合评价

综合评价是在风险识别评价和过程管控评价的基础上，对现场的 HSE 管理水平进行全面的评价。评价内容通常包括：评价 HSE 管理体系的有效性，评价 HSE 管理体系是否能够有效地预防和减少健康、安全和环境问题。评价资源投入与保障。评价在 HSE 方面的资源投入是否充足，是否能够为 HSE 管理提供足够的保障。评价员工 HSE 意识与行为，评价员工对 HSE 管理的重视程度，以及他们在日常工作中的 HSE 行为是否规范。评价人员规范操作，评价员工在操作设备、执行工艺等方面是否符合规范，是否存在操作失误的风险。评价应急预案演练，评价施工作业现场的应急预案是否完善，应急演练是否定期进行，员工对应急措施是否熟悉。评价 HSE 管理制度是否健全，是否能够有效地指导员工的 HSE 行为。培训与教育效果，评价在 HSE 方面的培训与教育是否有效，员工是否具备必要的 HSE 知识和技能。隐患排查整改，评价是否建立了有效的隐患排查整改机制，是否能够及时发现并处理隐患。风险评估与控制：评价在风险评估和控制方面的能力和效果，是否能够有效地识别和控制风险。

第五节　HSE 监督沟通协调与情绪管理

HSE 监督工作涉及部门与部门、人与人的协同与配合，高效沟通与协调是 HSE 监督做好工作的基础。情绪管理是高效沟通协调的关键，HSE 监督只有掌握沟通协调的技巧以及情绪调适的方法，才能更好地提高沟通协调的质效。

一 沟通协调的对象与内容

HSE 监督工作涉及安全生产工作的全过程、全方面以及全员的沟通协调，沟通对象主要包括政府安全生产监督管理部门、上级业务主管部门以及被监督对象三个主体。与政府安全生产监督管理部门沟通协调的主要内容包括监督检查的时间、内容、方式和方法，检查中发现问题的处理情况，不符合的督促整改和落实；与业务主管部门的沟通内容主要包括HSE信息的上传下达，监督过程问题反馈，工作任务的落实；与现场监督对象沟通协调内容主要包括现场发现问题的沟通与处理，正面行为的肯定，人员的协同配合，隐患的整改与消除等。

二　沟通协调的方法与技巧

沟通协调是做好HSE监督工作的基础，掌握沟通协调的方法和技巧是HSE监督做好监督工作的关键。沟通协调的方法和技巧主要有以下几个方面：

（一）沟通协调的方法

1. 开放式沟通协调

鼓励团队之间开诚布公地表达意见和感受。HSE监督在沟通过程中要以诚相见，坦率无私地表达意见，避免含混不清、遮遮掩掩。坦诚地与沟通对象进行交流，虚心听取大家的意见和建议。开放式沟通要保持自信，自信来源于HSE监督人员深厚的专业知识能力、理论知识素养、丰富的实践经验和敏锐的观察力及判断力，结合现场实际，对照法规标准，提出解决问题的措施和办法或符合现场实际的正确做法，并通过沟通引导作业人员和现场管理人员掌握正确的做法，不能含糊其词、模棱两可，要让作业人员和现场管理人员心服口服地认可查出的问题，并愿意按提出的解决措施和办法认真整改。

2. 主动倾听、积极反馈

倾听是做好沟通协调的前提和基础，倾听不仅是获取信息的过程，更是建立信任、加深理解和促进关系的重要途径。通过倾听可以更好地理解对方的需要、期望和立场，从而减少误解和冲突，促进矛盾的化解和目标的一致。在倾听过程中提供及时、具体、建设性的反馈，既表扬成就，也指出改进空间。主动倾听、积极反馈可以得到事半功倍的效果。

3. 定期与即时

定期沟通协调包括HSE会议、班前班后会等，即时沟通协调主要针对HSE监督在监督工作中发现的需要立刻整改的违章隐患，即时进行沟通协调消除事故隐患。即时沟通的问题在沟通结束后要通过统计、汇总、分析，找到解决方法、提出整改建议，再通过定期会议沟通的形式进一步沟通协调，落实防范措施，防止问题重复出现。

4. 书面与口头

沟通协调还包括书面沟通协调与口头沟通协调，书面沟通还是口头沟通要根据法律法规、体系制度的要求以及事情的轻重缓急进行。与政府部门、上级管理部门的沟通主要采取书面形式，往往有固定的格式，注意要符合标准规范的要求，及时规范地进行。与监督对象的沟通首先采用口头形式，通过面对面的口头沟通交流快速解决问题，之后根据管理体系和制度的要求确定是否需要进行进一步的书面沟通予以确认。

（二）沟通协调技巧

1. 迂回曲折，委婉言说

在沟通中采用委婉的语言是一种艺术，它能帮助我们更和谐、有效地与人交流。在可能引起争议或不悦的信息前加上诸如"或许""可能""您觉得"等词，使语气柔和。例如，"或许我们可以换个角度看这个问题"。当需要指出问题时，提出建设性的意见而不是直接批评，比如说"如果这样做，可能会更好"而不是"你做错了"。在提出改进建议之前，先肯定对方的努力或成果，这样对方更容易接受后续的建议。

2. 循循善诱，逐步推进

循循善诱，逐步推进是一种有效的教育或引导方式，它强调耐心、细致地引导对方思考，激发其内在动力，逐步达成目标。首先，通过倾听了解对方的立场、需求和担忧，建立起彼此之间的信任。展现真诚关心，让对方感到舒适和被尊重。其次，将目标拆解成一系列小步骤或任务，每一步都是可实现且具体的，这样可以让对方看到进步的路径，减少畏难情绪。

3. 注重赞美的力量

赞美的力量不可小觑，它如同温暖的阳光，能够照亮他人的心灵，激发内在的潜能，促进积极的情感和行为。赞美作为一种正向激励，能够激发人们追求卓越的动力。知道自己的努力和成就被看见和赞赏，会促使人们在未来付出更多努力，持续进步。在团队或工作环境中，相互间的赞美可以增强团队凝聚力，鼓励成员之间的支持与协作，共同推动项目向成功迈进。

4. 避免负面情绪

负面情绪往往会阻碍有效的沟通，因此，我们需要学会控制自己的情绪，尤其是在与人沟通交流的过程中。当我们带着情绪沟通时，可能会导致误解和冲突，因此，我们应该尽量避免带着情绪沟通，尤其是负面情绪。同时要注意疏导沟通协调对象的不良情绪，共同营造轻松、和谐的氛围。

5. 开诚布公，真心交流

开诚布公就是要坦率诚恳，真心相待。开诚布公的交流和沟通是团队合作中最重要的环节。开诚布公就是人与人之间要坦诚相待，不要遮遮掩掩，言不由衷。虚情假意、弄虚作假的做法会严重破坏团队中的面貌风气，影响团队的团结协作，导致沟通协调事倍功半。

现代医学已经证明，情绪源于心理，它左右着人的思维与判断，进而影响人的工作与生活。情绪是有规律可循的，了解情绪，认识情绪，熟悉情绪产生的规律，掌握情绪管控调节的方法，提高员工的心理承受能力，防止员工情绪异常进而导致问题的发生。

（一）情绪来源与特征

1. 情绪来源

情绪可能有许多不同的来源，包括：①生理反应。生理反应可能会导致情绪的产生，例如，当我们感到饥饿或口渴时，可能会感到不安或焦虑。②环境因素。我们的情绪也可能受到环境的影响，例如，听到一个好消息或坏消息，或者经历一个紧张的情况，都可能导致情绪的变化。③心理反应。心理反应也可能导致情绪的产生，例如，当我们想起过去的痛苦经历时，可能会感到悲伤或愤怒。④人际关系。我们的情绪也可能会受到人际关系的影响，例如，当与他人交往时，可能会感到高兴、不舒服或不安。

2. 情绪周期

情绪是有周期规律可循的，了解情绪活动规律，尊重情绪周期规律，提高预测情绪的敏锐力。我们的情绪是有周期性规律的，好比阴晴圆缺，也会有高低起伏的周期，这叫情绪周期。情绪周期又称"情绪生物节律"，是指一个人的情绪高潮和低潮的交替过程所经历的时间。科学研究表明，人的情绪周期一般为28天，也不排除有的人的周期较长或较短。前一半时间为"高潮期"，后一半时间为"低潮期"，高潮与低潮过渡的2~3天为临界期。如果人处于高潮期，就会对人和蔼可亲，感情丰富，做事认真，容易接受别人的规劝，表现出强烈的生命活力，自己本身也感觉轻松；倘若处于低潮期，则喜怒无常，常感觉到孤独与寂寞，容易急躁和发脾气，容易产生反抗情绪；"情绪临界期"的特点是情绪不稳定，机体各方面的协调性能差，容易发生不好的事。

3. 情绪影响

石油工程一线员工多在野外施工，跟随项目流动频繁，工作环境差，劳动强度大，长期忍受夏季酷暑、冬季严寒，海上员工要面临风暴潮等恶劣环境，境外员工地域性流行性疾病感染风险大，长时间的艰苦一线生活都会对员工情绪产生负面影响。

（二）情绪作用

情绪具有一种神奇的力量，这种力量可以左右一个人的认知行为。积极的情绪可以提高人体的机能，促进人的活动，能够形成一种动力激励人去努力，而且在活动中能够起到促进的作用。消极情绪会使人感到难受，抑制人的活动能力，活动起来动作缓慢、反应迟钝、效率低下；消极的情绪会减弱人的体力与精力，活动中易感到劳累、精力不足、没兴趣。积极的情绪能促进人的安全和健康，消极的情绪会对人的安全与健康造成负面影响。心理学家研究表明，导致心理不健康的罪魁祸首就是不良情绪。世卫组织统计数据表明，90%以上的疾病与情绪有关。从数据统计上看，目前已发现与情绪有关的疾病有200多种。心理学家在一工厂中观察发现，在良好的心境下，工人的工作效率提高了0.4%～4.2%，而在心境不好之下，工作效率降低了2.5%～18%。工人在心境不佳时作业，认识过程和意志行动水平下降，容易反应迟钝、注意力不集中，导致错误率和事故率提高。

（三）情绪管理

情绪无好坏之分，但情绪引发的行为有好坏之分，行为的后果有好坏之分。情绪管理并非消灭情绪，而是疏导情绪、转化情绪，调适不良情绪。情绪管理和调试有下列方法：

1. 适度宣泄

过分压抑会使情绪困扰加重，而适度宣泄可以把不良情绪释放出来，从而使紧张情绪得到缓解。可以通过大强度体育训练、在空旷的山野大声喊叫等方式进行释放。需要注意的是采取宣泄法时，应该增强自制力，采取正确的方式，选择适当的场合和对象进行。

2. 自我安慰

自我安慰法能够帮助人们面对挫折消除焦虑，有助于保持情绪的安宁和稳定，避免精神崩溃，达到自我激励、总结经验、吸取教训的目的。比如换位思考、塞翁失马、自嘲等。

3. 寻求帮助

当情绪难以自我管理时，及时寻求同事、朋友或EAP（员工帮助计划）专业人士的帮助。述说你的感受，获取专业人士帮助。

4. 积极乐观的心态

积极乐观的心态是指个体在面对工作生活中的各种情境时，倾向于以一种正向、乐观的视角去理解和应对。这种心态不仅能够帮助人们更好地缓解压力和应对挑战，还能够促进个人的整体幸福感、提高解决问题的能力，并对身体健康产生积极影响。

认识情绪，了解情绪，找到掌控情绪的密码，及时发现影响安全的情绪隐患，通过及时的沟通协调，有效的情绪疏导，管控负面情绪的风险，消除负面情绪造成的安全隐患，实现把风险控制在隐患形成之前，把隐患消灭在事故前面。

本章要点

1　HSE监督的主要职责包括监督检查、督促指导和评价咨询等三个方面；具有违章处理、停工停产和考核评价等权利；其主要工作任务包括监督基层单位落实岗位责任制和HSE制度要求、监督指导基层单位开展风险识别和隐患整改、利用视频监控系统和日常巡查等方式全方位开展监督检查、及时纠正"三违"、指导基层单位规范作业等10个方面。

2 HSE监督工作的主要流程包括工作准备、日常工作、总结评价和工作交接等。

3 开展HSE监督工作的主要方法包括"听、查、问、验、练",检查工具主要包括视频监控系统、气体检测仪、接地电阻仪、风速计、数字万用表等。

4 HSE工作评价主要包括过程评价、专项评价和综合评价,评价的主要方法有HSE检查表、工作安全分析(JSA)、危险与可操作性分析(HAZOP)等。

5 JSA分析一般包括确定作业活动、划分作业活动步骤、识别每个步骤中的危害、分析确定每个步骤中的风险、按判定准则确定风险的等级、制定具体的可操作性强的风险削减或控制措施、将控制措施落实到具体岗位责任人进行实施等7大步骤。

6 HSE监督工作沟通协调的方法主要有开放式沟通协调,主动倾听、积极反馈,定期与即时,书面与口头等方面。沟通协调技巧有迂回曲折,委婉言说;循循善诱,逐步推进;注重赞美的力量;避免负面情绪;开诚布公,真心交流等。情绪管理包括适度宣泄、自我安慰、寻求帮助、积极乐观的心态等。

章节思维导图
及本章要点

第二章

HSE法律法规

　　HSE监督工作必须坚持以习近平生态文明思想、习近平总书记关于安全生产和健康中国建设的重要论述为指导，依据国家法律法规、行业标准规范、企业HSE管理体系和制度要求，督促指导基层单位依法合规组织生产经营，持续提升HSE工作水平。

第一节　习近平生态文明思想和习近平总书记关于安全生产的重要论述

一　习近平生态文明思想

党的十八大以来，以习近平同志为核心的党中央大力推进生态文明理论创新、实践创新、制度创新，提出一系列新理念新思想新战略，形成了习近平生态文明思想，为新时代生态文明建设提供了根本遵循。

（一）努力建设人与自然和谐共生的美丽中国

习近平总书记指出，"自然是生命之母，人与自然是生命共同体""生态文明建设是关系中华民族永续发展的根本大计""要把建设美丽中国摆在强国建设、民族复兴的突出位置"。党的十九大将美丽中国作为建成社会主义现代化强国的奋斗目标之一，明确到本世纪中叶，建成富强民主文明和谐美丽的社会主义现代化强国。党的二十大报告指出，中国式现代化具有许多重要特征，其中之一就是中国式现代化是人与自然和谐共生的现代化。要坚持节约优先、保护优先、自然恢复为主的方针，像保护眼睛一样保护自然和生态环境，坚定不移走生产发展、生活富裕、生态良好的文明发展道路，实现中华民族永续发展。

（二）加快推动经济社会发展全面绿色转型

习近平总书记强调："绿水青山既是自然财富、生态财富，又是社会财富、经济财富。""绿色发展是生态文明建设的必然要求。"要坚持绿水青山就是金山银山，坚定不移保护绿水青山，努力把绿水青山蕴含的生态产品价值转化为金山银山。加快推动产业结构、能源结构、交通运输结构等调整优化。实施全面节约战略，推进各类资源节约集约利用，加快构建废弃物循环利用体系。完善支持绿色发展的财税、金融、投资、价格政策和标准体系，发展绿色低碳产业，健全资源环境要素市场化配置体系，加快节能降碳先进技术研发和推广应用，倡导绿色消费，推动形成绿色低碳的生产方式和生活方式。

（三）深入推进环境污染防治和生态环境系统治理

习近平总书记指出："良好的生态环境是最公平的公共产品，是最普惠的民生福祉。""生态是统一的自然系统，是相互依存、紧密联系的有机链条。"必须坚持以人民为中心的发展思想，解决好人民群众反映强烈的突出环境问题，提供更多优质生态产品，让人民过上高品质生活。要坚持精准治污、科学治污、依法治污，持续深入打好蓝天、碧水、净土保卫战，加强污染物协同控制，全面实施排污许可制，健全现代环境治理体系，严密防控环境风险。坚持山水林田湖草沙一体化保护和系统治理，提升生态系统多样性、稳定性、持续性。深入推进中央生态环境保护督察，坚持用最严格制度最严密法治保护生态环境，健全源头预防、过程控制、损害赔偿、责任追究的生态环境保护体系。

（四）积极稳妥推进碳达峰碳中和

立足我国能源资源禀赋，坚持先立后破，有计划分步骤实施碳达峰行动。完善能源消耗总量和强度调控，重点控制化石能源消费，逐步转向碳排放总量和强度"双控"制度。推动能源清洁低碳高效利用，推进工业、建筑、交通等领域清洁低碳转型。深入推进能源革命，加强煤炭清洁高效利用，加大油气资源勘探开发和增储上产力度，加快规划建设新型能源体系，加强能源产供储销体系建设，健全碳排放权市场交易制度，提升生态系统碳汇能力，积极参与气候变化全球治理。

二　习近平总书记关于安全生产的重要论述

（一）树立安全发展理念，建立健全责任体系

习近平总书记指出："各级党委和政府、各级领导干部要牢固树立安全发展理念，始终把人民群众生命安全放在第一位，牢牢树立发展不能以牺牲人的生命为代价这个观念。"并强调："这必须作为一条不可逾越的红线""不能要带血的生产总值"。

习近平总书记指出："坚持最严格的安全生产制度，什么是最严格？就是要落实责任。要把安全责任落实到岗位、落实到人头，坚持管行业必须管安全、管业务必须管安全、管生产经营必须管安全。"在企业主体责任方面，习近平总书记指出："所有企业都必须认真履行安全生产主体责任，做到安全责任到位、安全投入到位、安全培训到位、安全管理到位、应急救援到位，确保安全生产。"

（二）深化改革、依法治理，依靠科技创新提升安全生产水平

习近平总书记指出："推进安全生产领域改革发展，关键是要作出制度性安排，这涉及安全生产理念、制度、体制、机制、管理手段、改革创新。"

习近平总书记指出："必须强化依法治理，用法治思维和法治手段解决安全生产问题。要坚持依法治理，加快安全生产相关法律法规制定修订，加强安全生产监管执法，强化基层监管力量，着力提高安全生产法治化水平，这是最根本的举措。"

习近平总书记指出，"解决深层次矛盾和问题，根本出路就在于创新，关键要靠科技力量""在煤矿、危化品、道路运输等方面抓紧规划实施一批生命防护工程，积极研发应用一

批先进安防技术，切实提高安全发展水平"。

（三）源头治理、应急救援和责任追究

习近平总书记指出，"要坚持标本兼治，坚持关口前移，加强日常防范，加强源头治理、前端处理""安全生产是民生大事，一丝一毫不能放松，要以对人民极端负责的精神抓好安全生产工作，站在人民群众的角度想问题，把重大风险隐患当成事故来对待""宁防十次空，不放一次松"。

习近平总书记强调，"要认真组织研究应急救援规律""提高应急处置能力，强化处突力量建设，确保一旦有事，能够拉得出、用得上、控得住""最大限度减少人员伤亡和财产损失"。

习近平总书记强调，"追责不要姑息迁就，一个领导干部失职追责，撤了职，看来可惜，但我们更要珍惜的是，这些遇难的几十条、几百条活生生的生命""对责任单位和责任人要打到疼处、痛处，让他们真正痛定思痛、痛改前非，有效防止悲剧重演"。

（四）警钟长鸣、常抓不懈和安全监管监察干部队伍建设

习近平总书记指出，"安全生产必须警钟长鸣、常抓不懈，丝毫放松不得，每一个方面、每一个部门、每一个企业都放松不得，否则就会给国家和人民带来不可挽回的损失""对安全生产工作，有的东一榔头西一棒子，想抓就抓，高兴了就抓一下，紧锣密鼓。过些日子，又三天打鱼两天晒网，一曝十寒。这样是不行的。要建立长效机制，坚持常、长二字，经常、长期抓下去"。

习近平总书记指出，"党的十八大以来，安全监管监察部门广大干部职工贯彻安全发展理念，甘于奉献、扎实工作，为预防生产安全事故作出了重要贡献""要加强基层安全监管执法队伍建设，制定权力清单和责任清单，督促落实到位"。

三 习近平总书记关于健康中国的重要论述

（一）实施健康中国战略是顺应民心、关系民生的基础性工程

习近平总书记深刻指出，"没有全民健康，就没有全面小康""经济要发展，健康要上去。人民群众的获得感、幸福感、安全感都离不开健康"。

习近平总书记指出："人民健康是社会文明进步的基础。拥有健康的人民意味着拥有更强大的综合国力和可持续发展能力。"

习近平总书记指出："现代化的本质是人的现代化。"

（二）全面推进健康中国建设是中国式现代化的必然要求

习近平总书记强调："现代化最重要的指标还是人民健康，这是人民幸福生活的基础。

把这件事抓牢，人民至上、生命至上应该是全党全社会必须牢牢树立的一个理念。"

习近平总书记在党的二十大报告中指出："坚持以人民为中心的发展思想。维护人民根本利益，增进民生福祉，不断实现发展为了人民、发展依靠人民、发展成果由人民共享，让现代化建设成果更多更公平惠及全体人民。"

习近平总书记强调："要把人民健康放在优先发展战略地位，努力全方位全周期保障人民健康，加快建立完善制度体系，保障公共卫生安全，加快形成有利于健康的生活方式、生产方式、经济社会发展模式和治理模式，实现健康和经济社会良性协调发展。"

习近平总书记指出："高质量发展是全面建设社会主义现代化国家的首要任务。"

（三）把保障人民健康放在优先发展的战略位置

习近平总书记指出："推进健康中国建设，是我们党对人民的郑重承诺。各级党委和政府要把这项重大民心工程摆上重要日程，强化责任担当，狠抓推动落实。"

习近平总书记强调："要倡导健康文明的生活方式，树立大卫生、大健康的观念，把以治病为中心转变为以人民健康为中心，建立健全健康教育体系，提升全民健康素养，推动全民健身和全民健康深度融合。"

习近平总书记指出："要把人民健康放在优先发展的战略地位，以普及健康生活、优化健康服务、完善健康保障、建设健康环境、发展健康产业为重点，加快推进健康中国建设，努力全方位、全周期保障人民健康，为实现'两个一百年'奋斗目标、实现中华民族伟大复兴的中国梦打下坚实健康基础。"

习近平总书记指出："实现人人享有健康是我们共同的美好愿景。"

第二节　HSE 相关法律法规

一　安全生产法律法规

（一）体系构架

1. 国家法律

主要有《中华人民共和国安全生产法》《中华人民共和国特种设备安全法》《中华人民共和国消防法》《中华人民共和国石油天然气管道保护法》《中华人民共和国道路交通安全法》《中华人民共和国防洪法》《中华人民共和国建筑法》《中华人民共和国刑法》等法律。

2. 行政法规

主要有《国务院关于特大安全事故行政责任追究的规定》《建设工程安全生产管理条例》《中华人民共和国道路交通安全法实施条例》《生产安全事故报告和调查处理条例》《特种设备安全监察条例》《危险化学品安全管理条例》《安全生产许可证条例》《生产安全事故应急条例》《民用爆炸物品安全管理条例》等。

3. 部门规章和规范性文件

主要有《安全生产领域违法违纪行为政纪处分暂行规定》《生产安全事故处罚管理规定》《中央企业安全生产监督管理办法》《中央企业安全生产管理评价办法》《中央企业安全生产考核实施细则》等。

4. 司法解释及司法文件

主要有《关于进一步加强危害生产安全刑事案件审判工作的意见》《关于办理危害生产安全刑事案件适用法律若干问题的解释》等。

（二）安全生产法及主要内容

1. 立法宗旨与适用范围

立法宗旨：保障人民群众生命财产安全，防止和减少生产安全事故，保障经济社会持续健康发展。

适用范围：在中华人民共和国领域内从事生产经营活动的单位（以下统称生产经营单位）的安全生产。

2. 安全生产方针与原则

坚持"安全第一、预防为主、综合治理"的安全生产方针。强调生产经营单位负责、职工参与、政府监管、行业自律和社会监督相结合的原则。

3. 生产经营单位的安全责任

（1）建立健全安全生产责任制和安全生产规章制度；

（2）设置安全生产管理机构或者配备专职安全生产管理人员；

（3）对从业人员进行安全生产教育和培训，保证其具备必要的安全生产知识和技能；

（4）保障安全生产投入的有效实施；

（5）对重大危险源进行辨识、评估、监控，制定应急预案并定期演练；

（6）对设备设施进行定期检查、维护保养，确保其安全运行；

（7）实施建设项目"三同时"制度（安全设施必须与主体工程同时设计、同时施工、同时投入生产和使用）。

4. 生产经营单位的安全生产管理机构以及安全生产管理人员职责

（1）组织或者参与拟定本单位安全生产规章制度、操作规程和生产安全事故应急救援预案；

（2）组织或者参与本单位安全生产教育和培训，如实记录安全生产教育和培训情况；

（3）组织开展危险源辨识和评估，督促落实本单位重大危险源的安全管理措施；

（4）组织或者参与本单位应急救援演练；

（5）检查本单位的安全生产状况，及时排查生产安全事故隐患，提出改进安全生产管理的建议；

（6）制止和纠正违章指挥、强令冒险作业、违反操作规程的行为；

（7）督促落实本单位安全生产整改措施。

5. 从业人员的权利与义务

（1）享有获得安全生产保障、知情权、建议权、批评权、检举控告权、紧急撤离权、依法向本单位提出赔偿要求等权利；

（2）履行遵守安全生产规章制度和操作规程、接受安全生产教育培训、报告事故隐患或者其他不安全因素等义务。

6. 安全生产的监督管理

（1）国务院和地方各级人民政府对安全生产工作实行统一领导，建立健全安全生产监管体系；

（2）安全生产监督管理部门和其他负有安全生产监督管理职责的部门依法对生产经营单位进行监督检查，查处违法行为；

（3）实施安全生产标准化建设，鼓励和支持安全生产科学技术研究与推广。

7. 生产安全事故的应急救援与调查处理

（1）生产经营单位应当制定生产安全事故应急救援预案，建立应急救援组织或者配备应急救援人员，储备必要的应急救援器材、设备和物资；

（2）发生生产安全事故后，按照规定启动应急预案，及时、如实报告事故情况，并配合事故调查处理。

8. 法律责任

规定了生产经营单位及其负责人、安全生产管理人员、从业人员违反安全生产法应承担的行政责任、民事责任乃至刑事责任。

对于监管机构及其工作人员的失职、渎职行为也明确了相应的法律责任。

二 环境保护法律法规

（一）体系构架

1. 国家法律

主要有《中华人民共和国环境保护法》《中华人民共和国环境影响评价法》《中华人民共和国水土保持法》《中华人民共和国清洁生产促进法》《中华人民共和国大气污染防治法》《中华人民共和国节约能源法》《中华人民共和国海洋环境保护法》《中华人民共和国水污染

防治法》《中华人民共和国土壤污染防治法》《中华人民共和国噪声污染防治法》《中华人民共和国固体废物污染环境防治法》等。

2. 行政法规

主要有《放射性物品运输安全管理条例》《危险废物经营许可证管理办法》《建设项目环境保护管理条例》《排污许可管理条例》《土地复垦条例》等。

3. 部门规章和规范性文件

主要有《突发环境事件调查处理办法》《企业事业单位环境信息公开办法》《突发环境事件应急管理办法》《建设项目环境影响登记表备案管理办法》《危险废物管理计划和管理台账制定技术导则》《危险废物贮存污染控制标准》《危险废物识别标志设置技术规范》《危险废物转移联单管理办法》《生态环境行政处罚办法》等。

4. 司法解释及司法文件

主要有《关于贯彻实施环境民事公益诉讼制度的通知》《关于办理环境污染刑事案件适用法律若干问题的解释》等司法文件。

（二）环境保护法及主要内容

1. 立法目的与适用范围

环境保护法旨在保护和改善环境，防治污染和其他公害，保障公众健康，推进生态文明建设，促进经济社会可持续发展。本法所称环境，是指影响人类生存和发展的各种天然的和经过人工改造的自然因素的总体，包括大气、水、海洋、土地、矿藏、森林、草原、湿地、野生生物、自然遗迹、人文遗迹、自然保护区、风景名胜区、城市和乡村等。适用于中华人民共和国领域和中华人民共和国管辖的其他海域。

2. 环境监督管理

规定了国家制定环境质量标准、污染物排放标准及环境监测规范，对建设项目的环境影响评价制度，以及对环境违法行为的监督检查和处理。

3. 保护和改善环境

要求国家的环境保护规划必须纳入国民经济和社会发展计划，确保环境保护与经济发展相协调，推动绿色低碳发展。

4. 防治环境污染和其他公害

明确了所有单位和个人都有保护环境的责任，同时有权对污染和破坏环境的行为进行检举和控告。规定了防止和控制各种形式的环境污染，如大气污染、水污染、土壤污染、噪声污染、辐射污染等，并对固体废物、危险废物的管理做出规定。

5. 法律责任

确立了违反环境保护法律法规的法律责任，包括行政责任、民事责任和刑事责任，对违法排放污染物、破坏生态系统的个人和单位施以罚款、停业整顿、赔偿损失等处罚措施。

6. 公众参与和环境教育

鼓励和支持公众、社会组织参与环境保护活动，加强环境信息公开，提高公民环保意识，保障公民的环境知情权、参与权和监督权。

三 员工健康法律法规

（一）体系构架

1. 国家法律

主要有《中华人民共和国基本医疗卫生与健康促进法》《中华人民共和国职业病防治法》《中华人民共和国传染病防治法》《中华人民共和国劳动法》等。

2. 行政法规

主要有《工伤保险条例》《中华人民共和国尘肺病防治条例》等。

3. 规章与规范性文件

主要有《职业病危害因素分类目录》《职业卫生档案管理规范》《用人单位职业健康监护监督管理办法》《用人单位职业病危害告知与警示标识管理规范》《用人单位职业病危害因素定期检测管理规范》《用人单位劳动防护用品管理规范》《防暑降温措施管理办法》等。

（二）职业病防治法及主要内容

1. 立法目的

明确立法的宗旨是预防、控制和消除职业病危害，防治职业病，保护劳动者健康及其相关权益，促进经济发展。

2. 适用范围

适用于中华人民共和国领域内的职业病防治活动。

3. 基本原则

强调坚持预防为主、防治结合的方针，实行分类管理、综合治理，以及用人单位负责、行政机关监管、行业自律、职工参与和社会监督相结合的机制。

4. 前期预防

建设项目职业病防护设施"三同时"制度：新建、改建、扩建工程项目和技术改造、技术引进项目可能产生职业病危害的，建设单位在可行性论证阶段应当进行职业病危害预评价，施工过程中应确保职业病防护设施与主体工程同时设计、同时施工、同时投入生产和使用。

5. 职业病危害项目申报

用人单位应当及时、如实向所在地卫生行政部门申报职业病危害项目，并接受监督。

6. 职业病危害告知

用人单位应向劳动者告知工作场所存在的职业病危害因素、危害后果、防护措施及待遇等。

7. 职业健康监护

包括上岗前、在岗期间和离岗时的职业健康检查，以及应急健康检查，建立职业健康监护档案。

8. 个人防护用品

提供符合国家标准或者行业标准的个体防护用品，并指导、督促劳动者正确使用。

9. 工作场所管理

控制职业病危害因素浓度或强度在国家职业接触限值内，提供符合职业卫生要求的工作环境和条件，定期进行职业病危害因素检测、评价。

10. 职业病诊断与职业病病人保障

明确职业病诊断程序，规定劳动者有权选择医疗机构进行职业病诊断，对诊断结论有异议的可以申请鉴定。职业病病人依法享受国家规定的职业病待遇，包括医疗救治、康复、定期检查、停工留薪、伤残补助、死亡赔偿等。职业病病人的诊疗、康复费用，伤残以及丧失劳动能力的职业病病人的社会保障，按照国家有关工伤社会保险的规定执行。

11. 监督检查

卫生行政部门、安全生产监督管理部门及其他有关部门依法对职业病防治工作进行监督检查。对违反职业病防治法的行为，有权进行调查、取证，依法给予警告、罚款、责令改正、停产整顿、吊销许可证等处罚。

12. 法律责任

规定了用人单位、职业卫生技术服务机构、职业病诊断机构及其工作人员违反职业病防治法应承担的行政处罚。劳动者因职业病损害有权获得赔偿，用人单位应当依法承担赔偿责任。对于严重违反职业病防治法构成犯罪的行为，依法追究刑事责任。

第三节　HSE标准

一　标准概述

按使用区域，标准分为国家标准、行业标准、地方标准、团体标准和企业标准。按属性分，标准分为强制性标准和推荐性标准。国家标准分为强制性标准、推荐性标准，行业标准、地方标准是推荐性标准，企业标准为强制性标准，强制性标准必须执行，国家鼓励采用推荐性标准。

国家标准是指国家标准化行政主管部门依照《中华人民共和国标准化法》制定的，在全国范围内适用的技术规范。国家标准的代号由大写汉字拼音字母构成，强制性国家标准代号为"GB"，推荐性国家标准的代号为"GB/T"。国家标准的编号由国家标准的代号、标准发布顺序号和标准发布年代号（四位数组成）。

行业标准是指国务院有关部门和直属机构依照《中华人民共和国标准化法》制定的技术规范。行业标准对同一事项的技术要求，可以高于国家标准。行业标准代号由汉字拼音大写字母组成，行业标准的编号由行业标准代号、标准发布顺序及标准发布年代号（四位数）组成。

地方标准是由地方（省、自治区、直辖市）标准化主管机构或专业主管部门批准，发布，在某一地区范围内统一的标准。地方标准的范围从严控制，凡有国家标准、专业（部）标准的不能订地方标准。编号由四部分："DB（地方标准代号）+省、自治区、直辖市行政区代码前两位/顺序号+年代号"组成。

团体标准是依法成立的社会团体为满足市场和创新需要，协调相关市场主体共同制定的标准。国务院标准化行政主管部门统一管理团体标准化工作。国务院有关行政主管部门分工管理本部门、本行业的团体标准化工作。国家实行团体标准自我声明公开和监督制度。团体标准的技术要求不得低于强制性标准的相关技术要求。团体标准编号依次由T（团体标准代号）/+社会团体代号+团体标准顺序号和年代号组成。

企业标准是在企业范围内需要协调、统一的技术要求、管理要求和工作要求所制定的标准，是企业组织生产、经营活动的依据。国家鼓励企业自行制定严于国家标准或者行业标准的企业标准。企业标准制定程序一般包括立项、起草、征求意见、审查、批准发布、复审、废止。企业标准由企业法人代表或法人代表授权的主管领导批准、发布。企业标准的编号依次由企业标准代号、企业代号、顺序号、年代号组成，企业标准一般以"Q"标准的开头。

标准应当有利于科学合理利用资源，推广科学技术成果，增强产品的安全性、通用性、可替换性，提高经济效益、社会效益、生态效益，做到技术上先进、经济上合理。

各类应安全生产标准、生态环境保护标准、职业健康卫生标准既是政府部门行政执法的依据，也是企业HSE管理必须执行的要求。HSE监督必须掌握相应的适用的有关安全生产、环境保护和职业健康卫生方面的国家标准、行业标准或企业标准，作为开展监督工作和督促问题整改的技术性依据，从而不断提升监督工作水平。

二 安全生产标准

安全生产标准以强制性标准为主体，以推荐性标准为补充。对强制实施的安全生产标准，应当强制执行；对于不宜强制实施或者具有鼓励性、政策引导性的标准，应推荐执行。HSE监督常用的安全生产方面的标准情况如下：

国家标准：如《高处作业分级》（GB/T 3608—2008）、《坠落防护装备安全使用规范》（GB/T 23468—2009）、《生产经营单位生产安全事故应急预案编制导则》（GB/T 29639—2020）、《气瓶搬运、装卸、储存和使用安全规定》（GB/T 34525—2017）、《机械安全 危险能量控制方法上锁／挂牌》（GB/T 33579—2017）、《个体防护装备配备规范 第2部分：石油、化工、天然气》（GB 39800.2—2020）等。

行业标准：如《硫化氢环境钻井场所作业安全规范》（SY/T 5087—2017）、《钻井井场设备作业安全规范》（SY/T 5974—2020）等。

地方标准：如《企业安全操作规程编制指南》（DB32/T 3616—2019）、《陆上石油和天然气开采企业生产安全事故隐患排查治理体系建设实施指南》（DB37/T 3332—2018）等。

团体标准：如《安全文化示范企业建设规范》（T/GDPAWS 7—2021）、《有限空间安全管理技术规范》（T/AHPAWS 02—2021）等。

企业标准：如《寒冷地区钻井现场冬季作业安全规范》（Q/SH 0462—2021）、《网电驱动钻井设备井场用电规范》（Q/SH 1020 2354—2015）等。

三　生态环境标准

（一）标准构成

生态环境标准分为国家生态环境标准和地方生态环境标准。国家生态环境标准体系见图2-3-1。有地方生态环境质量标准、地方生态环境风险管控标准和地方污染物排放标准的地区，应当依法优先执行地方标准。国家和地方生态环境质量标准、生态环境风险管控标准、污染物排放标准和法律法规规定强制执行的其他生态环境标准，以强制性标准的形式发布。法律法规未规定强制执行的国家和地方生态环境标准，以推荐性标准的形式发布。强制性生态环境标准必须执行。推荐性生态环境标准被强制性生态环境标准或者规章、行

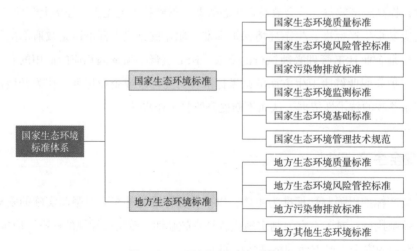

图 2-3-1　国家生态环境标准体系

政规范性文件引用并赋予其强制执行效力的，被引用的内容必须执行，推荐性生态环境标准本身的法律效力不变。

（二）标准类型

生态环境质量标准：包括大气环境质量标准、水环境质量标准、海洋环境质量标准、声环境质量标准、核与辐射安全基本标准，如《环境空气质量标准》（GB 3095—2012）等。

生态环境风险管控标准：包括土壤污染风险管控标准以及法律法规规定的其他环境风险管控标准。如《土壤环境质量　农用地土壤污染风险管控标准（试行）》（GB 15618—2018）等。

污染物排放标准：包括大气污染物排放标准、水污染物排放标准、固体废物污染控制标准、环境噪声排放控制标准和放射性污染防治标准等。如《污水综合排放标准》（GB 8978—1996）、《一般工业固体废物贮存和填埋污染控制标准》（GB 18599—2020）等。

生态环境监测标准：包括生态环境监测技术规范、生态环境监测分析方法标准、生态环境监测仪器及系统技术要求、生态环境标准样品等。

生态环境基础标准：包括生态环境标准制订技术导则，生态环境通用术语、图形符号、编码和代号（代码）及其相应的编制规则等。

生态环境管理技术规范：包括大气、水、海洋、土壤、固体废物、化学品、核与辐射安全、声与振动、自然生态、应对气候变化等领域的管理技术指南、导则、规程、规范等。

四　职业卫生标准

根据《国家职业卫生标准管理办法》（原卫生部令第20号）第二条的规定，职业卫生专业基础标准，工作场所作业条件卫生标准，工业毒物、生产性粉尘、物理因素职业接触限值，职业病诊断标准，职业照射放射防护标准，职业防护用品卫生标准，职业危害防护导则，劳动生理卫生、工效学标准，职业性危害因素检测、检验方法等9类需要在全国范围内统一的技术要求，须制定国家职业卫生标准。

国家职业卫生标准分为强制性标准和推荐性标准。强制性标准分为全文强制和条文强制两种形式。强制性标准包括：工作场所作业条件的卫生标准，工业毒物、生产性粉尘、物理因素职业接触限值，职业病诊断标准，职业照射放射防护标准，职业防护用品卫生标准等。其他标准为推荐性标准。国家职业卫生标准的代号由大写汉语拼音字母构成。强制性标准的代号为"GBZ"，推荐性标准的代号为"GBZ/T"。

第四节　HSE管理体系及配套制度

一　HSE管理体系

（一）发展历程

从1984年起，国际石油石化行业接连发生重大安全事故，社会普遍意识到石油石化行业必须建立完善的安全、环境、健康管理系统，以削减或避免重大事故和重大环境污染事件发生。1991年，壳牌公司率先颁布健康、安全、环境（HSE）方针指南，自此HSE活动在全球范围内快速展开，经过不断地改进提升，逐步形成了现行国际通用的HSE管理体系。

中国石化于2001年首次发布HSE管理体系，并持续推进HSE管理系统化、规范化、科学化。2021年，立足于新时代HSE发展要求，重新修订编制了HSE管理体系手册。手册融合了《环境管理体系要求及使用指南》（GB/T 24001）、《职业健康安全管理体系要求及使用指南》（GB/T 45001）、《企业安全生产标准化基本规范》（GB/T 33000），以及国家有关要求，形成了符合国际惯例、继承优良传统、顺应时代发展、具有中国石化特色的HSE管理体系。

石油工程公司成立以来，就将HSE作为公司的核心价值之一，积极构建并追求卓越的HSE文化。2020年，公司首次发布《中石化石油工程技术服务股份有限公司HSSE管理体系》（2020版）。2021年，根据集团公司HSE管理要求，修订并发布实施了HSE管理体系手册（2021版）。2023年，公司结合内外部环境变化和体系建设运行实际情况，对体系手册进行了再次修订，形成了现行的HSE管理体系手册。

（二）基本内容

HSE管理体系是融安全、健康和环境为一体，以风险识别与管控为主线，遵循PDCA（计划-实施-检查-持续改进）管理原则，具有系统性、可持续性的现代管理模式。

HSE管理体系文件包括管理手册、程序文件和支持性文件，自上而下形成金字塔形状；程序文件主要指企业的规章制度；支持性文件主要指HSE作业指导书、HSE记录等基础性文件。

管理手册由若干个要素组成，关键要素有：领导和承诺，方针和战略目标，组织机构，资源和文件、风险评估和管理，规划，实施和监测，评审和审核等。各要素不是孤立的，这些要素中，领导和承诺是核心；方针和战略目标是方向；组织机构，资源和文件作为支持；规划、实施、检查、改进是闭环管理循环过程。

（三）中国石化HSE管理体系

《中国石化HSE管理体系手册》是中国石化HSE管理的纲领性、强制性文件，是各级管理者和全体员工在生产经营活动中必须遵循的准则，也是各层级建立实施HSE管理体系的依据和指引。

1. HSE方针、目标和理念

HSE方针：以人为本、安全第一、预防为主、综合治理。

愿景目标：零伤害、零污染、零事故。

HSE管理理念：

（1）HSE先于一切、高于一切、重于一切。

（2）一切事故都是可以预防和避免的。

（3）对一切违章行为零容忍。

（4）坚持全员、全过程、全天候、全方位HSE管理。

（5）安全环保源于设计、源于质量、源于责任、源于能力。

2. HSE禁令和保命条款

1）安全生产禁令

（1）严禁违反操作规程擅自操作。

（2）严禁未到现场安全确认签批作业。

（3）严禁违章指挥他人冒险作业。

（4）严禁未经培训合格独立顶岗。

（5）严禁违反程序实施变更。

2）生态环境保护禁令

（1）严禁无证或不按证排污。

（2）严禁擅自停用环保设施。

（3）严禁违规处置危险废物。

（4）严禁违反环保"三同时"。

（5）严禁环境监测数据造假。

3）保命条款

（1）用火作业必须现场确认安全措施。

（2）高处作业必须正确系挂安全带。

（3）进入受限空间必须进行气体检测。

（4）涉硫化氢介质的作业必须正确佩戴空气呼吸器。

（5）吊装作业时人员必须离开吊装半径范围。

（6）设备、管线打开前必须进行能量隔离。

（7）电气设备检维修必须停验电并上锁挂牌。

（8）接触危险传动、转动部位前必须关停设备。

（9）应急施救前必须做好自身防护。

3. 一级要素核心内容

手册包括领导、承诺和责任，策划，支持，运行过程管控，绩效评价，改进等6个一级要素（图2-4-1）。

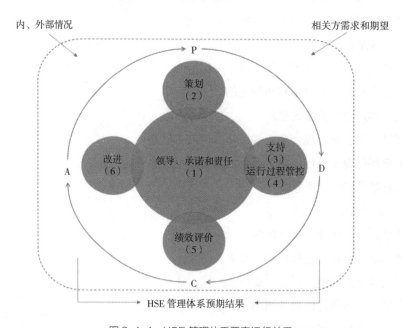

图 2-4-1　HSE 管理体系要素运行关系

（1）领导、承诺和责任。各级领导应充分发挥HSE工作核心推动作用，推进HSE管理体系与企业管理深度融合，引领全员尽职尽责，持续改进HSE绩效。

（2）策划。在组织策划HSE工作时，应全面考虑公司内外部环境，充分识别需应对的HSE风险，并将风险识别管控贯穿于体系各个要素。

（3）支持。以有效管控风险为目标，保障HSE管理体系所需资源投入，提升员工意识和能力，保持良好的内外部沟通，为HSE管理体系运行提供有力支持。

（4）运行过程管控。风险管控贯穿于生产经营全过程，通过完善管理制度和技术标准，严格执行管理流程，落实各方责任，确保风险受控。

（5）绩效评价。有效开展绩效监测、分析和评价，定期组织HSE管理体系审核和管理评审，把握规律，寻求不断改进的机会。

（6）改进。开展事故事件和不符合溯源分析，落实纠正措施，持续改进，不断提升HSE管理体系的适宜性、充分性与有效性。

石油工程 HSE 监督

（四）石油工程公司HSE管理体系

石油工程公司HSE管理体系手册以中国石化HSE管理体系手册为指导，形成领导、承诺和责任，策划，支持，运行过程管控，绩效评价，改进等6个一级要素，34个二级要素，构成PDCA循环的体系架构。

与中国石化HSE管理体系手册相比，总则部分增加了井控理念和一项保命条款"机动车驾乘人员必须全程系好安全带"；管理要求部分删除了"4.1建设项目管理"1个要素，新增"4.7井控管理与硫化氢防护"1个要素；突出物探、陆上井筒工程、石油工程建设、海（水）上作业的生产和作业过程风险识别与评估，以及其运行过程管控。

所属企业及具有独立法人的专业经营单位均按要求建立了HSE或QHSE管理体系手册及管理文件，从理论层面实现了自上而下的贯彻实施。

二　制度框架与承接关系

HSE管理制度是HSE管理体系的重要组成部分，是体系手册条款内容的具体阐述。中国石化及石油工程公司HSE管理体系配套制度见表2-4-1。

表2-4-1　体系配套制度清单

一级要素	中国石化规章制度	石油工程公司规章制度
1领导、承诺和责任	《中国石油化工集团有限公司领导班子岗位安全生产责任制》《中国石化全员安全行为规范》《中国石化总部各部门、专业公司安全生产责任制》《中国石化总部各部门、专业公司环境保护责任制》等	《石油工程公司HSE责任制》《石油工程公司工会安全监督作用管理办法》《关于公司本部机构设置及职能优化调整的通知》
2策划	《中国石化合规管理办法》《中国石化生产安全风险分级管控和隐患排查治理双重预防机制管理规定》《中国石化重大生产安全事故隐患判定标准指南（试行）》等	《石油工程公司合规管理办法》《石油工程公司污染防治管理办法》
3支持	《中国石化安全生产费用财务管理办法》《中国石化安全生产保证基金资金管理办法》《中国石化安全科技管理办法》《中国石化安全生产教育和培训管理办法》《中国石化安全记录管理规定》等	《石油工程公司投资管理办法》《石油工程公司本部员工培训管理办法》《关于进一步规范井筒专业基层单位HSE工作记录的指导意见》等
4运行过程管控	《中国石化井控管理规定》《中国石化硫化氢防护安全管理办法》《中国石化海洋石油安全管理规定》《中国石化设备管理办法》《中国石化承包商安全监督管理办法》《中国石化作业许可管理规定》《中国石化员工健康管理规定》《中国石化公共安全管理规定》《中国石化环境保护管理规定》《中国石化应急管理规定》《中国石化突发事件总体应急预案》《中国石化生产安全事故事件管理规定》《关于强化提升中国石化"三基工作"的指导意见》等	《石油工程公司生产运行管理办法》《石油工程公司工程技术管理办法》《石油工程公司设备管理办法》《石油工程公司工程分包商及项目分包管理办法》《石油工程公司井筒工程作业许可管理规定》《石油工程公司环境保护管理办法》《关于加强基层一线力量配备和员工素质能力提升的通知》等

续表

一级要素	中国石化规章制度	石油工程公司规章制度
5绩效评价	《中国石化HSSE检查监督管理规定》《中国石化全员安全记分管理办法（试行）》《中国石化全员绩效考核管理办法（试行）》等	《石油工程公司HSE监督检查管理办法》《石油工程公司HSE绩效考核管理办法》《石油工程公司钻井队伍考核管理办法（试行）》等
6改进	《中国石化HSSE管理体系运行管理办法》	

📋 本章要点

1 开展HSE监督工作必须坚持以习近平生态文明思想、习近平总书记关于安全生产和健康中国建设的重要论述为指导，依据国家法律法规、行业标准规范、企业HSE管理体系和制度要求，督促指导基层单位依法合规组织生产经营。

2 2021年修正颁布的《中华人民共和国安全生产法》共计7个章节119条，明确了生产经营单位的7项主体责任和安全生产管理机构及安全生产管理人员的7项职责。2014年修订颁布的《中华人民共和国环境保护法》共计7个章节70条，明确违反环境保护法律法规应承担的法律责任，包括行政责任、民事责任和刑事责任，对违法排放污染物、破坏生态系统的个人和单位施以罚款、停业整顿、赔偿损失等处罚措施。企业应注重预防、控制和消除职业病危害，防治职业病，保护劳动者健康及其相关权益，对员工上岗前、在岗期间和离岗时组织职业健康检查。

3 国家标准分为强制性标准、推荐性标准，行业标准、地方标准是推荐性标准，企业标准为强制性标准，强制性标准必须执行，国家鼓励采用推荐性标准。

4 HSE管理体系是国际石油石化行业通行做法，HSE管理体系以风险识别与管控为主线，遵循PDCA管理原则。中国石化HSE管理体系6个一级要素分别是领导、承诺和责任，策划，支持，运行过程管控，绩效评价和改进。中国石化HSE方针是"以人为本、安全第一、预防为主、综合治理"；HSE愿景目标是"零伤害、零污染、零事故"。中国石化安全生产、生态环境保护禁令各有5条，保命条款有9条。

5 《石油工程公司HSE管理体系手册》与《中国石化HSE管理体系手册》相比，增加了井控理念和1条保命条款等内容，突出物探、陆上井筒工程、石油工程建设、海（水）上作业的生产和作业过程风险识别与评估，以及其运行过程管控。

6 HSE管理体系主要配套制度有《中国石化全员安全行为规范》《中国石化生产安全风险分级管控和隐患排查治理双重预防机制管理规定》《中国石化井控管理规定》《石油工程公司生产运行管理办法》《石油工程公司HSE监督检查管理办法》等。

石油工程HSE监督

38

章节思维导图
及本章要点

第三章

HSE 管理

  HSE 监督人员应督促指导基层单位切实强化风险识别管控与隐患排查治理，落实直接作业环节许可管理要求，将承（分）包商纳入一体化管理，重视员工职业健康，加强高风险人员健康管理，严格落实环境保护措施，切实做好事故预防和应急工作，推动基层单位持续提升 HSE 管理水平。

第一节　风险识别管控与隐患排查治理

风险识别管控与隐患排查治理是现代企业安全管理过程中的两个关键环节，它们共同构成"双防"机制，通过有效的风险管控、隐患治理，防范事故发生。

一　风险与隐患分级

（一）风险分级

风险是指生产安全风险，是安全不期望事件概率与其可能后果严重程度的综合结果。风险分为重大、较大、一般和低风险4个等级，分别对应红、橙、黄、蓝4种颜色。重大风险和较大风险为不可接受风险，应采取措施降低风险等级。一般风险为有条件可接受风险，当该风险存在隐患时，为不可接受风险，应采取措施降低风险值，该风险不存在隐患时，为可接受风险，应执行现有管理程序和保持现有安全措施完好有效，防止风险升级。所有一般风险都应按ALARP原则尽可能降低风险值。低风险为可接受风险，应执行现有管理程序和保持现有安全措施完好有效，防止风险升级。

（二）隐患分级

隐患是指生产安全事故隐患，是生产经营单位违反安全生产法律法规、标准规范和制度要求，或者因风险管控措施存在缺陷、缺失等因素，可能导致事故发生或事故后果扩大的物的不安全状态、人的不安全行为和管理上的缺陷。隐患分为重大隐患和一般隐患。符合国家、行业、企业内重大隐患判定标准的，以及经评估导致风险升级为重大风险的隐患为重大隐患；其他隐患为一般隐患。

二　风险管理内容和要求

（一）管理原则

1. 基于风险的管理

将风险管理贯穿于生产经营全过程和装置设施全生命周期，全员参与常态化的风险识别管控和隐患排查治理。

2. 剩余风险可接受原则

生产运行和作业活动的剩余风险处于可接受状态是中国石化生产安全风险管控的主要策略。剩余风险不可接受时，应实施风险控制，将风险降至可接受状态。

3. 风险必控、隐患必治

通过持续开展风险评估、风险控制和风险监控，确保风险受控。所有隐患应当及时治理，避免隐患导致事故。

4. 分级管理

企业应根据风险评估情况建立各级风险清单，根据隐患排查情况建立各级隐患清单，并实施领导承包，上级领导承包的风险和隐患下级相应领导应进行承包。

5. 信息化管理

企业开展风险识别、风险分析、风险评价、风险实时监测与分级预警时，应使用安全风险分级管控和隐患排查治理双重预防数智化管控平台。

（二）风险评估

1. 一般要求

（1）企业应对所涉及的业务开展风险评估，包括风险识别、风险分析和风险评价三个过程。风险评估范围应涵盖但不限于总图布置、工艺流程、设备设施（含工程施工和检维修用设备设施）、物流运输、应急泄放系统、工艺操作、工程施工和检维修作业、特殊作业、有人值守建筑物、自然灾害和外部影响等全业务、全流程中存在的风险。

（2）评估风险等级应统一使用《中国石化安全风险矩阵标准》（Q/SH 0560—2023）。

（3）企业应根据风险评估结果形成可接受风险清单、不可接受风险清单，并进行动态更新，风险清单应以风险点为基本单位建立。

（4）新工艺、新技术、新设备、新材料在研发阶段应开展基于本质安全的风险管理，在研发阶段应开展本质安全评估和优化，将风险降至可接受水平。

（5）设计阶段，应在满足现有的法律法规与标准规范的基础上，对装置设施实施本质安全和基于风险的设计，确保新建装置设施的安全风险处于可接受水平。国内首次使用的新工艺，在设计阶段应按政府要求开展专项安全论证，评估新工艺安全风险；在正式投产运行一年后应针对工艺安全性开展安全评估。

（6）设计阶段，应在满足现有的法律法规与标准规范的基础上，对装置设施实施本质安全和基于风险的设计，确保新建装置设施的安全风险处于可接受水平。

2. 全方位风险评估

（1）基层单位管理人员应组织指导基层岗位人员对本岗位的作业活动和涉及的设备、设施等开展风险识别，形成基层单位岗位风险清单。

（2）基层单位应按照属地化原则对管理的对象和业务逐装置、逐设施、逐站库进行风险识别和分析，重点使用检查表（RC-Sheet）、工作安全分析（JSA）进行风险分析，形成基层单位风险清单。

（3）专业经营单位负责指导基层单位开展风险评估，专业经营单位的安全部门应组织相关管理部门对基层单位评估出的风险进行审核，并结合各部门对分管业务开展的风险评估情况，形成专业经营单位风险清单。

（4）企业各业务管理部门应当对专业经营单位上报的风险分专业进行审核，并组织相关技术专家开展分管业务范围内的风险评估，形成各部门的风险清单。企业安全管理部门应组织工艺、设备、安全、工程等专业形成风险评估小组，对各专业经营单位风险清单进行审核，并结合各类专项评估结果形成企业重点管控的风险清单，报企业HSE委员会审批。

（5）企业重点管控的风险应进一步用领结（Bow-tie）分析法细化风险管控措施，明确关键行动任务和责任岗位。

（6）当装置设施出现以下情况时，应及时开展风险评估，并在双防平台更新风险清单和排查任务：

①法律法规和标准规范发生变化；

②重大危险源发生变化；

③装置工艺、设备、电气、仪表、公用工程或操作参数发生重大变更；

④内外部环境发生重大变化；

⑤同类装置设施发生事故事件；

⑥装置设施外部发生有关联且有较大影响的事故；

⑦装置超过检修周期；

⑧其他原因引入新风险或管控措施发生重大变化等。

3. 专项风险评估

（1）重点探井、1字号井（"三新"预探井）、深井超深井、"三高"井、提级管理井以及新技术、新工艺、新工具首次在国内应用的井，应开展钻井、井下作业安全风险现状评估。

（2）老龄化海上固定式生产设施主结构应每5年至少开展一次结构安全性评估。

（3）陆上油气输送管道除开展日常的安全风险评估外，还应开展高后果区、高风险区域的识别与管控。

（4）生产变更实施前，应进行变更风险评估。"两重点一重大"装置设施在改建、扩建及变更过程中涉及安全泄放系统时，还应开展安全泄放系统专项评估。

（5）特殊作业、非常规作业、无氧作业、带压作业、边生产边施工作业、交叉作业、抢修作业在作业前应运用作业安全分析（JSA）等方法开展风险识别，制定风险管控措施。

（6）危化品托运、承运业务，应对运输队伍和资质、运输介质和设备、运输方式和线路及周边社会环境等开展风险评估。

（三）风险控制

（1）企业应对不可接受风险实施风险控制，对风险评估确定的管控措施逐级向下进行责任分解，分级明确风险管控责任人和措施落实责任人。

（2）企业各级主要负责人应承包本单位的最大风险，其他负责人按照风险值高低和分管业务承包其他风险，承包期内应实现不可接受风险降级或降值，或防止可接受风险升级。

（3）企业应制定年度风险总值降低的目标和计划，风险总值为企业年度不可接受风险清单的风险值总和。

（4）各级风险承包人应及时审定风险管控措施，研究承包风险的管控情况，协调各种资源，确保风险管控措施有效落实，并定期组织现场专项检查；各项管控措施落实到位后，应及时组织评估、销项。

（5）不可接受风险应按照工程控制、安全管理、个体防护、应急处置及培训教育的顺序制定风险管控措施。其中，工程控制措施存在不足或缺陷的，要通过技术改造、检维修、设备更新或隐患治理等方式实现风险降级或降值，措施落实后应对相关人员进行培训。

（6）新建项目开车前，风险管控措施应落实到位，且不应存在不可接受的风险。在役装置设施存在重大风险时，应明确风险降级措施的时间进度，原则上风险控制时间不应超过1年。

（7）风险达到降级或销项条件时，应办理审批手续，及时降级或销项。工程施工和作业活动类风险应在施工和作业活动安全结束后进行销项。

（8）当风险降为可接受状态时，应纳入可接受风险清单。

（四）风险监控

（1）企业应按装置、设施、站库的风险评估结果绘制红、橙、黄、蓝四色风险分布图，重大危险源企业应通过双防平台绘制风险电子分布图。

（2）企业应按照集团公司安全公示规定，对企业重大安全风险的基本信息、管控措施和管控责任人等进行公示。

（3）企业应将风险管控措施纳入日常生产经营管理。安全、生产、工艺、技术、工程、设备、电仪等部门应按照各级风险清单的责任分工，做好管理制度、操作规程等文件的修订以及相关装置、设备设施、作业活动的检查监督工作。

（4）企业重点管控风险的管控措施应制订实施进度计划，进行专项检查和每月跟踪。风险管控责任人和措施落实责任人应对照计划检查落实进度，确保达到年度管控目标。

（5）企业应利用双防平台对风险变化情况进行监控。

①重大危险源装置设施应根据风险清单明确装置关键参数，并接入双防平台，实现关键参数异常监控与分级预警。

②企业应对装置的实时风险进行动态监测与分级预警。

③企业应将电子作业票、视频智能分析、人员定位、气体泄漏检测、能量隔离等数据信息接入双防平台，实现作业活动的风险实时监测和预警。

④企业应结合实际，分层级明确分管领导、管理部门、基层单位预警信息接收人员，

确保关键参数异常和风险预警处置流程畅通。

⑤接到预警信息的人员应及时响应，督促相关人员采取合适的措施将关键参数恢复到正常状态或将风险降低到可接受水平。对于泄漏异常信息，应及时研判，并适时启动相关应急预案。

（6）企业对可接受的风险要监控现有管控措施的有效性，通过隐患排查或实时监控等方式动态评估风险变化情况。按照《中国石化安全风险矩阵标准》（Q/SH 0560—2023）评估后，可接受风险清单中存在后果等级为F、G的风险点应实施领导承包监控。

（7）企业应在每年年底前总结风险管理工作，分析风险管控中存在的不足，确定下年度风险管控重点工作，形成年度总结报告，报集团公司健康安全环保管理部和相关事业部。

三 隐患管理的内容和要求

（一）隐患排查

（1）隐患排查应依据法律法规、标准规范和管理制度，通过风险评估、日常排查和专项排查持续开展。

（2）风险评估过程发现的风险管控措施缺失应纳入隐患管理。

（3）日常排查主要是对风险管控措施的有效性进行检查。已建设双防平台的应使用移动巡检设备进行在线排查，重大危险源包保责任人的排查任务应按照国家《危险化学品企业重大危险源安全包保责任人隐患排查任务清单》的规定执行。

（4）专项排查是指根据安全生产需要或特殊时期单独组织的安全检查，包括综合性排查、专业性排查、季节性排查、事故类比性排查、重点时段及节假日前排查、复产复工前排查和外聘专家诊断式排查等。已建设双防平台的应在双防平台上创建排查任务，开展排查。出现下列情况之一时，企业应及时组织开展专项排查：

①法律法规、标准规范新颁布或修订发布执行时，应组织开展符合性排查；

②同类企业或装置发生生产安全事故时，应组织开展事故类比性排查；

③生产作业场所外部环境发生重大变化时，应组织开展环境适应性排查；

④国家组织开展各类安全专项整治行动时，应结合企业实际开展相应的专项排查。

（5）企业应详细记录风险评估、日常排查和专项排查发现的隐患，形成隐患清单，实行全流程闭环管理。重大隐患应落实"五定"（定方案、定资金、定期限、定责任人、定预案）要求。

（二）隐患治理

（1）企业应对隐患实施分级治理，建立基层单位、专业经营单位、直属企业隐患清单，各级负责人应承包并定期研究落实隐患整治方案，推进隐患治理进度。

（2）健康安全环保管理部每年年底前组织相关事业部对直属企业隐患进行研讨，形成集团公司年度重点监管的隐患清单，报集团公司HSE委员会审批。

（3）企业排查发现重大隐患时，要按国家要求及时向地方负有安全生产监督管理职责的部门备案，同时上报集团公司健康安全环保管理部和相关事业部。

（4）隐患治理前，应落实有效的防护措施。

（5）隐患治理过程中，企业要确保方案符合法律法规和标准规范的要求，重视源头治理，严格过程控制，防止产生新的隐患和发生事故。事故隐患整治过程中无法保证安全的，应停产停业或者停止使用相关设备设施，及时撤出相关作业人员，必要时向当地人民政府提出申请，配合疏散可能受到影响的周边人员。

（6）隐患治理完成后，应办理销项手续。集团公司重点监管的隐患治理完成后，企业应报健康安全环保管理部和相关事业部备案。

（7）隐患治理所需资金应落实集团公司投资管理及其相关配套制度的要求，履行审批程序。

（8）重大隐患治理项目、总部部门安保基金补助的隐患治理项目和集团公司重点监管的隐患治理项目完成并投用半年后，企业应成立由技术人员和专家组成的后评估小组或委托有资质的机构开展隐患治理效果后评估，出具后评估报告，报健康安全环保管理部和相关事业部备案。

（9）企业应在每年年底前总结隐患管理工作，对隐患产生的原因进行分析，避免同类隐患重复出现，确定下年度隐患排查整治重点工作，形成年度总结报告，报集团公司健康安全环保管理部和相关事业部。

四　监督要点

（1）风险点确定符合本单位实际、危险源辨识齐全。

（2）风险评价合规、风险值适中。

（3）警示标志齐全、风险告知符合要求。

（4）岗位员工熟知岗位风险及控制措施。

（5）适时开展风险评估，风险控制措施安全有效。

（6）隐患排查类型、频率、方式、内容符合要求。

（7）隐患治理控制措施有效，隐患治理符合规定。

第二节　直接作业环节监督

石油工程施工作业分为特殊作业和一般作业（含非常规作业）。其中特殊作业以及非常规作业的相关环节应办理作业许可，作业许可开票人、审批人、监护人应培训合格持证上岗，作业过程应实行全程视频监控。

一　基本要求

井筒工程的施工作业风险按方案审批和作业许可两种方式分类管控。地球物理勘探、石油工程建设参照井筒工程相关要求执行。

（一）方案审批类监督

（1）方案审批适用于井筒工程中在同一时间、同一施工现场多工种协同、相互交叉、风险较高的作业，一般为系列作业活动。方案审批类作业包括拆搬安、拖航移位、拆换井口，以及一、二级吊装作业等。

（2）方案审批类作业，在作业前由上级业务主管部门进行方案审批、方案交底、现场验收和过程监督。

（二）作业许可类监督

（1）井筒工程特殊作业和非常规作业应办理作业许可。

（2）许可类作业应执行作业许可管理程序，落实安全工作条件和预防措施，未经许可严禁作业；作业许可证的会签与审批应在作业现场进行；禁止超作业许可时间、范围作业。

（3）作业许可需要提高管控级别的情况，分为票证升级和管理升级。分等级的作业，应实行票证升级，提高票证级别；未分等级的作业，应实行管理升级，提高审批权限。

（4）作业许可适用于境内集团内的石油工程公司所属地区（专业）公司井筒工程作业，其他区域施工参照执行；境内集团外业主有明确要求时，应执行业主方作业许可制度。物探、石工建等相关专业可参考执行。

二　特殊作业

石油工程公司特殊作业是指动火、受限空间、高处、吊装、临时用电、动土等6类作业。

（一）通用要求

1．职责分工

（1）按照"管业务必须管安全""风险管控最有利""谁签字谁负责、谁审批谁负责"的原则，结合实际，确定参与作业许可证的办理人员，按专业制定并落实风险防控措施。开票人具体负责对该项作业制定的风险防控措施落实情况的确认。

（2）各级安全管理部门是作业许可的监管责任主体。对作业许可管理的执行情况实施监督管理；负责作业许可开票人、监护人、审批人的安全培训和资格认定。

（3）各级业务主管部门是作业许可的专业管理责任主体。负责本业务范围内作业的专业监督管理，提供专业技术支撑。

（4）基层单位是作业许可的实施责任主体。负责作业计划的制定、作业预约、JSA、安全交底、风险防控措施的制定与落实、现场监护，以及作业结束的核实、现场恢复、作业许可的关闭；负责作业人员的属地安全教育和作业现场的工艺、环境处理，确保满足作业安全要求。基层单位应严格执行专业经营单位预约管理制度，确保上一级生产管理部门、业务主管部门和安全管理部门知情。

（5）开票人的职责包括但不限于：

①作业前组织相关专业人员开展JSA分析，确认安全措施落实情况；

②在作业现场向监护人、作业人员进行作业安全交底，填写作业许可证；

③作业取消、延长或完成，及时通知审批人。

（6）作业人员的职责包括但不限于：

①了解作业的内容、地点、时间、要求，熟知作业过程中的危害因素及安全措施；

②作业前检查作业器具及防护用品安全状况；

③安全措施未落实时，有权拒绝作业；

④作业过程中如发现情况异常，应立即发出信号，停止作业，告知作业现场负责人，采取应急处置措施后，迅速撤离现场。

（7）监护人的职责包括但不限于：

①作业前，检查作业许可证与作业内容相符并在有效期内，许可证中各项风险防控措施得到落实，作业部位已贴挂标识；

②核查相关作业人员的有效资格证书；

③对作业时使用设备设施进行安全确认；

④检查作业人员配备和使用的个体防护装备满足作业要求；

⑤对作业人员的行为和现场安全作业条件进行检查与监督，负责作业现场的安全协调与联系，确保作业全过程安全风险受控；

⑥当作业现场出现异常情况时，应立即下令中止作业并采取安全有效应急措施；当作业人员违章时，应及时制止违章，情节严重时，应收回作业许可证、中止作业；

⑦作业期间，不得擅自离开作业现场且不得从事与监护无关的工作，不得随意更换。如需更换监护人，必须做好工作交接，在作业许可证上签字，并记录好交接时间。

（8）审批人的职责包括但不限于：

①对将要进行作业的工作内容、工作区及附近区域正在进行的其他工作等有详细的了解，清楚作业过程中可能存在的危害；

②评估作业过程中可能发生的条件变化；

③在现场核准安全措施落实情况；

④批准、取消、延长、关闭作业。

2. 人员要求

（1）作业开票人、监护人、审批人应经过作业许可管理培训合格，取得相应资格。监护人应由具有相关生产、作业实践经验的人员担任，在现场佩戴明显标识。

（2）作业人员持有效的作业许可证，按照许可证规定的内容进行作业，不得随意更换；如需更换人员，必须做好工作交接，并在作业许可证上签字，记录交接时间。监护人不得擅自离开现场，确需离开时，应收回作业许可证，暂停作业。

（3）特种作业和特种设备作业人员应取得相应资格证书，持证上岗；《职业禁忌证导则》（GBZ/T 260）规定的职业禁忌证者不应参与对应作业。

3. 作业预约

（1）一级及以上动火、二级及以上吊装、Ⅳ级高处、情况复杂的受限空间、钻机拆搬安、井架起放、拖航移位等，应至少在作业前8小时向上一级业务主管部门进行预约或备案。

（2）需要预约的作业，须有上一级业务主管部门的人员参与风险防范措施制定。风险较高但有固定规律的作业应制定指导作业书（或操作规程）。

4. 作业安全分析（JSA）

（1）基层单位应采用JSA理念和方法组织开展JSA分析，特殊作业应成立JSA分析小组。

（2）JSA分析小组组长应由开票人担任，小组成员由作业人员、监护人员等组成。当作业情况复杂时，相关专业的技术人员也应参加。

（3）对作业全过程存在的安全风险进行分析，从技术、管理和个体防护等方面，制定有效的防控措施，检查落实并记录在作业许可证中。

（4）作业中断需恢复时，开票人与监护人应对前期JSA分析结果进行复核，确认无变化后方可恢复作业。

5. 安全交底与风险防控措施确认

（1）作业前，开票人应确认相关岗位对风险防控措施落实情况后，在作业现场向监护人、作业人员进行作业安全交底，交底内容包括作业内容、存在的安全风险、风险防控措施、施工作业环境和应急处置要求等，并在作业许可证上签字。

（2）在开票人、有关人员、监护人及施工现场负责人对现场作业风险防控措施落实情况逐条签字确认后，作业许可证由审批人于作业前在现场签字生效。

6. 作业监护

（1）特殊作业期间应设监护人，并实行分类管理，分为双监护和单监护两种监护形式。

（2）有承分包商参与作业的特级动火作业、一级动火作业、情况复杂的受限空间作业、一级吊装作业、非常规作业，基层单位和承（分）包商实施作业现场"双监护"。

7. 作业许可

（1）作业许可证的会签与审批应在作业现场进行；未经许可审批，不得进行相关特殊作业；禁止超作业许可时间、范围作业。

（2）同一作业内容涉及两种或两种以上特殊作业时，应同时执行相应的作业许可要求，办理相应的作业许可证。

（3）特殊时期（含节日、假日和夜间）应当控制作业数量。确需作业时，作业许可应升级管理。分等级的作业，应实行票证升级，提高票证级别；未分等级的作业，应实行管理升级，提高审批权限。特殊时期的特级动火、一级吊装、Ⅳ级高处、情况复杂的受限空间等作业，应由上一级管理人员现场带班。

（4）检维修作业施工方案（安全技术措施）未审批、现场安全交底未开展的不得施工。需制定施工方案的"双边"作业，方案中的安全技术措施必须由施工双方共同制定。

（5）特殊作业必须全程视频监控（固定或移动式）。专业经营单位应完善现有的固定式监控设备，配备满足需要的移动式监控设备，实现施工现场视频监控全覆盖。

（6）作业内容变更、作业范围扩大、作业地点转移、超过作业许可证有效期限的，或工艺条件、作业条件、作业方式、作业环境改变导致风险防控措施失效的，取消作业许可，如需继续施工的，应重新办理作业许可证。

（7）当作业现场出现异常，可能危及作业人员安全时，作业人员应立即停止作业，迅速撤离至安全区域，所有的许可证立即失效。

（8）在作业许可证规定的时间内作业内容没有完成，需由作业人员提出延长申请，延长时间内的许可条件应满足要求，延长时间不得超过6小时。

（9）许可证延期前，开票人和审批人需重新检查工作区域，核实工作区域的情况没有发生变化，所有安全措施仍然有效，由审批人签字同意延期。仅新增安全要求（如夜间工作的照明等）应在申请上注明，审批人落实后，方可签字同意延期。

（10）作业完毕后，开票人和审批人应组织现场检查，确认无遗留安全隐患，进行完工验收，方可办理作业许可证关闭手续。

（11）作业许可证一式三份，一份正本，两份副本。在工作期间，应将有效的作业许可证的正本（白色）放置在作业场所明显位置；副本（黄色）张贴于现场值班室，让员工清楚本区域内正在实施的作业；副本（蓝色）由审批人保留。

（12）特殊作业参照《中国石化作业许可管理规定》执行。

（13）许可证是特殊作业的凭证和依据，严禁随意涂改、代签，应妥善保管。作业许可证正本由施工单位留存，一般保存一年。

（二）动火作业监督

动火作业是指在具有火灾爆炸危险场所内进行的涉火施工作业。主要包括各类焊接、热切割、明火作业及产生火花的其他作业等。

在易燃易爆区域之外可以设置固定动火区。固定动火区动火不需办理作业许可证。

1. 一般要求

（1）动火作业应执行"三不动火"原则，即无动火作业许可证不动火、动火监护人不在现场不动火、安全风险防控措施不落实不动火。

（2）动火作业要本着"能不动火就不动火""能拆除移走动火就拆除移走动火"的原则，尽量减少在易燃易爆区域内的动火频次。

（3）在易燃易爆区域之外可以设置固定动火区，固定动火区动火不需办理作业许可证。

（4）一张动火作业许可证只限一处动火，实行一处（一个动火地点）、一证（动火作业许可证），不能用一张许可证进行多处动火。

2. 分级管理及审批

（1）固定动火区外的动火作业分特级动火、一级动火和二级动火三个级别。

特级动火作业：在生产运行状态下易燃易爆的生产设施、输送管道、容器（不含带有可燃介质的储罐）等部位上及其他特殊危险场所进行的动火作业。带压不置换动火作业按特级动火作业管理。井喷现场距离井口10m范围内动火。

一级动火作业：在易燃易爆场所进行的除特级动火作业以外的动火作业。如：钻开油气层非井涌、气侵条件下，距井口10m范围内的动火作业。油基钻井液循环罐上动火。

二级动火作业：除特级动火、一级动火作业外，在防爆油气区外的油气生产区域内的各类动火作业。开钻后距离井口30m内动火，距离油罐或其他易燃物15m内动火。

（2）动火审批。

特级动火由专业经营单位（公司）安全管理人员会签，安全分管领导审批签发。

一级动火由基层单位上一级（公司或项目部）安全管理人员会签，基层单位负责人审批签发。

二级动火由基层单位负责人审批签发。

（3）动火作业审批人应现场确认基层单位和施工单位落实安全风险防控措施后，方可审批签发许可证。

3. 监督要点

1）动火采样

（1）特级、一级动火作业前，必须采样送化验室进行分析；二级首次动火作业前，应采样送化验室进行分析或现场采用两台符合要求的便携式检测仪，采取检测数据比对校正的方式进行动火分析。如化验分析时间超过30min，则应在化验结果送达的同时使用便携式检测仪进行检测，检测数据与超时的化验中心分析合格结果比对均为合格时，方可进行动火作业。

（2）动火分析的检测点应有代表性，在较大的设备内动火，应对上、中、下（左、中、右）各部位进行检测分析；在较长物料管线上动火，应在彻底隔绝区域内分段分析。

（3）当可燃气体爆炸下限大于或等于4%时，分析检测数据不大于0.5%（体积分数）为合格；可燃气体爆炸下限小于4%时，分析检测数据不大于0.2%（体积分数）为合格。

（4）动火分析有效期。分析取样与动火作业开始时间间隔不应超过30min；特级、一级动火作业中断时间超过30min，二级动火作业中断时间超过60min，应重新进行气体分析。

（5）动火前应进行气体分析，监护人应佩戴便携式报警仪进行全程动态监测。

（6）应连续检测动火作业的设备及管道内可燃气体浓度，发现气体浓度超限报警时，须立即停止作业。

（7）在不小于动火点15m范围内应对大气环境进行检测分析，确保动火作业环境符合要求。

2）动火措施及监督

（1）动火作业区域应设置警戒线，无关人员及设备不应进入动火区域；动火作业人员应在动火点的上风向作业，并避开介质和封堵物可能喷出的方向。

（2）在动火前应清除现场一切可燃物，并准备好消防器材。对于动火点周围15m范围内有可能泄漏易燃、可燃物料的设备设施，应采取隔离措施；对于受热分解可产生易燃易爆、有毒有害物质的场所，应检查分析并采取清理或封盖等防护措施。动火点周围或其下方地面有可燃物、电缆桥架孔洞、窨井、地沟、水封设施、污水井等，应检查分析并采取清理或封盖等措施。

（3）动火作业涉及其他管辖区域时，由相关单位共同落实风险防控措施，方可动火。

（4）动火期间，距动火点30m内严禁排放各类可燃气体，15m内严禁排放各类可燃液体。在有可燃物构件和使用可燃物做防腐内衬的设备内部进行动火作业时，应采取防火隔绝措施。

（5）高处动火作业应采取防止火花飞溅、散落等措施。

（6）在受限空间内进行动火时，严禁同时进行刷漆、喷漆作业或使用可燃溶剂清洗等其他可能散发易燃气体、易燃液体的作业。

（7）使用电焊机、等离子机作业时，机具与动火点的间距不应超过10m。

（8）使用气焊、气割动火作业时，乙炔瓶应直立放置，不得卧放使用。氧气瓶与乙炔瓶的间距不应小于5m，二者与动火点间距不应小于10m，并应采取防晒和防倾倒措施；乙炔瓶应安装防回火装置。

（9）在动火作业过程中，当作业内容或环境条件发生变化，可能危及作业安全时，应立即停止作业，许可证同时废止。

（10）遇五级（含五级）风以上天气，原则上禁止露天动火作业；因生产确需动火，动火作业应升级管理。

（三）受限空间作业监督

石油工程公司受限空间主要包括进入泥浆罐、油罐、圆（方）井、密闭舱室、灰罐、污水池（罐）等封闭或半封闭场所作业。

1. 一般要求

（1）作业执行"三不进入"原则，即无受限空间作业许可证不进入、监护人不在场不进入、风险防控措施不落实不进入。

（2）严格遵守"先通风、再检测、后作业"的原则；严禁检测不合格进行作业。

2. 作业人员职责

（1）作业前应认真查看许可证内容，充分了解作业的内容、地点、时间和要求，熟知作业中的安全风险和风险防控措施。

（2）作业人员在风险防控措施不落实、作业监护人不在场履职等情况下有权拒绝作业，并向上级报告。

（3）服从作业监护人的指挥，禁止携带作业工器具以外的物品进入受限空间。

（4）在作业中发现异常情况或感到不适应、呼吸困难时，应立即向作业监护人发出信号，迅速撤离现场，严禁在有毒、窒息环境中摘下防护面罩。

3. 监督要点

（1）采样分析：

①作业前30min内，应对受限空间进行有毒有害、可燃气体、氧含量分析，分析合格后方可进入。

②作业中断时间超过60min时，应重新进行分析。

③分析仪器应在校验有效期内，使用前应保证其处于正常工作状态。

④检测人员进入或探入受限空间检测时应佩戴符合规定的个体防护装备。

⑤取样分析应有代表性、全面性。应对上、中、下（左、中、右）各部位取样分析，保证受限空间内部任何部位的可燃气体浓度和氧含量合格，当被测气体或蒸气的爆炸下限大于或等于4%时，其被测浓度应不大于0.5%（体积分数）。

（2）监测监护：

①作业时，作业现场应配置便携式或移动式气体检测报警仪，连续检测受限空间内可燃气体、有毒气体及氧气浓度。

②发现气体浓度超限报警，应立即停止作业、撤离人员；对现场进行处理，重新检测

合格后方可恢复作业。

（3）应急处置：

①制定的应急预案或风险防控措施，应包括作业人员紧急状况时的逃生路线和救护方法，监护人与作业人员约定联络信号，现场应配备救生设施和灭火器材等。

②现场人员应熟知应急预案内容，在受限空间外的现场配备一定数量符合规定的应急救护器具（包括空气呼吸器、供风式防护面具、救生绳等）和灭火器材。

③出入口内外不得有障碍物，保证其畅通无阻，便于人员出入和抢救疏散。

④当作业期间发生异常时，应立即停止作业，作业人员撤出现场，在入口处设置警告牌，并采取措施防止误入。经处理并达到安全作业条件后，需重新办理许可证方可进入。

（4）良好通风：

①为保证受限空间内空气流通和人员呼吸需要，可打开人孔、侧门等与大气相通的设施进行自然通风，必要时采取强制通风。

②管道送风前应对管道内介质和风源进行分析确认，不得向受限空间充入纯氧气或富氧空气。

③在忌氧环境中作业，通风前应对作业环境中与氧发生化学反应的物料进行卸放、置换或清洗。

（5）使用安全电压和安全行灯：

①进入金属容器（炉、罐等）和特别潮湿、工作场地狭窄的非金属容器内作业，照明电压不大于12V。

②潮湿环境作业时，作业人员应站在绝缘板上，同时保证金属容器接地可靠。

③需使用电动工具或照明电压大于12V时，应按规定安装漏电保护器，其接线箱（板）严禁带入容器内使用。

④作业环境原来盛装爆炸性液体、气体等介质的，应使用防爆电筒或电压不大于12V的防爆安全行灯。

（6）作业人员应正确穿戴相应的个体防护装备：

①受限空间安全条件达不到要求，从事清污作业的，作业全过程应正确佩戴正压式空气呼吸器，并正确拴带救生绳。

②进入可能存在易燃易爆的受限空间，应穿阻燃防静电工作服及工作鞋，使用防爆工具，严禁携带手机等非防爆通信工具和其他非防爆器材。

③存在酸碱等腐蚀性介质的受限空间，应穿戴防酸碱防护服、防护鞋、防护手套等防腐蚀装备。

④电焊作业，应穿绝缘鞋。

⑤有噪声产生的受限空间，应佩戴耳塞或耳罩等防噪声护具。

⑥有粉尘产生的受限空间，应佩戴防尘口罩、眼罩等防尘护具。

⑦高温的受限空间，应穿戴高温防护用品，必要时采取通风、隔热等措施。

⑧低温的受限空间，应穿戴低温防护用品，必要时采取供暖措施。

（7）进入带有搅拌器等转动部件的受限空间，应在停机后切断电源，摘除保险，并按照能量隔离的要求在开关上挂牌上锁，专人监护。

（8）不得使用卷扬机、吊车等运送受限空间作业人员；作业中不得抛掷材料、工器具等物品。

（9）接入受限空间的电线、电缆、通气管应在进口处进行保护或加强绝缘，且应尽量避免与人员出入使用同一出入口。

（10）发生人员中毒、窒息的紧急情况，抢救人员必须正确佩戴正压式呼吸防护装备和救生绳进入受限空间，严禁无防护救援，并至少有1人在受限空间外部负责联络工作。

（11）难度大、劳动强度大、时间长、高温的受限空间作业，应采取轮换作业方式。

（12）气体分析合格之前或作业停工期间，所有打开的人孔必须进行封闭并挂"严禁进入"警示牌，不得擅自进入。

（13）作业结束后，应对受限空间进行全面检查，清点人数和工具，确认无误后，相关人员签字验收，人孔立即封闭。

（四）高处作业监督

高处作业是指在距离坠落高度基准面2m以上（含2m）有坠落可能的位置进行的作业，包括上下攀援等空中移动过程。

1. 分级管理及审批

（1）高处作业分为四个等级：Ⅰ级（2m≤坠落高度≤5m）、Ⅱ级（5m＜坠落高度≤15m）、Ⅲ级（15m＜坠落高度≤30m）、Ⅳ级（坠落高度＞30m）。

（2）Ⅰ级、Ⅱ级高处作业由基层单位负责人审批；Ⅲ级高处作业由专业经营单位（或项目部）业务分管负责人审批；Ⅳ级高处作业由专业经营单位业务分管领导审批。

（3）经过安全风险分析，由于作业环境导致风险增加，高处作业应进行升级管理。

2. 作业人员职责

（1）作业前，应充分了解作业内容、地点（位号）、时间、作业要求以及作业过程的安全风险和防控措施。

（2）持有有效的高处作业许可证，方可进行高处作业。

（3）对风险防控措施不落实而强令作业时，作业人员应拒绝作业，并向上级报告。

（4）在作业中如发现异常或感到不适等情况，应及时发出信号，并迅速撤离现场。

3. 监督要点

（1）凡患有未控制的高血压、恐高症、癫痫、晕厥及眩晕症、器质性心脏病或各种心律失常、四肢骨关节及运动功能障碍疾病，以及其他不适于高处作业疾患的人员，不得从事高处作业。

（2）作业人员劳动保护用品应符合高处作业的要求，禁止穿硬底和易滑的鞋进行高处作业。

（3）作业人员应正确佩戴符合《安全带》（GB 6095）要求的安全带以及《坠落防护安全绳》（GB 24543）要求的安全绳。

（4）安全带应系挂在施工作业处上方的牢固构件上，不得系挂在有尖锐棱角或有可能转动的部位，并应高挂低用，系挂点下方有足够的净空。因条件限制无法系挂安全带的高处作业，垂直攀爬高度超过6m的作业，无法设置外架防护或作业平台的临边、洞口作业，应增设生命绳或防坠器等防护设施。

（5）高处作业应根据实际需要配备符合安全要求的梯子、防护栏、挡脚板；临边及洞口四周应设置防护栏杆、警示标志或采取覆盖措施。

（6）高处作业应设警戒区并派专人监护，在同一坠落方向上，一般不得进行上下交叉作业，无法避免时，必须采取"错时、错位、硬隔离"措施。

（7）严禁上下投掷工具、材料和杂物等，工具在使用时应系有安全绳，不用时应将工具放入工具套（袋）内，高处作业人员上下时手中不得持物。

（8）30m及以上高处作业应配备通信联络工具。

（9）作业场所光线不足时，应对作业环境设置照明设备，确保作业需要的能见度。

（10）因作业需要，临时拆除或变动安全防护设施时，应经作业审批人同意，并采取相应的防护措施。作业后应立即恢复，重新组织验收。

（11）当作业中断，再次作业前，应重新对环境条件和风险防控措施予以确认；当作业内容和环境条件变更时，需要重新办理许可证。

（12）高温（35℃及以上）或低温（5℃及以下）下进行高处作业时，应采取防暑、防寒措施；当气温高于40℃时，应停止露天高处作业。

（13）陆地风力在五级以上、海上风速在15m/s以上、浓雾、暴雨（雪）、雷电等天气，不应进行露天高处作业；雨雪天确需作业的，应采取防滑措施；暴雨（雪）、台风过后，应对作业现场及劳动保护设施进行检查，发现隐患立即整改，合格后方可恢复作业。

（五）吊装作业监督

吊装作业是指利用起重机械将设备、工件、器具材料等吊起，使其发生位置变化的作业过程。随车吊作业按照操作规程可不办理作业许可证，但应开展JSA分析，告知作业人员相关风险及落实防控措施。

吊装作业指挥人员和吊装机械操作人员应按地方政府要求取得相应资格证书，持证上岗。

1. 分级管理及审批

（1）吊装作业按起吊工件质量和长度划分为三个等级，一级为质量100t以上或长度

60m及以上；二级为质量大于等于40t、小于等于100t；三级为质量40t以下。

（2）一级吊装作业许可证由专业经营单位（公司）业务分管负责人审批。一级吊装作业前，公司应组织专家对作业方案、作业安全技术措施进行审查。

（3）二、三级吊装作业许可证由基层单位负责人审批。

2. 起重机械操作人员要求

（1）按指挥人员发出的指挥信号进行操作；任何人发出的紧急停车信号均应立即执行；吊装过程中出现故障，应立即向指挥人员报告。

（2）吊物接近或达到额定起重吊装能力时，应检查制动器，用低高度、短行程试吊后，再吊起。

（3）利用两台或多台起重机械吊运同一吊物时应保持同步，各台起重机械所承受的载荷不应超过各自额定起重能力的80%。

（4）下放吊物时，不应自由下落（溜）；不应利用极限位置限制器停车。

（5）不应在起重机械工作时对其进行检修；不应在有载荷的情况下调整起升变幅机构的制动器。

（6）停工和休息时，不应将吊物、吊笼、吊具和吊索悬在空中。

3. 作业人员（司索工）要求

（1）听从指挥人员的指令，并及时报告险情。

（2）不应用吊钩直接缠绕吊物及将不同种类或不同规格的索具混在一起使用。

（3）吊物捆绑应牢靠，吊点设置应根据吊物重心位置确定，保证吊装过程中吊物平衡；起升吊物时应检查其连接点是否牢固、可靠；吊运零散件时，应使用专门的吊篮、吊斗等器具，吊篮、吊斗等不应装满。

（4）吊物就位时，应与吊物保持一定的安全距离，用牵引绳或推拉杆辅助其就位。

（5）吊物就位前，不应解开吊装索具。

（6）除具有特殊结构的吊物外，严禁单点捆绑起吊。

4. 监督要点

（1）吊装作业前，基层单位应组织吊装作业人员、监护人员对以下项目进行安全检查：

①对起重机械、吊具、索具、安全装置等进行检查，确保其处于完好、安全状态，并签字确认。

②对安全措施落实情况进行确认。

③对吊装区域内的安全状况进行检查（包括吊装区域的划定、标识、障碍）。

④核实天气情况。

（2）吊装作业时必须明确指挥人员，指挥人员应佩戴明显的标志，应严格执行吊装方案，按规定的指挥信号进行指挥，其他操作人员应清楚吊装方案和指挥信号，发现问题要及时与相关人员协商解决。

（3）应按规定负荷进行吊装，吊具、索具应经计算选择使用，不应超负荷吊装。正式起吊前应进行试吊，检查全部机具、绳索受力情况，发现问题，应先将物件放回地面，待故障排除后重新试吊。确认一切正常后，方可正式吊装。

（4）起重机械及其臂架、吊具、辅具、钢丝绳、缆风绳和吊物不得靠近高低压输电线路。确需在电力线路附近作业时，必须按规定保持足够的安全距离，同时起重机械的安全距离应大于起重机械的倒塌半径并符合《电业安全工作规程（电力线路部分）》（DL 409）的要求，否则应停电进行吊装作业（表3-2-1）。

表3-2-1　起重机械、吊索、吊具及设备与架空输电线路间的最小安全距离

项目	输电导线电压 /kV						
	<1	10	35	110	220	330	500
安全距离/m	2.0	3.0	4.0	5.0	6.0	7.0	8.5

（5）吊装过程中吊物及起重臂移动区域下方不得有任何人员经过或停留，任何人不得停留在起重机运行方向上。

（6）以下情况不应起吊：

①无法看清场地、吊物，指挥信号不明。

②起重臂吊钩或吊物下面有人、吊物上有人或浮置物。

③重物捆绑、紧固、吊挂不牢，吊挂不平衡，索具打结，索具不齐，斜拉重物，棱角吊物与钢丝绳之间无衬垫。

④吊物质量不明，与其他吊物相连，埋在地下，与其他物体冻结在一起。

⑤在制动器、安全装置失灵、吊钩防脱钩装置损坏、钢丝绳损伤达到报废标准等起重设备、设施处于非完好状态。

⑥遇6级及以上大风或大雪、暴雨、大雾等恶劣天气。

（7）吊装作业中利用两台或多台起重机械吊运同一吊物时应保持同步，各台起重机械所承受的载荷不应超过各自额定起重能力的80%。

（8）吊装作业完毕应做好以下工作：

①将吊钩和起重臂放到规定的稳妥位置，所有控制手柄均应放到零位，对使用电气控制的起重机械，应将总电源开关断开。

②将索具、吊具收回放置于规定的地方，并对其进行检查、维护、保养。

（六）动土作业监督

动土作业是指在中国石化生产运行区域（含生产生活基地）内进行挖土、打桩、钻探、坑探地锚入土深度在0.5m以上的作业（包括交通道路、消防通道上进行的施工作业）；使用推土机、压路机等施工机械进行填土或平整场地等可能对地下隐蔽设施产生影响的作业。

1. 安全风险分析

（1）作业前，业务管理部门应组织施工单位开展JSA，分析存在的安全风险，绘制动土作业点示意图，制定相应风险防控措施，并在作业许可证中进行确认。

（2）作业前，开票人应组织相关专业人员将风险防控措施向监护人、作业人员进行安全交底。

2. 监督要点

（1）作业前检查内容：

①施工单位应了解地下隐蔽设施的分布情况，动土临近地下隐蔽设施时，应使用适当工具人工挖掘，避免损坏地下隐蔽设施。当暴露出电缆、管线以及不能辨认的物品时，不得敲击、移动，应立即停止作业，妥善加以保护，报告动土审批单位并采取保护措施。

②施工单位应按照施工方案，逐条落实风险防控措施，做好地面和地下排水工作，严防地面水渗入作业层面造成塌方。

③检查工器具性能和现场环境条件，发现问题及时处理。

④在道路上（含居民区）及危险区域内施工，施工现场应设围栏、盖板和警告标志，夜间应设警示灯。

（2）机械动土开挖时，应防止邻近建（构）筑物、道路、管道等下沉和变形，必要时采取防护措施，加强观测，防止位移和沉降。应避开构筑物、管线、电缆等，在距管道、电缆边1m范围内应采用人工开挖；在距直埋管线2m范围内应采用人工开挖，避免对管线或电缆造成影响。

（3）在沟（槽、坑）下作业应按规定坡度顺序进行，使用机械挖掘时，人员不应进入机械旋转半径内；深度大于2m时，应设置人员上下的梯子等，保证人员快速进出；两人以上同时挖土时应相距2m以上，防止工具伤人。

（4）挖掘坑、槽、沟等作业，应遵守下列规定：

①不应在土壁上挖洞攀登。

②不应在坑、槽、沟上端边缘站立、行走。

③在坑、槽、沟的边缘安放机械、通行车辆时，应保持适当距离，采取有效的固壁措施，确保安全。

④在拆除固壁支撑时，应从下而上进行；更换支撑时，应先装新的，后拆旧的。

⑤不应在坑、槽、沟内休息。

⑥挖掘土方应自上而下逐层挖掘，严禁采用挖空底脚和挖洞的方法进行挖掘。使用的材料、挖出的泥土应堆放在距坑、槽、沟缘至少1m处，堆土高度不得大于1.5m。挖出的泥土不应堵塞下水道和窨井；在动土开挖过程中应采取防止滑坡和塌方措施。

⑦应视土壤性质、湿度和挖掘深度设置安全边坡或固壁支撑；作业过程中应对坑、槽、沟边坡或固壁支撑架随时检查，特别是雨雪后和解冻时期，如发现边坡有裂缝、松疏或支

撑有折断、走位等异常情况，应立即停止工作，并采取相应措施。

（5）在生产装置区、罐区等危险场所动土时，监护人应与所在区域的生产人员建立联系，当生产装置区、罐区等场所排放有害物质前，应通知现场所有人员撤离现场。

（6）在施工过程中出现下列情形，应及时报告单位负责人，采取有效措施后方可继续进行作业：

①需要占用规划批准范围以外场地。

②可能损坏道路、管线、电力、邮电通信等公共设施。

③需要临时停水、停电、中断道路交通。

④需要进行爆破的。

（7）在动土开挖过程中，出现滑坡、塌方或其他险情时，应采取以下措施：

①立即停止作业，撤出作业人员。

②设置警告牌，夜间设警示灯，划出警戒区，安排警戒人员日夜值勤。

③通知设计、工程建设和安全等有关部门，及时对险情进行处理。

（8）动土作业结束后，应及时回填土石，恢复地面设施及交通。

（七）临时用电作业监督

临时用电指在正式运行的电源上所接的非永久性用电。在运行的生产装置、罐区和具有火灾爆炸危险场所内不得随意接拆临时电源。凡在具有火灾爆炸危险场所内的临时用电，在办理临时用电作业许可证前，应按照规定办理动火作业许可证。使用规范的防爆插头插座方式连接的临时用电，可不办理作业许可，但应开展JSA分析，告知作业人员相关风险及落实防控措施。

1. 安全风险分析

（1）基层单位应组织配送电单位、临时用电单位针对作业内容开展JSA，分析作业过程存在的安全风险，制定相应风险防控措施，并在作业许可证中进行确认。

（2）作业前，开票人应组织相关专业人员将风险防控措施向监护人、作业人员进行安全交底。

（3）使用规范的防爆插头插座方式连接的临时用电，可不办理作业许可，但应开展JSA分析，告知作业人员相关风险及落实防控措施。

2. 风险防控措施

（1）临时用电的漏电保护器使用前应进行漏电保护试验，严禁试验不正常情况下使用。

（2）送电前，配送电单位和临时用电单位应检查临时用电线路和电气设备，确认风险防控措施已落实。由配送电单位接通临时电源。

（3）临时用电线路及设备应有良好的绝缘，所有的临时用电线路应采用耐压等级不低于500V的绝缘导线，宜采用相应电压等级的绝缘电缆。

（4）临时用电线路经过火灾爆炸危险场所以及有高温、振动、腐蚀、积水及产生机械损伤等区域，不应有接头，并应采取相应的保护措施。

（5）临时用电架空线应采用绝缘铜芯线，设在专用电杆或支架上，严禁设在树木和脚手架上。架空线最大弧垂与地面距离，在施工现场不低于2.5m，穿越机动车道不低于5m。

（6）对需埋地敷设的电缆线路应设走向标志和安全标识。电缆埋地深度不应小于0.7m，穿越道路时应加设防护套管。

（7）现场临时用电的配电盘（箱）应有电压标识和安全警示标识，应有控制对象标识和防雨措施，离地距离不少于0.3m；总（分）配电箱使用时应上锁。

（8）在开关上接、拆临时用电线路时，其上级开关应断电并上锁挂牌；接、拆线路作业时，应有监护人在场。

（9）照明变压器应使用双绕组型安全隔离变压器，一、二次均应装熔断器，行灯电压不应超过36V，在特别潮湿的场所内作业装设的临时照明行灯电压不应超过12V。

3. 监督要点

（1）临时用电单位应严格遵守临时用电规定，不得变更地点和作业内容，严禁随意增加用电负荷或擅自向其他单位转供电。

（2）临时用电的电气设备周围不得存放易燃易爆物、污染源和腐蚀介质，否则应采取防护处置措施，其防护等级应与环境条件相适应。

（3）在防爆场所使用的临时电源、电气元件和线路应达到相应防爆等级要求，并采取相应的防爆安全措施。

（4）临时用电设备和线路应按供电电压等级和容量正确使用，所用电气元件应符合国家、行业标准及作业现场环境要求；临时用电电源施工、安装应符合有关要求，并接地良好。

（5）临时用电线路应按照TN-S三相五线制方式接线，并符合《施工现场临时用电安全技术规范》（JGJ 46）的规定。

（6）临时用电线路的漏电保护器选型和安装应符合规定。临时用电设施应做到"一机一闸一保护"，开关箱和移动式、手持式电动工具安装应符合规范要求的漏电保护器。

（7）临时用电单位的自备电源不得接入公用电网。动力和照明线路应分路设置。临时用电单位应对临时用电设备和线路每天进行不少于2次例行检查，并建立检查记录。

（8）在临时用电有效期内，如遇施工过程中停工、人员离开时，临时用电单位应从受电端向供电端逐次切断临时用电开关。重新施工时，对线路、设备检查确认后方可送电。

（9）作业完工后，临时用电单位应及时通知配送电单位停电，并由配送电单位拆除临时用电线路。

三 非常规作业

非常规作业是指风险较高的、缺乏对应作业规程（作业指导书）、无规律、无固定频次的作业，作业内容涉及特殊作业的按照特殊作业管理。井筒工程非常规作业主要包括井架起（放）作业、处理复杂情况及故障、闸板防喷器开井作业、爆破异常处置作业及放射源异常处置作业等。非常规作业应办理作业许可证，作业许可证有效期限一般不超过一个班次。非常规监督要点见第六章，并结合作业许可要求进行监督。

（一）井架起（放）作业

井架起（放）作业。指各类钻机、修井机井架起（放）作业，不包括井下作业试油（气）队、小修队井架起放。井架起（放）作业应进行报备管理，必须开具作业许可证，作业必须全程视频监控（固定式或移动式）。井下作业试油（气）队、小修队井架起放可不办理井架起放作业许可证，但应开展JSA分析，告知作业人员相关风险及落实防控措施。

（二）处理复杂情况及故障

处理复杂情况及故障指钻修井施工中处理卡钻（含电缆仪器遇卡）、修井作业中处理井下故障时超过套管、钻具、方钻杆或顶驱最大负荷的80%以及断钻具、大绳跳槽或打扭、水龙头脱钩、天车突然损坏等。作业应进行报备管理，必须开具作业许可证，作业必须全程视频监控（固定式或移动式）。

（三）闸板防喷器开井作业

闸板防喷器开井包括钻修井异常施工中防喷器关井、憋压候凝后闸板防喷器开井作业。作业应进行报备管理，必须开具作业许可证，作业必须全程视频监控（固定式或移动式）。

日常井控（硫化氢）演习的开井不纳入作业许可管理，但需对开井情况进行确认。

（四）爆破异常处置作业

爆破异常处置作业主要指未起爆的射孔弹处置。

（五）放射源异常处置作业

放射源异常处置作业包括测井更换放射源源壳（源头）、处理放射源落井、处理卡在源室或源罐内放射源等作业。

四　一般作业

是指在生产区域进行的不涉及特殊作业、非常规作业的其他作业，可通过工单、作业指令、生产任务书等方式，落实风险识别和风险防控措施即可，不需办理作业许可。一般作业监督要点见第五至第九章节。

第三节 承（分）包商监督

承（分）包商是指承担工程建设、检维修、现场技术服务、生产经营过程中涉及外包业务的单位，包括项目管理、项目监理、项目总承包、施工总承包、分包以及勘察、设计、检验检测等单位。

一 职责要求

（一）生产经营单位职责

（1）应明确招投标、资质审查、合同签订、分包、开工准备、施工作业现场、监理、安全生产费用、检查与监督考核等安全管理要求。明确违章处罚要求，建立清退机制；同时建立承（分）包商安全双向考评机制，明确内容、管理程序及标准。

（2）发包工程项目，应以生产经营单位名义进行，严禁以某一部门的名义进行发包。

（3）应明确发包工程归口管理部门，统一对发包工程进行管理。建立完善承（分）包商安全管理制度，明确有关职能部门的管理责任。

（4）要对承（分）包商进行资质审查，选择具备相应资质、安全生产条件，安全业绩好的生产经营单位作为承（分）包商。

（5）要对进入本单位的承（分）包商人员进行全员安全教育，向承（分）包商进行作业现场安全交底，对承（分）包商的安全作业规程、施工方案和应急预案进行审查，对承（分）包商的作业进行全过程监督。

（6）同一工程项目或同一施工场所有多个承（分）包商施工时，生产经营单位应与承（分）包商签订专门的安全管理协议或者在承包合同中约定各自的安全生产管理职责，生产经营单位对各承（分）包商的安全生产工作统一协调、管理。

（7）应及时收集承（分）包商的信息，建立安全表现评价准则，定期对承（分）包商的安全业绩进行评价；并将评价结果通过预先确定的渠道反馈给承（分）包商管理层或上级部门，以促进其改进管理。对不能履行安全职责，甚至发生生产安全事故的承（分）包商，要予以相应考核直至清退。

（二）对承（分）包商的要求

（1）从事建设工程的新建、扩建、改建和拆除等活动，应当具备国家规定的注册资本、专业技术人员、技术装备和安全生产等条件，依法取得相应等级的资质证书，并在其资质等级许可的范围内承揽工程。

（2）主要负责人依法对本单位的安全生产工作全面负责。

（3）应当建立、健全安全生产责任制度和安全生产教育培训制度，制定安全生产规章制度和操作规程，保证本单位安全生产条件所需资金的投入，对所承担的工程项目进行定期和专项安全检查，并做好检查记录。

（4）应确保员工开展各种作业之前，接受与工作有关的安全培训，确保其知道并掌握与作业有关的潜在安全风险和应急处置方案。作业之前，应确保员工了解并执行操作规程等有关安全作业规程。

二　准入管理

（一）资质要求

对于国家有相关资质规定的承（分）包商类别，承（分）包商应取得国家、政府规定相应的资质证书，建立安全管理机构，并配备一定比例的专职安全管理人员，工程技术人员应达到其资质规定的数量要求。

（二）审查内容及流程

1. 审查内容

1）业务资质审查

业务资质审查应提供的资料包括：

（1）承（分）包商准入审查表。

（2）有效的生产经营单位资信证明，如有效的营业执照、法定代表人证明书、税务登记证、组织机构代码证、银行开户许可证、开立单位银行结算账户申请书等。

（3）资质证明，如施工资质证书、特种作业证书、安全生产许可证等。

（4）其他应提供的资料，如近期业绩和表现等有关资料。

2）HSE资质审查

安全资质审查应提供的资料包括：

（1）承（分）包商HSE资质审查表。

（2）安全资质证书，如安全生产许可证、职业安全健康管理体系认证证书等。

（3）主要负责人、项目负责人、安全生产管理人员经政府有关部门安全生产考核合格名单及证书。施工人员年龄、工种、健康状况等符合要求。

（4）近两年的HSE业绩，包括施工经历、事故事件情况档案、事故发生率及原始记录、安全隐患治理情况档案等。

（5）安全管理体系程序文件及有效评审报告。

2. 审查流程

生产经营单位应对各类承（分）包商的准入进行审查，并办理临时或长期承（分）包商准入许可相关手续。承（分）包商资质审查一般包括业务资质审查和安全资质审查两部分。

生产经营单位承（分）包商主管部门对承（分）包商进行业务资质审查后，再由生产经营单位安全管理部门对其进行安全资质审查，审查合格后报主管领导审批。对于临时服务的承（分）包商，经审批后发放临时承（分）包商安全许可证，仅限当次服务使用。对于长期服务的承（分）包商，经审批后可以发放长期承（分）包商安全许可证，根据承（分）包商服务具体情况规定有效期限。

三　现场 HSE 管理要求

（一）门禁管理

基层单位应针对承（分）包商等外来人员实行门禁管理。对进出工作场所的人员进行身份确认、安全条件确认和安全告知，并予以登记，防止无关人员进出作业现场。涉及职业病危害的所有人员应有职业健康体检合格证明，无从事作业所涉及的职业禁忌证，现场作业人员的年龄不应超过法定退休年龄。承（分）包商所有人员通过当地公安系统进行身份信息采集、比对，禁止非法人员进入现场。

（二）HSE 教育培训

在承（分）包商队伍施工作业前，基层单位要对承（分）包商特种作业人员、特种设备操作人员进行实操技能验证；对劳务人员进行业务技能考评、验证；开展承（分）包商人员入厂（场）安全教育、承（分）包商管理人员专项安全培训，承（分）包商作业许可开票人、监护人、审批人的资格认定；承（分）包商人员安全教育培训参照内部员工进行管理。

所有教育培训和考试完成后，办理准入手续，凭证件出入现场。证件上应有本人近期免冠照片和姓名、承（分）包商名称、准入的现场区域等信息。

（三）HSE 交底

承（分）包商作业人员进行施工作业前，基层单位应对承（分）包商进行安全技术交底，明确项目内容、危害因素及风险防控措施等；承（分）包商应向基层单位详细说明施工作业方案及安全技术措施，并由相关方签字确认。未经安全技术交底，不应进行作业。

（四）HSE 条件确认

承（分）包商作业人员进行施工作业前，基层单位应确认安全风险识别有效，施工作业技术措施及安全防护措施等条件符合要求，施工作业工器具安全技术性能完好，承（分）

包商关键管理人员配备到位，现场安全标准化建设工作符合合同约定。

（五）作业过程管理

（1）施工作业现场应实行封闭化管理，野外施工作业现场无法做到封闭管理的，应设置警示带，划定警戒区，杜绝无关人员和车辆进出。

（2）除长期在固定时间、固定区域、固定路线进行日常巡检的承（分）包商人员，无基层单位相关人员带领，承（分）包商人员不得进入生产区域。进入生产区域的承（分）包商人员，不得擅动生产设备设施，未经许可不得擅自进入其他区域和场所。

（3）两个及以上承（分）包商在同一区域内施工作业时，基层单位应组织相关方签订施工作业安全管理协议，并指定专人进行现场协调、管理。

（4）承（分）包商关键管理人员应按要求在场履职，未经允许不得擅自离场和更换。

（5）特殊作业以及危险性较大的施工作业现场必须实施全程视频监控。

（6）作业过程中，生产经营单位应派具备监督管理职能的人员对承（分）包商作业现场进行监督检查，建立监督检查记录，及时协调作业过程中的事项，通报相关安全信息，督促作业过程中隐患的整改。

（7）环保服务商应制定治理方案，包含钻井废弃物的收集、储存方法、现场处理工艺、处理效果及配套的处理设备，审批通过并严格实施。

（六）考核评价

基层单位应建立承（分）包商安全检查计划，及时开展安全检查。存在严重违章、重大隐患时，及时责令停工整改，将违章人员清除出施工作业现场。承（分）包商施工结束后，基层单位应对承（分）包商现场施工情况进行HSE业绩评价和反馈。

四 监督要点

（1）基层单位应对承（分）包商入场机具进行检查；对承（分）包商作业人员资质进行核查；对承（分）包商进行安全教育、交底和考试，并签订HSE管理协议；将承（分）包商纳入一体化管理。

（2）承（分）包商特殊作业施工前，应开具作业许可，落实全过程视频监控。

（3）承（分）包商应有现场安全负责人员，进行常态化HSE自检自查。

（4）施工过程中，基层单位应将承（分）包商现场管理纳入HSE检查。

（5）施工结束后，基层单位应对承（分）包商进行HSE业绩评价。

执行国家法律法规关于员工健康管理相关要求，做好个体、生产性毒物以及其他危险有害因素防护，强化健康高风险人员的管理，才能有效地保护劳动者的身体健康，预防和控制职业病的发生。

一　法律法规要求

（一）用人单位的责任

企业应建立职业卫生责任制，层层落实责任；建立职业危害登记申报制度；建立工作场所危害控制制度，内容包括落实工作场所危害监测评价、危害警示标志、危害控制措施；建立劳动者健康监护制度，内容包括上岗前、在岗中、离岗时健康体检规定，以及紧急情况下应急体检规定及健康监护档案；建立作业管理制度，内容包括上岗前、在岗中、离岗时健康体检、紧急情况下应急体检规定及健康监护档案；建立对粉尘、放射性、急性职业危害的特别规定；建立控制职业危害转移的规定等。

（二）用人单位的义务

包括配备防护设施、治理职业危害；作业场所危害检测与评价管理；劳动者健康监护；危害告知；建立危害监测和劳动者健康档案；职业病报告义务；对职业病患者的救治、安置；依法参加工伤劳动保险；落实职业危害治理和职业病防治经费；未成年工、女工保护等10项义务。

（三）劳动者权利

劳动者有获得职业卫生教育、培训；获得职业健康检查、职业病诊疗、康复等职业病防治服务；了解工作场所产生或者可能产生的职业病危害因素、危害后果、防护措施等知情权；有权要求用人单位提供符合防治职业病要求的职业病防护设施和个人使用的职业病防护用品，改善工作条件；有权对本单位安全生产工作中存在的对违反职业病防治法律、法规以及危及生命健康的行为提出批评、检举和控告；有权停止作业，拒绝违章指挥和强令进行没有职业病防护措施的作业；有权参与用人单位职业卫生工作民主管理，对职业病防治工作提出意见和建议。因劳动者依法行使正当权利而降低其工资、福利等待遇或者解除、终止与其订立的劳动合同的，其行为无效。

（四）职业病危害因素

是指工作场所中存在或产生的对从事职业活动的劳动者可能导致职业病的各种危害因素。主要包括：各种有害化学、物理、生物等因素以及在作业过程中产生或存在的其他职业性有害因素。粉尘类（52种），如：矽尘、水泥粉尘、有机性粉尘、金属粉尘等。化学因素类（375种）。物理因素类（15种），如高温（中暑）、低温、高气压（减压病）、低气压（高原病）、高原低氧，紫外线、红外线等。噪声和振动。放射因素类（8种），如：电离辐射、放射性物质、氡铀等，以及X射线、α射线、β射线、γ射线和中子、质子、感生放射性。生物因素类（6种），如皮毛的炭疽杆菌、蔗渣上的霉菌、森林脑炎、病毒、有机粉尘中的真菌、真菌孢子、细菌等。其他因素类（3种），如：金属烟、不良作业条件、刮研作业。

（五）警示与告知

现场要求：工作场所应有警示标识，警示标识的设置符合（图3-4-1）的要求。警示告知也可在职业病危害告知书或劳动合同中告知，职业健康检查结果、职业病和职业禁忌证告知应签字（可以并入健康监护档案）。

图 3-4-1 职业健康警示标识设置

职业危害公示要求：设置在办公区域的公告栏，公布职业卫生管理制度和操作规程等；设置在工作场所的公告栏，公布存在的职业病危害因素及岗位、健康危害、接触限值、应急救援措施，以及工作场所职业病危害因素检测评价结果等。产生严重职业病危害作业岗位设置警示标识和中文警示说明（图3-4-2）。

图 3-4-2 工作场所职业病危害警示标识

二 健康防护

（一）个体防护

（1）在工作区的每个人均应戴工作帽，穿工鞋。从事对眼睛可能有伤害（如：飞来物体、化学剂、有害光线或热射线等）工作的人员应当戴上适合于该项工作的护目镜、面罩或其他防护用品。

（2）在接触含刺激或损害皮肤的化学剂时，工作人员应穿戴橡皮手套、防护围裙或其他适用的防护用具，不应穿着宽松或不合身的衣服。

（3）不应穿着包含任何易燃、有害或刺激性物质的衣服进行工作。

（4）不能佩戴会被钩住、挂住并造成工伤的珠宝首饰或其他装饰品进入工作区。

（5）头发如果长到会引起工伤的程度，则应理成合适的发型。头发及胡须不得妨碍头部、面部、眼睛或呼吸防护用品的有效功能。

（6）发放劳动防护物品不得随意变更发放范围和标准，为职工个人所配发防护品的选定应符合《个体防护装备配备规范 第1部分：总则》（GB 39800.1—2020）的规定。

（7）采购国家规定并实行定点经营的特种劳动防护品，必须具有国家及省部级有关部门颁发的"工业产品许可证"及劳动防护用品检验机构颁发的"产品安全鉴定证"，暂没有国家标准的产品须有厂家"产品检验合格证"。

石油工程 HSE 监督

（8）对安全性能要求较高、正常工作时一般不容易损坏的劳动防护品，如安全帽、护目镜、面罩、呼吸器、绝缘鞋、绝缘手套等，应按有效防护功能最低指标和有效使用期的要求，强制定检或报废。

（二）生产性毒物防护

生产性毒物是指在生产过程中产生或使用的各种有毒物质。在一定条件下，它可以引起人体功能性或器质性损害。毒物进入人体的途径有三个：一是通过呼吸道吸收；二是通过皮肤吸收；三是通过消化道吸收。

1. 硫化氢防护

（1）一般要求：在可能含有硫化氢环境作业的人员应进行职业健康体检，接受硫化氢防护知识培训，学会自救互救。

（2）呼吸防护：在硫化氢浓度超标或可能超标的环境中，作业人员应佩戴适当的呼吸防护设备。

（3）眼部防护：佩戴化学安全防护眼镜，防止硫化氢气体对眼睛造成伤害。

（4）身体防护：穿着防静电工作服，减少静电火花引发爆炸的风险。

（5）手部防护：佩戴防化学品手套，保护手部免受直接接触。

（6）作业许可：进入可能存在硫化氢的受限空间或高浓度区域作业前，应进行气体检测、风险评估，并取得作业许可。

（7）监护制度：作业过程中须有专人监护，确保一旦发生紧急情况能迅速施救。

（8）职业禁忌：患有肝炎、肾病、气管炎等疾病的人员不得从事接触硫化氢的工作。

（9）应急处置：发现硫化氢浓度达到临界浓度时，立即报告并启动应急预案，按预定路线迅速撤离至安全地带。

（10）救援与救治：救援人员须佩戴硫化氢防毒面具进行救援，避免无防护措施的盲目施救。对中毒人员进行现场急救，并尽快送医治疗。

2. 一氧化碳防护

（1）加强通风，降低空气中一氧化碳浓度。

（2）定期检查设备、烟道，防止因含碳物质（如天然气、原油、内燃机燃料等）燃烧不完全而释放出大量一氧化碳。

（3）必要时，安装一氧化碳自动报警仪进行监测报警。

（4）必需时，可使用专用防毒面具。

（5）急救方法：

及时将中毒者撤离现场，放置在空气新鲜、流通的地方，有条件的及时输氧，对于中毒较严重者应及时送往医院抢救。在此过程中，如患者出现呼吸衰竭，应及时进行人工呼吸并输氧。

3. 有毒化学剂防护

（1）在操作时应戴护目镜或面罩和橡皮手套。谨慎作业，防止弄到眼睛里、皮肤或衣服上，使眼睛和皮肤受到严重损伤。

（2）不应在近火或明火附近储存、使用和倾倒。

（3）避免污染食物，否则吞食后会中毒或致死。

（4）急救方法：

①溅到眼睛中或皮肤上时，应立即用大量水冲洗至少15min，脱去被污染的衣服，再使用前必须洗净。如果是溅到眼内，应请医生治疗。

②如果吞食了，不要催吐，要饮用大量流体，并立即就医。如果黏膜受损，要禁止洗胃、灌肠。另外，尚需观察血液循环和呼吸状况，若出现异常应及时请医生处理。

4. 强腐蚀化学品防护

1）盐酸的防护

（1）如气体浓度不明或超过暴露限值应佩戴空气呼吸器。

（2）需要使用天然橡胶手套、工作服、工作鞋和围裙。

（3）保护眼睛可戴用防毒面罩。

（4）急救方法：

①脱离氯化氢产生源或将受害者移至新鲜空气处。如患者不能呼吸应立即进行人工呼吸。避免口对口接触；

②如发生眼睛接触，应使眼睑张开，用生理盐水或微温的缓慢的流水冲洗患眼至少20min；

③如皮肤接触，用微温的缓慢的流水冲洗患处至少20min，在流水下脱去受污染的衣物；

④所有受侵害的患者都应请医生治疗。

2）硫酸的防护

（1）硫酸雾浓度超过暴露限值最高允许浓度$2mg/m^3$，应戴防酸型防毒口罩。

（2）眼睛防护：戴化学防溅眼镜。

（3）戴橡胶手套，穿防酸工作服和胶靴。

（4）急救方法：

①将患者移离现场至新鲜空气处。有呼吸道刺激症状者应吸氧；

②如眼睛受侵害。应张开眼睑，用大量清水冲洗20min以上；

③清除污染衣服，立即用大量清水冲洗污染部位，冲洗前，先用毛巾将积在体表的硫酸清除，以免硫酸遇水放热而加重局部损伤，水冲后，可用4%～5%碳酸氢钠溶液进行中和冲洗；

④立即用氧化镁悬浮液、牛奶、豆浆等内服；

⑤所有患者都应请医生或及时送医疗机构治疗。

3）烧碱的防护

（1）使用防酸碱手套、穿好工作服、工作鞋或其他防护服装，合适材料是氯丁橡胶。

（2）戴面罩或化学防溅眼镜。

（3）如尘粒浓度不明或超过暴露限值，应戴用合适的呼吸器。

（4）急救方法：

①让患者脱离烧碱源或将患者移至新鲜空气处；

②如眼睛接触，应将眼睑张开，用微温的缓慢流水冲洗患眼约30min。如需要可用中性的盐溶液重复冲洗；

③若皮肤接触，应用微温缓慢流水冲洗患处至少30min，在流水下脱去受污染衣服；

④用水充分漱口，如需要用鸡蛋清灌胃（10～15个鸡蛋）或给患者饮约250mg。如呕吐自然发生，使患者身体前倾，并重复给水；

⑤所有患者都应请医生治疗。

（三）其他危险有害因素防护

1. 粉尘防护

施工过程中，产生粉尘侵害人体的作业主要为配液时，各种粉状材料破袋加入混合漏斗时，抖袋产生大量粉尘。概括起来，粉尘对人体的危害主要是引起尘肺病。经常在粉尘环境中作业的人员，由于长期吸入生产性粉尘，逐渐会引起肺部进行性、弥漫性纤维组织增生，给人体造成危害。

防护方法：在可能进入粉尘环境下工作时，应穿戴好劳保，尤其是戴好口罩和防护眼镜，以免伤害皮肤、眼睛及人体呼吸系统。

2. 辐射防护

1）基本原则

严格放射性物质进入人体造成内照射和污染身体，在保证工作前提下，尽量减少外照剂量。放射性物质进入人体的可能途径有三种：直接呼吸含放射性物质污染的空气，通过系统进入体内；被放射性污染的食物和水，通过消化道进入体内；由皮肤或伤口，经血液循环系统进入体内。

2）防护方法

（1）时间防护：应尽量减少与放射性物品的接触时间，因为人体接受的累积剂量当量与接触放射源的时间成正比。

（2）距离防护：应尽量增大与放射源物品之间的距离。

（3）屏蔽防护：必须参与接触放射性物品的工作时，应按规定穿戴好防护劳保。

3. 高（低）温作业防护

1）高温作业防护

（1）合理组织劳动休息，调整好作业时间，大型重体力劳动应尽量避开高温酷暑。

（2）加强通风降温和个人防护，供应清凉饮料。

（3）准备一定量的预防药品，如：仁丹、湿滴水、清凉油、风油精等。

（4）有心血管器质性疾病，肝肾疾病，高血压病，明显贫血，活动性结核，溃疡病发作期，病后体弱者，一般不宜安排从事高温作业。

2）低温作业防护

（1）在钻台周围挂上防风帆布，减弱冷风侵袭。

（2）加强个人防护，使用个人保温防寒用品。

（3）当室外温度低至7℃时，应考虑取暖，手部皮肤温度不低于20℃，全身平均皮肤温度不应低于32℃。

（4）要定期进行体检，有高血压，心血管系统疾病，肝脏疾病，胃酸过多症，胃肠机能障碍或肾功能等疾患者，不宜从事低温作业。

4．噪声作业防护

（1）控制和消除噪声源。

（2）控制噪声的传播和反射。可在吸声、消声、隔声、隔振上采取相应对策措施。

（3）佩戴耳塞或耳罩。

（4）对噪声作业人员进行定期体检，发现问题及时治疗或调整接害岗位。

三　健康高风险人员管理

健康高风险人群管理是指针对由于年龄、慢性疾病、免疫系统状况或其他健康因素而更容易受到疾病影响的人群，采取的一系列预防、监测和干预措施。这项工作旨在通过个性化健康管理策略来减少疾病发生的风险，有效提升健康高风险人群的生活质量，降低疾病负担，实现早预防、早发现、早治疗的目标。

（一）高风险人员识别与健康评估

通过健康筛查、病历分析及问卷调查等方式，识别出具有特定风险因素的个体，如患有糖尿病、高血压、心脏病、慢性呼吸道疾病、肥胖症以及免疫系统较弱者。为高风险人群提供定期的体检和健康评估，包括但不限于血压、血糖、血脂、体重管理等指标的监测，以及必要的癌症筛查和疫苗接种。

（二）个性化健康管理计划

根据个人健康状况制定个性化的饮食、运动、药物治疗和心理支持方案，包括营养指导、运动处方、疾病自我管理教育和戒烟戒酒计划，利用远程医疗技术和穿戴设备（如：智能手环、血糖仪）对患者进行持续监测，及时发现并干预异常情况，现场健康高危人群应"一人一策"。

（三）健康教育、心理咨询和快速应急

提供针对性的健康教育资料和讲座，增强患者及其家属的健康意识和自我管理能力。同时，关注心理健康，提供心理咨询和压力管理服务。建立快速响应机制，确保在高风险人群出现紧急健康状况时，能迅速获得医疗服务和转诊至医院。

四　监督要点

（一）员工健康管理责任制

（1）建立健全员工健康管理领导机构，明确成员管理职责。

（2）严格执行了国家职业卫生法律法规。

（3）职业卫生管理制度和操作规程完整齐全。

（二）职业卫生管理

（1）定期对工作场所进行职业病危害因素检测，如噪声、粉尘、化学毒物、辐射等，评估这些因素对员工健康可能产生的影响，并根据检测结果采取必要的控制措施。

（2）工作场所配备必要的卫生防护设施，如通风排毒系统、隔音降噪设施等，为员工提供合格的个人防护装备，如防尘口罩、耳塞、防护眼镜等。

（3）建立本单位职业卫生档案，内容包括：单位概况、职工接触职业病危害因素统计表（年度）、平面布置图、工艺流程图、工作场所职业病危害因素监测点分布图、接触职业病危害因素职工统计汇总表（年度报表）、职业病危害因素分布统计汇总表等记录，并实时更新。记录以书面形式保存，进行归档管理，保存期限为长期。

（三）健康监护及档案管理

（1）建立健全职业健康检查员工名单，与实际体检员工相符。

（2）接触职业危害的岗位员工每年应进行职业健康检查，职业健康检查含上岗前职业健康检查、在岗期间职业健康检查、离岗时职业健康检查和应急健康检查。

（3）建立健全职业健康检查结果告知登记表，职业健康体检个体结论应书面告知员工，并由本人签字确认。

（4）职业禁忌证的人员和健康条件不符合岗位要求的人员，不得安排其从事所禁忌的作业和相应岗位。疑似职业病人员应进行医学观察或者职业病诊断治疗。

（5）职业健康体检异常人员，未经复查不得继续从事接害工作。

（6）患有3级及以上高血压（收缩压≥180mmHg，舒张压≥110mmHg），患有脑卒中、外周动脉疾病、冠心病、风心病、肺心病等严重心脑血管疾病的人员应建立"一人一策"。

（7）健康体检机构须取得医疗执业资质。

（四）健康宣传及教育培训

（1）新员工、转岗员工上岗前应进行职业卫生教育培训，并经书面和实际操作考试合格后方可上岗作业。培训内容包括：职业病防治法律、法规、规章、国家职业卫生标准和操作规程，岗位员工接触的职业病危害因素，使用职业病防护设备和个人使用的职业病防护用品等。

（2）基层单位每季度至少开展1次职业卫生知识培训。培训内容包括：职业卫生管理基础及专业技术知识，本单位和本车间（装置）生产特点、物料特性、主要危险危害因素、典型事故案例、预防事故及事故应急处理措施，卫生保健、自救、互救和职业病预防知识等。

（3）围绕《职业病防治法》宣传周活动主题，充分利用微信平台、电子显示屏、宣传栏、标语横幅、内部网站、手机短信平台等多种方式，广泛使用宣传用语和图片、视频等资料开展宣传互动。

（五）健康危害告知

（1）用人单位应书面告知员工其所在岗位的职业危害，其主要内容包括：工作过程中可能产生的职业病危害及其后果、职业病防护措施和待遇等。若员工岗位发生变更，应重新告知岗位职业病危害。

（2）工作场所可能产生的职业病危害如实告知员工，醒目位置设置职业病防治公告栏。

（3）在可能产生严重职业病危害的工作场所、作业岗位、设备、设施，应当在醒目位置设置图形、警示线、警示语句等警示标识和中文警示说明。警示说明应当载明产生职业病危害的种类、后果、预防和应急处置措施等内容。

（4）职业性危害因素超标的场所应当采取治理措施。粉尘及毒物宜按以下目标浓度值进行治理，岗位噪声与设备噪声强度应当进行合理控制。

（六）健康防护设备设施管理

（1）职业病防护设施应进行日常检查，形成检查记录。

（2）职业病防护设施应按校验周期送有资质的机构进行校验，建立健全台账。

（3）不得擅自拆除或停用职业病防护设施，确保职业病防护设施处于正常的工作状态。

（七）劳动防护管理

（1）严格按规定年限执行员工劳动防护用品发放标准。

（2）员工应正确佩戴和使用个体劳动防护用品，严禁未按规定佩戴和使用劳动防护用品上岗作业。

（3）严禁使用破损或变形、影响防护性能或达到报废期限的个体劳动防护用品。

（4）进入生产现场人员必须按规定佩戴安全帽，颜色需符合公司《HSE目视化管理规定》要求。司钻在司钻房内必须佩戴安全帽。

（5）噪声超过80dB区域的岗位工作人员必须佩戴护耳塞或护耳罩。使用耳罩时，应先检查罩壳有无裂纹和漏气现象。泥浆加料人员应配备适用的防尘面罩，并做到专人专用，定期更换。

（6）按要求进行绝缘手套、绝缘靴的检查保养，绝缘手套、绝缘靴使用前应检查绝缘测试记录及有无破损。

（7）在可能发生急性职业损伤的有毒、有害工作场所配备如洗眼器、防毒面罩、降噪耳塞等应急劳动保护用品。

（八）健康危险因素监测与管理

（1）接噪作业岗位开展日常噪声监测，并将监测结果公布，如：泵房、发电机房、坐岗房、柴油机房、泵车作业现场等。

（2）职业卫生技术服务机构出具的职业病危害因素检测、评价结果报告，应现场公示。

（3）因内（外）部环境、生产安全事故、家庭变故等因素影响的员工，应进行心理疏导、工作适宜性验证，否则，不应安排独立上岗。

（九）应急救援与健康危害事故（事件）管理

（1）发生或者可能发生急性职业病危害事故的责任单位，应当立即采取应急救援和控制措施，并及时报告，防止事故的扩大。

（2）职业病危害事故处置与报告符合实际。

（3）建立健全作业场所职业病危害事故应急处置方案。

（4）定期开展职业病危害事故应急处置方案的演练，并有记录。

（5）作业现场配备必要的医疗器械能否正常使用、常备药品、应急救治药品无过期等。

（十）其他

（1）建立急救药品领用登记表。

（2）员工饮用水符合卫生标准。

（3）食堂从业人员有健康证，且健康证在有效期。

（4）作业现场无在用石棉及石棉制品。

第五节　环境保护

石油工程施工作业过程中，应严格遵守环保法规，采取科学合理的环保措施，通过科学管理和技术进步，最大限度地节约资源，减少对环境负面影响，实现节能、节材、节水、节地和绿色施工。

一　主要环境影响因素

环境是指组织活动的外部存在，包括空气、水、海洋、土地、矿藏、森林、草原、湿地、野生生物、自然遗迹、人文遗迹、自然保护区、风景名胜区、城市、农村、人，以及它们之间的相互关系。石油工程作业现场环境影响因素是指影响施工安全、效率和环保效果的各种环境因素。

（一）废水

石油工程生产施工作业过程中产生的工业废水、事故废水、生活污水以及污染雨水等，含有油污、化学添加剂（如酸化压裂剂）、反应物等有害物质，未经妥善处理而外排可能导致井场周边土壤污染、植被破坏，并可能通过地下水系统扩散污染范围。

（二）废气

石油工程生产施工作业过程中排出的有毒有害气体。包括有组织排放废气和无组织排放废气；有组织排放废气主要通过集中排气筒排放的废气，如锅炉燃烧产生的废气；无组织排放废气指大气污染物不经过排气筒的无规则排放的废气，如作业过程中使用的作业设备、重型车辆产生的尾气、燃烧废气等，包含二氧化硫、氮氧化物、颗粒物等污染物；施工现场未采取有效防扬撒措施，对空气质量产生负面影响。

（三）噪声

噪声是指公司所属各单位生产过程中产生的环境噪声超过国家规定的环境噪声排放标准，并干扰他人正常生活、工作和学习的现象，主要有设备运转噪声和施工爆破噪声。

1. 设备运转噪声

钻机、泵机、压缩机等大型机械设备在运行过程中产生高强度噪音，可能超过法定限值，影响工人健康和附近居民生活。

2. 施工爆破噪声

在特定作业环节（如山体开挖、岩石破碎）中，爆破产生的瞬时强噪声对环境和生物造成冲击。

（四）固体废物

固体废物是指生产过程中产生的丧失利用价值，根据国家法律、行政法规规定纳入固体废物管理的物品、物质。包括一般固体废物和危险废物。作业、维修产生的工业固废、建筑垃圾、危险废物、生产生活垃圾未及时、合规收集、贮存、标识、运输、利用和处置，对水资源、土壤资源和生态系统造成影响的实体物资。

（五）生态影响

1. 生物多样性

保护作业区域内的野生动植物种群、栖息地及生物链完整性，避免或减轻因施工活动对其造成的干扰和破坏。

2. 生态敏感区

识别并避开或严格生态保护区、风景名胜区、文物保护区、保护湿地、珊瑚礁、珍稀物种保护区等生态敏感和脆弱区域。

二　污染防治

石油工程施工作业污染防治包括清洁生产、"三废"综合利用、污染治理、风险管控等相关工作，应秉承"源头削减、过程控制、末端治理"相结合的污染防治理念，倡导生产经营全过程污染防治。

（一）水污染防治

（1）施工现场生活污水应集中收集，处理达标后回用或达标排放，或者达到接纳标准后排入城市污水管网。不具备处理条件的，应集中收集后委托处理。

（2）基坑排水、隧道施工废水、场地冲洗水、试压废水等施工过程废水应经沉淀等处理后回用于道路洒水或合规排放。化学清洗水应处理达标后排放或回用。

（3）施工车辆、设备清洗水宜设置独立沉砂池，经沉淀后排放或回用。

（4）施工船舶废水应集中收集、处理后达标排放，或收集后委托有资质单位处理，不得直接排入水体。

（5）施工现场应设置完善的雨水排放系统，并定期清理雨水排放渠、沉砂池，保持雨排系统通畅。

（6）钻井污水、酸化压裂废水应进行集中处理后，优先回用作生产用水，不具备回用条件的应处理达标后回注或排放。

（7）施工废（污）水集中处理点应按要求设置相关标识和废（污）水处理流程图。

（二）大气污染防治

（1）建筑施工现场应公示扬尘污染防治措施、负责人、扬尘监督管理主管部门等信息。

（2）场站工程施工现场应按要求，设置封闭围挡、围墙，主要道路宜硬化处理，出口处应设置车辆冲洗设施，对驶出的车辆进行清洗。

（3）应根据地区气候、土壤特点，采取分段作业、择时施工等方式，合理组织施工，有效防尘降尘。

（4）施工现场应配备洒水设施，定期对施工道路进行清扫、洒水。

（5）建筑土方、工程渣土、建筑垃圾应当及时清运，运输过程中，必须全程采用封闭式运输车辆或采取覆盖措施。

（6）裸置的土方、场地，应当采取压实、洒水、覆盖或临时绿化等防尘措施。

（7）施工现场应优先使用预拌制混凝土及预拌砂浆。现场搅拌混凝土或砂浆的场所应采取有效降尘措施。水泥和其他易飞扬的细颗粒建筑材料应密闭存放或采取覆盖等抑尘措施。

（8）施工单位应按要求，收集、处理除锈粉尘、焊接烟尘及喷涂VOCs；优先采用符合环保要求的预制厂预制、场内安装的方式，减少现场除锈焊接、喷涂工作量。

（9）施工现场严禁焚烧各类废弃物。

（10）施工机具、非道路移动机械等尾气应达到国家有关排放标准要求。

（三）固体废物污染防治

施工现场应设置施工废弃物分类收集区及收集区分布图，施工废弃物分类收集后按有关要求处理，并建立工业固体废物、建筑垃圾和危险废物管理台账。

1．一般固体废物

（1）钻井过程产生的固体废物应通过泥浆不落地技术等进行减量化处置，并通过制砖、铺路、铺垫井场、水泥窑协同处置等手段进行综合利用，禁止就地固化填埋。

（2）石工建定向钻施工等产生的泥浆、冒浆应按照环评报告及批复要求，采取集中收集、沉淀、固化等处理措施，固化后的泥浆池应恢复原有地表植被。泥浆池底部和四周应做防渗处理，防止渗滤液下渗。

（3）施工总包单位应编制固体废弃物处置方案，确定废弃物处置措施，编制扬尘治理专项方案，制定施工各阶段的污染防治措施。

（4）建筑垃圾应及时清运，并按照环境卫生主管部门的规定进行利用或者处置，不得擅自倾倒、抛撒和堆放。

（5）施工现场生活垃圾应分类收集，按照地方环境卫生行政主管部门有关规定集中处理。

2.危险废物

（1）协助建设单位（甲方）按照国家有关要求，编制施工期危险废物管理计划，并向当地生态环境主管部门申报危险废物的种类、产生量、流向、贮存、处置等有关资料。

（2）危险废物应按照性质分类收集、贮存和处置，严禁混合收集、贮存、运输、处置性质不相容而未经安全性处置的危险废物；严禁将危险废物混入非危险废物中贮存。

（3）危险废物收集容器、贮存设施和场所，应符合有关标准要求，容器应详细标明危险废物的名称、重量、成分、特性以及发生泄漏、扩散污染事故时的应急措施和补救方法，贮存设施和场所应设置危险废物识别标志。建设单位（甲方）、施工单位应加强日常检查、维护，保持容器、设施、场所完好，避免造成环境污染。

（4）在施工现场内转移危险废物，应综合考虑施工现场布局，制定转运路线，尽量避开施工密集区、办公生活区。转运作业应采用专用工具并填写详细的转运记录，采取相应的安全防护和污染防治措施。

（5）危险废物贮存不得超过1年，确需延长期限的，建设单位应报请当地生态环境主管部门批准。

（6）建设单位（甲方）、施工单位应严格审查危险废物运输、处置单位资质和能力。跟踪、监督危险废物运输过程、处置方式、处理效果，保存有关记录资料。

（四）其他污染防治

（1）合理安排施工时序，避免夜间进行高噪声作业，优先选用低噪声施工设备，按要求采取必要的降噪措施，施工现场场界噪声应达到国家有关标准要求。

（2）预制及施工作业可能造成土壤、地下水污染的，应设置必要的防雨、防渗措施，防止造成土壤和地下水污染。

（3）严格落实放射源购置和运输、贮存和使用过程中的各项防护措施，规范做好放射性废物贮存与处置，防止发生放射性污染。

三 生态保护

（1）临时占用耕地、草地、林地等区域施工，应分层取土，保留表层土，用于临时性占地地表植被恢复，或用于永久性占地厂区绿化。

（2）禁止砍伐、破坏施工作业区域以外的植被，严格控制施工范围，施工便道、进场道路尽量避开植被密集区、动物活动路线。

（3）材料堆场、施工营地、取弃土场等临时设施，应避开一级水源地保护区、自然保护区和生态红线区等敏感区域。

（4）穿（跨）越生态敏感区施工，应根据项目环评报告及批复要求，制定专项施工方案，合理安排施工，尽量减少施工作业对生态敏感区影响。

（5）采用大开挖等方式穿（跨）越河流时，应选择枯水期施工，避开穿（跨）越河流鱼类繁殖期、产卵期、洄游期。严格控制作业带宽度，禁止在河道内设置材料堆场、施工营地等临时设施，施工废弃物不得弃置河道。

（6）爆破作业应避开动物繁殖、迁徙等生态敏感时期，合理选择爆破方式或采取降震措施，减小爆破震动或者爆破冲击波对周围生物的影响。

（7）围填海工程使用的填充材料应当符合有关环保标准，严禁使用可能损害海洋生态的材料。

（8）施工作业可能造成生态损失的，应按有关要求制定并落实生态补偿措施，对生态补偿效果进行跟踪监测。

（9）施工过程中，应按要求落实生态保护措施。施工结束后，应组织开展施工便道、临时占地等生态恢复（修复）工作。

四 绿色低碳要求

石油工程坚持以习近平生态文明思想为指导，牢固树立绿色发展理念，深入践行绿色洁净发展战略，深入打好污染防治攻坚战，推行清洁生产，推进节能减排，提高资源利用效率，有序推进碳达峰碳中和行动。

（一）清洁生产要求

（1）逐步淘汰高污染、高能耗工艺，采用无/低废、低能耗的生产新工艺，推行使用环保型震源、环境友好钻井泥浆、随钻处理技术。

（2）优先采用资源、能源利用率高以及污染物产生量少的清洁生产新技术、新工艺、新设备和新材料，提高泥浆回收利用率、钻井污水回用率。

（3）优先采用先进高效的节能、节水设备。

（4）优先采用先进的污染防治技术和设备。

（二）节能要求

（1）制定合理的施工能耗指标，提高施工能源利用率。

（2）优先使用国家、行业推荐的节能、高效、环保的施工设备和机具。

（3）施工现场分别设定生产、生活、办公和施工设备的用电控制指标，定期进行计量、核算、对比分析。

（4）在施工组织设计中，合理安排施工顺序、工作面，以减少作业区域的机具数量，相邻作业区充分利用共有的机具资源。

（5）根据当地气候和自然资源条件，充分利用太阳能等可再生能源。

（6）建立施工机械设备管理制度，开展用电、用油计量，完善设备档案，及时做好维修保养工作。

（7）选择功率与负载相匹配的施工机械设备。采用节电型机械设备。

（8）合理安排工序，提高各种机械的使用率和满载率。

（9）利用场地自然条件，使生产、生活及办公临时设施获得良好的日照、通风和采光。

（10）临时设施宜采用节能、隔热材料。

（11）合理配置供暖、空调、风扇数量。

（12）临时用电宜优先选用节能灯具，采用声控、光控等节能照明灯具。

（三）节水要求

（1）施工中优化工艺用水，综合回收利用，尽量减少工业用水。

（2）施工现场机具、设备、车辆冲洗、喷洒路面、绿化浇灌等不宜使用自来水。

（3）施工现场供水管网和用水器具不应有渗漏。

（4）现场机具、设备、车辆冲洗用水应设立循环用水装置。施工现场办公区、生活区的生活用水应采用节水系统和节水器具。

（5）施工现场应建立可再利用水的收集处理系统。

（6）施工现场分别对生活用水与工程用水确定用水定额指标，凡具备条件的应分别计量管理，并进行专项计量考核。

（四）施工用地

（1）优化施工方案，施工总平面布置应做到科学、合理，充分利用原有建筑物、构筑物、道路、管线为施工服务，减少土方开挖和回填量，最大限度地减少对土地的扰动。

（2）施工现场仓库、加工厂、作业棚、材料堆场等布置应尽量靠近已有交通线路或即将修建的正式或临时交通线路，缩短运输距离。建设红线外临时占地应使用荒地、废地。施工完成后应进行地貌恢复。

（3）保护施工用地范围内原有绿色植被。

五　常用环保标志标识

（一）一般固废标志

（1）贮存设施醒目处应按《环境保护图形标志固体废物贮存（处置）场》设置一般固体废物警告标志或提示标志（图3-5-1）；每日组织固体废物贮存设施检查，确保贮存设施完好无破损。存放工业固废设施入口醒目位置悬挂一般固废标识。

（2）环保标识提示牌牌长300mm、高300mm，白字、白色图形和绿底，材质自拟。

（3）环保标识警示标志长400mm、高300mm，黑字、黑图形和黄底，填充色为白色。

（4）贮存容器/间应逐个张贴。

图 3-5-1　一般固体废物标志

（二）危险废物标志

1. 危废存储设施标志

（1）危险废物包装物或容器应逐一张贴危废标签，内容应清晰易读，旧标签应覆盖或去除（图3-5-2）。

（2）危险废物贮存、利用、处置设施标志应包含三角形警告性图形标志和文字性辅助标志，其中三角形警告性图形标志应符合 GB 15562.2 中的要求。

（3）单位名称填写施工基层单位队号。

（4）设施编码xxxxx（5位字母和数字组成）：第一位设施的标识码为T（为treatment缩写）；第二位为环境要素标识码，为W或S，W即water水的缩写，S为solid waste固体废物的缩写；后三位为污染治理设施的顺序码（001～999），按顺序编写。

（5）负责人及联系方式为基层单位兼职环保管理人员。

（6）危险废物贮存、利用、处置设施标志宜设置二维码，对设施使用情况信息化管理。

（7）背景颜色为黄色，RGB颜色值为（255，255，0）。字体和边框颜色为黑色，RGB颜色值为（0，0，0）。

（8）危险废物设施标志字体应采用黑体字，其中危险废物设施类型的字样应加粗放大并居中显示。

（9）标志宜采用坚固耐用的材料（如1.5～2mm冷轧钢板），并做搪瓷处理或贴膜处理。一般不宜使用遇水变形、变质或易燃的材料。柱式标志牌的立柱可采用38mm×4mm无缝钢管或其他坚固耐用的材料，并经过防腐处理。

（10）标志的图形和文字应清晰、完整，三角形警告性图形与其他信息间宜加黑色分界线区分，分界线的宽度宜不小于3mm。

（11）标志牌和立柱无明显变形。标志牌表面无气泡，膜或搪瓷无脱落。图案清晰，色泽一致，没有明显缺损。

（12）标志可采用横版或竖版的形式。

图 3-5-2　危险废物贮存设施标志

2. 危废标识填写要求

危险废物标识样式（图3-5-3）有关填写要求如下：

废物名称：列入《国家危险废物名录》中的危险废物，应参考《国家危险废物名录》中"危险废物"一栏，填写简化的废物名称或行业内通用的俗称。

废物类别、废物代码：列入《国家危险废物名录》中的危险废物，应参考《国家危险废物名录》中的内容填写。

废物形态：应填写容器或包装物内盛装危险废物的物理形态（如液态、固态、半固态等）。

危险特性：应根据危险废物的危险特性（包括腐蚀性、毒性、易燃性和反应性），选择附录A中对应的危险特性警示图形，印刷在标签上相应位置，或单独打印后粘贴于标签上相应的位置。具有多种危险特性的应设置相应的全部图形。

主要成分：应填写危险废物主要的化学组成或成分，可使用汉字、化学分子式、元素符号或英文缩写等。油基岩屑的主要成分可填写"石油类、岩"。

产生日期：应填写开始盛装危险废物时的日期，可按照年月日的格式填写。

废物质量：应填写完成收集后容器或包装物内危险废物的质量（kg或t）。

数字识别码和二维码：数字识别码按照本标准第8条的要求进行编码，并实现"一物一码"。危险废物标签二维码（图3-5-4）的编码数据结构中应包含数字识别码的内容，信息服务系统所含信息宜包含标签中设置的信息。

图 3-5-3　危险废物包装物标志

图 3-5-4　危险废物包装物二维码示例

3. 二维码编制要求

危险废物标签中数字识别码由4段37位构成。第一段为危险废物产生或收集单位编码，18位（营业执照编码：91429005568300000X）；第二段为危险废物代码，8位（危险废物代码：07200108）；第三段为产生或收集日期码，8位（产生或收集时间：20230625）；第四段为废物顺序编码，3位（废物顺序编码：001）。

特别提示顺序码：第一位是二级单位给基层队赋予的编号：使用"0-9，A-Z"；第二、三位是基层队本队当天产生的一类危废的序号。

4. 危险特性标识要求

应根据危险废物的危险特性（包括腐蚀性、毒性、易燃性和反应性），选择对应的危险特性警示图形，印刷在标签上相应位置，或单独打印后粘贴于标签上相应的位置。具有多种危险特性的应设置相应的全部图形（图3-5-5）。

序号	危险特性	警示图形	图形颜色
1	腐蚀性	 CORROSIVE 腐蚀性	符号：黑色 底色：上白下黑
2	毒性	 TOXIC 毒性	符号：黑色 底色：白色
3	易燃性	 FLAMMABLE 易燃	符号：黑色 底色：红色（RGB: 255,0,0）
4	反应性	 REACTIVITY 反应性	符号：黑色 底色：黄色（RGB: 255,255,0）

图 3-5-5　危险废物危险特性

（三）生活垃圾桶（箱）

现场及营区应设置生活垃圾分类收集桶，按可回收物、有害垃圾、厨余垃圾和其他垃圾进行分类收集贮存，并采取必要污染防治措施，不得将生活垃圾与其他污染物混存。分类收集桶应按照《生活垃圾分类标志》（图3-5-6）设置标志。

编号	标志名称	图形	设置位置
1	可回收物		容器正面醒目位置
2	有害垃圾		容器正面醒目位置
3	厨余垃圾		容器正面醒目位置
4	其他垃圾		容器正面醒目位置

图 3-5-6　生活垃圾分类标志

六　监督要点

（一）管理要求

（1）各单位应建立环境保护组织机构，明确环保职责和责任人，安排专（兼）职环境保护管理人员。

（2）严格执行环境影响评价、环保"三同时"及竣工环保验收等制度。

（3）施工方案应包含环保内容。现场应开展环境因素识别与评价，建立重要环境因素清单，制定有针对性的环保措施和环境应急措施。

（4）将环境保护宣传、教育纳入各层级培训教育工作规划、计划中，分层级、分类别开展全员环保教育培训，满足相应内容与学时要求，新入场人员应参加环保培训或交底。

（5）定期开展环保自检自查，及时整改施工现场环保隐患和问题。

（6）定期组织召开环保会议，落实环保要求，整改环保隐患和问题。

（7）建立环保检查、会议、培训等环保台账。

（8）严格执行国家生态保护相关要求，落实业主生态保护方案，采取有效措施降低对生态环境的影响，制定并落实施工期环保措施方案。施工期环境保护计划应包含清洁生产、生态保护措施和修（恢）复治理内容，并按要求落实。

（9）持续推进绿色企业与清洁生产，采用清洁能源、资源，推广应用清洁生产技术、装备，加大节能减排投入，减少污染物排放，对污染物进行依法合规处置、综合利用。

（10）排放废气、污水、固体废物、噪声等污染物的单位，应依法合规缴纳环境保护税。服务项目由建设单位（甲方）统一办理排污许可证的，严格按照建设单位（甲方）取得排污许可证规定的范围排放污染物。

（11）应按要求组织对施工场界环境空气质量、噪声，作业环境放射性及周围生态环境状况等进行监测，并公示监测结果。

（12）建立、完善环境保护管理台账和基础管理资料，包括但不限于以下内容：环境统计报表、污染防治档案、环境监测台账、环境保护税档案、清洁生产资料、建设项目环评和"三同时"资料、排污申报登记档案、辐射管理档案、环境隐患排查和现场监督检查记录、环境事件应急管理资料等。

（二）清洁生产

（1）施工单位应建立清洁生产长效机制，环保工作计划中应包括清洁生产、绿色施工相关计划内容，将清洁生产和绿色施工纳入生产和经营全过程。

（2）施工单位应将环保、节能、清洁生产等相关指标纳入HSE绩效考核内容并实施。

（三）水污染防治

（1）施工单位环保管理制度应涵盖废水收集、贮存、运输和处置各环节管理内容和职责。

（2）施工单位应建立废水管理台账，废水收集、利用和处置信息齐全、准确。

（3）施工现场污水规范收集，雨污分流措施、设备完好，现场污水无跑冒滴漏。

（4）施工现场废水进行综合利用，或与废水处置单位签订合同，合规处置率100%（回用、外委处理）。

（5）施工现场收集池、化粪池或收集罐防渗措施齐全有效。

（6）施工现场废水处理装置、环保卫生间等配置齐全有效。

（四）废气污染防治

（1）施工单位建立能源消耗统计台账，优先采用清洁能源。

（2）施工现场锅炉废气监测报告齐全，排放达标。

（3）非道路移动机械台账齐全，非道路移动机械满足国Ⅲ及以上排放。

（4）重型柴油车辆管理台账齐全，年审合格。

（5）施工现场道路和井场按要求采取覆盖、洒水等降尘措施。

（6）装卸、混拌粉状物料采取负压或密闭加料系统，且运转良好，有效落实防扬撒措施。

（五）噪声污染防治

（1）制定噪声污染防治措施，按施工方案要求采用低噪声设备或按要求设置减震、消声、隔声、吸声、综合控制等措施，且设备设施正常运行。

（2）定期开展厂（场）界噪声监测，保存原始监测记录，数据真实准确，排放符合国家和地方标准要求。

（六）固体废物污染防治

1. 基本要求

（1）施工单位环保管理制度，涵盖工业固废、危险废物、生产生活垃圾的收集、贮存、标识、运输、利用和处置各环节管理内容和职责。

（2）水系发达区贮存池、防喷池修建钢筋混凝土防渗池，池体无破损渗漏；其他地区敷设防渗膜，防渗膜无破损渗漏。

（3）施工单位定期处置固体废物，固体废物储存池内污染物量不超过有效容积的80%。

（4）钻井作业项目应制定随钻治理方案，包括钻井废弃物的收集、贮存方法、现场处理工艺、处理效果及配套的处理设备，并进行审批。按随钻治理方案进行钻井废弃物收集和治理，建立了随钻治理运行记录，原始记录和运行台账等记录完整。

（5）接收罐、岩屑罐、储水罐、应急罐、反应罐、挤压脱水机等区域应有防雨措施；四周应设置完整围堰，围堰离设备边缘宜不低于0.2m，高度不小于0.2m；收集区应采取混凝土硬化处理，并在收集作业现场铺设防渗膜。

（6）药剂贮存满足防雨和防渗要求，材料应分区、分类摆放，上盖下垫，下垫高度不小于0.1m废弃药剂包装袋纳入固体废物进行管理。

2. 危险废弃物

（1）建立危险废物识别清单，危险废物识别准确，无遗漏和错误。

（2）建立危险废物管理台账，包括种类、产生量、流向、贮存、利用、处置信息，现场实际相符。

（3）制定危险废物管理目标和计划，包括减少危险废物产生量和降低危险废物危害性的措施以及危险废物贮存、利用、处置措施等，并进行报备。制定管理计划，测算下一年工程项目产生量，处置方式，出现重大变更及时更新上报。

（4）危险废物贮存符合标准要求，设置专用危险废物贮存设施，防渗、防雨、防流失、防扬散等措施齐全，按种类和特性分区贮存，围堰、贮存容器完好无损。

（5）按照要求设置标识，标志内容、形状、颜色、尺寸等信息准确，清晰、完整、没有损坏。产生危险废物场所的显著位置要张贴危险废物信息卡（单），内容至少包括产废环节、危险特性、去向、责任人等；包装物标识标签要粘贴正确的标签；产生、收集、暂存场所及设施要设置正确的标识；正确填写废物种类、名称、产生时间等；破损或掉落要及时更新，旧标签要确保及时清除或被完全覆盖。

（6）危险废物处置应委托具备相应资质和处理能力的处置单位，签订处置合同，处理方式符合环评及批复要求。处置执行转移联单制度，数据与申报登记、台账等材料一致。危险废物运输单位、人员、资质及交付过程符合危险货物运输管理规定。

（7）施工单位应对外委处置危险废物转移情况进行全过程监督，对危险废物处置单位进行现场核实，核实内容包括其环保合规性，危险废物处置能力，处置方式，资质许可处置的危险废物类型、处置量、处理处置工艺以及台账记录等，确保处置全过程依法合规。

3. 一般工业固体废物

（1）一般工业固体废物识别准确，建立清单。

（2）建立分类管理台账，内容包括种类、产生量、流向、贮存、利用以及处置信息，且与生产实际相符。

（3）贮存设施防渗、防雨、防流失、防扬散，设置围堰或栅栏；存储贮存符合标准要求；设置的标志内容、形状、颜色等信息准确，清晰、完整。

（4）废弃水基岩屑及泥浆执行内部转运联单制度，转运过程监控资料齐全（定位系统行车路线、影像资料或跟车记录）；推行"钻井泥浆不落地"随钻处置。

（5）固废处置应与有处置资质单位签订合同，合规处置率100%。

4. 泥浆不落地

（1）施工前进行不落地开工验收，施工方入场签订HSE协议。

（2）岩屑存储区域严格执行环保防渗标准，定期对岩屑堆放的防渗、防漏、雨季防洪等环保措施进行检查。

（3）由不落地施工方对岩屑进行取样质检，根据取样检测结果进行分析，确保处理达标。

（4）废弃水基岩屑及泥浆运出作业现场应执行转移联单，现场称重，准确填写台账。现场核实车辆运输条件和联单信息无误后方能出场。

（5）应对每批次废弃水基岩屑及泥浆转移情况进行有效监控，建立GPS行车路线、影像资料或跟车记录。

5. 生活垃圾

（1）建立生活垃圾管理台账，填写准确，信息齐全，且与生产实际相符。

（2）配置生活垃圾分类收集设施，按照地方分类标准进行分类收集和贮存。

（3）生活垃圾合规处置率100%，厨余垃圾现场进行无害化处置或交由具备相应资质条件的单位进行无害化处理。

第六节　应急管理

为有效应对自然灾害、事故灾难、公共卫生等突发事件，防范次生灾害发生，保障企业员工和公众的生命安全，生产经营单位应强化应急管理工作，提升突发事件事前预防、事中响应和处置、事后恢复的能力，最大限度地减少人员伤亡、财产损失、环境破坏和社会影响。

一　基本要求

（1）各单位主要负责人是应急管理第一责任人，负责组织制定并实施本单位应急救援预案，并定期组织演练，提高全员应急处置能力。

（2）配置专（兼）职应急管理人员，建立健全应急管理工作制度。与外部专业救援队伍签订合作协议，确保有足够的应急装备和物资，并对危险作业实施专人监护。

（3）基于风险评估开展应急资源调查，编制与地方政府及相关部门相协调的应急预案、处置方案，以及岗位应急处置卡，并开展应急演练。

（4）应定期对员工开展应急知识和技能培训，提升全员的应急意识和自救互救能力。

二　应急预案

应急预案是针对可能发生的事故灾难，为作出恰当及时的响应，最大程度减少事故损害而预先制定的工作方案，应急预案体系包括综合应急预案、专项应急预案、现场处置方案和岗位应急处置卡。

（一）编制程序

应急预案编制程序包括成立应急预案编制工作组、资料收集、风险评估、应急资源调查、应急预案编制、模拟检验、应急预案评审和批准实施等步骤。

1. 风险评估

评估包括辨识生产经营单位存在的危险有害因素，确定可能发生的生产安全事故类别；分析各种事故类别发生的可能性、危害后果和影响范围；评估确定相应事故类别的风险等级。

2. 资源调查

包括本单位可调用的应急队伍、装备、物资、场所；针对生产过程及存在的风险可采取的监测、监控、报警手段；上级单位、当地政府及周边企业可提供的应急资源；可协调使用的医疗、消防、专业抢险救援机构及其他社会化应急救援力量。

3. 预案编制

（1）预案编制应遵循以人为本、依法依规、符合实际、注重实效的原则。核心是应急处置，体现自救互救和先期处置的原则。预案应明确职责、程序规范、措施科学，并尽可能简明化、图表化、流程化。

（2）预案编制工作包括确定预案体系、设定应急组织机构及职责、界定响应分级标准、制定应急处置措施、确定事故信息报告等内容，确保与相关部门和单位应急预案的衔接。

（二）主要内容

1. 事故风险描述

简述事故风险评估的结果（可用列表的形式附在附件中）。

2. 应急工作职责

明确应急组织分工和职责。

3. 应急处置

（1）应急处置程序。根据可能发生的事故及现场情况，明确事故报警、各项应急措施启动、应急救护人员的引导、事故扩大及同生产经营单位应急预案的衔接程序。

（2）现场应急处置措施。针对可能发生的事故从人员救护、工艺操作、事故控制、消防、现场恢复等方面制定明确的应急处置措施。

（3）明确报警负责人以及报警电话及上级管理部门、相关应急救援单位联络方式和联系人员，事故报告基本要求和内容。

（4）注意事项

包括人员防护和自救互救、装备使用、现场安全方面的内容。

（5）附件

包括不限于：生产经营单位概况；风险评估的结果；预案体系与衔接；应急物资装备的名录或清单；有关应急部门、机构或人员的联系方式；格式化文本；关键的路线、标识和图纸；有关协议或者备忘录。

（三）管理要求

1. 预案备案

（1）企业应急预案按业务分工，报集团公司健康安全环保部及相关部门备案，并抄送所属事业部、专业公司。

（2）企业应急预案和现场处置方案应组织专家审核后，由本单位主要负责人签署公布，按要求报送政府相关部门备案，并向社会、本单位从业人员公布。

2. 预案完善

各单位应不断完善应急预案，至少每年组织一次单位内部专家评估。评估重点关注重大风险是否变化、启动条件是否清晰、应急信息上报和指令下达程序是否畅通、应急组织职责分工是否明确、应急处置程序和现场处置措施是否具体实用、应急资源是否变化，以及预案附件信息是否动态更新。

3. 预案修订

出现下列情形，应及时修订应急预案或其附件：

（1）法律法规或上位预案等编制依据发生重大变更的；

石油工程 HSE 监督

（2）应急指挥机构及其职责发生调整的；

（3）本单位生产工艺、技术或设备发生重大变更的；

（4）安全风险发生重大变更的；重要应急资源发生重大变更的；

（5）预案中的其他重要信息发生变更的；在应急演练或应急救援中发现问题需要修订的。

三 应急演练

（一）演练计划

1. 需求分析

对应急预案、应急职责、应急处置工作流程和指挥调度程序、应急技能和应急装备、物资实际情况进行全面分析和评估，提出需要通过应急演练解决的内容，并有针对性地确定应急演练目标，提出应急演练的初步内容和主要科目。

2. 明确任务

确定应急演练的事故情景类型、等级、发生地域，演练方式，参演单位，以及应急演练各阶段的主要任务和拟定日期；根据需求分析和任务安排，组织人员编制演练计划。

（二）演练实施

1. 桌面演练

在桌面演练过程中，演练执行人员按照应急预案或应急演练方案发出信息指令后，参演单位和人员依据接收到的信息，回答问题或模拟推演的形式，完成应急处置活动通常按照注入信息、提出问题、分析决策、表达结果四个环节循环往复进行。

2. 实战演练

按照应急演练工作方案，开始应急演练，有序推进各个场景，开展现场点评，完成各项应急演练活动，妥善处理各类突发情况，宣布结束与意外终止应急演练。

3. 演练评估与持续改进

演练总结报告主要内容包括：演练基本概要；演练发现的问题，取得的经验和教训；应急管理工作建议等。根据演练评估报告中对应急预案的改进建议，按程序对预案进行修订完善，对应急管理工作（包括应急演练工作）进行持续改进。

四 应急救护

（一）现场急救常识

1. 烫伤

被烫伤以后，要尽快脱离热源，然后用凉水冲患处，一般要20min左右，或是直到疼痛感明显降低。然后包扎，并送往医院。千万不要随意上药。烫伤面积如果过大，要采取口服温水或静滴盐水的方法进行补水，以防脱水后静脉不显难以注射用药。

2. 溺水

溺水分为淡水溺水和海水溺水两种。淡水溺水时，如果溺水者呼吸已停止，可不考虑控水，先进行心肺复苏，即口对口吹气和心脏按压。如果是海水溺水，一定要先考虑控水，然后再进行心肺复苏抢救。

3. 中毒

口服中毒，要喝凉水，并用手指挖舌根，马上催吐。如口服强酸强碱，则应喝鸡蛋清或牛奶。如果是毒气引起的中毒，必须迅速脱离现场，到空气通畅的地方，并尽快到医院救治。

4. 锐器刺伤或摔伤

如果出血应及时进行止血处理。静脉出血，最常用的方法是用纱布垫压迫局部，然后回压包扎，达到止血目的。动脉出血非常危险，应马上用止血带和替代物把伤处结扎，并迅速将伤者送往医院。最好不要在伤口上涂抹药物，尤其是带颜色的药水，如红药水、碘酒等；结扎后要根据具体部位每隔10~20min松绑一次，时间太长可能引起败血症。

如刀扎进身体或铅笔扎入眼睛，不要擅自拔除，也不要上任何药物，立即送到医院进行抢救处理。

5. 开放性气胸

遇有这种胸腔开放伤口，不能仅简单覆盖包扎，而应该立即用厚敷料堵塞伤口，再用塑料袋等不透气的物品盖严敷料，外面使用三角巾等加压包扎，将开放性气胸尽快闭合。

6. 内脏溢出

既不能塞回，也不能直接加压包扎。塞回会导致腹内严重感染，包扎可以压闭肠管的营养血管，造成急性肠坏死。正确的处理方法是首先用干净布料遮盖溢出的内脏，然后用毛巾等绕成适当大小的圆圈，紧贴腹壁套在肠管上，再用一只饭碗或大杯等扣在溢出物上，最后再用三角巾等进行包扎。

7. 异物插入

此时切勿将异物贸然拔出，否则可能导致严重出血。对异物插入的伤口，应该用厚敷料或绷带卷垫在异物周围将其固定，再用开洞的三角巾套住异物进行包扎。

8. 肢体离断

除了立即包扎伤口止血外，还应将断下来的手指、伤肢用干净手帕或毛巾包好，放进塑料袋内并系紧袋口，然后再放进盛有冰块的容器中保存，争取在6~8h之内随伤员送至医院再植。

9. 耳、鼻漏液

指的是头外伤造成颅底骨折，血液混合着溢出的脑脊液自耳、鼻流出体外。此时万万不能采取堵塞的方法处理，以免污血返流回颅内，造成颅内感染或因颅内压力升高而导致脑疝（即脑组受压移位）。正确的处理方法是将伤员出血侧向下呈侧卧位，帮其擦净流出耳鼻外液体。同时，将伤员尽快送至医院做进一步治疗。

10. 发生骨折

如果发生骨折，不要自行摆弄、随意接骨，更不可误当脱臼进行复位，以免骨折断端刺伤神经、血管。如为锁骨骨折，先用绷带兜臂，不要活动；如为盆腔处、胸腰部骨折时，应将病人轻轻托起，放在硬板担架上，转送途中尽量减少震动；如四肢长骨骨折，可就地取材，如用胶鞋、布鞋、木板或其他可用来固定的东西做骨折临时固定，后送医院治疗。先固定，后搬运。忌盲目搬运。

交通事故、高处坠落事故等均能造成脊髓损伤。头部遭受撞击之后，极易造成不同程度的颈椎损伤和胸腰椎损伤，从而造成脊髓损伤。在急救现场，如怀疑伤员有可能伤及脊柱，一定要固定好头部，头和躯干必须同时转动，最好在原位固定后搬动，不得轻易改变伤员体位，尤其不能采取一人抬腋窝部，一人抬下肢的"吊车式"搬运方法，伤员应被固定在硬木板担架上搬运。

现场救援人员对已经出现四肢或双下肢受伤、没有昏迷的伤员，要特别注意呼吸是否困难，要解开衣领，去掉领带，解开腰带，固定好头部，立即拨打急救电话等待医生到现场。对怀疑有脊柱脊髓损伤的患者，要在有经验的急救人员指导下搬运至有条件进行骨科手术的医院，如条件允许，最好直接送到对脊柱脊髓损伤有综合抢救能力的医院，避免多次转运伤员，造成脊髓二次损伤。转运路途中要注意固定和观察呼吸，要减少车的颠簸。

（二）常用救护方法

1. 现场处理

1）紧急临时止血

在意外事故中，急性大出血超过1000mL时，即可引起休克危及伤员生命，因此，对出血伤员，应迅速采取有效的止血措施，利用现场能够达到止血目的的一些日常用品，如手帕、毛巾、衣服撕成的布条等包扎出血伤口，直到停止流血。止血后，记住时间，每30min可进行松绑1～2min，将伤员迅速送医院处理。总之，血液是维护人体生命的宝贵物质，失血过多就会失去生命，因此应尽一切可能在现场努力做好临时紧急止血。

2）伤口临时包扎

在野外、井场、远离居民点的伤员，在无包扎材料时，可就地取材，利用一切可以利用的材料进行现场包扎，以便送到医院后再作进一步处理。

3）伤部临时固定

伤员受伤后，往往发生骨折，由于骨折的断端容易刺伤皮肤、血管和神经，轻者造成病人痛苦，重者致残甚至死亡。因此应就地取材，用木板、桌椅腿、竹片、树枝等，如果没有合适的材料时，也可以利用躯干固定上肢，一侧健肢固定另一侧伤肢，只有进行适当的固定之后，才能把伤员转送医院。

4）抗休克

凡伤员经受严重的创伤，如大出血、骨折、剧烈疼痛等都可能发生休克。发生休克的人多会出现面色苍白、四肢冰冷、额部出冷汗、脉搏细弱、呼吸加快或失去知觉等症状，如不及时急救就会死亡。急救时，应迅速将伤员平卧休息保暖，查看伤情，及时进行止血、包扎、固定伤肢、减少疼痛等，也可针刺人中、中脘、足三里、合谷等2~3个穴位，进行初步处理后尽快送医院。

2. 现场止血

止血、包扎、固定和运送伤员是外伤救护的四大基本技术，它直接影响伤员的生命安全及健康恢复。

1）指压动脉止血法

四肢及头部动脉出血，根据动脉的走向，在出血伤口的近心端，通过用手指压迫血管，使血管闭合而达到临时止血的目的，是一种临时短暂的止血方法，用于出血较多的伤口，有快速止血的作用。

（1）锁骨下动脉压迫法。腋窝、肩部和手臂出血时用，在锁骨上凹摸到血管的搏动，用手指向下后方压有肋骨上。

（2）肱动脉压迫止血法。在手和手臂出血时用，从上臂内侧中部往肱骨上加压。

（3）股动脉压迫止血法。在腹股沟中点梢下，向后用力压住股动脉，可止腿、脚的动脉出血。

（4）头颈部出血压迫法。在颈根部气管外侧摸到血管搏动时，避开气管压在后面颈椎上。注意：此法非紧急时不能用，绝不能同时压迫两侧，以防脑部缺血。

①颞动脉压迫法：适用于头顶部，头皮前区，头皮后区及颞部。止血步骤：一只手托住伤者后脑，一手四指托住伤者下颊，拇指按耳骨下（耳平前1.5cm凹陷处，可以一起按压，但不能超过15min）（图3-6-1）。

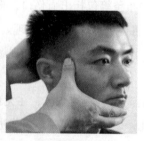

图3-6-1 颞（nie）动脉压迫法

②颌外动脉压迫法。适用于腮部及颜面部的出血。止血点：压迫指动脉，即用拇指和食指压迫手指两侧的血管（图3-6-2）。

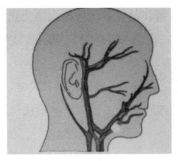

图 3-6-2 颌外动脉压迫法

2）加压包扎止血法

①血流不急的伤口，上面放敷料，再用三角巾或绷带绑紧一些，就能止血。

②加垫屈肢止血法。腿或臂出血时，如果在没有骨折、关节没有受伤的情况下，可以把一个厚棉垫或绷带卷塞在腿窝或肘窝上，弯起腿或上肢，再用三角巾或绷带紧紧缚住，压迫血管，达到止血的目的。

3）止血带止血法

上肢和下肢大出血的时候，用止血带在出血部位的上端紧紧扎住，就可以止血。

（1）橡皮止血带用法。在上止血带的部位先用毛巾或伤员的衣服垫好，将止血带适当拉长，绕肢体一圈，在前面打结。

（2）布制止血带用法。将布带平整地缠绕在肢体上，然后将布带头套入扣环中接紧。扣环下有毛垫，所以不会压伤皮肤。

（3）绞紧止血带用法。没有止血带时，可用三角巾、绷带、手帕等代替，先用一小卷绷带或毛巾卷放在出血动脉压迫点上，将三角巾叠成带状，绕肢体一圈，在前面拉紧打结，绞棒插在外圈下，提起绞紧，将另一头套在活结环内，拉紧活结头，固定绞棒，如图3-6-3所示。

图 3-6-3 扎止血带的步骤

（4）衣袖（裤管）绞止血法。把衣袖或裤管卷过伤口，折叠平整，在补贴口上剪一口，插入木棒或钢笔，用力绞紧，再剪一孔，将木棒的另一头套入孔内固定。

（5）绷带单环止血法。取5尺长绷带一条，对折，两头对齐，绕肢体一圈后在前面穿过折叠环，两头分开，向相反方向拉紧，其中一头绕肢体一圈，在前面打结。

3. 伤员搬运

事故导致人员受伤，应根据伤员情况，让伤员紧急脱险，然后止血、包扎、固定后再搬运，在搬运过程中，伤病人体位要适宜，要注意观察伤病员伤情变化。搬运有徒手搬运和担架搬运两种方式。

1）徒手搬运

徒手搬运分为单人搬运法和双人搬运法。起重单人搬运法有扶持法、拖行法、爬行法、拖毯法4种方法。双人搬运法有拖衣法、抬四肢搬运法、双手坐抬法、座椅搬运法、四手坐抬法等5种。

（1）单人搬运（图3-6-4）

扶持法：主要用于神智清醒且可协助行走的伤者。方法：施救者站在伤者受伤的一侧面，让伤者的一手绕过施救者的颈部并抓住其手；而施救者另一手则绕过伤者后腰部，抓紧其皮带或腰侧，扶持而行。

拖行法：用于伤者无法站立，或太重且处于仰卧姿势。方法：先让受伤者平躺于地；从背后将受伤者扶起，并且用施救者的一条腿顶着受伤者的背部将受伤者支撑起来；双手绕过后肩，插到受伤者的腋下，分别抓住两边的衣服，将受伤者的头支撑在你的前臂间，用上臂的力量拖、拉移动。注意在拖拽衣服时，千万不要使其窒息。

拖毯法：主要用于昏迷伤者无法站立，太重无法抬起。方法：利用当前环境资源（桌布、窗帘或灭火毯等），将受伤者仰卧在上面，进行拖拉。

爬行法：适用在狭窄空间或浓烟的环境下，对清醒或昏迷伤者进行搬运。方法：使用三角巾或撕开的衬衫等，把受伤者的手扎在一起，再把扎着的手套在施救者的脖子上。用这种方法可以挪动比自己重很多的人。

图3-6-4　扶持法、拖行法、拖毯法、爬行法

（2）双人搬运（图3-6-5、图3-6-6）

拖衣法：在平坦的环境下，适用有知觉或昏迷的受伤者。方法：两名施救者各站一侧，把受伤者两胳膊放平，牢牢抓住受伤者的衣服或衬衫领，将受伤者拉到安全地带。注意在拖拽衣服时，千万不要使其窒息。

抬四肢法：在一些受限的救护情况下，对受伤者进行搬运，受伤者可以是有知觉的，也可以是神智不清的。方法：两名施救者分别站在受伤者的后面，都面向一个方向。一名救护人员将手穿过受伤者的腋下，并抓住受伤者的前臂，做法同拖行法中一样。另一名施救者将受伤者两腿交叉，抓住脚踝处，然后一起把受伤者抬至安全地区。

图 3-6-5　拖衣法、抬四肢法、座椅法

图 3-6-6　双手坐抬法、四手坐抬法

座椅法：用于搬运有意识或者无意识的受伤人员，但是不能用于头部或脊柱受伤的人员。方法：两名施救者利用环境中的椅子，将受伤者的手固定放置在他的胸前，如果受伤者无意识，那么要将受伤者固定在椅子上。然后一前一后将受伤人员抬至安全区域。

双手坐抬法：在受伤者意识清醒，但不能行走或支撑上身时，所能采用的一种搬运方法。方法：两名施救者将一只手的十指向手掌内弯成钩状，并互相钩住对方的手指，成高低座椅状，搬运受伤者至安全区域。如果没有准备手套，需用一块布包裹双手以保护双手不被对方的指甲抓伤。

四手坐抬法：用于搬运意识清醒伤者，可以使用双手与手臂支撑身体的受伤者。两名施救人员面对面将双手从受伤者胯下进行"井"字形交叉紧握，同步将受伤者搬至安全区，该方法比较省力。

2）担架搬运（图3-6-7）

要点：先固定于担架，头后脚前、协调一致，上下楼梯保持水平位。一般情况：平卧位；昏迷：头侧偏；脑脊液、耳、鼻漏：头垫高30°。

滚动法

平托法　　脊柱骨折不正确的搬运方法

图 3-6-7　担架搬运法

4. 人工急救

人工呼吸急救方法多用于现场触电、硫化氢中毒等症状。当触电者脱离电源或硫化氢中毒者脱离现场之后，应根据触电者和中毒者的具体情况迅速对症抢救。现场抢救的方法很多，但主要是人工呼吸和胸外挤压法。

1）人工呼吸法

（1）人工呼吸法是在触电者和硫化氢中毒者呼吸停止后应用的急救方法。各种人工呼吸法中，以口对口人工呼吸法效果最好。

（2）施行人工呼吸前，应迅速将伤者身上妨碍呼吸的衣领、上衣、腰带等解开，开放气道，并迅速取出伤者口中妨碍呼吸的食物、血块、黏液等异物，以免堵塞呼吸道，取出异物或假牙（图3-6-8）。

图 3-6-8　开放气道、检查清理异物，取出异物或假牙

（3）做口对口人工呼吸时，应使伤者仰卧，并使其头部充分后仰，用一只手托在伤者颈后，使鼻孔朝上，以利呼吸畅通。

（4）口对口人工呼吸法操作步骤如下：

使伤者鼻或口紧闭，救护人员深吸一口气后，紧贴伤者的口鼻向内吹气，为时约2s。

吹气完毕，立即离开伤者的口鼻，并松开伤者的鼻孔或嘴唇，让他自己呼气，为时3s。如发现伤者胃部充气鼓胀，可一面用手轻轻加压于伤者腹部，一面继续吹气换气。如果无法使伤者张开嘴，可改用口对鼻人工呼吸法（图3-6-9）。

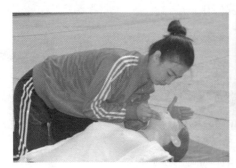

图 3-6-9　仰头抬颌、开放气道，口对口人工呼吸

2）胸外心脏按压法

（1）胸外心脏按压法是伤者心脏停止跳动后的急救方法，作胸外心脏按压时，应使伤者仰卧在较结实的地方，姿势与口对口人工呼吸法相同，操作方法如下：救护人员在伤者一侧或骑在其腰部两侧，两手相叠，手掌根部放在心窝上方（胸三分之一至二分之一处），即：剑突上两横指（图3-6-10）。

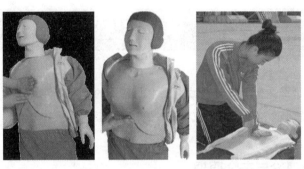

图 3-6-10　人工呼吸按压定位位置

（2）掌根用力垂直向下朝脊背方向挤压，压挤心脏里面的血液，对成年人应压陷3～7cm，以每分钟挤压100次为宜。按压手法：扣、翘、直、看（图3-6-11）。

扣　　　　　　　翘　　　　　　　直　　　　　　　看

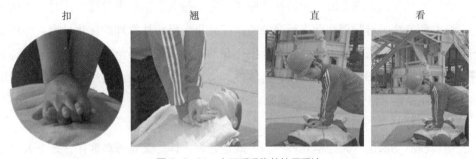

图 3-6-11　人工呼吸胸外按压手法

（3）挤压后掌根迅速全部放松，让伤者胸部自动复原，放松时掌根不必完全离开胸部。当伤者一旦呼吸和心脏跳动都停止了，应及时进行口对口人工呼吸和胸外心脏挤压法，每次吹气2次，再挤压100次左右，吹气和挤压的速度都应慢慢提高。

五　监督要点

（1）开展了有针对性的风险评估，开展了应急资源调查，编制了有针对性的应急预案或处置方案。

（2）应急预案按要求进行了全员演练，演练存在的不符合采取了纠正措施。

（3）应急物资专人保管，种类、数量符合要求，岗位人员熟练掌握应急器材的使用要求。

（4）现场组织应急知识培训并合格，生产骨干熟练掌握急救相关知识。

（5）应急药品齐全并在有效期内。

（6）应急报警设施工况良好，应急通信畅通。

第七节 事故事件的管理

生产安全事故是指在生产经营领域中发生的意外的突发事件，通常会造成人员伤亡或财产损失，使正常的生产活动中断，又叫安全事故。

一 事故致因理论与安全原理

（一）四大安全原理

1. 系统原理

系统原理是现代管理学的一个最基本原理。它是指人们在从事管理工作时，运用系统理论、观点和方法，对管理活动进行充分的系统分析，已到达管理的优化目标，即用系统论的观点、理论和方法来认识和处理管理中存在的问题。按照系统的观点，管理系统有六个特征，即集合性、相关性、目的性、整体性、层次性和适应性。运用系统原理的原则包括动态相关性原则、整分合原则、反馈原则和封闭原则。

2. 人本原理

一切管理活动都是以人为本开展的，人既是管理主体，又是管理客体，每个人都处在一定管理层面上，离开人就无所谓管理；管理活动中，管理对象的要素和管理系统的各环节，都需要人掌管、运作、推动和实施。人本管理的原则包括：动力原则、能级原则、激励原则和行为原则。

3. 预防原理

安全生产管理工作应该做到预防为主，通过有效的管理和技术手段，减少和防止人的不安全行为和物的不安全状态，从而使事故发生的概率降到最低，这就是预防原理。运用预防原理的原则包括：偶然损失原则、因果关系原则、"3E"原则和本质安全化原则。

4. 强制原理

采取强制管理的手段控制人的意愿和行为，使个人的活动、行为等受到安全生产管理要求的约束，从而实现有效的安全生产管理，这就是强制原理。所谓强制就是绝对服从，不必经被管理者同意便可采取控制行动。采取强制原理的原则包括：安全第一原则、监督原则。

（二）五大事故致因理论

1. 事故频发倾向理论

1919年由英国格林伍德和伍兹对伤亡事故进行了统计分析，发现工厂存在事故频发倾向者。1939年，法默和查姆勃提出事故频发倾向理论。认为事故频发倾向者的存在是工业事故发生的主要原因。因此，人员选择就成了预防事故的重要措施。即通过严格生理、心理检验，从众多的求职人员中选择身体、智力、性格特征及动作特征等方面与工作相适应的人才就业，而把企业中的事故频发倾向者调整岗位或解雇。

2. 海因里希事故因果连锁理论

海因里希提出，一个伤害事故的发生是一系列事件按顺序连锁反应的结果，包括管理失误、人的不安全行为、物的不安全状态等，最终导致伤害。这个理论可以用多米诺骨牌来形象比喻，一旦第一块骨牌倒下（管理缺陷），就会引发后续的一系列事件，直至造成人员伤害。

3. 能量意外释放理论

任何事故中，都有能量的非计划或非控制释放，如热能、动能等，这些能量的突然释放直接作用于人体或结构，导致伤害或损坏。预防措施应集中在控制能量源和减少能量的潜在危害上。

4. 轨迹交叉理论

轨迹交叉理论指出，事故是当人的不安全行为轨迹与物的不安全状态轨迹在时间、空间上交叉时发生的，要避免事故，需要防止这两种轨迹在同一时间和地点交汇。

5. 系统理论

系统安全是指在系统寿命周期内应用系统安全管理原理及系统安全工程原理，识别危险源并使其危险性减至最小，从而使系统在规定的性能、时间和成本范围内达到最佳的安全程度。系统安全的基本原则是在一个新系统构思阶段就必须考虑其安全性的问题，制定并开始执行安全工作规划——系统安全活动，并且把系统安全活动贯穿于系统寿命周期，直到系统报废为止。

（三）安全生产十大定律

1. 不等式法则

10000减1不等于9999。安全是1，位子、车子、房子、票子等都是0。有了安全，就是10000，没有了安全，其他的0再多也没有意义。生命是第一位的，安全是第一位的，失去生命一切全无。所以，无论在工作岗位上，还是在业余生活中，时时刻刻都要判断自己是否处在安全状态下，分分秒秒要让自己置于安全环境中，这就要求每名员工在工作中必须严格安全操作规程，严格安全工作标准，这是保护自我生命的根本。

2. 九零法则

安全生产工作不能打任何折扣，安全生产工作90分不算合格。如果每个层级按90分完成，6个层级后，90%×90%×90%×90%×90%=59.094（不及格），安全生产执行力层层衰减，最终结果就是不合格，会出事故。

3. 罗氏法则

即1元钱的安全投入，可创造5元钱的经济效益，创造出无穷大的生命效益。安全投入是第一投入，安全管理是第一管理，生产经营活动的目的是让人们生活得更加安全、舒适、幸福，安全生产的目的就是保障人的生命安全和人身健康。

4. 金字塔成本法则

企业在生产前发现一项缺陷并加以弥补，仅需1元钱；如果在生产线上被发现，需要花10元钱的代价来弥补；如果在市场上被消费者发现，则需要花费1000元的代价来弥补。安全要提前做，安全要提前控，就是抓住安全的根本，预防为先，提前行动。

5. 市场法则

1：8：25，1个人如果对安全生产工作满意的话，他可能将这种好感告诉8个人；如果他不满意的话，他可能向25个人诉说其不满。安全管理就是要不断地加强安全文化建设，创新安全环境、安全氛围，提升员工安全责任、安全意识和安全技能，提高员工对安全的满意度。该法则也说明，生产安全事故是好事不出门、坏事传千里，安全事故影响大、影响坏、影响长。

6. 多米诺法则

在多米诺骨牌系列中，一枚骨牌被碰倒了，则将发生连锁反应，其余所有骨牌相继被碰倒。如果移去中间的一枚骨牌，则连锁被破坏，骨牌依次碰倒的过程被中止。在每个隐患消除的过程中，就消除了事故链中的某一个因素，可能就避免了一个重大事故的发生。所以我们的任务就是发现隐患，不断消除隐患，避免事故，确保员工平安。

7. 海因里希法则

1：29：300：1000，每一起严重的事故背后，必然有29起较轻微事故和300起未遂先兆，以及1000起事故隐患相随。对待事故，要举一反三，不能就事论事。

8. 慧眼法则

有一次，福特汽车公司一大型电机发生故障，很多技师都不能排除，最后请德国著名的科学家斯特曼斯进行检查，他在认真听了电机自转声后在一个地方画了条线，并让人去掉16圈线圈，电机果然正常运转了。他随后向福特公司要1万美元作酬劳。有人认为画条线值1美元而不是1万美元，斯特曼斯在单子上写道：画条线值1美元，知道在哪画线值9999美元。在安全隐患检查排查上确实需要"9999美元"的慧眼。

9. 南风法则

北风和南风比威力，看谁能把行人身上的大衣吹掉。北风呼啸凛冽刺骨，结果令行人把大衣裹得更紧了；而南风徐徐吹动，人感觉春意融融，慢慢解开纽扣，继而脱掉大衣。在安全工作中，有时以人为本的温暖管理带来的效果会胜过严厉无情的批评教育。

10. 桥墩法则

一座大桥的一个桥墩被损坏了，上报损失往往只报一个桥墩的价值，而事实上很多时候真正的损失是整个桥梁都报废了。安全事故往往只分析直接损失、表面损失、单一损失，而忽略事故的间接损失、潜在损失、全面损失。

二 事故分类分级

根据《中国石化事故事件管理规定》（中国石化制〔2023〕3号）规定：事故专指集团公司级的一般C级及以上事故。事件包括未构成一般C级事故的工伤、职业病、非生产性死亡等人身伤害。其他生产和设备异常、非计划停工等列入异常管理，异常管理有关规定见异常管理制度。

（一）事故类别

事故类别分为火灾、爆炸、设备、中毒和窒息、高处坠落、物体打击、机械伤害等16类。社会公共道路上发生的交通事故不作为生产安全事故统计，负同等及以上责任的交通事故应参照生产安全事故管理。

（二）事故分级

（1）特别重大事故。指造成30人以上死亡，或者100人以上重伤（包括急性工业中毒，下同），或者1亿元以上直接经济损失的事故。

（2）重大事故。指造成10人以上30人以下死亡，或者50人以上100人以下重伤，或者5000万元以上1亿元以下直接经济损失的事故。

（3）较大事故。指造成3人以上10人以下死亡，或者10人以上50人以下重伤，或者1000万元以上5000万元以下直接经济损失的事故。

（4）一般A级事故。指造成3人以下死亡的事故，或者3人以上10人以下重伤，或者10人以上轻伤，或者300万元以上1000万元以下直接经济损失的事故，或者造成重大社会影响的泄漏、火灾爆炸事故。

（5）一般B级事故。指造成3人以下重伤，或者3人以上10人以下轻伤，或者100万元以上300万元以下直接经济损失的事故，或者造成较大社会影响的泄漏、火灾爆炸事故。

（6）一般C级事故。指持续燃烧30min以上的火灾爆炸事故，或者燃烧时间30min以下但造成一定社会影响的火灾爆炸事故。

三 事故报告时限及内容

及时、如实报告生产安全事故是企业的主体责任之一，也是《安全生产法》中规定的生产经营单位主要负责人的七项职责之一，事故发生后生产经营单位不得迟报、漏报、谎报、瞒报，报告事故要按照规定的时限、程序及时如实报告。

（一）需立即报总部生产调度指挥中心的事故、事件

符合下列情况之一的，事故、事件现场负责人或有关人员应立即向本企业报告。企业接到报告后，应于半小时内向总部生产调度指挥中心报告；2h内按照事故、事件快报格式，提供书面报告；事故、事件持续发展的要随时报告情况。

（1）发生一般C级及以上事故。

（2）油气井发生井控事故。

（3）自然灾害导致的人身伤亡或次生事故、事件。

（4）企业自行运输，或委托承运商运输危险化学品发生泄漏、着火、爆炸事故。

（5）虽未达到一般C级事故，但主流网络、媒体已经报道的事故、事件。

（6）未达到一般C级的火灾、爆炸事故。

（二）需立即报总部安全监管部和所属事业部（专业公司）的事故、事件

符合下列情况之一的，企业接到报告后应于2h内向总部安全监管部和所属事业部（专业公司）报告。

（1）员工或承包商员工非生产性死亡。包括工作场所、工作时间内的死亡；公务派出期间的死亡；基地、临时驻地、厂区等集体宿舍内的死亡。

（2）造成人员死亡的交通事故。包括工作中发生的交通事故、上下班途中发生的交通事故。

（三）需及时通过安全管理信息系统报送的事故、事件

符合下列情况之一的，应于10个工作日内通过安全管理信息系统报送事故、事件。

（1）符合需立即报总部生产调度指挥中心的事故、事件和需立即报总部安全监管部和所属事业部（专业公司）的事故、事件。

（2）工伤（包括视同工伤）。

（3）职业病。

（4）接受专业医疗处理的职业伤害。

（5）损失工作日的职业伤害。

（四）承（分）包商在企业管辖区域内发生的事故

承（分）包商在企业管辖区域内发生的事故，由业主单位负责上报。双方均为中国石化企业的，由业主单位和承包商分别报告。

（五）其他要求

（1）事故情况发生变化的要及时补报。火灾事故、交通事故自事故发生之日起7天内伤亡人数发生变化的，应及时补报。其他事故自发生之日起30天内伤亡人数发生变化的，应及时补报。

（2）发生较大及以上事故，或造成重大社会影响的事故时，集团公司应及时报告国务院国资委、应急管理部等国家有关部委。

四 事故调查与损失

（一）事故调查

事故调查处理坚持"四不放过"的原则。事故原因未查清不放过，有关责任人未受到严肃处理不放过，责任人和广大职工群众没有受到教育不放过，整改措施未落实不放过。

（1）事故企业应第一时间管控事故现场，及时拍照取证，收集作业票证、视频监控、DCS数据等关键资料。任何单位和个人不得故意破坏事故现场、毁坏或篡改仪表监控数据、视频监控、记录等证据。因抢救人员、防止事故扩大以及疏散交通等原因，需要移动事故现场物件时应做出标记，绘制现场简图并做出书面记录，妥善保存现场重要痕迹和物证。

（2）对于各级各类事故，企业要成立调查组，及时组织内部调查并形成调查报告。对于地方政府、集团公司组织调查的事故，企业在配合事故调查的同时，同步开展内部调查。

（3）事故调查实行组长负责制。调查组成员与所调查的事故不得有直接利害关系；在事故调查工作中，未经许可，调查组成员不得擅自发布有关信息。

（4）事故调查组要查明事故经过和直接原因、间接原因，从HSE管理体系要素层面查找深层次管理原因，认定事故性质和责任，提出事故整改措施建议，并形成事故调查报告。

（5）一般事故（含一般A、B、C级事故）在事故发生之日起30天内，较大及以上事故在事故发生之日起60天内提交正式调查报告，并提出对相关责任单位和责任人员的问责建议。特殊情况下，提交事故调查报告的期限可适当延长，延长期最长不得超过60天。

（6）对涉及两家以上企业的事故，事故调查组应根据各方安全责任及履职情况，认定事故主要责任单位、次要责任单位。

（7）一般C级及以上事故调查报告由安全监管部办公会审核通过后发事故单位落实，并抄送相应事业部和专业公司；其中，较大及以上事故还应报集团公司领导审批。

（二）事故损失

事故直接经济损失按照国家有关规定进行计算。

（1）职工伤亡事故直接经济损失按照《企业职工伤亡事故经济损失统计标准》（GB 6721）计算。

（2）火灾直接经济损失按照《火灾损失统计方法》（XF185）计算。

五 责任追究

（一）事故责任分类

事故责任分为直接责任、直接管理责任、管理责任、主要领导责任、重要领导责任。

（1）直接责任是指在职责范围内，不履行或者不正确履行自己的职责，对事故的发生起直接的、决定性作用的责任。

（2）直接管理责任是指在职责范围内，对直接分管的工作不负责任，对直接下属的工作不检查、不监督，对事故的发生起决定性作用的责任。

（3）管理责任是指在管理职责范围内，不履行或者不正确履行职责，对事故的发生起间接的、重要作用的责任。

（4）主要领导责任是指在职责范围内，对直接主管的工作不负责任，不履行或者不正确履行职责，对事故发生负直接的领导责任。

（5）重要领导责任是指在职责范围内，对应管理的工作或者参与决定的工作不履行或者不正确履行职责，对事故发生负次要的领导责任。

（二）处分类型

（1）对事故相关责任人进行责任追究应依据其安全责任及履职情况确定。问题较轻的可以给予批评教育、责令检查、通报批评、诫勉等处理；问题较重的给予警告、记过、记大过、降级、撤职、留用察看、开除等处分。

（2）根据事故调查及责任认定，对不宜在现岗位工作的，可以同时给予停职检查、调整职务（调离工作岗位、改任非领导职务）、责令辞职、免职（解聘）、降职等组织处理。应当追究党纪责任的，依照规定给予党纪处分。

（三）处分问责

（1）发生一般A级及以上级别事故，对事故单位（直属企业的下一级）主要负责人一律先停职后调查，对事故直接管理责任者一律撤职，对事故直接责任者一律留用察看并下岗培训。

（2）发生一般 B 级及以上事故，企业的主要领导在全系统相关会议或集团公司 HSE 相关会议做检查。企业党委向集团公司党组做书面检查。

（3）同一企业发生较大及以上事故、一年内发生两起及以上一般 A 级事故、连续两年内发生一般 A 级事故、一年内发生三起一般 C 级及以上事故，安全监管部会同党组组织部（人力资源部）、纪检监察组根据有关制度对企业党组管理的领导人员进行追责问责。

（4）对涉及两家及以上企业的事故（含外部承包商事故）应按调查认定的主要责任单位、次要责任单位分别进行问责。对外部承包商的问责由业主单位监督落实，并报安全监管部备案。对承包商施行"黑名单"管理，具体办法执行《中国石化建设项目承包商记分量化考核管理办法（试行）》《中国石化建设工程市场诚信体系管理办法》。

（5）承运商在运输过程中发生泄漏、着火、爆炸事故，要依据事故责任认定，对相关责任人员进行问责，具体执行《中国石化危化品运输安全管理规定（试行）》和有关合同。

（四）提级管理

提级管理是指在事故调查、责任追究上进行提级，但仍按照原事故级别进行统计。符合下列条款之一的，给予提级管理，责任追究时加重处罚。

（1）引起党中央、国务院领导同志高度关注，并有明确批示或者指示的事故；或被国家、省政府挂牌督办的事故。

（2）性质恶劣、舆情处置不力，受到公众广泛关注，引起主流媒体持续跟踪报道，对集团公司造成重大负面影响的事故。

（3）存在对事故隐瞒不报、谎报或拖延不报的行为（承包商瞒报、谎报或拖延不报，业主单位知情不管的承担同等责任）。

（4）已经查出的隐患未及时治理或安全防范措施不落实引发的事故。

（5）阻碍、干涉事故调查处理，故意破坏事故现场，拒绝接受调查以及拒绝提供真实情况和资料的违法行为。

（6）在"两特两重"（特殊时期、特殊地区、重大活动、重大节日）和集团公司有特殊要求时段发生的事故。

（五）问责实施

（1）集团公司和事故企业根据事故调查报告、责任追究有关规定对有关人员进行责任追究。对事故负有责任且后果严重的，不论是否已调离、转岗、退出现职或者离岗、退休，都应严格追究责任。责任追究程序执行集团公司有关规定。

（2）对发生企业级及以上级别事故的单位，按照有关制度要求，对有关责任人员进行安全记分。

（3）根据本规定，对相关领导干部和员工个人进行责任追究，同时按照中国石化年度绩效考核管理有关规定，对发生事故的企业进行绩效考核。按照中国石化党建工作考核办法有关规定，对发生事故的企业，在党建考核结果中予以体现。

（六）结案

（1）一般C级及以上事故，事故报告批准后30天内提交事故结案材料。结案材料包括：企业印发的事故责任人问责文件、事故整改情况报告等。

（2）事故档案管理应与事故调查处理同步进行。事故调查组应安排专门人员负责收集和整理照片、视频、笔录、票证、方案、合同等事故材料，并在事故调查结束后及时移交安全监管部门存档。HSE管理体系监督服务中心要永久保存一般C级及以上事故的完整档案。

（七）事故事件统计

（1）企业要鼓励员工及时上报事故、事件。企业应对事故、事件进行统计并综合分析，查找事故苗头，堵塞管理漏洞。

（2）企业应于每月5日前通过"事故、事件、异常信息管理平台"报送用工人数、用工工时，并定期计算事故统计指标。指标至少包括20万工时死亡事故率、20万工时损失工时事故事件率、20万工时总可记录事故事件率。

（八）事故事件教训吸取

（1）事故发生后，事故企业要及时在本单位内通报事故基本情况；安全监管部会同事业部、专业公司通报事故情况，针对典型事故组织开展同类问题排查整治。

（2）各单位要将事故通报及时传达到全体员工，并对照事故教训组织开展自查自改。排查出的问题要列入整改计划，制定并落实技术措施和管理措施，形成闭环管理。

（3）集团公司对发生一般B级及以上事故的企业开展专项帮扶，督促指导企业深刻吸取事故教训。事故企业要从职责（含领导引领力）、制度、能力、资源、考核方面按"五个回归"开展溯源分析，制定并落实纠正措施。

六 监督考核

安全监管部、事业部、专业公司对企业事故、事件管理制度的制定和执行情况进行检查与监督。对及时报告、统计分析各类事件的单位给予鼓励和奖励，对于管理不力的给予批评。

七 监督要点

（1）发生事故事件，HSE监督应第一时间到事故现场，及时拍照取证，收集作业票证、视频监控等关键资料。

（2）严禁任何单位和个人故意破坏事故现场、毁坏或篡改仪表监控数据、视频监控、记录等证据。

（3）因抢救人员、防止事故扩大以及疏散交通等原因，需要移动事故现场物件时，应督促事发单位做好标记，妥善保存现场重要痕迹和物证。

（4）积极配合应急抢险和事故调查。

（5）督促相关单位落实防范措施。

本章要点

1 风险分为重大、较大、一般和低风险四个等级。其中重大风险和较大风险为不可接受风险，应按照工程控制、安全管理、个体防护、应急处置及培训教育的顺序分级制定并落实风险管控措施。

2 隐患包括物的不安全状态、人的不安全行为和管理上的缺陷，分为重大隐患和一般隐患；隐患排查应形成清单，落实"五定"要求，实行闭环管理。

3 石油工程施工作业分为特殊作业和一般作业（含非常规作业）。其中特殊作业以及非常规作业的相关环节应办理作业许可，作业许可开票人、审批人、监护人应培训合格持证上岗，作业过程应实行全程视频监控。

4 承（分）包商管理主要把好资质准入、入场安全、过程控制关口，重点关注业务资质、安全资质，设备工具、安全交底与危害告知、施工方案和安全教育培训，以及直接作业环节等。

5 作业现场常见职业病危害因素包括粉尘类、化学因素类、物理因素类、放射因素类、生物因素类和其他因素类。对健康高风险人员应做好包括但不限于血压、血糖、血脂、体重管理等指标的监测。

6 环境影响因素包括废水、废气、噪声和固体废弃物（一般固废、危险废弃物等）等，危险废物贮存、利用、处置设施标志应包含三角形警告性图形标志和文字性辅助标志，废物包装物或容器应逐一张贴危废标签。

7 应急预案编制程序主要包括风险评估、资源调查、预案编制等步骤；应急演练实施基本流程包括计划、准备、实施、评估总结、持续改进等五个阶段。

8 事故类别分为火灾、爆炸、设备、中毒和窒息、高处坠落、物体打击、机械伤害等16类。事故分级为特别重大事故、重大事故、较大事故、一般事故，中国石化将一般事故分为一般A级事故、一般B级事故、一般C级事故。

章节思维导图
及本章要点

第四章

HSE 技术

机械安全、电气安全、防火防爆、危险物品、特种设备、井控及硫化氢防护等是施工作业现场 HSE 监督工作重点，HSE 监督应督促基层单位严格执行操作规程和技术标准，避免事故事件发生。

第一节　机械安全

机械安全是指在涉及机械设备的设计、制造、安装、调试、操作、维护及报废等全生命周期过程中，采取系统性的方法和措施，确保人员免受机械性伤害、电气危害、热能伤害、噪声、振动、辐射等各类风险的影响，并保护设备本身及周围环境免受损害。

一　机械危险有害因素

机械使用过程中的危险可能来自设备和工具本身、原材料、工艺方法和使用手段、操作过程、场所和环境等方面。

产生机械性危险的条件因素，一是形状或表面特性，如锐边、尖角形等零部件、粗糙或光滑表面；二是相对位置，如由于机器零部件运动可能产生挤压、剪切、缠绕区域的相对位置；三是动能，如运动的机器零部件与人体接触，零部件松动、松脱、掉落或折断、碎裂后甩出；四是势能，如高空作业人员跌落、弹性元件的势能释放、在压力下的液体或气体的势能、高压流体等；五是质量和稳定性，如机器抗倾翻性或移动机器防风抗滑的稳定性；六是机械强度不够导致的断裂或破裂等。

以上危险有害因素基本上都存在于石油机械的使用过程中，如设备的转动、设备的高度、设备运转产生的高压、设备固定松动、设备疲劳损害等。

二　机械危险部位及安全技术要求

（一）机械危险部位

1. 转动部位

转动轴、轴流风扇（机）和径流通风机、啮合齿轮、砂轮机和旋转刀具转动时，可能会将松散的衣物挂住，造成缠绕；开放式或者半开放式的旋转叶片十分危险，极易通过旋转切割的方式造成人体手指等身体部位的伤害。

2. 直线运动部位

切割刀刃切割纸张、塑料等材料的刀刃极其锋利，具有较高的危险性。冲压机和铆接机设备冲击头，全部行程如果开放或者半封闭的情况下，易造成挤压伤害。

3. 同时进行转动和直线运动的部位

齿条和齿轮、皮带传动以及输送链和链轮之间，都是转动和直线运动的合成。危险基本来自设备的转动部位和直线运动部位之间，经常造成人身伤害和设备部件的挤压、剪切等伤害。

（二）机械安全技术措施

机械设备安全应考虑其寿命的各个阶段，包括机械产品的安全和机械使用的安全两个阶段。机械产品的安全是通过设计、制造等环节实现；机械使用的安全主要体现在执行预定功能的正常使用，包括安装、调整、查找故障和维修、拆卸及报废处理等环节。消除或减小相关的风险，应按下列等级顺序选择安全技术措施。

1. 本质安全设计措施

也称直接安全技术措施，是指通过改变机器设计或工作特性，来消除危险或减小与危险相关的风险的安全措施。主要有以下几个方面。

1）合理的结构型式

避免由于设计缺陷而导致发生任何可预见的与机械设备的结构设计不合理的有关危险事件。机械的结构、零部件或软件的设计应该与机械执行的预定功能相匹配。

2）限制机械应力以保证足够的抗破坏能力安全防护措施

组成机械的所有零、构件，通过优化结构设计来达到防止由于应力过大破坏或失效、过度变形或失稳倾覆、垮塌引起故障或引发事故。

3）使用本质安全的工艺过程和动力源

本质安全工艺过程和本质安全动力源是指这种工艺过程和动力源自身是安全的。

4）控制系统的安全设计

控制系统的安全设计，各项功能应兼容、规范、可不同模式转换，遵循安全人机工程学等原则。

5）材料和物质的安全性

材料和物质的安全性包括生产过程各个环节所涉及的各类材料（包括组成机器自身的材料、燃料、加工原材料、中间或最终产品、添加物、润滑剂、清洗剂，与工作介质或环境介质反应的生成物及废弃物等）

6）机械的可靠性设计和维修性设计

机械设备一是要尽量少出故障，即设备的可靠性；二是出了故障要容易修复，即设备的维修性。

2. 安全防护措施

也称间接安全技术措施，是指从人的安全需要出发，采用特定技术手段，防止仅通过本质安全设计措施不足以减小或充分限制各种危险的安全措施，包括防护装置、保护装置及其他补充保护措施。

1）防护装置

通常采用壳、罩、屏、门、盖、栅栏等结构和封闭式装置，用于提供防护的物理屏障，将人与危险隔离，为机器的组成部分。

主要用于运动部位的防护。如施工现场，防硫化氢轴流风机、柴油机水箱散热风扇的防护网，施工现场的大型设备电机的冷却风机，齿轮传动机构必须装置全封闭型的防护装置，都是属于此类防护。

2）保护装置

通过自身的结构功能限制或防止机器的某种危险，在紧急情况下迅速切断动力源，使设备停止运行。消除或减小风险的装置。常见的有联锁装置、双手操纵装置、能动装置、限制装置等。

保护装置种类很多，防护装置和保护装置经常通过联锁成为组合的安全防护装置，如联锁防护装置、带防护锁的联锁防护装置和可控防护装置等。

3. 安全警示

也称提示性安全技术措施，是机器的组成部分之一。涵盖机械使用的全过程，包括运输、装配和安装、试运转、使用（设定、示教/编程或过程转换、操作、清洗、故障查找和维护）以及必要的拆卸、停用和报废。用以指导使用者安全、合理、正确地使用机器，警示剩余风险和可能需要应对机械危险事件。也应对不按规定要求操作或可合理预见的误用而产生的潜在风险进行警告。

使用信息的类别有：标志、符号（象形图）、安全色、文字警告等；信号和警告装置；随机文件、例如操作手册、说明书等。最常用的有安全色和安全标注。

1）安全色

安全色是被赋予安全意义具有特殊属性的颜色，包括红、黄、蓝、绿四种。下面列出了常用的安全色及其相关的对比色：

（1）红色表示禁止、停止、危险或提示消防设备、设施的信息，用于各种禁止标志、交通禁令标志、消防设备标志；机械的停止按钮、刹车及停车装置的操纵手柄；机械设备的裸露部位（飞轮、齿轮、皮带轮的轮辐、轮毂等）；仪表刻度盘上极限位置的刻度等。

（2）黄色表示注意、警告的信息，用于如警告标志、皮带轮及其防护罩的内壁、砂轮机罩的内壁、防护栏杆、警告信号旗等。

（3）蓝色表示必须遵守规定的指令性信息，用于道路交通标志和标线中警告标志等。

（4）绿色表示安全的提示性信息，用于如机器的启动按钮、安全信号旗以及指示方向的提示标志，如安全通道、紧急出口、可动火区、避险处等。

（5）红色与白色相间隔的条纹比单独使用红色更加醒目，表示禁止通行禁止跨越的信息。主要用于交通运输等方面所使用的防护栏杆及隔离墩；液化石油气汽车槽车的条纹；固定禁止标志的标志杆上的色带。

（6）黄色与黑色相间隔的条纹比单独使用黄色更醒目，表示特别注意的信息。应用于各种机械在工作或移动时容易碰撞的部位（如移动式起重机的外伸腿、起重臂端部、起重吊钩和配重等），剪板机的压紧装置，冲床的滑块等有暂时或永久性危险的场所或设备，固定警告标志的标志杆上的色带等。

（7）蓝色与白色相间隔的条纹比单独使用蓝色更醒目，表示方向、指令的安全标记，主要用于交通上的指示性导向标等。

2）安全标识

安全标识由图形符号、安全色和（或）安全对比色、几何形状（边）或附以简短的文字组合构成，用于传递与安全及健康有关的特定信息或使某个对象或地点变得醒目。

安全标识分为禁止标志、警告标志、指令标志、提示标志四类。

（1）禁止标志：禁止人们不安全行为的图形标志。安全色为红色，对比色为白色，基本特征为：图形为圆形、黑色。白色衬底，红色边框和斜杠。

（2）警告标志：提醒人们对周围环境引起注意，以避免可能发生危险的图形标志。安全色为黄色，对比色为黑色，基本特征为：图形为三角形、黑色，黄色衬底，黑色边框。

（3）指令标志：强制人们必须做出某种动作或采用防范措施的图形标志。安全色为蓝色，对比色为白色，基本特征为：图形为圆形、白色，蓝色衬底。

（4）提示标志：提供某种信息（标明安全设施或场所等）的图形标志。安全色为绿色，对比色为白色，基本特征为：白色图形，正方形边框，绿色衬底。

多个标志牌在一起设置时，应按照警告、禁止、指令、提示类型的顺序排列。先左后右、先上后下，确保信息传达清晰准确。

3）信号和警音装置

信号的功能是提醒注意、显示运行状态、警告可能发生故障或出现险情（包括人身伤害或设备事故风险）先兆，要求人们做出排除或控制险情反应的信号。险情信号的基本属性是使信号接收区内的任何人都能察觉、辨认信号并做出反应。

三　监督要点

（1）机械运动部位封闭，或者有防护罩、网等防护设施。

（2）直线运动设备，限位保护装置动作灵敏。

（3）设备操作运行的联锁、紧急停车等装置可靠。

（4）设备的安全警示标识正确，张贴在醒目位置。

（5）设备的信号和警音装置，安装到位，正常运转。

电气安全涵盖设计、安装、使用、维护全过程。设计不合理、安装不当、使用不正确、维修不及时，电气人员缺乏必要的安全知识与安全技能，均可能导致人员伤害或设备损坏，采取有效措施，能够减少或杜绝事故发生。

一　基本知识

（一）触电危害

触电：指电流通过人体引起的组织损伤和功能障碍，轻则可能仅导致局部麻木与轻微烧伤，重则能引发心脏骤停、呼吸停止、中枢神经系统障碍、肌肉痉挛乃至死亡。

电击：指电流通过人体内部，破坏人的心脏、呼吸系统与神经系统，重则危及生命。

电伤：指由电流的热效应、化学效应或机械效应对人体造成的伤害，它可伤及人体内部，甚至骨骼，还会在人体体表留下诸如电流印、电纹等触电伤痕。

（二）触电防护方法

直接防护：指对直接接触正常带电部分的防护，例如对带电体加隔离栅栏或加保护罩，使用绝缘物等。

间接防护：指对故障时可带危险电压而正常时不带电的外露可导电部分（如金属外壳、框架等）的防护，例如将正常不带电的外露可导电部分接地，并装设接地故障保护装置，故障时可自动切断电源。

（三）触电防护技术

采用完善的安全措施是保证安全用电的基本条件，绝缘、屏护、安全距离、安全电压、接地或接零保护及漏电保护都是行之有效的安全防护技术。

1. 绝缘防护

绝缘是最基本、最普通的防护措施之一，常用的绝缘材料有瓷、玻璃、云母、橡胶、木材、胶木、塑料、布、纸、矿物油、漆等。良好的绝缘可实现带电体相互之间、带电体与其他物体之间、带电体与人之间的电气隔离，保证电气设备及线路正常工作，防止人身触电事故。若绝缘下降或绝缘损坏，可造成线路短路，设备漏电而使人触电。在腐蚀性气体、蒸气、潮气、粉尘或机械损伤会降低绝缘性或导致破坏；在正常工作下因受到温度、气候、时间的长期影响会逐渐"老化"而失去绝缘性能。

2. 屏蔽防护

屏护是采用遮栏、栅栏、护罩、护盖和箱匣将电气装置的带电体同外界隔绝开来。应严格遵守低压设备装设外壳、外罩，高压设备不论有无绝缘均采用屏障防护。屏护装置应保证完好，安装牢固，有足够的尺寸，与带电体保持必要的距离，根据环境分别具有防水、防雨、防火等安全措施。金属屏护装置为防止带电还应可靠接地或接零。Ⅰ类设备需要绝缘加接地（接零）；双重（加强）或绝缘属于Ⅱ类设备。

3. 安全间距

间距又称安全距离，系指为防止发生触电或短路而规定的带电体之间、带电体与地面及其他设施之间、工作人员与带电体之间所必须保持的最小距离或最小空气间隙。为了防止触电，在检修中人体及其所携带工具与带电体之间也必须保证足够的安全距离。低压工作中，最小检修距离为0.1m；高压无遮栏工作中，最小检修距离10kV不小于0.7m；20~35kV不小于1m。架空线路断线接地时，为了防止跨步电压伤人，在离接地点4~8m范围内，不能随意进入。

4. 特低电压

特低电压以前称安全电压，对于工作人员需要经常接触的电气设备，潮湿环境和特别潮湿环境或触电危险性较大的场所，当绝缘等保护措施不足以保证人身安全，又无特殊安全装置和其他安全措施时，为确保工作人员的安全，必须采用特低电压。

我国国家标准规定了相对应的工频特低电压系列，有效值的额定值有42V、36V、24V、12V和6V。应当指出，任何情况下都不要把安全电压理解为绝对没有危险的电压。具有安全电压的设备属于Ⅲ类设备。

特低电压的选用应根据使用环境、人员和使用方式等因素确定。特别危险环境中使用的手持电动工具应采用42V特低电压；有电击危险环境中使用的手持照明灯和局部照明灯应采用36V或24V特低电压；金属容器内、特别潮湿处等特别危险环境中使用的手持照明灯应采用12V特低电压；水下作业等场所应采用6V特低电压。

5. 保护接地与保护接零

电气设备绝缘损坏时，可能导致人员间接触电以及漏电引发电气火灾，在有可能发生触电的场合应对电气设备或装置的金属外壳进行保护，保护方法可以根据发电机中性点的工作方式选择保护接地或保护接零。

1）保护接地

将电气设备不带电的金属外壳与大地做电气连接。这种保护称接地保护，由于接地电阻值较小，通过其限压及分流作用，使漏电设备的对地电压降低，人体接触漏电设备时的触电电流大为降低，从而保证了人身的安全。保护接地通常适合中性点不接地的供电系统中，就是说当电气设备采用保护接地方式时，发电机的中性点不得直接接地。否则设备漏电时，保护接地的保护效果将大打折扣。

2）保护接零

当变压器或发电机的中性点的工作方式为直接接地时，电气设备应采用保护接零的保护方式，即将设备不带电的金属外壳与供电系统中的零线连接，其保护原理是当某一相线触及外壳时相线通过外壳，接零线与零线形成单相短路，短路电流促使线路上的短路保护装置迅速动作，消除触电危险。

6. 漏电保护

漏电保护装置主要用于防止间接接触电击和直接接触电击。用于防止直接接触电击时，只作为基本防护措施的补充保护措施。按动作原理分为电压型和电流型两类。

属于Ⅰ类的移动式电气设备及手持式电动工具；生产用的电气设备；施工工地的电气设备；安装在户外的电气装置；临时用电的电气设备；安装在水中的供电线路和设备等均必须安装漏电保护装置。

（二）电气装置接地

1. 接地和接地装置

接地：电气设备的某部分与大地之间做良好的电气连接称接地。

接地极：埋入地中并直接与土壤相接触的金属棒，称接地极。接地极的长度一般为 1~1.2m，入地深度不小于0.8m。

接地线：电气设备应接地部分与接地极相连接的金属导线称为接地线。接地线不得串联使用，接地线在设备正常运行情况下是不载流的，但在故障情况下要通过接地故障电流。

接地装置：接地极与接地线总称接地装置。接地装置应保证连接可靠，并有防松、防锈措施，接触面平整。

2. 接地电流和对地电压

电气设备发生接地故障时，电流经接地装置流入大地并作半球形散开，这一电流称接地电流。由于这半球形球面距接地体越远的地方球面越大，所以距接地极越远的地方，散流电阻越小。试验表明，在单根接地极或接地故障点20m远处，实际散流电阻已趋近于零。这电位为零的地方，称为电气上的"地"或"大地"。电气设备接地部分与零电位的"大地"之间的电位差，称对地电压。

3. 接触电压和跨步电压

当电气设备绝缘损坏时，人站在地面上接触该电气设备，人体所承受的电位差称接触电压。在接地故障点附近行走，人的双脚之间所呈现的电位差称跨步电压。跨步电压的大小与离接地点的远近及跨步的长短有关，离接地点越近，跨步越长，跨步电压就越大。离接地点达20m时，跨步电压通常为零。

4. 工作接地、重复接地

工作接地：在正常或故障情况下为了保证电气设备可靠地运行，而将电力系统中某一点接地称为工作接地。防雷设备的接地是为雷击时对地泄放雷电流。

重复接地：重复接地指PE线或PEN线上除工作接地以外其他点的再次接地。

作用一是减轻零线断开或接触不良时电击的危险性；二是降低漏电设备的对地电压；三是改善架空线路的防雷性能；四是缩短漏电故障持续时间。

5. 接地电阻

接地极与土壤之间的接触电阻以及土壤的电阻之和称散流电阻；散流电阻加接地极和接地线本身的电阻称接地电阻。对接地装置的接地电阻进行限定，实际上就是限制了接触电压和跨步电压，保证了安全。作业现场通常电器设备的电压为1000V以下，中性点不接地系统中考虑到其对地电容通常都很小，因此，规定电阻≤4Ω，即可保证安全。

二 电气防火防爆

当电气设备、线路处于短路、过载、接触不良、散热不良的不正常运行状态时，其发热量增加，温度升高，容易引起火灾。在有爆炸性混合物的场合，电火花、电弧还会引发爆炸。

（一）爆炸危险区域划分及防爆电气设备选择

1. 爆炸危险区域划分

凡有爆炸混合物出现且出现的量足以要求对电气设备和线路的结构、安装采取防爆措施的区域称爆炸危险区域，根据爆炸性气体混物出现的频繁程度和持续时间危险区域可分为0区、1区和2区：

①0区，连续出现或长期出现爆炸性气体混合物的环境；

②1区，在正常运行时可能出现爆炸性气体混合物的环境；

③2区，在正常运行时不可能出现爆炸性气体混合物的环境，或即使出现也仅是短时存在的爆炸性气体混合物的环境。危险区域的等级与通风、释放源的距离有关，多数为2区，极个别为1区，几乎不存在0区。

为保证安全，在爆炸危险区域内尽可能不安装电气线路与设备，必须安装时，应首先考虑安装在危险较小的位置并满足防爆要求。

2. 防爆电气设备选择

在爆炸危险环境，应尽量减少防爆电气设备的使用量。首先考虑把危险的设备安装在危险环境之外或安装在危险较小的位置。在爆炸危险环境，应尽可能少用携带式和移动式设备，应尽量少安装插座。防爆型电气设备依其结构和防爆性能的不同可分为本安型、隔爆型、增安型、无火花型等，通常根据危险区域的等级及设备类型合理使用，危险性越大的区域对防爆电气的安全性要求越高。防爆电气设备的组别和级别不应低于该环境中危险物质的组别和级别。当存在两种以上危险物质时，应按危险程度较高的危险物质选用。

（二）电气火灾预防

由于电气线路和电气设备在运行中可能产生电弧、火花与高温，常常引发电气火灾，为防止事故发生，电气设备及线路在运行和使用时应采取的措施及注意事项如下。

1. 防止发生短路

发生短路时，电路中电流剧增，因电流的热效应，使温度急剧升高，最易引发火灾，为此应做到：加强对线路及设备绝缘的检查，防止绝缘导线受机械损伤，及时更换绝缘老化的导线；电路中应装设合适的保护装置如熔断器、断路器等，当电路发生短路时可将电源切断。

2. 防止负荷过载

过负荷也会引起设备过热，直接引发火灾或绝缘破坏引发火灾。为防止过负荷，首先应根据负荷电流合理选择导线规格及设备容量，并留有一定余量，其次不任意增加线路中用电设备的数量与容量。

3. 避免接触不良

若电气连接处接触不良，使接触电阻增大，温度升高或打火，也会发生火灾。因此应保证线路中所有连接点连接牢固，不松动，导线接头符合工艺要求，尽量避免铜铝连接。可开闭触头的接触压力适当，禁止用导线线芯直接插入插座中使用。

4. 保持防火间距

为防止电火花或危险温度引起火灾，开关、插销、熔断器、电热器具、照明器具、电焊器具、电动机等均应根据需要，适当避开易燃物与可燃物。

5. 加强通风散热

各类电气设备在安装时都应考虑一定的通风散热措施，若通风散热不良或离热源过近，将导致电气设备和线路过热。

（三）电气火灾灭火

1. 断电要求

（1）火灾发生后，由于受潮和烟熏，开关设备绝缘能力降低，因此，拉闸时最好用绝缘工具操作。

（2）高压应先断开断路器，后断开隔离开关，低压应先断开电磁启动器或低压断路器，后断开闸刀开关。

（3）切断电源的范围应选择适当，防止切断电源后影响灭火工作。

（4）剪断电线时，不同相的电线应在不同的部位剪断，以免造成短路；剪断空中的电线时，剪断位置应选择在电源方向的支持点附近，以防电线断落下来造成接地短路和触电事故。

2. 带电灭火

（1）按灭火剂的种类选择适当的灭火器。二氧化碳灭火器、干粉灭火器可用于带电灭火。泡沫灭火器的灭火剂有一定的导电性，而且对电气设备的绝缘有影响，不宜用于电气灭火。

（2）人体与带电体之间保持必要的安全距离。用二氧化碳等有不导电灭火剂的灭火器灭火时，机体、喷嘴至带电体的最小距离，电压10kV者不应小于0.4m。

（3）对架空线路等空中设备进行灭火时，人体位置与带电体之间的仰角不应超过45°。

（4）如有带电导线断落地面，应在周围画警戒圈，防止可能的跨步电压电击。

（5）专业灭火人员用水枪灭火时，宜采用喷雾水枪，这种水枪通过水柱的泄漏电流较小，带电灭火比较安全。

三　现场电气安全要求

作业现场用电系统无论是从用电人员、用电设备还是用电环境都决定了其较高的风险度，极易发生触电事故、电气火灾事故等电气事故。

（一）电气设备安装

（1）爆炸危险环境内的电气设备必须是符合现行国家标准并有国家检验部门防爆合格证的产品；其铭牌上应标明"防爆合格证"编号。

（2）爆炸危险环境内的电气设备还应防止周围化学、机械、热等危害，应与环境温度、湿度、风沙等环境条件相适应。应尽可能敷设在危险性较小的环境或远离释放源的地方，应避开可能受到机械损伤、振动、腐蚀以及可能受热的地方。

（3）设备安装应固定牢靠，设备外壳要完整，不得有裂缝，没有明显的腐蚀；各部位螺丝及垫圈应齐全，无松动现象。敷设方式主要采用防爆钢管配线和电缆配线；爆炸危险环境应优先使用铜线做线芯材料。

（4）设备进线装置应完整牢靠，密封完好，接线不得有松动或脱落，多余的进线口应封闭；隔爆面上应涂防锈油，不允许涂油漆或胶。电气线路不得有非防爆中间接头，电气线路与设备的连接应符合防爆要求，铜铝连接处必须用铜铝过度接头。

（5）隔爆型电气设备电缆引入装置的橡胶密封圈的内径应与引入电缆外径相适应，并用原配压紧螺母或压盘充分压紧；隔爆面紧固件应设弹簧垫圈，并充分拧紧。

（6）在爆炸危险环境中，电气线路的安装位置、敷设方式、导线材质、连接方法等均应与区域危险等级相适应。

（二）电气设备使用

（1）电缆线路应采用埋地或架空敷设，埋深及架空高度符合要求，严禁沿地面明设，并应避免机械损伤和介质腐蚀。

（2）严禁供电线路直接悬挂在设备、绷绳、罐等金属设备上；电缆易磨损处应加塑料护衬；进值班房、发电房、库房、消防房、营房的供电线路，在进房间处必须加绝缘护衬。

（3）现场线路应有短路保护和过载保护，且短路保护和过载保护电器与电缆的选配相适应。

（4）每台用电设备必须有各自专用的开关进行控制，即"一机、一闸、一保护"。

（5）动力配电箱与照明配电箱宜分别设置。当合并设置为同一配电箱时，动力和照明应分路配电，各支路的用途应标明清楚。

（6）配电箱及开关箱内必须具有隔离保护、短路保护、过载保护及漏电保护，漏电保护器应装在靠近负荷的一侧。

四 常见隐患防范

（1）电路过载。合理分配负载，避免单个回路负荷过大；检查电线规格是否满足需求，及时更换老化或过细的电线；使用具有过载保护功能的开关设备。

（2）电线老化与破损。检查电线外表有无磨损、烧焦、腐蚀等现象，及时更换破损电线；保持电线敷设环境干燥、通风，避免长期高温、潮湿或机械损伤。

（3）裸露带电部分。所有带电部件应有可靠的屏护装置，无法封闭的部分应设置警示标志，禁止非专业人员靠近。

（4）电气设备故障。进行设备预防性维护，及时修复或更换故障设备；确保设备操作人员熟悉操作规程。

（5）不合规电气改造与私拉乱接。严禁未经许可私自改动电气线路或增加负荷，所有电气作业应由具备资质的专业人员按照相关标准进行。

（6）漏电保护器失效。检查漏电保护器是否灵敏可靠，发现问题及时整改或更换。

（7）个人防护不当。在电气作业时，工作人员应穿戴绝缘鞋、手套等个人防护装备，使用专用工具进行操作。

（8）员工将衣服、手套等存放在工作电暖器上。岗位员工尽量避免将衣物直接放在带电的电气设备上。

五 监督要点

（1）所选用的防爆电气设备的级别应不低于该爆炸场所内爆炸性混合物的级别。各类电气设备在安装时应考虑通风散热措施，若通风散热不良或离热源过近，将导致电气设备和线路过热。

（2）根据负荷电流合理选择导线规格及设备容量，并留有一定余量，不任意增加线路中用电设备的数量与容量。作业现场线路安装后应检查验收，测量接地电阻和绝缘电阻值、试验漏电开关，合格后方可使用。没有进行检查测试，或测试不合格，不得投入使用。

（3）安装、巡检、维修或拆除用电设备和线路，必须由专业电工或电气师完成，爆炸危险场所内线路及电器符合防爆要求。电气设备的保护接零或保护接地正确、可靠，接地装置安装规范，接地电阻值符合要求。

（4）各类用电人员应掌握安全用电基本知识和所用设备的性能，使用电气设备前必须按规定穿戴和配备好相应的劳动防护用品，并应检查电气装置线路、设备绝缘和保护设施，及时更换绝缘老化的导线；电路中应装设合适的保护装置如熔断器、断路器等，当电路发生短路时可将电源切断。严禁设备带"缺陷"运转。

（5）电气线路设备绝缘完好无破损，无私拉乱接现象。屏护装置符合安全要求，安全间距足够。开关、插销、熔断器、电热器具、照明器具、电焊器具、电动机等均应根据需要，适当避开易燃物与可燃物。

（6）保证线路中所有连接点连接牢固，不松动，导线接头符合工艺要求，尽量避免铜铝连接。禁止用导线线芯直接插入插座中使用。运行中的线路与用电设备应定期检查，发现隐患由专业人员及时排除。作业过程中，人员及各类设备与高压线保证足够的安全距离。

（7）配电箱、开关箱防雨防尘，电源隔离开关及短路、过载、漏电保护正常，有备用的"禁止合闸，有人检修"的警示牌。在维护/修理电器设备时，应严格执行许可制度，不得带电检修，必须完成停电、验电及锁定，悬挂"禁止合闸，有人检修"警示牌并有人监护。警示牌在使用过程中，严禁拆除、更换和移动。任何人在通知他人前不得合闸送电。

（8）手持电工工具专人保管、使用，合理选择防护等级及防护措施，使用前认真检查，保证完好无损。

（9）严禁在野营房内私自使用电器，尤其是大功率电器设备（500W及以上）、禁止随意拆装或更改营房内电路或用电设备状况、员工长时间离开房间前，必须切断房间内用电设备的电源。

（10）消除或减少燃烧发生的因素及条件。把火灾隐患消灭在萌芽状态，发生初期火灾时正确处置。

第三节　防火防爆安全技术

防火防爆技术是针对可能引发火灾和爆炸事故的风险进行识别、评估、预防和控制的一系列方法和措施。其目的是保护人员生命安全、财产不受损失，并维持社会秩序与环境安全。防火防爆技术涉及从源头风险识别、过程控制到应急响应的全过程管理，通过综合运用工程技术、管理措施和个体防护手段，最大限度地防止火灾和爆炸事故的发生，减轻其可能造成的损失。

一　燃烧

燃烧是可燃物与氧化剂发生的放热化学反应，通常伴有火焰、发光和（或）烟气的现象。

（一）燃烧条件

1. 必要条件

物质燃烧的基本条件：必须同时具备氧化物、可燃物、热源（温度、点火源）。从现代燃烧理论的角度分析，燃烧的必要条件除了燃烧三要素外，还必须保持参与燃烧物质的链式反应（活性基因）未受到抑制，燃烧的必要条件同时存在。因此物质燃烧的必要条件：①存在可燃物；②存在氧化物（助燃物）；③热源；④未受到抑制的链式反应条件。燃烧发生后要使燃烧继续发展下去，必须存在未受到抑制的链式反应条件。

在火灾防治中，只要消除4个必要条件之一就可以扑灭火灾。

2. 充分条件

物质发生燃烧并得到发展，除了上述4个必要条件外，还必须具备3个充分条件：①一定量的可燃剂浓度，如甲烷在空气中的体积分数必须在5%～15%方能燃烧；②一定的氧含量，如汽油燃烧最低含氧量为14.4%；③一定的点火能，必须达到可燃物最小点火能以上，如汽油的最小点火能为0.2mJ。

可燃物具备上述4个必要条件或者3个充分条件时，燃烧才能发生和得以继续。

（二）燃烧过程

可燃物质的聚集状态不同，其受热后所发生的燃烧过程也不同。除结构简单的可燃气体（如氢气）外，大多数可燃物质的燃烧并非物质本身在燃烧，而是可燃物质受热分解出的气体或液体蒸气在气相中的燃烧。不同状态的可燃物质其燃烧过程有所不同。可燃物质的燃烧过程包括许多吸热、放热的化学过程和传热的物理过程。物质受热后的燃烧过程中，它的温度变化是很复杂的。

（三）燃烧形式

各种可燃物质由于物质性质、聚集状态的差异，其燃烧形式亦有区别，归纳起来可燃物质燃烧形式有扩散燃烧、预混燃烧、蒸发燃烧、分解燃烧、表面燃烧、阴燃6种。

火灾是在时间或空间上失去控制的燃烧。所有火灾不论损害大小，应列入火灾统计范围。典型火灾的发展分为初起期、发展期、最盛期、减弱至熄灭期。

（一）火灾分类

（1）依据《火灾分类》（GB/T 4968），按可燃物的类型及其燃烧特性将火灾分为6类。

A类火灾：指固体物质火灾，这种物质通常具有有机物质，一般在燃烧时能产生灼热的灰烬，如木材、棉、毛、麻、纸张火灾等。

B类火灾：指液体火灾和可熔化的固体物质火灾，如汽油、煤油、柴油、原油、甲醇、乙醇、沥青、石蜡火灾等。

C类火灾：指气体火灾，如煤气、天然气、甲烷、乙烷、丙烷、氢气火灾等。

D类火灾：指金属火灾，如钾、钠、镁、钛、锆、锂、铝镁合金火灾等。

E类火灾：指带电火灾，是物体带电燃烧的火灾，如发电机、电缆、家用电器等。

F类火灾：指烹饪器具内烹饪物火灾，如动植物油脂等。

（2）按发生场地与燃烧物质可将火灾分为6类，即建筑火灾、物资火灾、生产工艺火灾、原野火灾、运动器火灾和特种火灾。

（3）按照一次火灾事故造成的人员伤亡情况和直接财产损失，将火灾等级划分为4类，即特别重大、重大、较大和一般火灾。

（二）火灾参数

1. 引燃能（最小点火能）

引燃能是指释放能够触发初始燃烧化学反应的能量，也叫最小点火能，影响其反应发生的因素包括温度、释放的能量、热量和加热时间。

2. 着火延滞期（诱导期）

着火延滞期也称为诱导期或感应期，指可燃性物质和助燃气体的混合物在高温下从开始暴露到起火的时间或混合气着火前加热的时间，在燃烧过程中又称为着火延滞期或着火落后期，单位用ms表示。

3. 闪燃与闪点

在一定温度下，在可燃液体表面上能产生足够的可燃蒸气，遇火能产生一闪即灭的燃烧现象。由于易燃、可燃液体在闪点温度下，蒸发速度还不太快，蒸发产生的可燃蒸气仅能维持一刹那的燃烧，不能持续燃烧，因而燃烧一闪而过。闪燃往往是持续燃烧的先兆。

在规定条件下，易燃和可燃液体表面能够蒸发产生足够的蒸气而发生闪燃的最低温度，称为该物质的闪点。测定可燃液体闪点采用的仪器有开口式和闭口式两种，可分别得到

"开杯闪点"和"闭杯闪点",同一物质的开杯闪点比闭杯闪点高。闪点是衡量物质火灾危险性的重要参数。一般情况下物质的闪点越低,火灾危险性越大。

4. 燃点(着火点)

着火是指可燃物质与火源接触而燃烧,并且在火源移去后仍能继续保持燃烧的现象。燃点(着火点)对可燃固体和闪点较高的液体具有重要意义,在控制燃烧时,需将可燃物的温度降至其燃点(着火点)以下。一般情况下,燃点(着火点)越低,火灾危险性越大。

5. 自燃和自燃点

指物质在通常的环境条件下自行发生燃烧的现象,可分为化学自燃和热自燃两种形式。在规定条件下,物质不用任何辅助引燃能源而达到自行燃烧的最低温度称为该物质的自燃点。液体和固体可燃物受热分解并析出的可燃气体挥发物越多,其自燃点越低。固体可燃物粉碎得越细,其自燃点越低。一般情况下,密度越大,闪点越高,而自燃点越低。比如,下列油品的密度:汽油<煤油<轻柴油<重柴油<蜡油<渣油,而其闪点依次升高,自燃点则依次降低。

6. 热分解温度

是指可燃物质受热发生分解的初始温度。它是评价可燃固体的火灾危险性主要指标之一,固体的热分解温度越低,燃点也低,火灾危险性越大。

7. 火灾危险性

是指火灾发生的可能性与暴露于火灾或燃烧产物中而产生的预期有害程度的综合反应。

三 爆炸

(一)爆炸特征

爆炸是物质系统的一种极为迅速的物理的或化学的能量释放或转化过程,是系统蕴藏的或瞬间形成的大量能量在有限的体积和极短的时间内,骤然释放或转化的现象。在这种释放和转化的过程中,系统的能量将转化为机械功、光和热的辐射等。一般说来,爆炸最主要的特征是爆炸点及其周围压力急剧升高,爆炸现象具有以下4种特征:

(1)爆炸过程高速进行;

(2)爆炸点附近压力急剧升高,多数爆炸伴有温度升高;

(3)发出或大或小的响声;

(4)周围介质发生震动或邻近的物质遭到破坏。

(二)爆炸分类

(1)按照爆炸的能量来源,爆炸可分为物理爆炸、化学爆炸和核爆炸。

物理爆炸:物理爆炸是一种极为迅速的物理能量因失控而释放的过程,在此过程中,体系内的物质以极快的速度把内部所含有的能量释放出来，转变成机械能、热能等能量形态。这是一种纯物理过程，只发生物态变化，不发生化学反应。蒸汽锅炉爆炸、轮胎爆炸、压力容器爆炸、水的大量急剧汽化等均属于此类爆炸。

化学爆炸：物质发生高速放热化学反应（主要是氧化反应及分解反应），产生大量气体，并急剧膨胀做功而形成的爆炸现象。炸药爆炸，可燃气体、可燃粉尘与空气形成的混合物爆炸均属于化学爆炸。

核爆炸：如原子弹、氢弹的爆炸。

（2）按照爆炸反应相的不同，分为气相爆炸、液相爆炸和固相爆炸。

（3）按照爆炸速度分类，有爆燃、爆炸、爆轰。

（三）爆炸过程

表现为两个阶段：第一阶段，物质的潜在能以一定的方式转化为强烈的压缩能；第二阶段，压缩物质急剧膨胀，对外做功，从而引起周围介质的变化和破坏。

（四）破坏作用

1. 冲击波

爆炸形成的高温、高压、高能量密度的气体产物，以极高的速度向周围膨胀，强烈压缩周围静止气体，使其压力、密度和温度突然升高，产生波状气压向四周扩散冲击。

2. 碎片冲击

爆炸的机械破坏效应会使容器、设备、装置及建筑材料等碎片，在相当大范围飞散而造成伤害。

3. 震荡作用

较强烈的爆炸往往会引起短暂的地震波。

4. 次生事故

发生爆炸时，如果房内存放可燃物，会造成火灾；高处作业人员受冲击波或震荡作用，会造成高处坠落等。

5. 有毒气体

在爆炸反应中会生成一定量的一氧化碳、二氧化硫、硫化氢等有毒气体。发生爆炸时，有毒气体或导致人员中毒或死亡。

（五）可燃气体爆炸

1. 分解爆炸性气体爆炸

某些气体如乙炔、乙烯、环氧乙烷等，即使在没有氧气的条件下，也能被点燃爆炸（其实质是一种分解爆炸）。分解爆炸性气体在温度和压力的作用下发生分解反应时，可产生相当数量的分解热这为爆炸提供了能量。分解热是引起气体爆炸的内因，一定的温度和压力则是外因。以乙炔为例，当乙炔受热或受压时，容易发生聚合、加成、取代或爆炸性分解等反应。当温度达到200～300℃时，乙炔分子开始发生聚合反应，形成较为复杂的化合物（如苯）并放出热量，放出的热量使乙炔温度升高，又加速了聚合反应，放出更多的热量……如此循环下去，当温度达到700℃时，未聚合的乙炔就会发生爆炸性分解，碳与氢元素化合为乙炔时需要吸收大量热量；当乙炔分解时，则放出这部分热量，分解时生成细微固体碳及氢气，如果乙炔分解是在密闭容器（乙炔储罐、乙炔瓶等）内发生的，则由于温度的升高，使压力急剧增大10～13倍而引起爆炸。乙炔是常见的分解爆炸气体，因火焰、火花引起分解爆炸情况较多，也有因开关阀门所伴随的绝热压缩产生热量或其他情况下发火爆炸的案例。当乙炔压力较高时，应加入氮气等惰性气体加以稀释。在用乙炔焊接时，不能使用含银焊条。

2. 可燃性混合气体爆炸

一般说来，可燃性混合气体与爆炸性混合气体难以严格区分。由于条件不同，有时发生燃烧；有时发生爆炸，在一定条件下两者也可能转化。

燃烧与化学爆炸的区别在于燃烧反应（氧化反应）的速度不同。燃烧反应过程一般可以分为3个阶段。

扩散阶段：可燃气分子和氧气分子分别从释放源通过扩散达到相互接触。所需时间称为扩散时间。

感应阶段：可燃气分子和氧化分子接受点火源能量，离解成自由基或活性分子。所需时间称为感应时间。

化学反应阶段：自由基与反应物分子相互作用。生成新的分子和新的自由基，完成燃烧反应。所需时间称为化学反应时间。

三段时间相比，扩散阶段时间远远大于其余两阶段时间，因此是否需要经历扩散过程，就成了决定可燃气体燃烧或爆炸的主要条件。

在工业生产及日常生产中，很多爆炸事故都是由可燃气体与空气形成爆炸性混合物引起的。如可燃气体从工艺装置、设备管线泄漏到空气中，或空气渗入存有可燃气体的设备或管线中，都会形成爆炸性混合物，遇到点火源就会发生爆炸事故。这类爆炸事故应当作为预防工作的重点。

3. 爆炸反应历程

许多可燃混合气体的爆炸可以用热爆炸理论解释，燃烧和爆炸都是可燃物与氧化剂之间发生的放热化学反应。

4. 物质爆炸浓度极限

爆炸极限是表征可燃气体、蒸汽和可燃粉尘危险性的主要指标之一。当可燃气体、蒸汽或可燃粉尘与空气（或氧）在一定浓度范围内均匀混合，遇到火源发生爆炸的浓度范围称为爆炸浓度极限，简称爆炸极限。甲烷在空气中的爆炸极限为 5% ~ 15%；乙炔爆炸极限为 2.3% ~ 72.3%；硫化氢爆炸极限为 4.3% ~ 46%。

四　防火防爆技术

（一）基本原则

（1）防止和限制可燃可爆系统的形成。

（2）当燃烧爆炸物质不可避免地出现时，尽可能消除或隔离各类点火源。

（3）阻止和限制火灾爆炸的蔓延，尽量降低事故造成的损失。

（二）点火源控制

生产过程中，存在多种引起火灾和爆炸的点火源，例如，常见的点火源有明火、化学反应热、化工原料的分解自燃、热辐射、高温表面、摩擦和撞击、绝热压缩、电气设备及线路的过热和火花、静电放电、雷击和日光照射等。消除点火源是防火防爆的最基本措施，控制点火源对防止火灾和爆炸事故的发生具有极其重要的意义。

1. 明火

指敞开的火焰、火星和火花等，如生产过程中的加热用火、维修焊接用火及其他火源是导致火灾爆炸最常见的原因。

1）加热用火

加热易燃物料时，要尽量避免采用明火设备，而宜采用热水或其他介质间接加热，如蒸汽或密闭电气加热等加热设备，不得采用电炉、火炉、煤炉等直接加热。明火加热设备的布置，应远离可能泄漏易燃气体或蒸气的工艺设备和储罐区，并应布置在其上风向或侧风向。对于有飞溅火花的加热装置，应布置在上述设备的侧风向。如果存在一个以上的明火设备，应将其集中于装置的边缘。如必须采用明火，设备应密闭且附近不得存放可燃物质。

2）维修焊割用火

焊接切割时，飞散的火花及金属熔融碎粒滴的温度高达 1500 ~ 2000℃，高处作业时飞散距离可达 20m。因此，在焊割时必须注意以下几点：

（1）在输送、盛装易燃物料的设备、管道上，或在可燃可爆区域内动火时，应将系统和环境进行彻底的清洗或清理。

（2）动火现场应配备必要的消防器材，并将可燃物品清理干净。在可能积存可燃气体的管沟、电缆沟、深坑、下水道内及其附近，应用惰性气体吹扫干净，再用非燃体，如石棉板进行遮盖。

（3）气焊作业时，应将乙炔发生器放置在安全地点，以防回火爆炸伤人或将易燃物引燃。

（4）电焊线破损应及时更换或修理，不得利用与易燃易爆生产设备有联系的金属构件作为电焊地线，以防止在电路接触不良的地方产生高温或电火花。

2. 摩擦和撞击

摩擦和撞击往往是可燃气体、蒸气和粉尘、爆炸物品等燃烧爆炸的根源之一。例如，机器轴承的摩擦发热、铁器和机件的撞击、钢铁工具的相互撞击、砂轮的摩擦等都能引起火灾。

在易燃易爆场合应避免这种现象发生，如工人应禁止穿钉鞋，不得使用铁器制品。搬运储存可燃物体和易燃液体的金属容器时，应当用专门的运输工具，禁止在地面上滚动、拖拉或抛掷，并防止容器的互相撞击，以免产生火花，引起燃烧或容器爆裂造成事故。

在有爆炸危险的生产中，机件的运转部分应该用两种材料制作，其中之一是不发生火花的有色金属材料（如铜、铝）。机器的轴承等转动部分，应该有良好的润滑，并经常清除附着的可燃物污垢。

（三）防火防爆主要技术

1. 阻火及隔爆技术

阻火隔爆是通过某些隔离措施防止外部火焰窜入存有可燃爆炸物料的系统、设备、容器及管道内，或者阻止火焰在系统、设备、容器及管道之间蔓延。按照作用机理，可分为机械隔爆和化学抑爆两类。机械隔爆是依靠某些固体或液体物质阻隔火焰的传播；化学抑爆主要是通过释放某些化学物质来抑制火焰的传播。

1）工业阻火器

工业阻火器分为机械阻火器、液封和料封阻火器。工业阻火器常用于阻止爆炸初期火焰的蔓延。一些具有复合结构的机械阻火器也可阻止爆轰火焰的传播。

2）主动式隔爆装置和被动式隔爆装置

主动式、被动式隔爆装置是靠装置某一元件的动作来阻隔火焰，这与工业阻火器靠本身的物理特性来阻火是不同的。主动式（监控式）隔爆装置由一灵敏的传感器探测爆炸信号，经放大后输出给执行机构，控制隔爆装置喷洒抑爆剂或关闭阀门，从而阻隔爆炸火焰的传播。

被动式隔爆装置主要有自动断路阀、管道换向隔爆等形式，是由爆炸波推动隔爆装置的阀门或闸门来阻隔火焰。

3）其他阻火隔爆装置

单向阀：又称止逆阀，止回阀。它的作用是仅允许液体（气体或液体）向一个方向流动，遇到倒流时即自行关闭，从而避免在燃气或燃油系统中发生液体倒流，或高压窜入低压造成容器管道的爆裂，或发生回火时火焰倒吸和蔓延等事故。

阻火阀门：阻火阀门是为了阻止火焰沿通风管道或生产管道蔓延而设置的阻火装置。

在正常情况下，阻火阀门受环状或者条状的易熔金属的控制，处于开启状态。一旦着火，温度升高，易熔金属即会熔化，此时阀门失去控制，受重力作用自动关闭，将火阻断在阀门一边。

火星熄灭器（防火罩、防火帽）：由烟道或车辆尾气排放管飞出的火星也可能引起火灾。因此，通常在可能产生火星设备的排放系统，如加热炉的烟道，汽车、柴油机排放管等，安装火星熄灭器，用以防止飞出的火星引燃可燃物料。

4）化学抑制防爆（简称化学抑爆、抑制防爆）装置

化学抑爆是在火焰传播显著加速的初期通过喷洒抑爆剂来抑制爆炸的作用范围及猛烈程度的一种防爆技术。它可用于装有气相氧化剂中可能发生爆燃的气体、油雾或粉尘的任何密闭设备。爆炸抑制系统主要由爆炸探测器、爆炸抑制器和控制器三部分组成。

2. 防爆泄压技术

生产系统内一旦发生爆炸或压力骤增时，可通过防爆泄压设施或装置将超高压力释放出去，以减少巨大压力对设备、系统的破坏或者减少事故损失。防爆泄压装置主要有安全阀、爆破片、泄爆设施等。

安全阀：安全阀的作用是为了防止设备和容器内压力过高而爆炸，包括防止物理性爆炸（如锅炉、蒸馏塔等的爆炸）和化学性爆炸（如乙炔发生器的乙炔受压分解爆炸等）。当容器和设备内的压力升高超过安全规定的限度时，安全阀即自动开启，泄出部分介质，降低压力至安全范围内再自动关闭，从而实现设备和容器内压力的自动控制，防止设备和容器的破裂爆炸。安全阀在泄出气体或蒸气时，产生动力声响，还可起到报警的作用。

安全阀按其结构和作用原理可分为杠杆式、弹簧式和脉冲式等。按气体排放方式分为全封闭式、半封闭式和敞开式三种。

一般安全阀可放空，但要考虑放空口的高度及方向的安全性。室内的设备，如可燃气体压缩机的安全阀、放空口宜引出房顶，并高于房顶2m以上。

爆破片：爆破片（又称防爆膜、防爆片）是一种断裂型的安全泄压装置，当设备、容器及系统因某种原因压力超标时，爆破片即被破坏，使过高的压力泄放出来，以防止设备、容器及系统受到破坏。爆破片与安全阀的作用基本相同，但安全阀可根据压力自行开关，如一旦因压力过高开启泄放后，待压力正常即可自行关闭；而爆破片的使用是一次性的，若被破坏，需重新安装。爆破片爆破压力的选定，一般为设备、容器及系统最高工作压力的1.15~1.3倍。但是任何情况下，爆破片的爆破压力均应低于系统的设计压力。爆破片一定要选用有生产许可证单位制造的合格产品，要安装可靠，表面不得有油污；运行中应经常检查法兰连接处有无泄漏。

泄爆设施：爆炸危险的部位应设置泄压设施。

1. 风险识别与评估

对工作场所、工艺流程、设备设施进行定期检查和评估，识别易燃易爆物质、电气火花源等潜在的火灾爆炸危险源，并对其风险进行分析。

2. 建筑设计与布局

遵循防火间距、耐火等级、疏散通道等建筑设计规范，合理布置生产设施、仓库和控制室，避免火势蔓延。

3. 工艺控制

优化工艺流程，减少危险作业，采用本质安全设计，降低火灾爆炸风险。

4. 点火源控制

消除明火，使用防爆电器设备，实施静电接地，控制摩擦与撞击火花，限制热表面温度，防止电气故障引发火灾。

5. 危险物料管理

（1）严格管控易燃易爆化学品的储存、运输、使用，确保其处于安全状态，避免泄漏、混存引发事故。

（2）采用合适的容器和储存方式，设置防爆泄压、通风、降温等设施。

6. 消防安全管理

（1）建立健全消防安全制度，落实人员消防安全责任，开展消防安全培训和应急演练，提升全员防火防爆意识和能力。

（2）配备必要及适用的消防设施及灭火器材并定期检查，落实专人管理，确保有效，不得挪作他用。钻井队井场消防器材要求：配备35kg干粉灭火器4具、8kg干粉灭火器10具、5kg二氧化碳灭火器7具、消防斧2把、消防钩2把、消防锹6把、消防桶8只、消防毡10条、消防沙不少于4m³、消防专用泵1台、ϕ19直流水枪2只、水罐与消防泵连接管线及快速接头1个、消防水龙带100m。机房应配备8kg干粉灭火器3具，发电房应配备7kg及以上二氧化碳灭火器2具。野营房区应按每40m²不少于1具4kg干粉灭火器进行配备。600V以上的带电设备不应使用二氧化碳灭火器灭火。

7. 安全装置与措施

（1）配备适用的灭火器、自动喷水灭火系统、气体灭火系统等，确保消防水源充足，消防通道畅通。

（2）安装防爆片、防爆阀、阻火器等，防止内部爆炸扩展到外部，或外部火焰引入设备内部。

（3）设置可燃气体检测报警器、火灾报警系统，及时发现火灾隐患和初期火情。

8. 应急响应与救援

（1）制定火灾爆炸事故应急预案，明确应急组织机构、职责、处置程序和资源调配方案。

（2）定期组织应急演练，检验预案的有效性，提高员工应对火灾爆炸事故的能力。

（3）培训员工使用灭火器材，掌握初期火灾扑救方法，确保火情能在第一时间得到控制。

（4）建立与消防救援部门的联动机制，确保在大范围火灾或复杂爆炸事故中能够得到及时、有效的专业支援。

第四节　危险物品安全

危险物品是指易燃易爆物品、危险化学品、放射性物品等能够危及人身安全，导致财产损失的物品。石油工程施工作业中所涉危险化学品（如：天然气、硫化氢、原油、汽油、柴油、氧气、乙炔、氮气、二氧化碳、一氧化碳、丁酮、乙醇、含易燃助剂的油漆及辅助材料、盐酸、硫酸、氢氧化钠等）、放射源、民用爆炸物品，在运输、使用、储存、废弃等过程中，易造成人身伤害、环境污染和财产损失。

一　危险化学品监督要点

（一）储存与运输

1. 储存场所及设施

（1）应远离人员密集区、居民区、易燃物和易爆物等敏感区域。

（2）仓库需经过消防部门审批，未经授权不得擅自设立储存点。

（3）化学品仓库应具备良好的通风系统，确保有害气体及时排出。

（4）配备必要消防设施，如灭火器、消防栓、防爆电器等，并定期检查维护。

（5）储存区域应有泄漏收集和处理措施，以及应急洗消设备。

2. 储存分类与管理标识

（1）根据化学品的危险特性（如易燃性、腐蚀性、毒性等）进行分类储存，避免不兼容化学品混放，防止相互反应引发事故。

（2）每种化学品容器上应有清晰的标签，标明化学品名称、危险性、安全储存条件及应急处置措施。

（3）储存区域内应设置明显的警示标志和安全指示。

3．存储间距与禁设条件

甲类危险化学品仓库与场外道路至少保持20m距离，与场内主要道路至少10m，次要道路至少5m。甲、乙类危险品仓库内不应设置办公室、休息室，且不应紧邻其他建筑物。这类仓库不宜建在地下或半地下，以防发生事故时难以疏散和救援。

4．运输要求

使用专用的、符合安全标准的运输车辆，确保密封良好，防止泄漏。司机和押运人员需接受专业培训，了解所运化学品的特性及应急处理方法。运输过程中需配备应急工具和防护装备，制定紧急预案。

（二）使用安全

1．个体防护

危险化学品使用过程中，应防止其由呼吸道、暴露部位、消化道等侵入人体。个人劳动防护用品是人身安全的主要防护手段，劳动防护用品主要有过滤式防毒面具、隔离式防毒面具、耐酸碱防护服、耐酸碱手套、护目镜等。

2．预防与应急

预防：使用危险化学品前应详细了解其性质、危害和安全操作规程。建立健全安全管理制度，定期培训与考核，实施风险评估与隐患排查，确保设备设施完好，严格遵守操作规程。

应急：制定应急预案，配备应急物资与设备，定期演练，发生事故时迅速启动应急响应，疏散人员，控制危险源，通知专业救援力量。

（三）废弃与处置

（1）危险化学品的废弃与处置应严格遵守环保法规和安全程序，从源头控制到末端处理全程严格监控，确保符合法律法规和安全标准。

（2）处置危险化学品的设备、产品、原料时，应制定处置方案。

（3）处置方案应科学合理，符合标准要求，必要时寻求专业机构帮助，确保化学品不会对环境、公众健康或安全造成威胁。

二　放射源监督要点

（一）基础知识

1．放射源分类

根据《放射源分类办法》（国家环境保护总局公告2005年第62号）将放射源从高到低分为Ⅰ类、Ⅱ类、Ⅲ类、Ⅳ类、Ⅴ类，Ⅴ类放射源的下限活度值为该种核素的豁免活度，常用不同核素的放射源分类见表4-5-1。

表4-5-1　放射源分类表　　　　　　　　　　　　　Bq

核素名称	Ⅰ类源	Ⅱ类源	Ⅲ类源	Ⅳ类源	Ⅴ类源
Am-241	$\geq 6 \times 10^{13}$	$\geq 6 \times 10^{11}$	$\geq 6 \times 10^{10}$	$\geq 6 \times 10^{8}$	$\geq 1 \times 10^{4}$
Am-241/Be	$\geq 6 \times 10^{13}$	$\geq 6 \times 10^{11}$	$\geq 6 \times 10^{10}$	$\geq 6 \times 10^{8}$	$\geq 1 \times 10^{4}$
Cf-252	$\geq 2 \times 10^{13}$	$\geq 2 \times 10^{11}$	$\geq 2 \times 10^{10}$	$\geq 2 \times 10^{8}$	$\geq 1 \times 10^{4}$
Co-57	$\geq 7 \times 10^{14}$	$\geq 7 \times 10^{12}$	$\geq 7 \times 10^{11}$	$\geq 7 \times 10^{9}$	$\geq 1 \times 10^{6}$
Co-60	$\geq 3 \times 10^{13}$	$\geq 3 \times 10^{11}$	$\geq 3 \times 10^{10}$	$\geq 3 \times 10^{8}$	$\geq 1 \times 10^{5}$
Cs-137	$\geq 1 \times 10^{14}$	$\geq 1 \times 10^{12}$	$\geq 1 \times 10^{11}$	$\geq 1 \times 10^{9}$	$\geq 1 \times 10^{4}$
H-3	$\geq 2 \times 10^{18}$	$\geq 2 \times 10^{16}$	$\geq 2 \times 10^{15}$	$\geq 2 \times 10^{13}$	$\geq 1 \times 10^{9}$
I-131	$\geq 2 \times 10^{14}$	$\geq 2 \times 10^{12}$	$\geq 2 \times 10^{11}$	$\geq 2 \times 10^{9}$	$\geq 1 \times 10^{6}$
Pu-238/Be	$\geq 6 \times 10^{13}$	$\geq 6 \times 10^{11}$	$\geq 6 \times 10^{10}$	$\geq 6 \times 10^{8}$	$\geq 1 \times 10^{4}$
Ra-226	$\geq 4 \times 10^{13}$	$\geq 4 \times 10^{11}$	$\geq 4 \times 10^{10}$	$\geq 4 \times 10^{8}$	$\geq 1 \times 10^{4}$

2. 标识要求

（1）放射源的包装容器（源罐）应当设置明显的放射性标识和中文警示说明；放射源上能够设置放射性标识的，应当一并设置。

（2）使用放射源的场所，应当设置明显的放射性标志。

3. 主要危害特性

（1）Ⅰ类放射源为极高危险源。没有防护情况下，接触这类源几分钟到1小时就可致人死亡。

（2）Ⅱ类放射源为高危险源。没有防护情况下，接触这类源几小时至几天可致人死亡。

（3）Ⅲ类放射源为危险源。没有防护情况下，接触这类源几小时就可对人造成永久性损伤，接触几天至几周也可致人死亡。

（4）Ⅳ类放射源为低危险源。基本不会对人造成永久性损伤，但对长时间、近距离接触这些放射源的人可能造成可恢复的临时性损伤。

（5）Ⅴ类放射源为极低危险源。不会对人造成永久性损伤。

（二）监督要点

1. 储存运输

1）储存

（1）存储场所远离人员密集区、居民区、易燃物和易爆物。

（2）存储仓库需经过消防部门审批，未经授权不得擅自设立储存点。

（3）存储场所应有良好的通风系统，有害气体及时排出；配备消防设施，如灭火器、消防栓、防爆电器，以及泄漏收集和处理措施，应急洗消设备。

（4）分类储存，避免不兼容化学品混放；存储场所应有明显的警示标志和安全指示。

2）运输

（1）使用专用运输包装容器，一、二类运输容器需审批。

（2）按指定时间、路线、速度行驶，悬挂警示标志，配备押运人员。

（3）运输说明书、事故应急响应指南、装卸作业方法指南等。

（4）双人双锁、24h专人值守，视频监控系统，辐射监测仪器等。

（5）车辆外表面辐射水平控制，驾驶员位置剂量控制。

2. 使用与应急

（1）操作放射源应使用专用工具，避免徒手操作。

（2）进行放射源异地使用需办理相关手续并接受监管。

（3）操作放射源时应有专人监护，确保安全距离和防护装备符合要求。

（4）建立安全管理制度，定期培训与考核，实施风险评估。

（5）制定应急预案，配备应急物资，定期演练。

（6）建立个人职业健康监护档案，定期进行个人剂量监测。

（7）工作人员应接受辐射安全培训，不合格者不得上岗。

（8）发现不宜继续从事放射工作的人员应及时调整岗位。

3. 废弃与处置

（1）Ⅰ类、Ⅱ类、Ⅲ类放射源应当在闲置或者废弃后3个月内，按照废旧放射源返回协议规定，将废旧放射源交回生产单位或者返回原出口方。确实无法交回生产单位或者返回原出口方的，送交具备相应资质的放射性废物集中储存单位储存。

（2）Ⅳ类、Ⅴ类放射源进行包装整备后送交有相应资质的放射性废物集中储存单位储存。

（3）处置完成之日起20日内向所在地政府生态环境主管部门备案。

三 民用爆炸物品监督要点

民用爆炸物品（以下简称民爆物品），是指用于非军事目的、列入民用爆炸物品品名表的各类火药、炸药及其制品和雷管、导火索等点火、起爆器材。其中用于石油天然气工业井筒作业用的有射孔弹、传爆管、导爆索、起爆器、雷管、桥塞药柱、取心药饼、爆炸松扣器、爆炸切割弹、固体推进剂等。

（一）储存与运输

1. 储存场所选择

（1）自建储存库建设选址时，安全距离应符合《爆破安全规程》（GB 6722）、《小型民用爆炸物品储存库安全规范》（GA 838）规定。移动库房应取得国家公安机关有关主管部门鉴定合格报告。自建储存库完成后应通过当地公安部门验收许可。

（2）租赁库应查验对方资质，与出租房签订租赁（采购）合同与安全协议。

（3）库房应建在远离城市的独立地段，不应建在文物保护单位及风景名胜区。

（4）不应建在有山洪、滑坡和其他地质危害的地方，应尽量利用山丘等自然屏障。

（5）不应让无关人员和物流通过储存库区。

2. 储存设施

（1）库房应有避雷设施，接地电阻小于 10Ω，避雷设施检测有合格的安装和检测报告。

（2）库房内外应有明显的安全警示标志，严禁吸烟和动用明火。

（3）库房应有良好的通风、防潮、防鼠和防静电设施。

（4）库房应设置灭火器、消防水桶、消防锹、消防钩等消防器材、专人保管、定期检查。

（5）库房应有24h监控系统和专职警卫人员。周界报警、视频监控、照明等安防系统完好有效，24h监控且视频资料保存不少于90天。

（6）库房内不同类型的民用爆炸物品应分库储存，避免性质相抵触的物品混放。

3. 储存要求

（1）民用爆炸物品库应建立严格的值班、检查、登记、验收制度。

（2）库房应有安全负责人和专（兼）职保管员，负责物品的清点和核对。

（3）民用爆炸物品的储存量不应超过库房的安全储存量。

（4）库房内物品应按品种、规格和数量标识清楚，保持通道畅通，堆垛宽度、高度符合要求。

（5）废弃爆炸物品应单独存放。

4. 出入库

（1）实行严格的流向管理制度和收发台账。

（2）进入库区人员应穿戴防静电个体防护用品，车辆熄火并关闭防火帽，严禁携带火种和非防爆通信工具。

（3）在库区内拉运民用爆炸物品的车辆或其他动力设备，应安装静电释放带和防火罩。

（4）实行"五双"管理（双人双锁、双人保管、双人发放、双人领用、双人签字）管理，确保物品安全。

5. 运输安全

（1）运输民用爆炸物品的车（船）应按规定悬挂或安装符合国家标准的安全警示标识，配备灭火器，符合《民用爆炸物品储存库治安防范要求》（GA 837—2009）的要求。

（2）长途运输的车（船）途经人烟稠密的城镇，应事先通知途经地公安机关，按照规定的路线行驶。途中经停应有专人看守，并远离建筑设施和人口稠密的地方，不得在许可以外的地点经停。

（3）运输车辆应配备卫星定位系统、行车记录仪和监控设备。

（4）起爆类物品应放入防爆箱，固定可靠。

（5）车辆应按照规定路线、速度行驶，避免紧急制动，定期检查固定和锁具。

（6）运输民用爆炸物品的驾驶员和押运员不准在车上及其附近吸烟，不应携带火种和其他易燃品；中途停留时，应有专人看管，开车前应检查货物装载有无异常。

（7）雷雨、大雾等恶劣天气不应运输；冰雪、泥泞路面运输时，运输车应采取防滑措施。

（8）运输过程中应有专人全程管控，不得委托他人代管。

（二）使用安全

1. 防护要求

（1）涉爆作业人员应持相应的有效从业资格证上岗，所有作业人员应通过培训，经考核合格后持证上岗，确保具备必要的安全知识和操作技能。

（2）作业人员应严格按照作业指导书、操作规程作业。

（3）作业人员应穿戴防静电个体防护用品，戴好安全帽，操作前应释放静电。

（4）涉爆作业人员作业时，严禁随身携带烟火、手机等无线通信和电器设备。

（5）涉爆作业专用工器具等应齐全、完好和有效。

（6）涉爆作业现场应远离村庄、公路、铁路、强电磁场等重要设施和危险场所。

（7）涉爆作业现场应按标准距离设置警戒线、警示标志，安排专人值守。

（8）民用爆炸物品制作过程应确保全程短路，释放静电后方可作业。

（9）作业现场应使用防爆、无射频发射视频记录仪记录操作全过程，确保作业过程可追溯。

（10）作业完成应及时、规范填写涉爆台账，建立涉爆台账记录，每日核对当天民用爆炸物品使用情况，落实闭环管理。

（11）当天未用完的民用爆炸物品应及时清退回库，并履行退库手续。

（12）激发时爆炸站安全距离按《石油物探地震作业民用爆炸物品管理规范》（SY 5857—2013）中8.1.5.6的规定执行。

（13）制定清线管理制度，作业完成后应及时组织清理、回收残余的民用爆炸物品、排除哑炮、填埋炮井、恢复地表，填写《清线班报》，建立档案，确保现场无民用爆炸物品残留。

2. 预防及应急

（1）预防：建立健全安全管理制度，定期培训与考核，实施风险评估与隐患排查，确保设备设施完好，严格遵守操作规程。

（2）应急：制定民用爆炸物品丢失、盗抢和意外爆炸应急预案（应急处置方案、应急处置卡），配备应急物资与设备，定期演练，发生事故时迅速启动应急响应，疏散人员，妥善保管剩余民用爆炸物品，通知专业救援力量。发生民用爆炸物品丢失、被盗、爆炸事故，应立即向上级和公安部门报告。

（三）废弃处置

（1）民用爆炸物品处置应由专业人员操作，确保安全。

（2）销毁民用爆炸物品前应登记造册，提出实施方案，报上级主管部门批准，并向当地公安机关备案，按批准的方案在公安部门监督下进行销毁。

（3）销毁方法和安全技术措施按《爆破安全规程》（GB 6722—2014）中14.9.4的规定执行。

第五节　特种设备安全技术

特种设备是指对人身和财产安全有较大危险性的锅炉、压力容器（含气瓶）、压力管道、电梯、起重机械、客运索道、大型游乐设施、场（厂）内专用机动车辆。特种设备依据其主要工作特点，分为承压类特种设备和机电类特种设备。井筒工程常用的特种设备有锅炉、气瓶、叉车等。

一　锅炉

（一）基础知识

1. 工作过程

锅炉产生热水或蒸汽的工作过程主要包括燃料的燃烧过程，传热过程，水的加热、汽化过程。

2. 工作系统

锅炉的工作过程是通过两个工作系统来实现的：一个是介质系统，在蒸汽锅炉中称为汽水系统，另一个是燃烧系统。

汽水系统的任务是使进入锅炉的给水吸热升温、汽化、过热，最后成为具有一定温度和压力的热水或蒸汽。

燃烧系统的任务是将燃料和空气送入锅炉炉膛内进行燃烧放热，将热量以辐射方式传给炉膛四周的水冷壁等辐射受热面；燃烧生成的高温烟气主要以对流传热方式把热量传递给对流管、烟管或者过热器、省煤器等对流受热面。在传热过程中，烟气温度不断降低，最后由引风机送进烟囱，排入大气；燃烧生成的灰渣由排渣设备排出锅炉。

3. 工作特性

锅炉在使用中具有爆炸危险性、易于损坏性、应用的广泛性和连续运行性。

4. 分类

（1）按用途分为电站锅炉、工业锅炉。用锅炉产生的蒸汽带动汽轮机发电用的锅炉称为电站锅炉。产生的蒸汽或热水主要用于工业生产或民用的锅炉称为工业锅炉。

（2）按锅炉产生的蒸汽压力分为超临界压力锅炉、亚临界压力锅炉、超高压锅炉、高压锅炉、中压锅炉、低压锅炉。

①出口蒸汽压力超过水蒸气的临界压力（22.1MPa）的锅炉为超临界压力锅炉。

②出口蒸汽压力低于但接近于临界压力，一般为15.7~19.6MPa的锅炉为亚临界压力锅炉。

③出口蒸汽压力一般为11.8~14.7MPa的锅炉为超高压锅炉。

④出口蒸汽压力一般为7.84~10.8MPa的锅炉加为高压锅炉。

⑤出口蒸汽压力一般为2.45~4.9MPa的锅炉为中压锅加。

⑥出口蒸汽压力一般不大于2.45MPa的锅炉为低压锅炉。

（3）按锅炉的蒸发量分为大型、中型、小型锅炉：

①蒸发量大于75t/h的锅炉称为大型锅炉。

②蒸发量为20~75t/h的锅炉称为中型锅炉。

③蒸发量小于20t/h的锅炉称为小型锅炉。

（4）按载热介质分蒸汽锅炉、热水锅炉和有机热载体锅炉：

①锅炉出口介质为饱和蒸汽或者过热蒸汽的锅炉称为蒸汽锅炉。

②出口介质为高温水（>120℃）或者低温水（120℃）以下的锅炉称为热水锅炉。

③以有机质液体（如高温导热油）作为热载体工质的锅炉称为有机热载体锅炉。

④按燃料种类分为燃煤锅炉、燃油锅炉、燃气锅炉、电热锅炉、余热锅炉以及废料锅炉等。

⑤按燃烧方式分为层燃炉、室燃炉、旋风炉和流化床燃烧锅炉。

⑥按锅炉结构分为锅壳锅炉、水管锅炉。

⑦按制造、安装许可分为A，B级。额定出口压力大于2.5MPa的蒸汽和热水锅炉属于A级。额定出口压力小于或等于2.5MPa的蒸汽和热水锅炉，以及有机热载体锅炉属于B级。

（二）安全管理要求

1. 使用合格产品

锅炉实行设计文件鉴定制度，由国家市场监督管理总局核准的鉴定机构对锅炉设计文件中的安全性能和节能是否符合特种设备安全技术规范和有关规定进行审查。未经鉴定的设计文件，不得用于制造安装。锅炉制造单位，必须具备保证产品质量所必需的加工设备、技术力量、检验手段和管理水平，并取得《特种设备生产许可证》，才能生产相应种类的锅炉。

购置、选用的锅炉应是许可厂家的合格产品，并有齐全的技术文件、产品质量合格证明书、监督检验证书和产品竣工图。从事锅炉安装、改造、维修的单位，必须取得《特种设备生产许可证》，方可在许可的范围内从事相应工作。

2. 登记建档

锅炉在正式使用前，必须到当地特种设备安全监察机构登记，经审查批准登记建档、取得使用证方可使用。使用单位也应建立锅炉设备档案，保存设计、制造、安装、使用、修理、改造和检验等过程的技术资料。

3. 专责管理

锅炉使用单位应当依法配备锅炉安全总监和锅炉安全员，明确锅炉安全总监和锅炉安全员的岗位职责。锅炉使用单位主要负责人对本单位锅炉使用安全全面负责，建立并落实锅炉使用安全主体责任的长效机制。锅炉安全总监和锅炉安全员应当按照岗位职责，协助单位主要负责人做好锅炉使用安全管理工作。

锅炉安全总监和锅炉安全员应当熟悉锅炉使用相关法律法规、安全技术规范、标准和本单位锅炉安全使用要求；具备识别和防控锅炉使用安全风险的专业知识；具备按照相关要求履行岗位职责的能力；符合特种设备法律法规和安全技术规范的其他要求。

4. 建立制度

锅炉使用单位应当建立基于锅炉安全风险防控的动态管理机制，结合本单位实际，落实自查要求，制定《锅炉安全风险管控清单》，建立健全日管控、周排查、月调度工作制度和机制。锅炉停（备）用期间，使用单位应当做好锅炉及水处理设备的防腐蚀等停炉保养工作。

5. 持证上岗

锅炉司炉、水质化验人员，应接受专业安全技术培训并考试合格，持证上岗。严格依照操作规程操作运行，任何人在任何情况下不得无证作业。

6. 定期检验

定期检验是指在设备的设计使用期限内，每隔一定的时间对锅炉承压部件和安全装置进行检测检查，或做必要的试验。使用单位应按照锅炉的检验周期，按时向取得国家市场监督管理总局核准资格的特种设备检验机构申请检验。

7. 监控水质

水中杂质会使锅炉结垢、腐蚀及产生汽水共腾，降低锅炉效率、寿命及供汽质量。必须严格监督、控制锅炉给水及锅水水质，使之符合锅炉水质标准的规定。

（三）锅炉安全附件

1. 安全阀

1）安全阀设置

每台锅炉至少应当装设2个安全阀（包括锅筒和过热器安全阀）。符合下列规定之一的，可以只装设1个安全阀。

（1）额定蒸发量小于或者等于0.5t/h的蒸汽锅炉。

（2）额定蒸发量小于4t/h且装设有可靠的超压连锁保护装置的蒸汽锅炉。

（3）额定热功率小于或等于2.8MW的热水锅炉。

2）安全阀安装

（1）安全阀应当铅直安装，并且应当安装在锅筒（壳）、集箱的最高位置，在安全阀和锅筒（壳）之间或者安全阀和集箱之间，不应当装设阀门和取用介质的管路。

（2）多个安全阀如果共同装在一个与锅筒（壳）直接相连的短管上，短管的流通截面积应当不小于所有安全阀的流通截面积之和。

（3）采用螺纹连接的弹簧安全阀时，安全阀应当与带有螺纹的短管相连接，而短管与锅筒（壳）或者集箱筒体的连接应当采用焊接结构。

3）安全阀校验

（1）在用锅炉的安全阀每年至少校验1次，校验一般在锅炉运行状态下进行。

（2）如果现场校验有困难或者对安全阀进行修理后，可以在安全阀校验台上进行，校验后的安全阀在搬运或者安装过程中，不能摔、砸、碰撞。

（3）新安装的锅炉或者安全阀检修、更换后，应当校验其整定压力和密封性。

（4）安全阀经过校验后，应当加锁或者铅封。

（5）控制式安全阀应当分别进行控制回路可靠性试验和开启性能检验。

（6）安全阀整定压力、密封性等检验结果应当记入锅炉安全技术档案。

4）锅炉运行中安全阀的使用

锅炉运行中安全阀应当定期进行排放试验（电站锅炉安全阀每年进行1次，对控制式安全阀，使用单位应当定期对控制系统进行试验）。锅炉运行中安全阀不允许解列，不允许提高安全阀的整定压力或使安全阀失效。

2. 压力表

1）压力表设置

锅炉的以下部位应当装设压力测量装置：

蒸汽锅炉锅筒（壳）的蒸汽空间、给水调节阀前、省煤器出口、过热器出口和主汽阀之间、再热器出口（进口）、直流蒸汽锅炉的启动（汽水）分离器或其出口管道上、直流蒸汽锅炉省煤器进口、储水箱和循环泵出口、直流蒸汽锅炉蒸发受热面出口截止阀前（如果装有截止阀）、热水锅炉的锅筒（壳）上、热水锅炉的进水阀出口和出水阀进口、循环泵的出口（进口）。

燃油锅炉、燃气锅炉、燃煤锅炉的点火油系统的油泵进口（回油）及出口，点火气系统的气源进口及燃气阀组稳压阀（调压阀）后均应装压力表。

2）压力表选用

（1）A级锅炉压力表精确度应当不低于1.6级，其他锅炉压力表精确度应当不低于2.5级。

（2）压力表的量程应当根据工作压力选用，一般为工作压力的1.5~3.0倍，最好选用2倍。

3）压力表安装

（1）应当装设在便于观察和吹洗的位置，并且应当防止受到高温、冰冻和震动的影响。

（2）锅炉蒸汽空间设置的压力表应当有存水弯管或者其他冷却蒸汽的措施，热水锅炉用的压力表也应当有缓冲弯管，弯管内径应当不小于10mm。

（3）压力表与弯管之间应当装设三通阀门，以便吹洗管路、卸换、校验压力表。

3. 水位测量与示控装置

1）水位表的设置

每台蒸汽锅炉锅筒（壳）至少应当装设2个彼此独立的直读式水位表，符合下列条件之一的锅炉可以只装设1个直读式水位表：

额定蒸发量小于或者等于0.5t/h的锅炉；额定蒸发量小于或者等于2t/h，且装有一套可靠的水位示控装置的锅炉；装设两套各自独立的远程水位测量装置的锅炉；电加热锅炉。

2）水位表的结构、装置

（1）水位表应当有指示最高、最低安全水位和正常水位的明显标志，水位表的下部可见边缘应当比最高火界至少高50mm，并且应当比最低安全水位至少低25mm，水位表的上部可见边缘应当比最高安全水位至少高25mm。

（2）玻璃管式水位表应当有防护装置，并且不应当妨碍观察真实水位，玻璃管的内径应当不小于8mm。

（3）锅炉运行中能够吹洗和更换玻璃板（管）、云母片。

（4）用2个以上（含2个）玻璃板或者云母片组成的一组水位表，能够连续指示水位。

（5）水位表或者水表柱和锅筒（壳）之间阀门的流道直径应当不小于8mm，汽水连接管内径应当不小于18mm，连接管长度大于500mm或者有弯曲时，内径应当适当放大，以保证水位表灵敏准确。

（6）连接管应当尽可能短，如果连接管不是水平布置时，汽连管中的凝结水能够流向水位表，水连管中的水能够自行流向锅筒（壳）。

（7）水位表应当有放水阀门和接到安全地点的放水管。

（8）水位表或者水表柱和锅筒（壳）之间的汽水连接管上应当装设阀门，锅炉运行时，阀门应当处于全开位置。

4. 温度测量装置

温度是锅炉热力系统的重要参数之一，为了掌握锅炉的运行状况，确保锅炉的安全、经济运行，在锅炉热力系统中，锅炉的给水、蒸汽、烟气等介质均需依靠温度测量装置进行测量监视。

5. 报警和保护装置

1）超温报警和连锁保护装置

超温报警装置安装在热水锅炉的出口处，当锅炉的水温超过规定的水温时，自动报警，提醒司炉人员采取措施减弱燃烧。超温报警和连锁保护装置连锁后，还能在超温报警的同时，自动切断燃料的供应和停止鼓、引风，以防止热水锅炉发生超温而导致锅炉损坏或爆炸。

2）高低水位警报和低水位联锁保护装置

当锅炉内的水位高于最高安全水位或低于最低安全水位时，水位警报器就自动发出警报，提醒司炉人员采取措施防止事故发生。低水位连锁保护装置，不仅能自动报警，而且在水位低于低水位极限时，最迟在最低安全水位时，启动给水设备上水，水位继续下降可以自动切断燃烧，保证锅炉的安全。

3）超压报警装置

当锅炉出现超压现象时，能发出警报，并通过连锁装置控制燃烧，如停止供应燃料、停止通风，使司炉人员能及时采取措施，以免造成锅炉超压爆炸事故。

4）锅炉熄火保护装置

当锅炉炉膛熄火时，锅炉熄火保护装置能切断燃料供应，并发出相应信号。

6. 排污阀或放水装置

排污阀或放水装置的作用是排放锅水蒸发而残留下来的水垢、泥渣及其他有害物质，将锅水的水质控制在允许的范围内，使受热面保持清洁，以确保锅炉的安全、经济运行。

7. 防爆门

为防止炉膛和尾部烟道再次燃烧造成破坏，常采用在炉膛和烟道易爆处装设防爆门。

8. 锅炉自动控制装置

通过工业自动化仪表对温度、压力、流量、物位、成分等参数进行测量和调节，达到监视、控制、调节生产的目的，使锅炉在最安全、经济的条件下运行。

（四）锅炉安全使用

1. 锅炉启动步骤

1）检查准备

对新装、移装和检修后的锅炉，启动前要进行全面检查。

（1）检查受热面、承压部件的内外部，看其是否处于可投入运行的良好状态。

（2）检查燃烧系统各个环节是否处于完好状态；检查各类门孔、挡板是否正常，使之处于启动所要求的位置。

（3）检查安全附件和测量仪表是否齐全、完好并使之处于启动所要求的状态。

（4）检查锅炉架、楼梯、平台等钢结构部分是否完好；检查各种辅机特别是转动机械是否完好。

2）上水

从防止产生过大热应力出发，上水温度最高不超过90℃，水温与筒壁温差不超过50℃。对水管锅炉，全部上水时间在夏季不小于1h，在冬季不小于2h。冷炉上水至最低安全水位时应停止上水，以防止受热膨胀后水位过高。

3）烘炉

新装、移装、大修或长期停用的锅炉，其炉膛和烟道的墙壁非常潮湿，一旦骤然接触高温烟气，将会产生裂纹、变形，甚至发生倒塌事故。为防止此种情况发生，此类锅炉在上水后，启动前要进行烘炉。

4）煮炉

对新装、移装、大修或长期停用的锅炉，在正式启动前必须煮炉。煮炉的目的是清除蒸发受热面中的铁锈、油污和其他污物，减少受热面腐蚀，提高锅水和蒸汽品质。

5）点火升压

一般锅炉上水后即可点火升压。点火方法因燃烧方式和燃烧设备而异。

6）暖管与并汽

暖管，即用蒸汽慢慢加热管道、阀门、法兰等部件，使其温度缓慢上升，避免向冷态或较低温度的管道突然供入蒸汽，以防止热应力过大而损坏管道、阀门等部件；同时将管道中的冷凝水驱出，防止在供汽时发生水击。

并汽也叫并炉、并列，即新投入运行锅炉向共用的蒸汽母管供汽。并汽前应减弱燃烧，打开蒸汽管道上的所有疏水阀，充分疏水以防水击；冲洗水位表，并使水位维持在正常水位线以下；使锅炉的蒸汽压力稍低于蒸汽母管内气压，缓慢打开主汽阀及隔绝阀，使新启动锅炉与蒸汽母管连通。

2. 点火升压阶段安全注意事项

1）防止炉膛爆炸

锅炉点火时需防止炉膛爆炸。锅炉点火前，锅炉炉膛中可能残存有可燃气体或其他可燃物，也可能预先送入可燃物，如不注意清除，这些可燃物与空气的混合物遇明火即可能爆炸，这就是炉膛爆炸。燃气锅炉、燃油锅炉、煤粉锅炉等点火时必须特别注意防止炉膛爆炸。

防止炉膛爆炸措施：

（1）点火前，开动引风机给锅炉通风5~10min，没有风机的可自然通风5~10min，以清除炉膛及烟道中的可燃物质。

（2）点燃气、油、煤粉炉时，应先送风，之后投入点燃火炬，最后送入燃料。

（3）一次点火未成功需重新点燃火炬时，一定要在点火前给炉膛烟道重新通风，待充分清除可燃物之后再进行点火操作。

2）控制升温升压速度

升压过程也就是锅水饱和温度不断升高的过程。由于锅水温度的升高，锅筒和蒸发受热面的金属壁温也随之升高，金属壁面中存在不稳定的热传导，需要注意热膨胀和热应力问题。

为防止产生过大的热应力，锅炉的升压过程一定要缓慢进行。点火过程中，应对各热承压部件的膨胀情况进行监督。发现有卡住现象应停止升压，待排除故障后再继续升压。发现膨胀不均匀时也应采取措施消除。

3）严密监视和调整仪表

点火升压过程中，锅炉的蒸汽参数、水位及各部件的工作状况在不断变化，为防止异常情况及事故的出现，必须严密监视各种指示仪表，将锅炉压力、温度和水位控制在合理范围内。同时，各指示仪表本身也要经历从冷态到热态、从不承压到承压的过程，也要产生热膨胀，在某些情况下甚至会产生卡住、堵塞或开关不灵等现象，导致锅炉无法投入运行或工作不可靠。因此点火升压过程中，保证指示仪表的准确可靠十分重要。

在一定时间内压力表指针应离开原点。如锅炉内已有压力而压力表指针不动，则须将火力减弱或停息，校验压力表并清洗压力表管道，待压力表正常后，方可继续升压。

4）保证强制流动受热面的可靠冷却

自然循环锅炉的蒸发面在锅炉点火后开始受热，即产生循环流动。由于启动过程加热比较缓慢，蒸发受热面中产生的蒸汽量较少，水循环还不正常，各水冷壁受热不均匀的情况也比较严重，应保证蒸发受热面在启动过程中不致烧坏。

3. 锅炉正常运行中的监督调节

1）锅炉水位的调节

（1）锅炉运行中，运行人员应不间断地通过水位表监督锅内的水位。锅炉水位应经常保持在正常水位线处，并允许在正常水位线上下50mm内波动。

（2）由于水位的变化与负荷、蒸发量和气压的变化密切相关，因此水位的调节常常不是孤立进行的，而是与气压、蒸发量的调节联系在一起的。

（3）为使水位保持正常，锅炉在低负荷运行时，水位应稍高于正常水位，以防负荷增加时水升得过低；锅炉在高负荷运行时，水位应稍低于正常水位，以免负荷降低时水位升得过高。

2）锅炉气压的调节

在锅炉运行中，蒸汽压力应基本保持稳定。锅炉气压的变动通常是由负荷变动引起的，当锅炉蒸发量和负荷不相等时，气压就要变动。若负荷小于蒸发量，气压就上升；负荷大于蒸发量，气压就下降。所以，调节锅炉气压就是调节其蒸发量，而蒸发量的调节通过燃烧调节和给水调节实现。运行人员根据负荷变化，相应增减锅炉的燃料量、风量、给水量来改变锅炉蒸发量，使气压保持相对稳定。

对于间断上水的锅炉，为保持气压稳定，要注意上水均匀。上水间隔的时间不宜过长，一次上水不宜过多。在燃烧减弱时不宜上水，人工烧炉在投煤、扒渣时也不宜上水。

3）气温的调节

锅炉负荷、燃料及给水温度的改变，都会造成过热气温的改变。过热器本身的传热特性不同，上述因素改变时气温变化的规律也不相同。

4）燃烧的调节

燃烧调节的任务是使燃料燃烧供热适应负荷的要求，维持气压稳定；使燃烧完好正常，尽量减少未完全燃烧损失，减轻金属腐蚀和大气污染；对负压燃烧锅炉，维持引风和鼓风的均衡，保持炉膛一定的负压，以保证操作安全和减少排烟损失。

5）排污和吹灰

锅炉运行中，为了保持受热面内部清洁，避免锅水发生汽水共腾及蒸汽品质恶化，除了对给水进行必要而有效的处理外，还必须坚持排污。

燃煤锅炉的烟气中含有许多飞灰微粒，在烟气流经蒸发受热面、过热器、省煤器及空气预热器时，一部分烟灰就沉积到受热面上，不及时吹扫清理，往往越积越多。由于烟灰的导热能力很差，受热面上积灰会严重影响锅炉传热，降低锅炉效率，影响锅炉运行工况特别是蒸汽温度，对锅炉安全也造成不利影响。因此，应定期吹灰。

4. 停炉及停炉保养

1）停炉

正常停炉是预先计划内的停炉。停炉中应注意的主要问题是防止降压降温过快，以避免锅炉部件因降温收缩不均匀而产生过大的热应力。

（1）停炉操作应按规程规定的次序进行。

（2）锅炉遇有下列情况之一者，应紧急停炉。

①锅炉水位低于水位表的下部可见边缘。

②不断加大向锅炉进水及采取其他措施，但水位仍继续下降。

③锅炉水位超过最高可见水位（满水），经放水仍不能见到水位；给水泵全部失效或给水系统故障，不能向锅炉进水。

④水位表或安全阀全部失效；设置在汽空间的压力表全部失效。

⑤锅炉元件损坏，危及操作人员安全；燃烧设备损坏、炉墙倒塌或锅炉构件被烧红等，严重威胁锅炉安全运行。

⑥其他异常情况危及锅炉安全运行。

紧急停炉的操作次序：

①立即停止添加燃料和送风，减弱引风。

②与此同时，设法熄灭炉膛内的燃料，对于一般层燃炉可以用沙土或湿灰灭火，链条炉可以开快挡使炉排快速运转，把红火送入灰坑。

③灭火后即把炉门、灰门及烟道挡板打开，以加强通风冷却。

④锅内可以较快降压并更换锅水，锅水冷却至70℃左右允许排水。

因缺水紧急停炉时，严禁给锅炉上水，并不得开启空气阀及安全阀快速降压。紧急停炉是为防止事故扩大，不得不采用的非常停炉方式，有缺陷的锅炉应尽量避免紧急停炉。

2）停炉保养

锅炉停炉以后，本来容纳水汽的受热面及整个汽水系统，依旧是潮湿的或者残存有剩水。由于受热面及其他部件置于大气之中，空气中的氧有充分的条件与潮湿的金属接触或者更多地溶解于水，使金属的电化学腐蚀加剧。另外，受热面的烟气侧在运行中常常黏附有灰粒及可燃物质，停炉后在潮湿的气氛下，也会加剧对金属的腐蚀。实践表明，停炉期的腐蚀往往比运行中的腐蚀更为严重。

停炉保养主要指锅内保养，即汽水系统内部为避免或减轻腐蚀而进行的防护保养。常用的保养方式：压力保养、湿法保养、干法保养和充气保养。

二 压力容器

（一）基础知识

1. 结构和特点

压力容器一般由筒体（又称壳体）、封头（又称端盖）、法兰、密封元件、开孔与接管（人孔、手孔、视镜孔、物料进出口接管）、附件（液位计、流量计、测温管、安全阀等）和支座等所组成。

固定式压力容器介质种类繁多，不同容器的工作条件差别大，材料种类多。

移动式压力容器活动范围大，运行环境条件复杂，介质绝大多数是易燃、易爆以及有毒等液化气体，一旦发生事故，造成的后果严重、社会影响大。活动场所不固定，监督管理难度大。

2. 参数

1）压力

（1）压力容器的压力可以来自两个方面，一是在容器外产生（增大）的，二是在容器内产生（增大）的。

（2）最高工作压力，多指在正常操作情况下，容器顶部可能出现的最高压力。

（3）设计压力，系指在相应设计温度下用以确定容器壳体厚度及其元件尺寸的压力，即标注在容器铭牌上的设计压力。压力容器的设计压力值不得低于最高工作压力。

2）温度

（1）设计温度，系指容器在正常工作情况下，设定的元件的金属温度。设计温度与设计压力一起作为设计载荷条件。当壳壁或元件金属的温度低于-20℃，按最低温度确定设计温度；除此之外，设计温度一律按最高温度选取。

（2）试验温度，指的是压力试验时，壳体的金温度。

（3）实际工作温度，是相对设计温度而言的一个参数，是容器在实际工作情况下，元件的金属温度。

3. 介质

按物质状态分类，有气体、液体、液化气体、单质和混合物等；按化学特性分类，则有可燃、易燃、惰性和助燃4种；按它们对人类毒害程度，又可分为极度危害（Ⅰ）、高度危害（Ⅱ）、中度危害（Ⅲ）、轻度危害（Ⅳ）4级；按它们对容器材料的腐蚀性可分为强腐蚀性、弱腐蚀性和非腐蚀性。

4. 分类

1）按压力等级划分

按承压方式分类，压力容器可以分为内压容器和外压容器。

（1）内压容器按设计压力（p）可以划分为低压、中压、高压和超高压4个压力等级。

低压容器：$0.1\text{MPa} \leqslant p < 1.6\text{MPa}$。中压容器：$1.6\text{MPa} \leqslant p < 10.0\text{MPa}$。高压容器：$10.0\text{MPa} \leqslant p < 100.0\text{MPa}$。超高压容器：$p = 100.0\text{MPa}$。

（2）外压容器中，当容器的内压力小于一个绝对大气压（约0.1MPa）时，又称为真空容器。

2）按作用划分

（1）反应压力容器：主要是用于完成介质的物理、化学反应的压力容器，如各种反应器、反应釜、聚合釜、合成塔、变换炉、煤气发生炉等。

（2）换热压力容器：主要是用于完成介质的热量交换的压力容器，如各种热交换器、冷却器、冷凝器、蒸发器等。

（3）分离压力容器：主要是用于完成介质的流体压力平衡缓冲和气体净化分离的压力容器，如各种分离器、过滤器、集油器、洗涤器、吸收塔、干燥塔、汽提塔、分汽缸、除氧器等。

（4）储存压力容器：主要是用于储存、盛装气体、液体、液化气体等介质的压力容器，如各种型式的储罐、缓冲罐、消毒锅、印染机、烘缸、蒸锅等。

3）按安装方式划分

（1）固定式压力容器：指安装在固定位置使用的压力容器，如生产车间内的储罐、球罐、塔器、反应釜等。

（2）移动式压力容器：是指单个或多个压力容器罐体与行走装置、定型汽车底盘或者无动力半挂行走机构或框架组成，采用永久性连接，适用于铁路、公路、水路的运输装备，包括汽车罐车、铁路罐车、罐式集装箱、长管拖车等。这类压力容器使用时不仅承受内压或外压载荷，搬运过程中还会受到由于内部介质晃动引起的冲击力，以及运输过程中带来的外部撞击和振动载荷，因而在结构、使用和安全方面均有特殊的要求。

4）按制造许可划分

国家市场监督管理总局颁布的《特种设备生产单位许可目录》中，以制造难度、结构特点、设备能力、工艺水平、人员条件等为基础，将压力容器划分为A、B、C、D共4个许可级别。

5）按安全技术管理（基于危险性）划分

为便于安全监察、使用管理和检验检测，按《固定式压力容器安全技术监察规程》将压力容器划分为三类（Ⅰ、Ⅱ、Ⅲ类）。按照介质特性、设计压力p（单位为MPa）和容积V（单位为m^3），确定容器类别。

（二）安全管理要求

压力容器的登记建档、建立制度、定期检验方面与锅炉使用安全管理基本相同。

1. 专责管理

压力容器使用单位应当依法配备压力容器安全总监和压力容器安全员，明确压力容器安全总监和压力容器安全员的岗位职责。压力容器使用单位主要负责人对本单位压力容器使用安全全面负责，建立并落实压力容器使用安全主体责任的长效机制。压力容器安全总监和压力容器安全员应当按照岗位职责，协助单位主要负责人做好压力容器使用安全管理工作。

压力容器安全总监和压力容器安全员应当熟悉压力容器使用相关法律法规、安全技术规范、标准和本单位压力容器安全使用要求；具备识别和防控压力容器使用安全风险的专业知识；具备按照相关要求履行岗位职责的能力；符合特种设备法律法规和安全技术规范的其他要求。

2. 持证上岗

压力容器安全管理负责人和安全管理人员，应当按照规定持有相应的特种设备管理人员证。操作人员必须严格执行压力容器安全管理制度，依照操作规程及其他法规操作运行。

3. 日常检查

压力容器使用单位应当建立基于压力容器安全风险防控的动态管理机制，结合本单位实际，落实自查要求，制定《压力容器安全风险管控清单》，建立健全日管控、周排查、月调度工作制度和机制。主要检查内容：安全附件，装卸附件，安全保护装置，测量调控装置，附属仪器仪表是否完好，各密封面有无泄漏，以及其他异常情况等。

（三）安全附件

1. 安全阀

压力容器安全阀分全启式安全阀和微启式安全阀。根据安全阀的整体结构和加载方式可以分为静重式、杠杆式、弹簧式和先导式4种。

安全阀如果出现故障，尤其是不能开启时，有可能会造成压力容器失效甚至爆炸的严重后果。安全阀的主要故障：

（1）泄漏。在压力容器正常工作压力下，阀瓣与阀座密封面之间发生超过允许程度的泄漏。

（2）到规定压力时不开启。安全阀锈死、阀瓣与阀座黏住、杠杆被卡住等都会造成安全阀不开启；如果安全阀定压不准，也会造成到规定压力时不开启。

（3）不到规定压力时开启。安全阀定压不准，或者弹簧老化。

（4）排气后压力继续上升。选用的安全阀排量太小，或者排气管截面积太小，不能满足压力容器的安全泄放量要求。

（5）排放泄压后阀瓣不回座。阀杆、阀瓣安装位置不正或者被卡住。

2. 爆破片

爆破片装置是一种非重闭式泄压装置，由进口静压使爆破片受压爆破而泄放出介质，以防止容器或系统内的压力超过预定的安全值。

爆破片又称为爆破膜或防爆膜，是一种断裂型安全泄放装置。与安全阀相比，它具有结构简单、泄压反应快、密封性能好、适应性强等特点。

3. 爆破帽

爆破帽为一端封闭，中间有一薄弱层面的厚壁短管，爆破压力误差较小，泄放面积较小，多用于超高压容器。

4. 易熔塞

易熔塞属于"熔化型"（"温度型"）安全泄放装置，它的动作取决于容器壁的温度，主要用于中、低压的小型压力容器，在盛装液化气体的钢瓶中应用更为广泛。

5. 紧急切断阀

紧急切断阀是一种特殊结构和特殊用途的阀门，它通常与截止阀串联安装在紧靠容器的介质出口管道上。其作用是在管道发生大量泄漏时紧急止漏，一般还具有过流闭止及超温闭止的性能，并能在近程和远程独立进行操作。紧急切断阀按操作方式的不同，可分为机械（或手动）牵引式、油压操纵式、气压操纵式和电动操纵式等多种，前两种目前在液化石油气槽车上应用非常广泛。

6. 仪表

1）压力表

压力表是指示容器内介质压力的仪表，是压力容器的重要安全装置。按其结构和作用原理，压力表可分为液柱式、弹性元件式、活塞式和电量式四大类。活塞式压力计通常用作校验用的标准仪表，液柱式压力计一般只用于测量很低的压力，压力容器广泛采用的是各种类型的弹性元件式压力计。

2）液位计

液位计又称液面计，是用来观察和测量容器内液体位置变化情况的仪表。特别是对于盛装液化气体的容器，液位计是一个必不可少的安全装置。

3）温度计

温度计是用来测量物质冷热程度的仪表，可用来测量压力容器介质的温度。对于需要控制壁温的容器，还必须装设测试壁温的温度计。

（四）安全使用

1. 安全操作

1）平稳操作

压力容器开始加载介质时，速度不宜过快，尤其要防止压力突然升高。过高的加载速度会降低材料的断裂韧性，可能使存在微小缺陷的容器在压力的快速冲击下发生脆性断裂。

高温容器或工作壁温在0℃以下的容器，加热和冷却都应缓慢进行，以减小壳壁中的热应力。操作中，压力频繁地、大幅度地波动，对容器的抗疲劳强度是不利的，应尽可能避免，保持操作压力平稳。

2）防止超载

压力来自外部（如气体压缩机、蒸汽锅炉等）的容器，超压大多是由于操作失误而引起的。为了防止操作失误，除了装设联锁装置外，可实行安全操作挂牌制度。在一些关键性的操作装置上挂牌，牌上用明显标记或文字注明阀门等的开闭方向、开闭状态、注意事项等。对于通过减压阀降低压力后才进气的容器，要密切注意减压装置的工作情况，并装设灵敏可靠的安全泄压装置。

由于内部物料的化学反应而产生压力的容器，往往因加料过量或原料中混入杂质，使反应后生成的气体密度增大或反应过速而造成超压。要预防这类容器超压，必须严格控制每次投料的数量及原料中杂质的含量，并有防止超量投料的严密措施。

储装液化气体的容器，为了防止液体受热膨胀而超压，一定要严格计量。对于液化气体储罐和槽车，除了密切监视液位外，还应防止容器意外受热，造成超压。如果容器内的介质是容易聚合的单体，则应在物料中加入阻聚剂，并防止混入可促进聚合的杂质。物料储存的时间也不宜过长。

除了防止超压以外，压力容器的操作温度也应严格控制在设计规定的范围内，长期的超温运行也可以直接或间接地导致容器的破坏。

2. 运行期间检查

（1）压力容器专职操作人员在容器运行期间应经常检查容器的工作状况，以便及时发现设备上的不正常状态，采取相应的措施进行调整或消除，防止异常情况的扩大或延续，保证容器安全运行。

（2）对运行中的容器进行检查，包括工艺条件、设备状况以及安全装置等方面。

（3）在工艺条件方面，主要检查操作压力、操作温度、液位是否在安全操作规程规定的范围内，容器工作介质的化学组成，特别是那些影响容器安全（如产生应力腐蚀、使压力升高等）的成分是否符合要求。

（4）在设备状况方面，主要检查各连接部位有无泄漏、渗漏现象，容器的部件和附件有无塑性变形、腐蚀以及其他缺陷或可疑迹象，容器及其连接管道有无振动、磨损等现象。在安全装置方面，主要检查安全装置以及与安全有关的计量器具是否保持完好状态。

3. 紧急停止运行

压力容器在运行中出现下列情况时，应立即停止运行：

（1）容器的操作压力或壁温超过安全操作规程规定的极限值，而且采取措施仍无法控制，并有继续恶化的趋势。

（2）容器的承压部件出现裂纹、鼓包变形、焊缝或可拆连接处泄漏等危及容器安全的迹象。

（3）安全装置全部失效，连接管件断裂，紧固件损坏等，难以保证安全操作；操作岗位发生火灾，威胁到容器的安全操作；高压容器的信号孔或警报孔泄漏。

4. 维护保养

1）保持完好的防腐层

工作介质对材料有腐蚀作用的容器，常采用防腐层来防止介质对器壁的腐蚀，如涂漆、喷镀或电镀、衬里等。如果防腐层损坏，工作介质将直接接触器壁而产生腐蚀，所以要常检查，保持防腐层完好无损。若发现防腐层损坏，即使是局部的，也应该先经修补等妥善处理以后再继续使用。

2）消除产生腐蚀的因素

有些工作介质只有在某种特定条件下才会对容器的材料产生腐蚀。因此要尽力消除这种能引起腐蚀的、特别是应力腐蚀的条件。例如，一氧化碳气体只有在含有水分的情况下才可能对钢制容器产生应力腐蚀，应尽量采取干燥、过滤等措施；碳钢容器的碱脆需要具备温度、拉伸应力和较高的碱液浓度等条件，介质中含有稀碱液的容器，必须采取措施消除使稀液浓缩的条件，如接缝渗漏、器壁粗糙或存在铁锈等多孔性物质等；盛装氧气的容器，常因底部积水造成水和氧气交界面的严重腐蚀，要防止这种腐蚀，最好使氧气经过干燥，或在使用中经常排放容器中的积水。

3）消灭容器的"跑、冒、滴、漏"，经常保持容器的完好状态

"跑、冒、滴、漏"不仅浪费原料和能源，污染工作环境，还会造成设备的腐蚀，严重时还会引起容器的破坏事故。

4）加强容器在停用期间的维护

对于长期或临时停用的容器，应加强维护。停用的容器，必须将内部的介质排除干净，腐蚀性介质要经过排放、置换、清洗等技术处理。要注意防止容器的"死角"积存腐蚀性介质。

要经常保持容器的干燥和清洁，防止大气腐蚀。试验证明，在潮湿的情况下，钢材表面有灰尘、污物时，大气对钢材才有腐蚀作用。

5）经常保持容器的完好状态

容器上所有的安全装置和计量仪表，应定期进行调整校正，使其始终保持灵敏、准确；容器的附件、零件必须保持齐全和完好无损，连接紧固件残缺不全的容器，禁止投入运行。

三　场（厂）内专用机动车辆

（一）基础知识

1. 结构特点

1）多样化设计

场内机动车种类繁多，包括但不限于叉车、搬运车、牵引车等，每种车型设计针对特定的作业需求，如负载能力、提升高度、转弯半径等。

2）动力系统

分为内燃车辆、电动车辆及内燃电动车辆等多种类型，满足不同作业环境对动力源的需求。内燃车辆通常使用汽油、柴油为动力，适合户外或对排放要求不高的场合；电动车辆则更适合室内或对环保要求高的环境。

3）可换工作装置

许多场内机动车具备可更换的工作装置，如不同的叉臂、吊钩、抓斗等，以适应多样化的货物搬运和装卸作业。

4）控制系统

现代化的场内机动车普遍采用电子控制系统，提高操作的精准度和安全性，包括自动泊车、防撞预警等功能。

2. 工作特性

1）作业环境复杂

场内机动车需要在可能包含狭窄通道、货架密集、地面条件多变的环境中作业，对车辆的灵活性和稳定性有较高要求。

2）操作技术要求高

因其作业伴随行驶操作，且常在有限空间内作业，对驾驶员的操作技能有较高要求，部分车辆还配备了辅助驾驶系统减轻操作难度。

3）作业环境差异大

由于工作环境差异大，车辆需具备一定的环境适应能力，能在高温、低温、潮湿、粉尘等条件下稳定工作。

4）协同作业

很多作业场景需要多台车辆或与人工协同作业，因此车辆设计时考虑到了与其他设备和人员的配合。

3. 车辆分类

（1）机动工业车辆，指叉车，通过门架和货叉将载荷起升到一定高度进行堆垛作业的自行式车辆，包括平衡重式叉车、前移式叉车、侧面式叉车、插腿式叉车、托盘堆垛车、三向堆垛车。

（2）非公路用旅游观光车辆，包括观光车和列车观光。

（二）安全管理要求

场（厂）内机动车辆在登记建档、建立制度、定期检验、专责管理、持证上岗等方面与压力容器使用安全管理基本相同。

1. 安全检查

1）年度检查

每年对所有在用的场（厂）内机动车辆至少进行1次全面检查。停用1年以上、发生重大车辆事故等的场（厂）内机动车辆，使用前都应做全面检查。

2）每月检查

检查项目包括：安全装置、制动器、离合器等有无异常，可靠性和精度；重要零部件（如吊具、货叉、制动器、铲、斗及辅具等）的状态，有无损伤，是否应报废等；电气、液压系统及其部件的泄漏情况及工作性能；动力系统和控制器等。停用一个月以上的场（厂）内机动车辆，使用前也应做上述检查。

3）每日检查

在每天作业前进行，应检查各类安全装置、制动器、操纵控制装置、紧急报警装置的安全状况，检查发现有异常情况时，必须及时处理。严禁带病作业。

2. 工作条件

车辆的技术性能、动力性能、制动性能、承载能力、运行方向的控制能力和产品标识符合要求。满载作业时的纵向、横向稳定性，满载运行时的纵向稳定性，空载运行时的横向稳定性满足要求。车辆的动力输出能力、工作装置的控制和标识符合要求。车辆的各种安全保护装置，监测、指示、仪表、报警等自动报警、信号装置应完好齐全。操作人员能够正确操作和维护车辆。

（三）车辆安全使用

1. 作业前的准备

（1）正确佩戴个人防护用品，包括安全帽、工作服、工作鞋和手套。

（2）检查清理作业场地，确定路线，清除障碍物；室外作业要了解天气情况。

（3）对使用的场（厂）内专用机动车辆和辅助工具、辅件进行安全检查；不使用报废元件，不留安全隐患；熟悉物品的种类、数量、包装状况以及周围环境。

（4）必须按照出厂使用说明书规定的技术性能、承载能力和使用条件，正确操作，合理使用，严禁超载作业或任意扩大使用范围。

（5）各种安全防护装置及监测、指示、仪表、报警等自动报警、信号装置应完好齐全，有缺损时应及时修复。

（6）安全防护装置不完整或已失效的场（厂）内专用机动车辆不得使用。

（7）预测可能出现的事故，采取有效的预防措施，选择安全通道，制定应急对策。

（8）启动前应进行重点检查。灯光、喇叭、指示仪表等应齐全完整；燃油、润滑油、冷却水等应添加充足；各连接件不得松动；轮胎气压应符合要求，确认无误后，方可启动。

（9）起步前，车旁及车下应无障碍物及人员。

2. 安全操作要求

（1）叉装物件时，被装物件重量应在该机允许载荷范围内。

（2）当物件重量不明时，应将该物件叉起离地100mm后检查机械的稳定性，确认无超载现象后，方可运送。

（3）叉装时，物件应靠近起落架，其重心应在起落架中间，确认无误，方可提升。

（4）物件提升离地后，应将起落架后仰，方可行驶。两辆叉车同时装卸一辆货车时，应有专人指挥联系，保证安全作业。

（5）不得单叉作业和使用货叉顶货或拉货。

（6）叉车在叉取易碎品、贵重品或装载不稳的货物时，应采用安全绳加固，必要时，应有专人引导，方可行驶。

（7）以内燃机为动力的叉车，进入仓库作业时，应有良好的通风设施。

（8）严禁在易燃、易爆的仓库内作业。

（9）严禁货叉上载人。

（10）驾驶室除规定的操作人员外，严禁其他任何人进入或在室外搭乘。

蓄电池车辆行驶前要检查蓄电池壳体有否裂纹，极板是否提起，电解质是否渗漏，电解液比重是否合适。

四 起重机械

石油工程施工作业使用的起重机械主要有塔式起重机、升降机、流动式起重机、桥式起重机、门式起重机、门座式起重机、缆索式起重机、桅杆式起重机、机械式停车设备等。

（一）登记建档

（1）根据《特种设备安全监察条例》规定，新安装的起重机械在投入使用前或投入使用后30日内，使用单位应当向所在地的特种设备安全监督管理部门办理使用登记，取得使用登记证书。登记时需提供设备的技术资料、检验报告等相关文件。

（2）使用单位应对每台起重机械建立技术档案，档案应包括设备的设计文件、制造单位、产品质量合格证明、安装及使用维护说明、监督检验证明、定期检验报告、日常使用状况记录、事故记录等。

（二）建立制度

使用单位应建立健全特种设备安全管理制度，包括但不限于安全管理机构设置、安全管理人员配备、操作人员培训考核、日常维护保养、定期自行检查、应急救援预案及演练等。

制定详细的作业指导书，明确操作规程，确保操作人员了解设备性能、安全操作方法及紧急情况下的应对措施。

（三）检测要求

起重机械的检测应依据国家和地方的相关标准和法规，如DGJ32/J65—2015（针对塔式起重机的安装质量检验规程）以及其他特定类型的起重机械标准。

1. 检测周期

（1）塔式起重机、升降机、流动式起重机：通常每年检验1次。

（2）桥式起重机、门式起重机、门座式起重机、缆索式起重机、桅杆式起重机、机械式停车设备每2年检验1次。如果涉及吊运熔融金属或炽热金属的起重机，则需要每年检验1次。

（3）对于其他轻小型起重设备，以及一些特定情况下的起重机，如轮胎式集装箱门式起重机，周期可能会有所不同，需参照具体的安全技术规范执行。

（4）其他要求：

使用单位应当在定期检验有效期届满1个月前，向检验检测机构提出定期检验申请。对于流动作业的起重机械异地使用的情况，使用单位也应按照检验周期要求向使用所在地的检验检测机构申请定期检验，并将检验结果报给登记部门。此外，还有日常、周、月度的维护检查要求，例如日检由司机负责清洁、润滑和基本的安全检查；周检加入外观检查和安全装置的测试；月检则更进一步，涉及动力系统、起升机构等的状态检测和零部件更换。

2. 检测方式及内容

起重机械的检测检验是一项重要的安全维护工作，旨在确保设备正常运行并符合安全标准，预防事故的发生。检测检验主要包括以下几个方面：

1）感官检查

检验人员通过视觉、听觉、嗅觉、询问和触觉（看、听、嗅、问、摸）对起重机械进行全面的直观诊断。检查内容涵盖吊钩、钢丝绳、制动器、卷筒、滑轮、吊具、电气系统、液压系统等关键部件的外观状态、磨损程度、损伤迹象以及安装正确性。

2）金属结构检查

检查起重机械的主要受力构件（如主梁、端梁）是否有变形，焊缝是否有裂缝，连接部位（螺栓、销轴）是否松动或损坏。

3）电气与控制及液压系统检查

验证电气系统的绝缘性能、线路布置、控制器功能是否正常，以及紧急停止按钮等安全保护装置的有效性。液压元件无泄漏，压力正常，油质清洁，系统运行平稳。

4）性能测试

静载测试：在无运动状态下，逐步加载至额定载荷，检查机械的承载能力和稳定性。

动载测试：模拟实际工作条件，进行起升、移动、回转等操作，评估机械的运行性能和安全性。

5）安全防护装置检查与文档审核

所有安全装置（如限位开关、超载限制器、缓冲器等）功能正常，有效防止操作失误或超载引发的事故。

6）文档审核

审查设备的技术文件、作业环境、安装与使用说明、维护记录以及历次检验报告，确认设备合规且维护得当。

（四）使用要求

1. 载荷限制与地基要求

单台起重机吊装的计算载荷应小于其额定载荷，确保不超过安全工作极限，以防止超载引发事故。起重机吊装站立位置的地基承载力应满足使用要求，确保地面能够承受起重机作业时产生的压力，避免地面塌陷或倾斜。

2. 安全距离要求

吊臂与设备外部附件之间应保持至少500mm的安全距离，以防碰撞。起重机、被吊装设备与周围设施之间也应保持至少500mm的安全距离，确保作业过程中不会触及障碍物。

3. 分类与适用性

在选择和使用起重机械时，应考虑其分类（如轻小型起重设备、桥架型起重机、臂架型起重机、缆索型起重机等）及适用范围，确保所选设备适合特定的作业环境和任务需求。

4. 操作要求

（1）操作人员必须经过专业培训并持证上岗，熟悉设备的操作规程和安全规定。

（2）在起吊前进行试吊，确认制动器、限位器等安全装置功能正常。

（3）定期对起重机械进行维护保养和安全检查，及时发现并解决潜在的安全隐患。

（4）作业时应有明确的信号系统或专人指挥，确保吊装过程中的沟通顺畅无误。

五 监督要点

（1）特种设备操作规程与现场设备一致，相关管理人员、操作人员定期进行学习。

（2）特种设备检测在有效期内，有注册使用登记证，建立特种设备登记台账。

（3）特种设备操作人员持证上岗，能够排查问题隐患，熟练操作有关设备。

（4）安全附件完好、有效，按要求进行检测，安装位置和数量符合要求。

（5）仪器仪表等计量器具按要求进行检测、校验，建立计量器具登记台账，安装位置应便于观察、避开朝向人员通道。

（6）特种设备纳入设备完整性管理，按要求开展HSE检查，检查发现问题闭环管理。

第六节　井控及硫化氢防护

随着油气勘探开发技术进步，勘探开发领域不断延伸，石油天然气井工程施工难度越来越大，井控风险越来越高，井控技术、井控管理工作面临巨大挑战。

一 井控技术

（一）基本概念

1. 井控术语

井控：是指油气勘探开发全过程油气井、注水（气）井的控制与管理，包括钻井、测井、录井、测试、注水（气）、井下作业、正常生产井管理和报废井弃置处理等各生产环节。

井侵：是指当地层孔隙压力大于井底压力时，地层孔隙中的流体（油、气、水）侵入井内的现象。

溢流：是指井侵发生后，井口返出的钻井液量大于泵入液量或停泵后井口钻井液自动外溢的现象。

井涌：是指溢流进一步发展，钻井液涌出井口的现象。

井喷：是指地层流体（油、气、水）无控制地流入井内并喷出地面的现象。

井喷失控：是指井喷发生后，无法用常规方法控制井口而出现敞喷的现象。

井控分级：根据井控内容和控制地层压力程度不同，井控作业通常分为三级，即一级井控、二级井控和三级井控。一级井控是指正常钻进和钻进高压油气层时，利用井内钻井液柱压力控制地层压力的方法；二级井控是指溢流或井喷发生后，通过实施关井与压井，重新建立井内压力平衡的工艺技术；三级井控是指井喷失控后，重新恢复对井口控制的井控技术。

"三高"井：一般是指具有高压（地层压力大于70MPa）、高产（天然气产量大于$100 \times 10^4 m^3/d$）、高含H_2S（地层中H_2S含量大于1000ppm）特征的井。

2. 硫化氢知识

硫化氢的特征：硫化氢具有剧毒、无色、臭鸡蛋气味、低沸点、比空气重、易燃烧的特性。还具有爆炸性，腐蚀性，可溶于水，易驱散等特征。

硫化氢的爆炸极限：硫化氢气体与空气混合后能够造成爆炸的体积分数范围称为硫化氢的爆炸极限。硫化氢的爆炸极限为4.3%～46%。

硫化氢的燃烧特性：硫化氢能在空气中燃烧时，呈蓝色火焰并产生二氧化硫气体。空气不足或温度较低时燃烧生成游离态的硫和水，但燃烧后可以降低H_2S的毒性，因此在硫化氢失去控制时可采取燃烧的方式。例如在发生井喷时，含有H_2S井放喷时一定要点火。

硫化氢阈限值：几乎所有工作人员长期暴露都不会产生不利影响的某种有毒物质在空气中的最大浓度。硫化氢的阈限值为15mg/m³（10ppm）。

硫化氢安全临界浓度：工作人员在露天安全工作可接受的硫化氢最高体积浓度。硫化氢的安全临界浓度为30mg/m³（20ppm）。

硫化氢危险临界浓度：达到此体积浓度时，对生命和健康会产生不可逆转的或延迟性的影响。硫化氢的危险临界浓度为150mg/m³（100ppm）。

3. 压力

井底压力：是指地面和井内各种压力作用在井底的总和。

地层压力：是指地层孔隙中流体所具有的压力，也称地层孔隙压力。

井底压差：是指井底压力与地层压力之间的差值。

地层破裂压力：又称地层强度，是指使地层中原有的裂缝扩大延伸或无裂缝的地层产生裂缝的最小压力。

立管压力（立压）：是指开泵循环时立管处的压力或关井井内压力达到平衡时的立管压

力值。

关井套压：是指关井后井内压力达到平衡时的套管压力值。其大小受溢流量、钻井液密度、地层压力等因素的影响。

波动压力：是指由于井内钻具或流体上下运动而引起井底压力增加或减少的压力值。波动压力包括激动压力和抽汲压力。抽汲压力是指上提管柱时，由于钻井液的运动引起的井内压力瞬时降低值；激动压力是指由于下钻或钻井泵启动速率过快，引起的井内压力瞬时增加值。

圈闭压力：是指在油气勘探和开发过程中，当地质圈闭（如由不透水的岩层或构造形成的封闭空间）内部聚集了地下水、油气等流体时，这些流体因为体积膨胀或地质构造作用而在圈闭内部形成的一种超平衡压力状态。具体来说，它是在立管压力表或套管压力表上记录到的超过正常平衡地层压力的压力值，通常在实施关井操作后测量得到。

（二）井喷的原因

通过归纳分析国内石油钻井史各油气田发生的井喷案例，总结出原因主要包括以下几个方面。

1. 安全意识淡薄或无安全意识，只注重生产，忽视了安全

（1）部分人员的安全意识淡薄，只考虑成本和效益，忽视了安全生产投入、设备配套、操作规范的基本要求。

（2）施工队伍突增，人员更替频繁，素质良莠不齐，现场操作水平较低，有待于提高和改进。

（3）施工队伍的市场准入制度管理较为混乱，还有为数不少的队伍不具备市场准入条件。

2. 井控设计不到位或现场执行设计不到位

（1）井身结构设计不合理，尤其是探井的设计，如套管下深、层次、抗内压的设计。

（2）在同一个裸眼地层有两个或两个以上压力相差悬殊的压力层系存在。

（3）片面地强调油气层保护，造成钻井液附加密度过低，无法保证钻井所有工况的井底压力平衡要求（尤其是高压高产井、含硫化氢的井）。

（4）对浅气层的危害性缺乏足够的认识。

（5）地质设计未能提供准确的地层孔隙压力资料，造成使用的钻井液密度低于地层孔隙压力。

3. 现场配套标准不高，不能满足井控管理要求

（1）内防喷工具的配套不齐全。

（2）自动灌浆计量报警装置的配套较低。

（3）有效的点火装置的配套及操作未达到要求。

（4）现行标准、细则的条款较笼统，现场难以执行和实施。

4．现场安装不标准、日常维护不到位，因操作、设备施工或压井过程中设备故障导致压井失败

（1）放喷管线、钻井液回收管线、内控管线各部位的连接不是螺纹与标准法兰连接，而是现场低质量的焊接。

（2）连接管线的尺寸、壁厚、钢级不符合要求。

（3）弯头不是专用的铸钢件或弯头小于120°。

（4）放喷管线不用水泥基墩固定或是虽然固定了但间隔太远。

（5）放喷管线没有接出井场，管线长度不够。

（6）防喷器及节流管汇各部件没有按规定的标准试压，或两次试压间隔太长，或各部件的阀门出现问题最多，有的打不开，有的关不上，有的刺漏。

（7）防喷器不安装手动操动杆或操作不灵活，甚至转不动。

（8）井口套管箍上面的双公升高短节丝扣不规范，造成刺漏。

（9）防喷器与井口安装不正、关井时闸板推不严，造成刺漏。

（10）防喷器橡胶件老化，不能承受额定压力。

（11）控制系统储能器至防喷器的液压油管线安装不规范，漏油。

（12）空井时间过长，又无人观察井口。

（13）钻遇漏失层段发生井漏未能及时处理或处理措施不当。

（14）相邻注水井不停注或减压。

（15）钻井液中混油不均匀，造成液柱压力低于地层孔隙压力。

（16）起钻过程中未灌或未及时灌满井液或未及时核对灌入量。

5．因地层因素、操作不当或其他异常原因导致井底压力低于地层压导致溢流

（1）地层压力异常。以比较低的钻井液密度打开高压层，导致溢流的发生。

（2）钻井液密度过低。不论哪种原因导致的钻井液密度偏低，只要当量钻井液密度低于地层压力当量密度时就会发生溢流。

（3）钻井液漏失。井漏有可能会导致环空液面下降，随着环空液面的下降井底压力就会降低，一旦井底压力小于地层压力将会导致溢流的发生。

（4）起钻未灌满钻井液。起钻过程中如果没有及时灌满井眼，环空液面将会下降，作用于井底的静液压力将会随之降低。当井底压力低于地层压力时，溢流就会发生。

（5）过大的抽吸压力。起钻过程中会产生抽吸压力，而抽吸压力会导致井底压力降低，当抽吸压力超过作用于地层的过平衡量时地层流体将会在负压差的作用下进入井眼导致井涌。

（6）其他原因。除此之外还有其他一些情况也会造成井底压力小于地层压力，例如中途测试控制不好、未能处理好气侵钻井液、射孔后出现负压、水泥浆失重等。

（三）井喷的危害

在石油天然气勘探开发过程中，地层流体（油、气、水）一旦失去控制进入井内，就会导致井喷或井喷失控。天然气井，尤其是含硫化氢的天然气井井喷过程中，如果处理方法和措施不当，极易引起井喷失控着火、爆炸等灾难性事故。井喷失控的危害可概括为以下几个方面。

（1）打乱全面的正常工作秩序，影响全局生产。

（2）使钻井事故复杂化。

（3）井喷失控极易引起火灾和地层塌陷，影响周围千家万户的生命安全，造成环境污染，影响农田水利、渔场、牧场、林场建设。

（4）伤害油气层、破坏地下油气资源。

（5）造成机毁人亡和油气井报废，带来巨大的经济损失。

（6）涉及面广，在国际、国内造成不良的社会影响。

（四）溢流检测及预防

1. 溢流预兆

钻井中发生溢流将会出现一些异常预兆，及时发现这些预兆是井控技术的关键环节。利用这些预兆可以对溢流进行判断和检测，从而采取控制措施。需要辨别哪些是溢流的可能预兆，哪些是溢流的可靠预兆。溢流预兆（显示）与检测主要有以下方法。

（1）机械钻速增加。在钻进的过程中一旦出现快钻时有可能是溢流最初期的表现。

（2）后效增加。后效增加可能是由于过大的抽汲发生溢流，如后效持续，可认为是溢流。

（3）扭矩及起钻阻力增加。当在欠平衡状态下钻开某些页岩段时扭矩和起钻阻力增加，这是由于泥页岩的膨胀和坍塌时导致下钻下不到底的现象，这是地层压力升高的一个信号。

（4）钻井液性能变化。如果油、气侵入钻井液，钻井液的密度下降，黏度增加；盐水侵入钻井液则会使钻井液的密度、黏度下降。

（5）泵压变化。当溢流发生后由于环空钻井液受到污染密度下降，在钻杆内外密度差的作用下会发生泵压下降。

2. 溢流显示

（1）钻井液池液面上升。如果循环罐液面升高，在排除地面因素后就可以确定井内发生溢流。

（2）钻井液返出量增加。当溢流发生后由于地层流体随上返的钻井液一起返出井口，这时就会出现返出量大于泵入量的现象。

（3）起下钻灌浆量异常。一旦发生溢流就会出现起钻灌入量小于起出钻具排代体积，下钻返出量大于下入钻具排代体积的现象。

（4）停泵后井口外溢。停泵后钻井液仍从井口自动外溢的现象是溢流最可靠的预兆。

3. 溢流预防

1）起下钻作业

在钻井所有的工况中唯独起钻时的井底压力最低，在起钻过程中发生溢流的可能性最大，所以在起下钻过程中的溢流预防尤其重要。

（1）起钻前，钻井液至少循环一个循环周，达到没有井漏、没有油气水侵显示、进出口钻井液密度差不超过 $0.02g/cm^3$、油气上窜速度一般不超过 $10m/h$。

（2）起钻时，采用连续灌浆或间歇灌液，间歇灌浆每起 3 柱钻杆就要灌满一次井眼，并校核灌入量，如果灌入量小于起出钻具体积应停止起钻，进行溢流检测，发现溢流立刻关井。

（3）起钻时，控制起钻速度。尽量控制起钻抽吸压力在允许范围之内，钻头在油气层中和油气层顶部以上 300m 井段内起钻速度不得超过 0.5m/s。

（4）如中间停止起钻，安装钻具安全阀（旋塞阀）并关闭，起钻完后应通过灌液罐进行循环以确保井眼充满。

（5）下钻时用灌液罐监测返出的钻井液量，一旦发现返出量异常，应立即采取有效措施。

（6）下钻时，应根据井眼状况、钻井液性能情况、下入钻柱长度决定中途开泵次数。一般裸眼井段分次开泵顶通再下，应避开井壁不稳定井段。对于已下入技术套管的井，在钻柱进入裸眼段之前开泵循环。开泵前应充分灌满钻具内，并排出空气防止把大量气体压入井内，如果安装钻杆回压阀，每下 10~15 根钻杆应灌满钻杆内一次。

（7）起下钻过程中，按井控管理要求进行坐岗和防喷演习。

2）钻进作业

（1）钻进时，应严格设计施工，注意机械钻速、泵压、扭矩及钻井液性能变化，发现溢流征兆及时进行检测和采取有效措施。

（2）自二开开始，每次开钻钻开第一个沙层做地层破裂压力实验，记录泵入量和相对应的立管压力值，确定地层破裂压力，计算最大允许初始关井套压。

（3）做好随钻地层压力监测并相应调整钻井液密度，进入油气层前要做破裂压力实验。

（4）及时处理井漏等复杂问题。

3）钻开油气层

（1）重点井钻开主要目的层前，要组织钻井安全现状重大风险评估，基层队要落实评估建议和评审意见，控制井控风险。

（2）安装防喷器之后，储备足够的加重钻井液和加重材料、堵漏剂，含硫化氢的井还要储备除硫剂等，并对储备加重钻井液定期循环处理。

（3）钻井队现场要配备与防喷器闸板尺寸一致且能有效使用的防喷单根，使用顶驱应配备防喷立柱。

（4）指定专人按要求检查邻近注水（气）井停注、泄压情况。

（5）进入油气层前50～100m，要按下部井段最高钻井液密度值，对裸眼地层进行承压测试，承压能力不能满足安全钻开产层要求时，要采取措施提高地层承压或调整井身结构才能钻开产层。

（6）钻开油气层后，基层队应规范安装风向标、通风设备及固定式检测报警系统，配备便携式气体监测仪、正压式空气呼吸器、充气机、报警装置、备用气瓶等。发生溢流、刺漏

（7）每只钻头入井钻进前及每天钻进前，都要以正常排量的1/3～1/2测低泵速循环压力，并做好泵冲数、排量、泵压记录，当钻井液性能或钻具组合发生较大变化及进尺超过150m之后应及时补测。

4）其他作业

（1）电测前井内情况应正常、稳定；若电测时间长，中途通井循环再电测。

（2）下套管作业前，应更换与套管外径一致的防喷器闸板胶芯并试压合格。实施悬挂固井时，如悬挂段长度不足井深1/3，可采用由过渡接头和止回阀组成的防喷单根。使用无接箍套管时，应配备防喷单根。

（3）中途测试和先期完成井，在进行作业以前观察一个作业期时间；起下钻杆或油管应在井口装置符合安装、试压要求的前提下进行。

（五）硫化氢防控

（1）区域探井、高压及含硫油气井施工，从技术套管固井后至完井，均应安装剪切闸板。

（2）钻井队应按标准及设计配备便携式气体监测仪、正压式空气呼吸器、充气机、报警装置、备用气瓶等，并按标准安装固定式检测报警系统。

（3）"三高"油气井应确保3种有效点火方式，其中包括一套电子式自动点火装置。

（4）高含H_2S油气井钻开产层前，应组织井口500m内居民进行应急疏散演练，并撤离放喷口100m内居民。

（5）钻台应备好与防喷器闸板尺寸一致且能有效使用的防喷单根；"三高"油气井应对全套井控装置进行试压，并对防喷器液缸、闸板、控制部分作可靠性检查；对含硫油气井连续使用超过3个月，一般油气井连续使用超过12个月的闸板胶芯应予以更换。

（6）在含硫油气层钻进，泥浆中应提前加入足量除硫剂，并保证pH值不小于9.5。

（7）钻井施工均应实行干部24h值班制度。开发井从钻开产层前100m，探井从安装防喷器到完井期间，均应有干部带班作业。"三高"区域进行试油（气）作业，应有干部带班作业。

（8）基层队伍应按正常钻井、起下钻杆、起下钻铤和空井四种工况进行常规井演习且

每班每月每种工况不少于1次，钻开油气层前需另行组织1次；高含H_2S井演习应包含H_2S防护内容，钻开含H_2S油气层100m前应按预案程序组织1次H_2S防护全员井控演习。演习按照程序进行，并通知现场服务的其他专业人员参加。演习应做好记录，包括班组、时间、工况、经过、讲评、组织人和参加人等。

（9）含H_2S油气井钻至油气层前100m，应将可能钻遇H_2S层位的时间、危害、安全事项、撤离程序等告知1.5km范围内的人员和当地政府主管部门及村组负责人。

（10）防喷器组检验维修后，应按井场连接形式组装后进行低压和额定工作压力试压；用于"三高"气井的防喷器组应进行等压气密检验。

（11）承钻"三高"气井，最后一次钻开主要油气层前的开钻检查验收，应经施工企业自行组织检查验收合格后，再由甲方组织正式开钻检查验收。开钻检查验收应由企业副总师以上领导带队，工程、生产、设备、安全、环保等部门人员参加。

（12）钻开第一套油气层100m前，施工企业在自检合格的基础上向业主企业提出钻开油气层申请，经检查验收合格并获批准后方可钻开油气层；"三高"气井获准1个月未钻开，须重新组织检查验收。若包括多个差异较大的主要油气层，则每钻开1层须检查验收1次。

（13）"三高"气井钻开主要气层的检查验收，由油田企业副总师以上领导带队，工程、设备、安全、环保等管理部门人员参加。

（14）所有钻井作业甲方应派出现场监督人员。"三高"油气井、预探井和其他重点井应实行驻井监督工作制；一般开发井可实行"一般工序巡视监督，关键工序现场监督"工作制。现场监督人员除履行工程质量监督职责外，应同时负责监督井控和HSE工作。

（15）含H_2S油气井发生井喷失控，在人员生命受到严重威胁、撤离无望，且短时间内无法恢复井口控制时，应按照应急预案实施弃井点火。

（六）压井工艺

1. 关井

发现溢流立即关井，疑似溢流关井观察。发现溢流后迅速正确关井，是防止发生井喷的必要措施。施工过程中，发现溢流、井漏及油气显示异常时，应立即报告当班司钻，做到溢流量$1m^3$发现、$2m^3$关井。

1）关井原则

（1）关井要及时、果断。发现溢流后关井越早、越快，溢流量就越小，从而可以最大限度地减少静液压力的损失。

（2）关井套压不能超过最大允许关井套压。关井要确保地面设备、套管的安全和地层不被压裂。

2）关井方法

硬关井：硬关井是指关防喷器时，节流管汇处于关闭状态的关井方法。其优点是动作少，关井速度快，但硬关井时由于液流通道突然关闭，井内流体会在惯性作用下冲击井口产生"水击效应"。

软关井：软关井是指先开通节流管汇再关防喷器，最后关节流管汇的关井方法。虽然软关井的操作动作多、速度慢，会有更多的地层流体进入井内，但在实施过程中可以最大限度地减少流体对井口产生的"水击效应"，还可在关井过程中实现试关井。

2. 压井

1）常规压井

常规压井是一种保持井底压力不变而排出井内井侵钻井液的方法，主要有司钻法、工程师法及边循环边加重法等方法，以为司钻法例，压井流程如下：

（1）根据关井求压情况计算压井所需数据。

（2）用原钻井液循环排除溢流。

（3）用加重钻井液压井，重建井内压力平衡。

2）非常规压井法

非常规压井由于油气井或井涌流体的特殊性，如钻头不在井底、井漏、钻柱堵塞或空井等，采用特殊的压井方法。主要有体积控制法压井、平推法压井及置换法压井等方法。以平推压井为例，主要流程如下：

（1）关井，确定立管压力。若通过套管进行挤压，则确定套管压力。

（2）开泵，当泵压超过易漏地层压力时，井中流体开始进入地层中。

（3）停泵，观察套压是否归零，监测环空液面高度。

（4）开井，活动钻具如果有立压则平推继续压井。

3）注意事项

（1）节流压井打开节流阀时，精细控制泥浆泵和节流阀的启动，尽力维持原关井套压不变，随着泵速的增加逐渐开大节流阀，当泵速达到压井泵速时，使立管压力正好等于初始循环立管总压力。

（2）节流压井过程中，套压不能高于最大关井套压。一旦接近最大关井套压，要采取开大节流阀泄压方式确保安全。

（3）井涌时出现酸性气体，可采取钻杆和压井管汇同时将钻井液泵压入井，将酸性气体压回地层，同时提高压井液的pH值，确保钻具和人员安全。

（4）平推法压井作业前，必须确定地面泵压的限额，既要把地层流体顶回地层，又要防止压漏地层。

二　井控设备

井控设备是对油气井实施压力控制的关键手段，是实现安全钻井的可靠保证，是钻井设备中必不可少的装备。

（一）功能与作用

监测、报警：通过对油气井检测和报警，及时发现井喷预兆，尽快采取控制措施。

防止井喷：保持井底压力始终略大于地层压力，防止溢流及井喷条件的形成。

控制井喷：溢流或井喷发生后，迅速关井控制井口并排除溢流，重新建立压力平衡。

处理复杂情况：在油气井失控的情况下，进行灭火抢险等处理作业。

（二）配套与组成

井口装置：主要包括液压防喷器组、套管头、钻井四通、转换法兰等。

防喷器控制系统：主要包括司钻控制台、远程控制台、辅助遥控台等。

井控管汇：主要包括节流管汇、压井管汇、防喷管线、放喷管线、注水及灭火管线、反循环管线、点火装置等。

钻具内防喷工具：要包括钻具止回阀、旋塞阀、旁通阀等。

井控仪器仪表：主要包括循环罐液面监测报警仪、返出流量监测报警仪、有毒有害及易燃易爆气体检测报警仪、密度监测报警仪、返出温度监测报警仪、井筒液面监测报警仪、泵冲等参数监测报警仪等。

钻井液加重、除气、灌注设备：主要包括钻井液加重设备、液气分离器、真空除气器、起钻自动灌液装置等。

特殊井控设备：主要包括强行起下钻装置、旋转防喷器、灭火设备、拆装井口设备及工具等。

（三）关键井控装备

1. 环形防喷器

1）组成

环形防喷器主要由顶盖、壳体、胶芯、活塞等组成。现场常用环形防喷器的类型按其密封胶芯的形状可分为锥形环形防喷器、球形环形防喷器和组合胶芯形环形防喷器。

2）功用

（1）当井内无管柱时能全封闭井口，即封零。

（2）当井内有管柱时可封闭管柱与井眼所形成的环形空间。在钻进、取芯、下套管、测井、完井等作业过程中发生溢流或井喷时，能有效封闭方钻杆、钻杆、钻杆接头、钻铤、取心工具、套管、电缆、油管等工具与井筒所形成的环形空间。

（3）不压井（强行）起下钻作业在使用控制装置关闭环形防喷器的情况下，能通过18°台肩的对焊钻杆接头，进行强行起下钻作业。

2. 闸板防喷器

1）组成

闸板防喷器主要由本体、侧门、液缸、活塞、闸板轴、锁紧轴、连接法兰、液缸头、闸板等部件组成。其中闸板有单面闸板与双面闸板以及组合闸板、变径闸板、剪切闸板等。

2）功用

（1）当井内有管柱时，相应尺寸的半封闸板能封闭套管与管柱间的环行空间。

（2）当井内无管柱时，全封闸板能全封闭井口。

（3）变径闸板可封闭一定范围的不同规格管柱与套管之间的环空。

（4）剪切闸板，可切断钻具达到封井目的。

（5）在特殊情况下，可通过防喷器壳体侧出口可连接管线用以替代钻井四通进行钻井液循环、节流放喷、压井等特殊作业。

3. 井控管汇

1）组成

井控管汇主要包括节流管汇、压井管汇。主要由节流阀、平板阀、五通、汇流管、缓冲短接和压力表等组成，液动节流管汇还配有节流控制箱、阀位变送器、气动或液动压力变送器等。

2）功用

（1）节流管汇功用

①通过节流阀的节流作用实施压井作业，替换出井里被污染的钻井液，同时控制井口套管压力与立管压力，恢复钻井液柱对井底压力的压力控制，制止溢流。

②通过节流阀的泄压作用，降低井口压力，实现"软关井"。

③通过放喷阀的大量泄流作用，降低井口套管压力，保护井口防喷器组。

（2）压井管汇功用

①当用全封闸板全封井口时，通过压井管汇往井筒里强行顶入重钻井液，实施压井作业。

②当已经发生井喷时，通过压井管汇往井筒里强注清水，以防燃烧起火。

③当已井喷着火时，通过压井管汇往井筒里强注灭火剂，以助灭火。

4. 远程控制台

1）组成

远程控制台由底座、油箱、泵组、储能器组、管汇、各种阀件、仪表及电控箱等组成。

2）功用

预先制备与储存足量的压力油并控制压力油的流量，使防喷器得以迅速开关。当液压油由于使用消耗，油量减少，油压降低到一定程度时，控制装置将自动补充储油量，使液压油始终保持在一定的高压范围内。

5. 内防喷工具

1）组成

常用的内防喷工具有方钻杆旋塞阀、钻具止回阀、旁通阀等。

2）功用

在钻井中发生溢流或井喷时，钻具内防喷工具能防止钻井液沿钻柱水眼向上喷出，保证水龙带及其他装置不因高压而憋坏。

6. 液气分离器

1）组成

主要包括气体分离器本体、进液管、排液管及排气管等。

2）功用

将井内返出的气侵钻井液中的游离气进行初级脱气处理的专用装备，与节流管汇配套使用。经分离后的钻井液还需经过振动筛分散、除气器真空除气等进一步分离，以达到恢复钻井液原始密度、重新平衡地层压力的目的。

（四）检查维保

1. 日常检查

（1）检查环形防喷器、储能器及管汇的压力情况，油箱的容量、液面、储能器的预充压力是否符合要求。

（2）检查防喷器组的情况，包括自封头、管线、环形防喷器、半封闸板防喷器、全封闸板防喷器的规格，开关位置，测试压力（高/低），关闭所需的油量，关闭所需的时间。

（3）检查防喷器配套装置，包括液控阀、放喷阀、节流管汇、压井管汇、旋塞阀、管住内防喷器以及循环头等。

（4）检查储能器的压力和液量。储能器的容量应大于关闭防喷器组中全部防喷器所需液量的1.5倍。

（5）检查启动储能器的电泵或气泵确保工作正常。

2. 维护保养

（1）每天打开分水滤气器下端的放水阀将污水放掉。每2周取下过滤杯与存水杯清洗一次。

（2）每天检查油雾器杯中的液面一次，及时补充与更换润滑。

（3）定期检查储能器预充氮气的压力，氮气压力不足6.3MPa时应及时补充。

（4）随时检查油箱液面，定期打开油箱底部的丝堵放水。

（5）定期检查电动油泵、气动油泵或手动油泵的密封盘根，盘根损坏时应予更换。

（6）防喷器控制装置润滑。每周用油枪向转阀空气缸的2个油嘴加注适量润滑脂一次。每周检查一次油雾器的润滑油，不足时应补充适量。每月检查一次电动油泵曲轴箱润滑油液位，不足时补充适量。每月拆下链条护罩一次，检查润滑油情况，不足时补充适量。

三　基层井控管理

（一）成立井控领导小组

成立以基层队队长（负责人）为组长的井控工作领导小组，明确制定井控管理责任，负责日常井控管理，每月开展井控工作检查和召开井控工作例会。记录及签字齐全。

（二）持证上岗

基层队领导、工程师、大班人员和相关岗位操作人员应接受井控技术和硫化氢防护技术培训，取得"井控培训合格证"和"硫化氢防护技术培训证书"。基层队人员证件齐全、有效。

（三）井控和硫化氢防护演习

（1）基层队根据施工情况，定期组织现场作业人员开展井控和硫化氢防护演习。钻井井控演习分为正常钻进、起下钻杆、起下钻铤和空井4种工况。每班每月各工况演习不少于1次；试油（气）与井下作业井控演习分为射孔、起下管柱、诱喷求产、拆换井口、空井等5种工况。每井每月各工况演习不少于1次。

（2）在高含硫化氢井，钻开含硫化氢油气层100m或射开油气层前，钻井或井下作业队组织硫化氢防护全员演习1次，钻至油气层前100m将可能钻遇硫化氢层位的时间、危害、安全事项、撤离程序等告知500m范围内的人员和当地政府主管部门及村组负责人。

（3）防井喷、防硫化氢演习频次达到要求，演练程序正确，时间符合要求。

（四）井控装置安装、调试及试压

（1）井控设备应按设计要求配置，井控设备变更应履行变更管理程序。

（2）井控装置现场安装完毕或更换部件后，按要求进行调试和试压，填写调试、试压记录。其中"三高"气井不应使用变径闸板防喷器，并由有资质队伍进行试压。

（3）井控装置安装后，钻井队做好井控装备日常检验维护，填写设备检查保养记录。

（4）各类硫化氢检测仪、可燃气体检测仪、大功率声光报警器等气防器具，现场安装后应进行可靠性检测达标方可使用。

（五）开钻（开工）验收

钻井各开次开钻，试油（气）、井下作业、大型压裂、带压作业开工前，开工开展验收时，对井控装置进行检查验收，检查验收合格方可下达"开钻（开工）批准书"，同意开钻

（开工）。

（六）钻（射）开油气层

钻开第一套油气层100m前，基层队应在自检合格的基础上，向甲方单位提出钻开油气层申请，经检查验收合格、获批准后方可钻开油气层。

（七）井控坐岗

（1）开发井从钻开油气层前100m、探井从安装防喷器到完井。

（2）钻井、钻井液及录井专人坐岗，观察溢流显示和循环池液面变化，定时将观察情况记录于"坐岗记录表"中，坐岗记录时间间隔不大于15min，溢流井漏应加密监测。

（3）发现溢流、井漏及油气显示等异常情况立即报告司钻。

（4）试油（气）（含射孔）和井下作业施工应安排专人观察井口，发生溢流立即上报。

（5）现场坐岗记录真实，记录正确完整齐全。

（八）干部值带班

（1）开发井从钻开产层前100m，探井从安装防喷器到完井期间要24h干部值班，每班干部带班作业。

（2）值班干部职责明确、有值班记录。

📑 本章要点 ·

1 机械使用过程中的危险一般来自设备和工具本身，以及原材料、工艺技术、不规范的操作和不良环境等方面；危害部位包括转动部位、直线运动部位，以及同时进行转动和直线运动的部位；安全技术措施包括本质安全设计、安全防护和安全信息的使用等。

2 触电防护技术主要有屏蔽防护、安全间距、特低电压、保护接地、保护接零、漏电保护等；电气火灾预防手段主要有防止发生短路、防止过负荷、避免接触不良、保持防火间距、加强通风散热等。电气安全常见隐患有电路过载、电线老化与破损、裸露带电部分、电气设备故障、不合规电气改造、私拉乱接、漏电保护器失效、个体防护不当等。

3 物质燃烧的必要条件包括可燃物、氧化物（助燃物）、热源和未受到抑制的链式反应。爆炸可分为物理爆炸、化学爆炸和核爆炸。防火防爆主要技术包括阻火及隔爆技和防爆泄压技术。

4 危险物品是指危险化学品、放射性物品、民用爆炸物品等容易危及人身安全和财产安全的物品。其中危险化学品包括天然气、原油、柴油等，放射源从高到低分为Ⅰ类、Ⅱ类、Ⅲ类、Ⅳ类、Ⅴ类，民用爆炸物品包括炸药、雷管、射孔弹等。

5 特种设备是指对人身和财产安全有较大危险性的锅炉、压力容器（含气瓶）、压力管道、电梯、起重机械、客运索道、大型游乐设施、场（厂）内专用机动车辆等。使用单位应建立健全使用安全管理制度，落实检测检验、注册登记、专人负责、执证上岗、维护保养等使用安全责任制，保证特种设备安全运行。

6 井控及硫化氢防护包括井控技术、装备及现场管理内容，井控技术包括地层压力预测、合理钻井液密度设计、地层压力控制与监测及压井工艺等；井控装备包括井口装置、防喷器控制系统、井控管汇、钻具内防喷工具、井控仪器仪表、钻井液加重、除气、灌注设备及特殊井控设备；现场管理主要包括井控领导小组、持证上岗、井控和硫化氢防护演习、井控装置安装、调试及试压、开钻（开工）验收、钻（射）开油气层、井控坐岗及干部值带班等制度。

章节思维导图
及本章要点

第五章 地球物理勘探

地球物理勘探简称物探，是指通过研究和观测各种地球物理场的变化来探测地层岩性、地质构造等地质条件，是钻探前勘测石油、天然气资源、固体资源地质找矿的重要手段，具有施工区域广、作业流动性大、人员投入多、野外作业风险高的特点，本章节围绕地球物理勘探中测量、钻井、涉爆、采集作业四大工序以及陆上、海上施工关键装备和要害部位，介绍主要风险及HSE监督要点，以实现对作业现场的安全管控，达到安全施工目的。

第一节 重点施工工序

一 测量作业

（一）主要风险

车辆伤害风险：驾乘人员未系安全带；三超（超员、超速、超载）一疲劳；车辆带病行驶；道路周边作业未警戒或未穿反光标志服。

其他风险（淹溺）：未穿戴救生衣；未2人以上协同作业；水上作业船只超重超载；作业中身体重心偏移到船舷外；冰上作业未检查冰面厚度；未系安全绳。

中毒与窒息风险：密闭（半封闭）场所明火取暖；穿越未知密闭空间；长时间密闭车内休息。

高处坠落风险：临边、高处作业未采取防护措施。

健康伤害风险：高温、低温、有毒有害作业环境；饮食不安全食材或水源受污染；超强度作业；夏季蛇虫叮咬；林区捕兽夹、电网伤害。

自然灾害风险：作业过程中突发泥石流、山体滑坡等自然灾害；未提前评估极端天气与地质灾害等因素。

（二）监督要点

1. 作业人员

（1）作业人员应身体健康，无职业禁忌，经培训考核合格上岗，并根据作业区域配备相应的劳保用品。

（2）沙漠、戈壁、山地、原始森林、溶洞发育地区等人烟稀少地区作业，应进行防迷失、洪水、泥石流、山体滑坡等专项应急知识和技能培训。

（3）穿越水域、悬崖、危险厂（区）、地质灾害易发区等高风险区域应成立专门作业小组，人员须参加专项安全培训和应急演练。

2. 设备设施

（1）车辆性能良好，适合工区特点，经验收合格，张贴验收标识。

（2）登山、涉水等区域作业，安全绳、登山鞋、登山杖、救生衣等安全防护工器具配备齐全有效。

（3）作业小组应配备急救包，同时根据季节、区域特点，配备相应的应急药品、饮用水及食品。

3. 施工作业

1）一般要求

（1）测量设备、工器具与乘员应分开运输，禁止人货混装。

（2）作业人员乘车应系好安全带，不能将身体任何部位伸出车外，不能向车外抛撒物品，禁止乘坐农用三轮车、摩托车等作为交通工具。

（3）架高天线应与输电线路保持安全距离。

（4）城镇、道路作业应穿反光标志服，专人监护。

（5）作业班组每天应召开班前班后会，做好"三查三交代"（三查：查工作着装、查精神状态、查个人安全用具；三交：交任务、交安全、交措施）。

2）特殊地形地貌作业

（1）山地、林区作业应做好防火、防洪汛、防泥石流、防雷击等工作，制定预防野兽、毒蛇、毒虫等袭击措施。

（2）沙漠戈壁、原始森林等人烟稀少地区作业，应配备必要的通信器材，并保持畅通。

（3）高原地区作业，人员应经针对性健康体检合格，并配备防寒、供氧、防高原反应、防紫外线等装备。

（4）沼泽地区作业，应配备救生衣、绳索及探深工具等，2人以上纵队协同作业，并安排专人监护。

（5）水域、冰面作业，应正确穿戴救生衣，使用救生圈或船只，2人以上协同作业，并安排专人监护，作业完成后及时撤离。

（6）溶洞发育区作业，应有2人以上协同作业，前后保持一定的安全距离。对有杂草等覆盖的区域，先用工具探路，发现危险坑洞，在现场做好标记，并告知其他作业人员，在草图上标注。

4. 其他

（1）现场绘制草图应将炮排线穿越的村庄、公路、铁路、电网、坟墓等地面障碍物，以及各类管网、隧道、井矿等地下障碍物进行详细标注。

（2）营地选址应远离沟壑、低洼处、高压线下、有毒有害气体下风方向、噪声、剧毒物、易燃易爆场所、地下油气管网、疫源地及野生动物栖息地，避开洪水、泥石流、滑坡等自然灾害区。

（3）因生产需要、交通限制、恶劣气候等因素影响，须在工区选择临时住宿点时，由网格负责人选址，将住宿点照片（至少包含房屋周边环境的远景、房屋结构的近景及屋内环境的内景照片）传给上一级网格长确认，报领导批准。

（4）恶劣天气应停止作业，雷雨天气不得在山顶、大树下、河边等区域停留，冰面或雪面等情况不明、安全措施不到位时不应作业。

（5）避开高温时段施工，采取防暑降温措施，户外温度超过40℃应停止作业。

二 钻井作业

（一）主要风险

机械伤害风险：钻机旋转部位未安装防护装置；未正确穿戴劳动防护用品；不停机检修；直接用手接触旋转部位等。

车辆伤害风险：驾乘人员未系安全带；三超（超员、超速、超载）一疲劳；车辆带病行驶；道路周边作业未警戒或未穿反光标志服；人货混装。

物体打击风险：钻井人员未佩戴安全帽；无关人员靠近钻机；钻机移点时未放平井架并锁牢；钻井平台固定不牢等。

火灾风险：林区违规动火、油料运输和使用；油桶、供油管与钻机、电瓶安全距离不足；未使用专用油桶；未清除排气管周边易燃物；未配置灭火器；违规运输散装油料。

触电风险：钻机井架触碰高压线；钻井打到地下电缆。

高处坠落风险：临边、高处作业未采取防护措施。

健康伤害风险：高温、低温、有毒有害作业环境；超强度作业；夏季蛇虫叮咬；林区捕兽夹、电网伤害；空气钻机、车载风钻未采取防尘降噪措施；风钻钻工未佩戴护目镜、耳塞等。

（二）监督要点

1. 作业人员

（1）作业人员应身体健康，无职业禁忌，经岗前培训考核合格，按规定穿戴工作服、劳保鞋、安全帽，风钻作业人员还需佩戴防尘口罩、耳塞、护目镜。

（2）操作风钻的司钻应经职业健康体检，无疑似职业病或职业禁忌。

（3）禁止单人作业，车载钻机驾驶员应持相应车型法定驾驶证。

（4）沙漠、戈壁、山地、原始森林、溶洞发育地区等区域作业，应进行防迷失、洪水、泥石流、山体滑坡等应急知识和技能培训。

2. 设备设施

（1）钻机投入使用前应验收合格，粘贴验收标识。车载钻机组、人台钻机组至少配备2具4kg干粉灭火器、1个急救包，药品配备与施工区域和季节相适应，并在有效期内。

（2）钻机的外露旋转部件应有防护装置，供油软管不应靠近热源及运转部件。各连接部位的连接件应安装牢固，操作手柄应灵活、定位准确。所有仪表应灵敏、可靠，初始读数应在规定范围内。

（3）人抬钻机的提引器、提引钩、钢丝绳、操作手柄、制动、传动轮安全防护装置或防护栏等完好。

（4）空气钻机的空压机、储气瓶、高压管路、安全阀应检查合格，安全阀应有检测合格证明并在有效期内。

（5）钻井现场应设置"穿戴劳保用品""请勿靠近""当心机械伤人""禁止烟火"等安全标识。

（6）应使用专用油桶（容量≤40L），单独搬运并禁止烟火，当天未用完的油料应妥善保管。

3. 钻井作业

1）车载钻机

（1）钻机岗位人员应分工明确，除司钻外不得操作钻机。

（2）作业前应核实钻井点位，起架前应对周围环境进行观察，发现与输电线路、铁路、公路、桥梁、堤坝、油气管线等安全距离不足时，应停止作业并上报。

（3）钻机应停稳打掩木，有防滑措施，钻机与水罐车≥3m。

（4）起落井架时应平稳，避免挂碰、撞击，钻机平台、井架及钻杆下滑方向不得站人，任何人员不应站立在钻机上；井架起升到位后，应固定锁紧，无法到位时，不应使用人力强拉硬拽。

（5）钻进过程中司钻禁止离开操作岗位，人员应在上风向，不得在空压机及高压管路处长时停留，无关人员与钻机距离应不小于1.5倍钻机塔高，最近距离≥8m。

（6）禁止直接用手调整钻头和钻杆。卡钻时，使用专用工具卸扣，禁止人机配合强行拆卸，更换钻杆时拧紧后方可提钻。

（7）钻机搬点时应放平井架并锁牢，收起支脚，搬点过程中应控制车速、保持车距，遇陡坎等危险路段下车观察，确认安全后通过。

（8）钻机驾驶室外、水罐上部禁止搭载人员，禁止水罐车在公路上放水。

（9）取水抽水作业应远离水面，破冰取水时防止落水、淹溺。

2）人抬钻机

（1）钻井场地应优选平整地面，合理规划以方便操作，斜坡钻井时，钻机与空压机应横向错位设置，设置井架高度1.5倍半径警戒区。

（2）供油箱（桶）与钻机或空压机、电瓶之间的距离应≥2m，有防晒、防倾倒措施。使用带呼吸阀专用供油嘴，禁止直接供油。

（3）钻井过程中，人员应站在上风向，不得在空压机及高压管路处长时停留，司钻不能离开操作岗位，不能交由其他人员操作。

（4）空气钻钻井应采取在井口安装防尘罩等措施控制粉尘。

（5）钻井过程中禁止手扶钻杆接头以及进行维修和保养。

（6）钻机搬运前，作业人员应提前探路、修路，途经道路不得有尖锐树桩等危险障碍。易垮塌路段禁止冒险通行。应拆卸分解钻机设备，合理分配搬迁重量，分组捆绑牢固。

（7）钻机斜坡搬运过程中，前后相互照应，呈"之"字形前进，途中休息，保持体力。

禁止两组人员同一路线、同时搬运。

（8）高陡地形搬运，采取拉吊方式，牵引绳和防护绳不能在同一位置固定，禁止人员在钻机下部推顶、托举。

3）手摇钻及礅钻

（1）搬运整理钻具时，应注意钻头位置，防止钻头处伤人。

（2）井位与障碍物安全距离不足时，应上报班长处理。

（3）取水时应在水罐车侧面，挑水应防止摔倒及腰部扭伤。

（4）钻井结束从井中提出钻杆时，应边提边卸，且钻杆下落方向不能站立人员。

4. 检维修作业

（1）钻机维修作业人员应佩戴安全帽，钻机运行过程中不得进行维修与保养，夜间维修应有良好的照明。

（2）拆解钻机零部件时，应确保被拆解部位稳固。需支撑车辆时，千斤顶垫垫木、车轮打掩木。

（3）禁止接触、擦洗、润滑、维修或跨越运转的零部件，禁止使用汽油擦拭设备、清洗零部件，检修气路管线前进行泄压。

（4）攀登井架维修作业，应确保立架锁牢，人员系安全带，要有安全防护措施。需要办理许可的，应按规定办理。

（5）钻机检维修、加油时，应有防渗防溢措施。维修产生的废机油、零配件等废弃物应集中存放，规范回收。

5. 其他

（1）作业班组每天应召开班前班后会，做好"三查三交代"（三查：查工作着装、查精神状态、查个人安全用具；三交代：交任务、交安全、交措施）。

（2）钻井完成后应恢复地表地貌，回填泥浆坑，现场无油污，生产生活垃圾回收统一处理。

（3）雷雨天气应放倒井架，停止作业，人员撤离至安全位置。避开高温时段施工，采取防暑降温措施，户外温度超过40℃应停止作业。

（4）组合井应远离陡坎边，洛阳铲钻井人员按同一方向作业。

（5）拖拉机钻、皮龙钻、三轮钻等其他类型钻井作业参照本要点执行。

（6）空气钻、车载钻在城镇、村庄等附近施工的，每月至少开展一次噪声监测。

三　涉爆作业

（一）主要风险

民用爆炸物品事件风险（民用爆炸物品意外爆炸）：未穿戴防静电劳保；使用烟火、射频器材或未释放静电；与高压线、射频设施、重要设施、危险场所安全距离不足；进入库区的车辆未关闭防火帽；未使用专用民用爆炸物品运输车、混装、超量运输；下药深度不足；恶劣天气进行废盲炮处置和销毁作业；未按规定处置盲哑炮、民用爆炸物品销毁。

民用爆炸物品事件风险（民用爆炸物品丢失被盗）：未执行双人双锁；民用爆炸物品运输车停放选点不当；民用爆炸物品台账填写不规范；作业现场未警戒。

民用爆炸物品事件风险（民用爆炸物品管理责任）：涉爆账物混乱、涉爆视频造假、代签涂改等。

交通事件风险：作业人员未系安全带；三超（超员、超速、超载）一疲劳；车辆带病行驶；未与其他车辆保持安全距离。

物体打击风险：作业人员未佩戴安全帽；搬运民用爆炸物品操作不当；山石滚落及爆破飞散物伤害；销毁地点选取不当（悬崖陡坎）。

触电风险：炮点激发时上方有高压线，炮线冲出至高压线造成触电。

健康伤害风险：高温、低温、有毒有害作业环境；超强度作业；夏季蛇虫叮咬；林区捕兽夹、电网伤害。

（二）监督要点

1. 一般要求

（1）涉爆作业人员应持有效《爆破作业人员许可证》上岗，辅助作业人员应经项目部组织的爆破作业培训考核合格后上岗，正确穿戴、使用防静电劳动防护用品、佩戴安全帽，不得携带烟火、手机等无线通信和电器设备，接触民用爆炸物品前释放静电。

（2）作业班组每天应召开班前班后会，做好"三查三交代"。

（3）涉爆作业专用工器具（专用雷管箱、静电释放铜棒、防静电剥线钳或铜质剪刀、绝缘胶布、警戒带（旗）、防静电包药垫）等应齐全完好。

（4）应使用防爆、无射频发射视频记录仪记录操作全过程，影像记录仪应距包下药、交接、盲炮处置、销毁点5m以外。

（5）民用爆炸物品运输车、起爆设备等应经项目部检查、验收合格，除车辆本质安全验收外，至少应包含视频监控、车载定位终端、防火帽、导静电橡胶拖地带、三角标志牌、抗爆容器、报警装置、电瓶防护罩、灭火器等，且车载定位及监控系统、防火帽、静电接地带、灭火器、安全标识、专用雷管箱、防静电背药袋等应确保完好有效。

（6）涉爆作业现场应远离村庄、公路、铁路、强电磁场等重要设施和危险场所，距无线电设备、设施安全距离≥30m，距离高压线≥20m，距离炸药车或炸药临时存放点≥15m。

（7）在暴雪、浓雾、雷雨等恶劣天气时应停止涉爆作业，并撤离至安全场所。

（8）涉爆台账禁止代签或涂改，划改后应签名确认，确保账物一致。

（9）接触民用爆炸物品时，应轻拿轻放，禁止抛、扔民用爆炸物品。

2. 出、入库作业

（1）押运员应持有《民用爆炸物品领取审批单》，保管员按批准的品种与数量发放，执行"一车一单一审批"。

（2）进入库区应穿戴防静电劳动防护用品，有效释放静电，不得携带手机、对讲机、火种等。

（3）民用爆炸物品运输车进入库区时，防火帽置于阻火闭合状态，静电接地带接地良好，距库门2.5m以外停车熄火。

（4）应如实登记入库人员车辆信息，禁止车辆在库区内过夜。

（5）民用爆炸物品出库及退库时，押运员应与保管员核对所交接民用爆炸物品数量、编号、外观和雷管短路等情况，确认无问题后，及时在各自民用爆炸物品管理台账上登记并相互签字确认。

（6）拆箱后雷管应在发放间或发放处进行发放操作，禁止将零散雷管放在地面上，应存放在专用雷管箱中，震源药柱、雷管不应在同一地点同时交接和装卸。

（7）装卸作业应轻装、轻卸，堆放整齐、捆扎牢固、防止失落。禁止摔碰、撞击、重压、倒置，使用工具时不得损伤民用爆炸物品，不准混装货物性质相抵触的物品。

（8）交接完成后，库房、雷管箱应及时上锁。

3. 运输作业

（1）出车前，驾驶员应会同安全员对车辆设备部件以及需要配备的其他器材进行例检，经检查确认合格（或完备），开具电子运单后，方能允许出车装载爆破器材。

（2）作业人员必须按照规定的装载量和运输方式进行装载，不得超载或超限。

（3）雷管、震源药柱应分车装载运输，摆放整齐稳固，箱体内不应放置杂物，不得超量及混存，雷管应短路良好并放置于专用雷管箱或抗爆容器中。

（4）应随车携带有效运输证件和民用爆炸物品台账，按规定路线行驶，禁止搭载无关人员和随意停车。押运员应随时观察运输状态及路况信息，发现异常及时提醒驾驶员。

（5）临时停车时，应远离高压线、射频发射区、人员聚集区等危险区域，押运员做好现场监视警戒。

（6）民用爆炸物品运输车应按规定限速行驶，行驶时，平坦道路距其他车辆≥50m，上（下）坡距其他车辆≥300m。

（7）因特殊原因中途停车，应选择较安全和偏僻地点停车。停车地点应远离高压线、无线发射台和居民稠密区，就餐地点无法观察到车辆时，应轮换就餐，禁止装载爆破器材的车辆途中停放无人监护。

（8）中途发生故障时，应将车辆停放在较为安全的地带，放好警戒，劝离无关人员后方可开始维修，维修中禁止动火。车辆维修后如无法恢复正常状态，则应立即求援，不得带病行驶。

（9）民用爆炸物品运输车上禁止吸烟，使用、携带无线射频设备，不得接近明火和高温场所。

4. 交接作业

（1）民用爆炸物品工地搬运时，应避开人口聚集区、高压线和射频影响区域。

（2）使用便携式雷管箱搬运不应超过核定容量，雷管处于有效短路状态。

（3）震源药柱搬运时，零散药柱应使用专用防静电背药袋并锁紧，一次不应超过20kg；原包装箱一次不应超过1箱（24kg），挑运一次不能超过2箱（48kg）。

（4）禁止一人同时搬运雷管和震源药柱，多人同时搬运时，搬运雷管和震源药柱人员应保持15m以上。

（5）搬运成型药包时，应使用专用防静电背药袋并锁紧，一次搬运量不应超过1炮的药量。

（6）交接时民用爆炸物品运输车应熄火并关闭所有电子设备，做好警戒，警戒半径≥15m，禁止无关人员、车辆进入。

（7）交接双方认真核对民用爆炸物品数量、编码、外观和雷管短路等情况，确认无问题后，交接双方填写电子（纸质）交接登记表并签字确认。

（8）领取的雷管应确保有效短路，使用专用雷管箱存放并上锁，数量不应超过额定容量。

5. 包药作业

（1）作业前以包药点为中心设置警戒区，警戒半径≥15m，无关人员禁止入内。

（2）包药点作业区雷管箱、炸药、包药点之间距离≤2m，且在包药工视线范围内。存放炸药数量不应超过24kg，雷管存放在专用雷管箱内并及时上锁。

（3）包药前，包药工应核实用量卡信息及领取人爆破作业资质、防静电劳动防护用品穿戴情况。

（4）按照用量卡开具的数量，一次拿取一口井的民用爆炸物品，宜按编码顺序使用，雷管应疏管拿取，禁止牵管抽线，取用后雷管箱及时上锁，禁止提前或雷管箱内未上锁前剪断雷管脚线。

（5）药包制作应全过程短路，药包顶端应安装止浮帽，炮线在止浮帽拉断孔上打抗拉结，禁止在药柱上套置抗拉结。使用的被覆线末端应短路良好，旋拧3圈以上。

（6）包药工应及时填写《民用爆炸物品用量卡》和《民用爆炸物品消耗明细表》，成型药包交接时双方签字确认。

（7）包药现场禁止同时包装两炮或两炮以上成型药包。多井组合应包完一包，下井一包。

6. 下药作业

（1）下药前，钻井监督和下药工应检查民用爆炸物品数量与药量卡相符，起爆药柱应置于药柱顶端，药柱之间连接紧密，顶部安装止浮帽，炮线短路完好。

（2）禁止拖拽炮线，禁止将药包自由落体下投入井中，应使用爆炸杆（铝或木、竹制品）或其他专用下药工具。

（3）下药遇卡时，要用稳定拉力轻提炮线，不得强拉强压。药包到底后轻提炮线，检查并确认药包未上浮后方可闷井、掩埋炮线。

（4）禁止地面测试。测试井中成型药包应使用不超过30mA的专用合格雷管测试表，保持不小于放炮安全距离，测试时间不大于2s，测试完成后确保炮线有效短路。

（5）钻井监督确认下药深度和闷井质量后与下药工在药量卡签字，药量卡井口联妥善埋置于井口，及时恢复地貌。

（6）遇垮塌井、套管井等特殊情况不使用止浮帽的，应在《民用爆炸物品消耗明细表》备注栏说明。

（7）水域下药，应有两人及以上现场监护。水深超过1m时，应采取船上作业方式。下药井口对应水面应设有浮漂等有效标识，并记录准确坐标。

（8）下药井未激发前，项目部应编制看巡方案，落实看巡工作。

7. 处置作业

1）废盲炮处置作业

（1）项目部应编制废盲炮处置方案，经项目部主要负责人审批后报分公司备案。

（2）钻井下药作业环节的废盲炮统计记录由现场负责人填写；激发环节产生的废盲炮由仪器、放炮、施工（技术）三个相关班组核实后填写；废盲炮统计记录应及时提交废盲炮处置小组。

（3）包药、下药、激发（引爆、诱爆或殉爆）、民用爆炸物品运输及搬运等环节按照相关规范要求执行。

（4）设置现场设置警戒区，安排专人负责警戒，处置前核对桩号、井深、药量等信息。

（5）根据现场实际情况，采取引爆、取出、诱爆、殉爆等方法对废盲炮进行处置。

（6）废盲炮处置结束后，检查现场有无遗留民用爆炸物品，及时填写《废盲炮处置记录》，做好地貌恢复工作。

（7）项目完成清线及废盲炮处理后，相关记录、证明应存档。

2）销毁作业

（1）项目部应编制民用爆炸物品销毁方案，由项目部爆破技术负责人、项目部主要负责人、驻项目安全监督签字确认，并经所在地公安部门批准，报分公司安全环保部门备案。

（2）销毁地点应远离城镇、村庄、高压线等危险设施，设置警戒区、现场核对炸药、雷管数量编号，填写销毁记录。无关人员不得进入警戒区。

（3）雷管宜采用引爆方式处置，震源药柱可采用焚烧、爆炸、溶解等方式处置。

（4）销毁完成，现场作业人员、安全员现场确认无残留后，在销毁记录等证明材料上签字确认。

（5）销毁完成后，应取得当地公安机关的销毁证明，并及时将销毁材料报分公司安全环保部备案。

四 采集作业

（一）主要风险

车辆伤害风险：驾乘人员未系安全带；三超（超员、超速、超载）一疲劳；车辆带病行驶；道路周边作业未警戒或未穿反光标志服。

其他风险（淹溺）：未穿戴救生衣；未2人以上协同作业；水上作业船只超重超载；作业中身体重心偏移到船舷外；冰上作业未检查冰面厚度；未系安全绳。

民用爆炸物品事件风险（民用爆炸物品意外爆炸）：爆炸站安全距离不足；爆炸站与井口通视不良。

高处坠落风险：仪器车阶梯未安装扶手；临边、高处作业未采取防护措施。

中毒与窒息风险：密闭空间明火取暖或密闭车内休息。

吊装伤害风险：现场指挥混乱；手扶吊物；吊臂下站人；吊物未捆扎牢固；超负荷吊装；监护不足；恶劣天气。

触电风险：用电设备、发电机未接地或接地不良；违规用电。

火灾风险：车船内吸烟或动用明火；加油作业未熄火；加油时周边未禁用烟火。

健康伤害风险：未规范佩戴防噪音耳塞或耳罩；高温、低温、有毒有害作业环境；饮食不安全食材或水源受污染；超强度作业；夏季蛇虫叮咬；林区捕兽夹、电网伤害。

自然灾害风险：作业过程中突发泥石流、山体滑坡等自然灾害；未提前评估极端天气与地质灾害等因素。

环保事件风险：船舶燃油泄漏；维修过程中环保措施未落实；加油作业未采取防溢油措施；废机油未妥善处置。

其他风险（人员迷失）：未按规定路线行进；未正确使用导航设备。

（二）监督要点

1. 收、放线作业

1）作业人员

（1）作业人员应身体健康，无职业禁忌，经岗前培训考核合格上岗，并根据作业区域配备相应的劳保用品。

（2）山地、沙漠、戈壁、高原高寒地区，驾驶员应有同类地区驾驶经验。

（3）穿越水域、悬崖、危险厂（区）、地质灾害易发区等高风险区域应成立专门作业小组，人员须参加专项安全培训和应急演练。

2）设备设施

（1）车辆、船只等设备经项目应验收合格，根据施工地域特点，配备电台、反光信号服、急救包、安全绳索、地锥、警示旗、口哨、防护眼镜、无人机、抛绳器等。

（2）山地、沙漠运输车宜具备四轮驱动，且防翻杠、驻车掩木、上下扶梯、定位系统、应急照明灯等齐全。

（3）高原作业运输车应具备四轮驱动，配备防滑链、拖车绳、掩木、铁锹等，配备防寒装备、饮用水、应急食品和红景天、高原安等应急药品，以及防紫外线眼镜、润唇膏、防晒霜等防护用品。

（4）沼泽作业配备专用车辆，具备绞盘，配备便携式橡皮筏、竹竿、救生绳索、防水手电、手持电台等。

（5）过水作业应配备救生衣、水裤、带绳救生圈或橡皮筏、探深杆等。

（6）悬崖作业应配备安全带、防坠器、防滑鞋、防滑手套、安全帽、登山镐、牵引绳、急救包等。

3）一般要求

（1）合理划分作业单元，班组长或单元负责人每天召开班前班后会，做好"三查三交代"，及时清点人员，并向上一级管理人员汇报。

（2）每天对乘坐车辆进行检查，车辆起步前应绕车检查，不得客货混装，窄路、危桥下车，指挥通过。

（3）交叉作业或进入危险场所时应现场带班，并向作业人员告知风险管控措施。

（4）夜间查号人员应配备照明灯、救生绳、反光装备等，注意暗沟（洞）、暗坑等，进入林区、草原和农田，禁止吸烟、用火，有防蛇虫叮咬、猛兽袭击的措施。

（5）作业前应提前踏勘，查清地质灾害易发区、影响区范围；作业时避开地质灾害易发区，及时了解天气变化，发现异常情况必须立即停止作业，迅速撤离到安全地带。

（6）应避开高温时段施工，采取防暑降温措施，户外温度超过40℃应停止作业。高寒地区施工，应采取相应防寒保暖措施。

（7）大风、雷雨、大雾等恶劣天气，应停止作业。雷电天气作业人员应关闭电台，将金属工具、架线杆等放到地上，车辆停放在开阔的地方，不得到高地或大树下躲避。

（8）选择的临时住宿点应避开地质灾害区，经上一级单元负责人评估，经上报批准后方可入住。

（9）作业结束后，清理现场，回收生产、生活垃圾，带回营地统一处理。

4）水上、冰上作业

（1）水上作业人员正确穿戴救生衣、下水裤，水裤应穿在救生衣外面，作业时应2人以上同行，水深超过1m时，应配备船只作业。

（2）船只装载要平衡，禁止超员、超载，应保持匀速航行，禁止急停、急拐弯，两船相会时要低速行驶，保持安全距离。乘员要保持身体重心平稳，不得将身体重心偏移到船舷以外。

（3）穿越河流应采用钢缆牵引排列线，排列线与钢缆之间松紧适度、牢固可靠。架线杆、拉线、钢钎固定牢固，悬挂明显示高反光警示标志，架线高度应满足河道通航要求，施工期间要定时巡视架空线的牢固可靠情况。

（4）人员或车辆确需进行冰面上作业时，应提前检查冰面厚度、强度，长时间在冰面作业或反复通过同一冰面，应随时检查冰的厚度、强度。

（5）作业人员应正确穿戴适宜的救生衣，2人以上协同作业。冰面上行走时，作业人员之间应保持不小于10m的安全距离，前面人员应系好安全吊带，并用20~30m长的高强度可漂浮安全绳连接到后续人员。

（6）在冰面作业的车辆，应按照指定的路线行驶，并保持安全距离，乘员应下车步行通过。能绕道通过的重型运输车、载人车辆不得从冰面通过，完成作业后应及时撤离，不得长时间在冰面上停留。

（7）沼泽地区应3人以上协同作业，禁止单独作业，携带竹竿、救生绳索、便携式橡皮筏、手持电台、食品、饮用水、应急药品等。车辆进入沼泽前应查明行进路线，有防淤陷措施。

5）城镇、公路作业

（1）作业人员应正确穿戴反光信号服。

（2）车辆不应在国道、省道等主干道路上装卸设备、物资，上下人员。在县道、乡道等其他道路上装卸设备、物资和上下人员时，应尽量缩短停车时间，并在车辆前、后方向设置警戒，安排人员监护。

（3）采用过路带穿越道路时，不得使用土堆、石块等压埋过路带。

（4）穿越厂区、化工厂、加油站等危险场所作业，必须征得厂方同意，禁止私自进入；进入厂区后，要了解并严格遵守厂区安全要求，要在厂方人员的带领和监护下作业。

（5）架线应尽量避开流量高峰期和危险路段，不得擅自拦截通行车辆，距作业点公路两端150m处设置"前方施工，减速慢行"标志牌，距离100m处设专人瞭望，并使用警戒红旗、交通警示棒等警示驾驶员缓慢行驶。

（6）公路两侧架线杆有反光标识，架空段有彩旗标识，高度不得低于5.8m，架线结束后，有专人巡查。

（7）大线与电力输电电线之间的距离不应小于1m，距离35kV以下线路不应小于2.5m，35kV以上线路不应小于4m。

6）高原高寒地区作业（海拔3500~5500m）

（1）进入高原前应进行身体状况评估，各项指标达到要求，不存在高原禁忌症、传染病患者、过度肥胖者（BMI指数大于32kg/m²）或其他身体异常情况。建立《高原地区施工作业人员职业健康档案》，做好一人一档。

（2）进入高原前应开展高原知识培训时间不低于40h，内容包括基础知识、高原禁忌、高原疾病预防、高原生存技能、高原应急救助、高原心理健康知识等；适应性训练时间不应低于15天，以增加肺部动力为主要科目，训练结束后应进行体能测试。

（3）进入及撤离高原应实行"阶梯式"渐进适应方式，各级适应时间不应少于3天，适应点应优先选择医疗条件较好的大中城市。

（4）根据现场实际情况，配齐防寒服、防寒靴、防寒帽、防护眼镜等劳保用品。

（5）禁止单人作业，施工人员与运输车辆保持适当距离，通信畅通。

（6）营地应配备一定量的高原常用应急药品和医疗器械，并配备专用吸氧医疗房1套；作业现场配备适量吸氧设备，提前排查医疗救助资源。

（7）根据员工身体状况确定劳动强度，其负重量与工作节奏应以平原地区的1/2为宜。

（8）不得超时或延长作业时间，长时间连续作业应安排休息，连续行车1h休息10min，或连续行车2h休息20min，并及时向上级动态汇报。

（9）暴风、暴雪、暴雨、雷电等恶劣天气应停止作业，及时了解天气变化情况，发现异常情况及时预警并采取相应措施。

7）沙漠、戈壁地区作业

（1）禁止单人作业，携带地图或使用奥维地图等，携带必要的电台等通信工具和饮用水、食物等应急物品。

（2）提前查清作业区方位、范围、气象等情况，熟悉推路作出的道路标记，防止道路被风沙埋没后迷路。

（3）沙尘暴后和收工前，单元负责人应清点人员并及时报告。

8）悬崖作业

（1）现场划出危险区域，设置明显标志。打桩点应坚固，确认锚点、安全绳固定牢固，悬崖上部人员要随时看护并保证锚定点牢固可靠。

（2）设备吊运时，悬崖下方禁止站人。人员/设备上下悬崖，使用牵引绳匀速缓慢操作，监护人要时刻观察作业人员状态，与作业人员保持沟通。

（3）同一作业面或同一牵引绳，不得同时2人上下悬崖，人员与设备不能同时上下悬崖。

（4）人员、设备到达悬崖底部后，悬崖上部和下部人员要互通信息，确认安全。

9）溶洞发育区作业

（1）班组长根据测量人员提供的测量草图，对测线进行踏勘，标识出溶洞发育区域，在洞坑周边设置标识。作业前应进行风险识别、落实管控措施和安全交底。

（2）作业人员要穿戴反光信号服，携带竹竿、救生绳索、防水手电、手持电台、食品、饮用水、应急药品等。

（3）不许独自进入溶洞发育地带，必须2人以上协同作业。

（4）作业人员前后保持一定的安全距离，对由杂草等覆盖的区域，先用竹竿探路，发现危险坑洞，及时做好标识，并上报。

（5）注意观察前方情况，保持正常步行速度，禁止奔跑。

2．激发作业

1）炸药震源

（1）爆炸机操作人员应持有效《爆破作业人员许可证》上岗，辅助作业人员经爆破作业培训考核合格后上岗，正确穿戴、使用防静电劳动防护用品、正确佩戴安全帽。

（2）警戒人员检查并确认井口周围与房屋、桥梁、堤坝和高压输电线路、油气管道等建筑物、构筑物是否符合安全距离要求。

（3）在与井口通视良好的位置设置爆炸站，不应设置在井口的下风方向、悬崖边或易发生落石伤人等危险区域，炮线禁止横跨高压线。

（4）以井口为中心设置警戒区，安全警戒半径：黏土、沙土层≥40m，岩石、冻土层≥65m，井深小于等于5m时≥100m，水域爆破时≥200m，井口通视不良时，应到能同时与井口和爆炸站通视良好的安全地点进行警戒。

（5）禁止将爆炸机交给指定操作人员以外的其他人员进行操作，禁止将2个（含2个）以上炮点的炮线同时引到同一爆炸站。

（6）接线前应轻提炮线检查药包是否上浮，观察井口上方有无高压线，遇有特殊情况应及时上报并采取防护措施。

（7）检查炮线加长线爆炸机端是否短路良好，禁止提前将炮线接入爆炸机和提前充电，炮线应由操作手亲自接线。

（8）接到起爆指令前应再次确认警戒区域安全，遇特殊情况应立即停止充电，确认安全后再进行激发作业。

（9）放完炮后应立即拔掉炮线。如发生拒爆，应拔掉爆炸机上的主炮线，并短路后再查找原因。

（10）放炮结束确认安全后方可解除警戒，15分钟后方可进行清线作业，如遇废盲炮，确认后做好记录，并交由专人处理。

（11）水上激发应使用专用爆破作业船，配备通信设备、救生器材、消防器材，无关人员不得上船，爆破作业船与爆破点之间的距离≥100m。

2）可控震源

（1）作业人员应身体健康无职业禁忌，经岗前考核合格上岗，可控震源操作手持应持B2以上驾驶证，经专项培训合格取得内部准驾证。

（2）起步前，震源操作手应绕设备一周查看，并检查车下及周围是否有人员、障碍物。开启视频监控系统，通过视频监视屏实施全方位实时监控。

（3）上下可控震源应使用阶梯和扶手，系好安全带，行驶、转弯、停车时前后保持安全距离。

（4）可控震源升压过程中，任何人员不得靠近高压部位，震源操作手不能离开驾驶室。

（5）带点人员作业时携带通信工具，并与震源操作手保持通信畅通。接近可控震源时，必须得到震源操作手的许可。

（6）带点人员应与可控震源保持15m以上安全距离，始终处于震源操作手一侧，禁止在可控震源前方或可控震源之间穿越。

（7）作业过程中，可控震源的间距不小于5m，禁止相互超车，倒车时必须有专人指挥。

（8）可控震源通过桥梁、窄路等复杂、倾斜角度较大等危险路段时，现场人员应进行评估，由专人指挥通过或绕行，禁止强行通过。

（9）在城镇、村庄等附近施工应每月至少开展一次噪声监测。涉及夜间施工的，监测时段应包括昼间与夜间。

3）气枪震源

（1）船员应持有海事部门颁发的有效资质证书（适任证、健康证、培训证、船员服务簿等），其他作业人员应持海上石油作业"四小证"，并经项目部岗前HSE培训合格。

（2）作业人员应正确穿戴救生衣、安全帽、防噪耳罩、耳塞、工作服、工鞋等劳动防护用品。

（3）震源船激发作业时，应安排2部机动橡皮艇为震源船上下线领航。领航橡皮艇提前探查水深变化、及时处理渔网等障碍物，提醒震源船与障碍物保持安全距离。

（4）起吊气枪前，气枪操作员应观察管线有无相互纠缠现象，逐组起吊，协助人员解除气枪吊具保险装置，不得在吊臂下方停留。

（5）枪梁离开甲板后，气枪操作员应控制气枪缓慢运行至距水面约1m处，充入压力为200psi的气体（不得超过500psi），防止气室进水。

（6）沉枪时，枪控和气枪操作员通过枪深传感器和现场观察，确定沉枪深度；达到工作深度后，方可将气压调到工作压力，并拧紧各保险装置。沉枪过程中，严禁打开气枪控制器，防止误操作激发气枪。

（7）震源船到达激发点后，瞭望人员应确认激发点位置，确保100m以内无其他船只，150m内无人涉水作业。

（8）激发作业时，气枪操作员应对气枪及管汇系统巡查，发现问题及时报告值班驾驶员。

（9）值班驾驶员、导航员、枪控操作员密切配合，时刻关注水面情况和水深变化，发现异常及时报告船长采取应急处置措施。

（10）气枪出水前，气枪操作员应严格按照操作规程释放枪内高压气体，使气压降低至200psi（不得超过500psi）。

（11）收枪时，枪控操作员应关闭气枪控制器，防止误操作激发气枪。将气枪逐组提升至水面上约1m处，排空高压管汇和枪内的气体。

（12）气枪操作员应观察压力表，确认枪内气体完全释放后，方可吊起气枪，并将枪梁缓慢放至气枪支架上，调整钢丝绳松紧，锁紧保险装置。气枪操作员应关闭各路开关，逐一检查气枪状况，及时处理存在问题，确认一切正常后方可离开。

（13）遇有五级以上大风、雷雨、能见度低于200m的大雾天气，应停止作业。

3. 数据采集（仪器）作业

1）作业人员

驾驶员、仪器操作员应了解发电机维护保养知识，应取得B2及以上证件，体检合格，无职业禁忌。

2）设备设施

（1）仪器车应验收合格，安全设备设施齐全有效，仪器操作室上下梯子应安装扶手。

（2）仪器发电机、操作室应设置接地线，接地电阻不大于4Ω，发电机配备1具2kg的干粉灭火器，仪器操作室配备吸尘器、1具3kg的二氧化碳灭火器、1副防冻伤手套。

（3）仪器车用电线路应无老化、无破损，并安装漏电保护器，仪器操作室内不得使用大功率电器。

3）施工作业

（1）仪器车出、收工应提前规划行车路线，做好行车过程安全管控。禁止操作室内载人搬迁。

（2）仪器车停点位置应相对开阔，周围无易燃物，地面结实，上方无高压线，不占用公路。停点时，保持车体平稳，并打好掩木。

（3）架设天线时，应提前确认周围是否存在危险区域。作业中随时关注天气变化，遇大风、沙尘暴、雷雨等恶劣天气时，及时降下天线、通知野外排列断开并关机。

（4）仪器作业前，发电机和仪器应单独接地，并检查接地电阻。

（5）仪器操作室内应张贴应急流程图、通信联系方式，张贴"禁止吸烟""当心门外有人""当心碰头"等标识。

（6）数据采集、指挥放炮时，仪器操作人员应及时提示警戒和解除警戒。

4）发电机操作

（1）启动前检查机油、水压及油表，确保正常，并确保发电机空气开关处于断路。

（2）预热并启动发电机组，待发电机的电压和频率正常后给负载供电。

（3）停机前应先断开空气断路器，让发电机空载运转3~5min，再关闭发电机。

（4）发电机运转时不得进行加油作业。

（5）应建立仪器发电机维护保养记录并规范填写。

5）其他

（1）避免夜间仪器搬点作业，搬点前应核实操作室内设备应固定牢靠、操作室门锁紧、天线降低并收起。

（2）搬点途中遇窄桥、漫水等危险路段应绕道通过。

（3）使用外接电作业时，外接线路应实施埋置、架空等防护措施。地面敷设电缆应有防触电、防辗轧措施。

（4）加长天线架设和升降作业应按非常规作业要求，编制作业方案经审批后实施。

（5）在城镇、村庄等附近施工的每月至少开展一次噪声监测。涉及夜间施工的，监测时段应包括昼间与夜间。

第二节　关键装备和要害部位

一　民用爆炸物品运输车

（一）主要风险

民用爆炸物品事件风险（民用爆炸物品意外爆炸）：民用爆炸物品混装混放、超量存放；与高压线、射频设施、重要设施、危险场所安全距离不足；进入库区未关闭防火帽；未使用抗爆容器；静电接地带未接地；静电接地带接地不良。

民用爆炸物品事件风险（民用爆炸物品丢失被盗）：未执行双人双锁；作业现场与重要场所安全距离不足；车辆周边安全警戒距离不足；民用爆炸物品台账填写不规范。

交通事件风险：作业人员未系安全带；三超（超员、超速、超载）一疲劳；车辆带病行驶运输过程；未与其他车辆保持安全距离。

（二）监督要点

1. 作业人员

（1）民用爆炸物品运输车驾驶员应持驾驶证、危险品道路运输从业资格证，经培训合格取得内部准驾证。押运员取得危货品押运证，并取得民用爆炸物品增项。

（2）作业人员应穿戴防静电劳动防护用品，不得携带手机、对讲机、火种等。

（3）作业人员身体健康，无职业禁忌，经岗前考核合格上岗。

2. 设备设施

（1）民用爆炸物品运输车辆应持有民用爆炸物品道路运输许可证，具备相应的技术指标和安全装置，并按规定要求进行定期检验和维护。

（2）民用爆炸物品运输车应按照有关标准和要求，安装标志牌、标志灯和粘贴、喷涂反光带及安全标示牌。

（3）民用爆炸物品运输车在线监控设备、视频监控设备齐全有效，电路系统应有切断总电源和隔离火花装置，排气装置调整到驾驶室的下侧并加装防火罩，安装符合规定的导静电拖地带。

（4）车厢内有固定包装箱的措施，设有密闭的可关锁具、可报警的车门，装载雷管的车厢内设有专用抗爆容器。

（5）车辆烟雾报警器应测试有效，车厢内保持清洁干燥，禁止放置民爆器材以外的其他物品。

（6）民用爆炸物品运输车应配备3只4kg以上的干粉灭火器，灭火器应每半月检查1次并记录。

二　可控震源车

（一）主要风险

机械伤害风险：未穿戴劳动防护用品及反光标志服；可控震源上下平板拖车无人指挥、未采取防滑、防侧翻措施；可控震源升压油路损坏造成高压液流飞溅。

环保事件风险：可控震源跑冒滴漏；维修过程中未落实环保措施；未按规定路线行进；加油作业未采取防溢油措施；废机油未妥善处置。

健康伤害风险：未规范佩戴防噪音耳塞或耳罩；高温、低温、有毒有害作业环境；超强度作业。

车辆伤害风险：作业现场无专人指挥、现场未警戒；人员与可控震源安全距离不足。

火灾风险：加油作业未熄火；周边未禁用烟火。

（二）监督要点

1. 作业人员

（1）可控震源操作手应持B2以上驾驶证，经培训合格取得内部准驾证。

（2）作业人员身体健康，无职业禁忌，经岗前考核合格上岗。

（3）可控震源操作手、机械师、带点人员应正确穿戴劳保用品，震源操作手佩戴防噪音耳塞/耳罩，带点人员使用指挥旗。

（4）夜间作业，震源操作手、机械师、带点人员应穿戴反光标志服，带点人员使用指挥灯，并有良好的照明灯具。

2. 设备设施

（1）可控震源、可控震源维修车经项目验收合格，并针对高压管汇、限压阀等重点部位逐项检查。

（2）每台可控震源配备2具8kg的干粉灭火器、车载电台、1个急救包，药品配备与施工区域和季节相适应，并在有效期内，储备适量的应急食品及饮用水。

（3）可控震源安装视频监控探头（前2后1），驾驶室内安装视频监视屏，且工作状态良好，视频存储时间不少于1周。

（4）可控震源维修车、可控震源配备吸油材料。

（5）任何人不得在可控震源、维修车等车辆周围及车下乘凉、休息。

（6）可控震源上下平板拖车时应由专人指挥，防滑、防侧翻，驾驶室外其他任何部位不能搭乘人员，禁止无关人员进入驾驶室。

（7）加油前应提前降压熄火。可控震源和油罐车应同时做好防静电接地措施。

（8）加油时应落实防溢出、防油料落地、回收措施，油罐车及可控震源周围10m内禁止烟火。

3. 维护保养

（1）可控震源检维修应在降压后进行，没有完全泄压禁止维修作业。

（2）维修保养时，震源维修车应与可控震源保持3m以上间距，作业人员应佩戴安全帽，禁止将身体的任何部位置于震板下。

（3）震源维修车上准备的备用油品、油桶、油枪、卷盘应分类进行标识。

（4）起重作业时，自备吊的吊臂和吊物下禁止站人，有专人指挥、监护，无关人员禁止靠近。吊装更换轮胎时，应确保可控震源支撑牢固。

（5）维修保养应采取防油品泄漏措施，更换的油品及配件、垃圾应回收，统一处理。

三　海洋地球物理勘探船舶

（一）主要风险

其他风险（淹溺）：未穿戴救生衣；未2人以上协同作业；水上作业船只超重超载；作业中身体重心偏移到船舷外。

吊装伤害风险：现场指挥混乱；手扶吊物；吊臂下站人；吊物未捆扎牢固；超负荷吊装；监护不足；恶劣天气。

机械伤害风险：未规范穿戴劳动防护用品；未遵守机械设备操作流程作业；高压管路泄漏。

火灾风险：加油时周边未禁用烟火；违规动火、吸烟；消防器材配备不足或未定期检查。

触电风险：用电设备、发电机未接地或接地不良；违规用电。

环保事件风险：船舶燃油泄漏；维修过程中环保措施未落实；加油作业未采取防溢油措施；废机油未妥善处置。

健康伤害风险：未规范佩戴防噪音耳塞或耳罩；高温、低温、有毒有害作业环境；超强度作业。

自然灾害风险：作业过程中突发恶劣天气；未提前评估极端天气等因素。

（二）监督要点

1. 作业人员

（1）船员配备不得低于船舶最低安全配员要求，租用船舶人员更替应经项目主要负责人同意。

（2）船员应持有海事部门颁发的有效资质证书（适任证、健康证、培训证、船员服务簿等）上岗。

（3）海上作业人员应经健康体检合格，无职业禁忌症，并取得海上石油作业"四小证"。

（4）所有人员应接受项目HSE教育，并考核合格。上岗前，应正确穿戴劳动防护用品，进入机舱应戴好安全帽、防噪耳罩或耳塞。

（5）临时出海人员应接受施工单位的安全教育后，方可出海；临时登船人员应接受临时登船安全教育。

2. 设备设施

1）一般要求

（1）参与项目的各类船舶应经海事部门或船级社检验合格，并具有船检证书、安检记录、最低配员证书、适航证书、所有权证书、国籍证书、无线电证书（跨省作业船舶还需提供DOC、SMC证书）等证书。

（2）参与项目的各类船舶应取得海事部门颁发的《中华人民共和国水上水下活动许可证》；取得海油安办颁发的《海洋石油作业设施备案通知书》。

（3）船舶船体水密性良好，配套的动力、导航、通信、系泊、锚泊、消防、救生等设备设施的数量、型号、参数与检验证书一致，处于良好适航状态。

（4）船舶动力、电器、应急、救生、消防等重要设备设施，油、水、气、消防管路，危险区域等，应设置安全警示标识；关键仪器设备应有操作流程提示。

（5）船舶应配备必要的吸附材料和器皿等防油污设备设施。

（6）船舶应按核定在船人数的210%配备救生衣。作业船舶机舱、震源船甲板等部位配备安全帽、防噪声耳罩或耳塞。

（7）大型作业船应按规定设置医务室，配备具有医师资质的专职医务人员；配备常用药品、医疗器械、病床等，其他船舶配备急救箱和应急药品。

2）日常管理

（1）船舶负责人是本船一级管控单元责任人，负责本船舶人员管控工作，每周主持召开一次HSE会议，组织HSE活动并做好记录。

（2）按照项目运行计划组织自有船舶的设备交接，项目租用船舶应纳入项目一体化管理，日常管理由项目负责。

（3）所有船舶应购买船舶一切险及船员意外伤害险，租用船舶及外雇船员保险由船东负责购买，船舶安全监控终端完好。

（4）租用船舶经项目初审验收后，报分公司相关部门对船舶和各种资质进行审查验收。通过验收后，按规定签订船舶租用合同、安全协议等文件，明确双方的权利义务和安全环保责任，并按规定收取风险保证金。项目应对租用船舶的船员进行安全交底与培训。

（5）长途航行前，项目船舶管理领导小组应提前组织制定航行方案，按照高风险作业相关规定，向分公司相关部门报备、审批；航行过程中要认真落实各项风险控制措施。

（6）所有船舶应按"船舶验收表"进行验收准备，租用船舶的验收准备工作由船东负责。由项目组织对项目计划使用的所有船舶进行验收，项目验收合格后，报上级主管部门备案审批。

（7）根据风险评估结果制定船舶作业应急处置方案，并按计划开展应急演练。

3）节点收放船

（1）在船体上搭建的临时节点舱应考虑恶劣天的影响，固定牢靠，舱内节点架等设施应固定牢靠。

（2）节点舱内用电设备应使用船舶专用线缆连接，室内应配置分配电柜进行电力管理，采用"一机一闸一保护"的方式为每台GTM和GIM配置过载、短路、漏电保护装置。

（3）节点舱应配置与工作人员相应的备用逃生救生衣。室内工作人员应佩戴安全帽、连体工作服、防砸绝缘鞋作业、护目镜。

（4）仪器舱应采取封闭式建设，分人机交互舱与机柜舱进行玻璃窗隔断，DCM客户端、显示器及机柜应安装有减震装置，在船体上临时搭建的仪器舱应考虑恶劣天的影响，固定牢靠。

（5）除以上要求外，节点舱、仪器舱还应符合节点工厂设置与管理要求。

（6）收放缆相关各传送设备、液压动力设备、供电线路应工作正常，转动装置外应安装防护栏，防止人员卷入、绞伤。

（7）各电器设备应使用船舶专用线缆连接，醒目位置应张贴正确穿戴劳动防护用品、防止砸伤、防止卷入等警示标识。

4）气枪震源船

（1）震源船配备的安全阀、压力容器、压力表、钢丝绳、绞盘等应由专业检测机构检验合格，有检测报告。

（2）震源船醒目位置应设置职业危害标志、公告牌，定期公示噪声、高温等职业危害因素的检测结果、接害人员职业健康体检结果。

5）挂机船

（1）挂机船发动机各联接部位及螺旋桨应牢固不松旷，电器线路连接绝缘可靠，油路无渗漏，发动机无异常响声。

（2）挂机船各气室应无破损、无渗漏，有足够的气压和浮力，船板与船体的连接应牢固。

（3）挂机船启动器和停止开关、各种指示仪表应正常有效，检查操作系统指向灵活有效。

（4）挂机船应配备足够的燃油、润滑油，每50h检查齿轮箱润滑油，补充或更换齿轮油。

（5）发动机启动后应怠速运转5～8min进行预热后才能进入工作状态，冬天或气温较低时应将阻风门关闭以增加混合气的浓度。

四 民用爆炸物品储存库

（一）主要风险

民用爆炸物品意外爆炸：未取得防雷检测报告或未定期检测；库区内违规安装电气线路、使用电气设备和照明装置；民用爆炸物品混装混放、超量存放；进入库区的车辆未关闭防火帽；未穿戴防静电劳保用品；使用烟火、射频器材或接触民用爆炸物品前未释放静电。

民用爆炸物品丢失被盗：库区报警、视频监控、照明等安防系统失效；未落实"五双"制度；出入库台账、交接班记录填写不规范。

（二）监督要点

1. 作业人员

（1）每个民用爆炸物品储存库区应至少配备2名持有效《爆破作业许人员许可证》的保管员。

（2）项目部应结合生产实际和公安机关要求配置民用爆炸物品储存库区警卫人员。

（3）作业人员应穿戴防静电个体防护用品，禁止携带火种和非防爆通信工具。

（4）能够熟练掌握应急处置措施，会使用治安防范、安全保卫等有关器械。

2. 自建库

（1）库房应远离城镇、变电站、通信塔、居民聚集区等区域，经所在地县级公安部门许可后方可投入使用。

（2）库区避雷针每半年应取得有效的防雷检测报告。项目每月应对避雷针接地电阻进行检测，接地电阻不大于10Ω。

（3）单个储存库配备至少2个8kg的干粉灭火器，值班房配备至少4个4kg的干粉灭火器，灭火器应每半月检查1次并记录。

（4）库区承包责任牌、禁止烟火、禁止手机、库区管理规定等标识应齐全有效，库区配备2条（含）以上大型犬，夜间处于巡游状态。

（5）库区周界报警、视频监控、照明等安防系统完好有效。每个库房应安装入侵报警、视频监控装置；库区及重要通道应安装周界报警、视频监控装置，视频资料保存不少于90天。

（6）每个库房设有标记品种、规格和数量的标识牌，库房内设置温湿度计，保持清洁干燥、通风，库内温度不超过35℃，建立日常检查记录。

（7）库房堆垛间检查清点通道≥0.6m，堆垛边缘与墙的距离≥0.2m，宜在地面画定置线，墙面画定高线。库房内炸药堆垛宽度不超过4箱，高度震源药柱不超过1.8m、雷管不超过1.6m。

（8）库区内不准安装电气线路、使用电气设备和照明装置，手电筒照明应使用防爆型。库区内无杂草，库房内不应存放无关的工具、杂物和易燃易爆物品，有防鼠措施。

（9）库区大门、雷管库和发放间门口设置静电释放器，宜在库区合适位置设置雷管发放间或发放处，发放间地面和发放处台面应铺设导静电橡胶板。发放间最多允许暂存1000发雷管。

3. 租赁库

（1）项目部应审查租赁库资质（含验收报告、安评报告、雷电防护装置检测报告等）齐全有效，并保存复印件或扫描件。

（2）项目部应与出租方签订租赁（采购）合同与安全协议，明确双方警卫、看护、账目、出入库管理、应急处置、监督监管等方面的责任，并取得当地公安机关许可。

4. 储存管理

（1）库区及单个库房的储存量不应超过公安机关批复数量，不同类型的民用爆炸物品应分库储存，避免性质相抵触的物品混放。

（2）警卫班长应组织保管员对购买入库民用爆炸物品进行包括运输证、押运证、编码清单、发货通知单等证件的核验，对规格、型号、数量、编码、交接清单与实物符合情况的验收以及不低于1%的开箱抽检，抽检开箱的要保存质量报告单。

（3）保管员应每日盘点库存，确保账物相符，库存发生变化时，应在3日内使用民爆信息系统向公安机关报送相关信息。

（4）自建库应落实24h专人值守要求，每班不少于3人，其中1人值守报警值班室，每小时对库区巡查1次。严格交接班制度，及时填写巡查、交接记录。

（5）雷管、震源药柱应分库存放，进入储存雷管库房、雷管发放间，接触雷管前应有效释放静电。

（6）已拆箱雷管，应确保短路，存放在专用雷管箱内并上锁。

（7）禁止在储存库房、发放间对民用爆炸物品进行加工作业。

（8）库房执行"五双"管理（双人双锁、双人保管、双人发放、双人领用、双人签字）。

（9）项目部主要负责人承包自建库，每半月至少检查1次。

（10）涉爆台账填写有误只能划改，不得涂改，并由当事人在划改处签字确认。

五　节点工厂

（一）工作原理概述

节点工厂是为了满足地震勘探项目节点检波器回收发放、检测检修、数据回收、整理、充放电而建立的综合性生产保障场所，通常包括节点充电房、检修室、数据下载室、节点数据中心等区域。

（二）主要风险

健康伤害风险：未规范佩戴防噪音耳塞或耳罩；充电房未采取通风措施；超强度作业。

触电风险：节点充电柜、处理设备未接地或接地不良；室内违规用电。

火灾风险：违规用火；室内堆放易燃物品；消防器材配备不足。

（三）监督要点

1．设置要求

（1）节点充电房、检修室和数据下载室、数据中心不得在同一房间，门口设立安全承包责任牌，在醒目位置应悬挂"禁止烟火、当心触电、穿戴劳保"等标志牌。

（2）节点充电房内应配置分配电柜进行电力管理，电器设备设施应落实"一机一闸一保护"，用电线路无老化、无破损、无裸露。

（3）安装烟雾报警器，根据面积配置二氧化碳消防器、防冻手套和称重装置，按期进行检查，保证性能完好。

（4）节点充电房具备防雨、遮阳功能，通风良好。地面防滑，保持清洁干燥，无杂物，禁止存放易燃易爆物品。

（5）充电电源线（缆）应使用四芯（三相）橡皮电线，满足充电负荷要求。电源线（缆）中间无接头，输电线缆无缠绕、打结、破损、裸露和老化等隐患。

（6）充电线路应安装过载、短路、漏电保护装置，充电柜下应铺设绝缘胶皮，配电箱总电源开关应设置绝缘作业垫。充电柜底座应接地，接地电阻应小于4Ω。

（7）节点充电房按照已充区、待充区、充电区分别摆放整齐，设置明显标识，禁止节点上放置杂物。

（8）充电架和顶部充电机应固定牢固，有防倾倒措施。充电架最上层充电座安装高度不大于2m。

（9）服务器、NAS存储设备、UPS等用电器设备摆放合理，周围未放置易燃物、腐蚀物及易导致设备损失的其他物品

（10）配备温湿度计、空调、通风装置，保证良好的光线、温度和空气流动性，保证室内湿度、温度符合要求。

2. 日常管理

（1）明确场所负责人，负责人应每天指定值班人，最后离开办公室的人对照办公场所检查表检查。

（2）场所内禁止吸烟、使用明火取暖；使用电热器取暖，电热器0.5m内不应有易燃物。

（3）数据中心等重要场所离开前，应对照检查工作区域内保存的重要文件、资料、设备、数据处于安全保护状态。

（4）充电工应经用电知识培训合格后上岗，上岗作业前正确穿戴棉质工服、佩戴手套等劳动防护用品。禁止佩戴手表、戒指、手链等。

（5）禁止湿手触摸用电电器，不得使用湿布擦拭用电电器。

（6）充电房安排专人管理，24h值守，禁止人员居住在充电房内。

（7）充电前通风换气，充电期间保持良好通风。

（8）安装或取下节点仪时应轻拿轻放，禁止摔掷，避免因较大晃动造成充电架倾倒；现场应有1名人员监管，离开时应断电。

（9）损坏或有故障的节点仪禁止进行充电，分开存放并做好标记。

六　临时油库

（一）主要风险

火灾风险：油罐未接地或接地电阻过高、15m安全范围内未禁止烟火；未采取防晒措施；消防器材配备不足；消防器材未定期检查。

环保事件风险：卸油、加油作业未采取防溢油措施；油罐、车辆跑冒滴漏。

（二）监督要点

1. 设置要求

（1）自建临时油库应建在距离营区下风口100m以外，空旷平坦、无杂草、无危险设施区域，应设置值班房。禁止在高压线下30m内设置临时油库。

（2）库区外设围栏及防火沟，围栏需上锁。储油罐、油囊3m处设置避雷针，接地电阻不大于10Ω。

（3）门口设静电释放杆及火种、通信器材箱；悬挂"严禁烟火""禁止打手机"等标识及安全承包牌等。

（4）在值班室明显位置应张贴临时油库HSE管理制度、应急逃生路线图及应急联系电话。

（5）储油罐呼吸阀等附件齐全有效，安全间距合理；夏季应有防暴晒措施。

（6）每个储油罐设2处接地装置，接地电阻不大于10Ω；电气类设备符合防爆要求，接地电阻不大于4Ω；卸油区设置静电接地线，接地电阻应不大于10Ω，输油管线接地电阻不大于30Ω。

（7）库区至少配备1具35kg和4具8kg的干粉灭火器，消防沙池5m³；设置加油防滴漏装置、废油残渣回收容器；设置至少2个视频探头。

2. 日常管理

（1）加油员应经HSE培训合格后上岗，正确穿戴劳动保护用品，每天对油库进行检查。

（2）库区内禁带火种、禁止使用手机和无线电台，禁止存放车辆设备或其他无关物资，各类油品分类存放，标识清楚，油料账目应管理清晰。

（3）雷雨等恶劣天气应禁止加油、卸油作业。

（4）临时油库拆除后，应及时恢复地表，废油、固体废弃物统一回收处理。

3. 卸油、加油作业

（1）作业人员进入库区应正确穿戴防静电用品，卸油前检查油罐车、呼吸阀、熄灭发动机，连接导静电接地装置，静置15min方可卸油。

（2）卸油完毕，稳油2分钟以上，拔出上油管、关闭罐口、收回静电接地装置。

（3）加油前应关闭发动机、手机、电台，乘车人员下车，并连接导静电接地装置。

（4）加油时控制加油枪的流速，禁止喷溅式作业。

（5）加油完毕，应关好闸阀，排空管内余油，收回静电接地装置。

📖 本章要点

1 地球物理勘探工程施工过程从点位设计到采集完成，一般分为测量作业、钻井作业、涉爆作业和采集作业4个阶段。

2 测量作业是根据施工设计要求，通过在施工区域内布设控制网点，通过一定的测量方法、专业测量设备将地震勘探测线的物理点（检波点和炮点）放样到实地，主要风险为交通伤害、淹溺风险。

3 钻井施工是指依据施工设计的井深、井数的要求，使用专用钻井设备和技术，向地下钻出一定直径的圆柱孔眼，其目的是为了把药包下到地下设计深度。钻机设备可分为山地风钻、水钻、车载钻、皮龙钻、气动钻、洛阳铲等类型，主要风险为机械伤害风险，重点关注钻井设备本质安全、旋转部件防护、人员劳保用品穿戴等要点。

4 涉爆作业施工是用专用工具将专用雷管、炸药制作成震源药柱，并按设计药量和井深，下入钻井施工形成的地下井口中，主要作业流程包括民用爆炸物品储存、运输、工地交接、包下药、废盲炮处置和剩余民用爆炸物品销毁等，主要风险为民用爆炸物品事件风险，HSE监督重点包括涉爆作业人员、车辆资质、现场交接、药包制作、废盲炮处置等。

5 采集作业施工是指利用在地面按固定点密度布设的振动传感器（有缆检波器、节点检波器），接收震源激发所形成的地下地震波信号的作业过程。针对不同地表条件震源可分为炸药震源、可控震源和气枪震源三大类，主要风险为交通伤害、淹溺、吊装伤害风险，HSE 监督重点包括特殊地形地貌、激发作业现场管控，以及可控震源、水上船舶等特种设备等。

6 海上地震勘探关键设备主要涉及节点收放船、气枪震源船、挂机船，主要风险为淹溺、机械伤害、吊装伤害风险，HSE 监督重点包括劳保用品穿戴、员工健康、吊装作业现场等。

章节思维导图
及本章要点

第六章 | 陆上钻井作业

钻井作业是钻井工程人员利用设备、工具通过科学的工艺技术向地下掘进寻找地下资源（如水、石油、天然气或地热能等），形成地下资源外溢通道（井筒）的联合作业的过程。钻井作业施工环节多，多岗位配合，多专业协作，施工风险高，钻井监督应熟悉作业流程、装备操作，掌握钻井作业监督检查要点，确保钻井现场作业安全高效。

第一节　钻井工序

一口井钻井作业从设备搬迁到交井，工序通常包括搬迁、安装、钻井作业、完井作业、拆卸等工序。

一　搬迁作业

搬迁主要包括常规搬迁和钻机平移。常规搬迁是指将拆卸的钻井设备、设施及附属装备、井场野营房等搬运至新井场的过程；钻机平移是指在原井场将附件拆卸、固定，将钻机底座、井架、机房、泵房等平移到新井口的过程。

（一）主要风险

物体打击：吊车安全负载与所吊设备重量不匹配；吊装索具、吊耳、卸扣等工具锈蚀或损坏绳套载荷不符合要求；未合理使用牵引绳或推拉杆；多台吊车配合起吊时，没有统一指挥，动作不同步；搬家车辆因驾驶员操作失误，作业人员站位不当，无专人指挥。

交通事故：道路急弯、坑洼、积水、结冰、地基不牢等造成车辆失控侧翻；驾驶人员疲劳驾驶，私自变更行车路线；载物捆绑固定不牢，货物掉落、倾倒。

触电：搬迁过程中因吊车和被吊物与架空输电线路间安全距离不足；搬迁前拆卸电缆未按先断电、再拆线原则，未正确使用检测工具和保护用品进行拆线作业；推土机作业时推坏地下电缆；雷电天气下继续吊装作业等。

高处坠落：高处、临边作业时，作业人员未正确使用个人防护装置或防护用品失效。

其他风险：推土机作业时推坏地下油气水管线；作业人员敲击作业铁屑飞溅未正确佩戴护目镜。

（二）监督要点

1. 搬迁准备

（1）常规搬迁，应组织搬迁道路和新井场勘察，搬迁道路重点勘察桥梁、涵洞、会车点、道路转弯半径、油气水管线、电（光）缆等符合搬迁要求。新井场地表附属物应进行清除或防护，场地应满足重车行驶和吊车作业要求；基础平面度误差不大于3mm，承载能力不小于0.15MPa；运输单位应确认搬迁道路路线及道路状况满足搬迁行车要求。

（2）钻井队组织开展专题培训，重点学习作业指导书、吊装作业、风险识别、案例分析等相关内容。

（3）生产部门组织钻井队和运输单位根据实际情况编制搬迁方案并在生产部门备案，跨工区搬迁或搬迁距离超过200km的，搬迁方案应由专业经营单位分管领导审批。

（4）搬迁前，组织召开作业协调会，进行JSA风险分析，确定新老井搬迁指挥人员，明确分工、落实责任、讲清安全注意事项，指定监护及指挥人员。其中新老井指挥人员要统筹吊车、车辆安排，协调解决搬迁中存在问题。

（5）搬迁前，拆卸井场及营房电缆，收好统一存放。

（6）检查确认视频监控范围覆盖特殊作业区域，视频监控清晰，回放及远程传输功能完好，并对施工过程进行监督和检查。

（7）作业人员准备扳手、榔头、铁锹、撬杠、风速仪、安全带、护目镜、牵引绳、推拉杆、吊装带、断线钳、铁丝、吊装索具等工具，值班干部检查确认齐全完好。

2. 设备装卸车

1）装车

（1）作业人员将绳套挂在吊钩上；指挥人员指挥吊车将起重臂移到待装车的设备正上方，下放吊钩；作业人员将绳套挂在吊点上（或使用卸扣与吊物吊耳连接），拴好牵引绳，并撤离至安全区域。

（2）指挥人员指挥吊车司机缓慢绷紧绳套，起吊至合适高度；作业人员拉拽牵引绳配合将设备移动吊至车辆上方、缓慢下放到车辆上。其中，钻机绞车、钻井泵等重型设备装车时，设备吊至合适位置和高度停稳后，指挥车辆倒至设备的正下方后放到车辆上。

（3）设备放稳后，指挥人员指挥吊车下放吊钩，作业人员摘掉绳套，撤离至安全区域，指挥车辆离开。

2）卸车

（1）车辆到达新井场后，作业人员引导车辆停靠到指定位置。作业人员或驾驶员拆除车辆上的固定。

（2）作业人员将绳套挂在吊钩上；指挥人员指挥吊车将起重臂移到装备正上方，下放吊钩，作业人员将绳套挂在吊点上（或使用卸扣与吊物吊耳连接），拴好牵引绳，并撤离至安全区域。

（3）指挥人员指挥吊车缓慢绷紧绳套，起吊至合适高度；作业人员牵引配合，将吊物移动至预定区域。其中，钻机绞车、钻井泵等重型设备卸车时，设备吊起0.2m左右稳定后，指挥车辆驶离，再将设备移动至预定区域。

（4）设备放稳后，指挥人员指挥吊车下放吊钩，作业人员摘掉绳套，撤离至安全区域，指挥车辆离开。

3. 设备固定

（1）设备装车，车辆离开井场，统一停靠在设备固定区域，由设备固定人员统一进行设备固定。

（2）根据设备情况，设备固定可采用铁丝、绳索或铰链等方式进行固定，容易滑动、滚动的设备在装车前垫上枕木或防滑垫。

（3）驾驶员驶离井场前应检查设备固定情况。

4. 设备运输

（1）驾驶人员按搬迁协调会确定的搬迁道路行驶。

（2）运输钻机绞车、钻井泵等重型设备应控制车速；较高设备或重要设备应安排随车人员，途经急弯、高压线、通信线缆时，随车人员下车确认并指挥安全通过；长途运输时驾驶人员应中途下车检查设备是否松动，如有松动应重新紧固。

5. 钻机平移

（1）钻机平移前，作业人员完成影响钻机平移相关设备及附件的拆卸、固定或处理；检查井架底座及附件关键构件连接情况，平移装置无开裂、变形及脱焊等异常情况，发现异常及时整改。

（2）平移轨道、平移油缸按要求安装到位，销轴别针齐全，作业人员在轨道平面均匀涂抹润滑脂。

（3）作业人员固定棘爪导向板，连接平移油缸液控管线，连接液压站电源，机械工长调试运移装置，液压源压力，运行正常。

（4）钻机平移过程中，机械工长控制操作手柄，值班干部组织班组人员在底座两侧及后方安全位置，观察油缸运行、底座移动轨迹、电缆及各管线情况和井架相关设备设施的动态，发现问题应立即停止平移操作，排除故障后恢复平移操作。

（5）钻机平移结束后，关停液压站并进行泄压，拆除液控管线并盘好收起，平移油缸油路接头包扎防护拆除电源。

（6）恢复拆卸、固定的相关设备及附件，恢复拆卸的油、气、水及钻井液管线。

二 设备安装/拆卸

安装是将拆解后的钻井设备重新组装或钻机平移后安装平移前拆卸的相关设备和附件的过程；拆卸是在完钻交井后将钻井设备进行拆解、移位、集散及固定的过程。

（一）主要风险

物体打击：吊车安全负载与所吊设备重量不匹配；吊装索具、吊耳、卸扣等工具锈蚀或损坏绳套载荷不符合要求；未合理使用牵引绳或推拉杆；多台吊车配合起吊时，没有统一指挥，动作不同步；吊装指挥不能同时看见吊车司机、所吊设备和作业人员；摘挂绳套或设备对接时配合不当，移动支架时倾翻；穿大绳时，滑轮运转不畅拉断引绳，大绳回弹，人员站位不安全。

摔井架：井架起升刹把操作失误或控制失灵拉倒井架；缓冲装置操作不当或与刹把操

作配合失误导致井架变形。

触电：吊车和被吊物与架空输电线路间安全距离不足；拆电缆未按先断电、再拆线原则，未正确使用检测工具和保护用品进行拆装电缆；推土机作业时推坏地下电缆；雷电天气下继续吊装作业等。

高处坠落：防护设施及工具未配置齐全或失效；高处作业未正确使用安全防护设施；孔洞、临边作业未做好防护；整体提升井架时人员未从井架上撤离到地面。

其他风险：推土机作业时推坏地下油气水管线；作业人员敲击作业铁屑飞溅未正确佩戴护目镜。

（二）监督要点

1. 设备安装

1）底座安装

（1）底座摆放

根据钻机基础图及井口位置，确定井口中心线，以此画出底座左右基座的位置线，摆放基座。

（2）绞车安装

两台吊车合理就位，载运绞车车辆停靠至两台吊车之间合适位置，作业人员使用专用绳套挂入绞车吊点。

指挥人员处于两台吊车视线范围内，指挥双吊车起升约20cm，观察无异常后指挥运输车辆驶离，吊运绞车至绞车底座（绞车梁）平面以上约30cm后，向绞车底座（绞车梁）上方移动、摆正、平稳下放。

2）井架安装

（1）对井架

作业人员将绳套要挂在井架专用吊点上，拴好牵引绳。

井架牵引摆正，井架销孔对齐，安装轴销，穿好抗剪切销及别针。

将绳套挂在井架左右鞍座处后，统一指挥两台吊车带上负荷，井架上作业人员撤离井架，同步起升至合适高度，用工程机械分别将前段井架下低支架移出，运移至井架前端（错开销孔）就位。按"先下后上，先主体、后附件"的顺序安装至末段井架。

（2）天车安装

天车吊装时，绳套挂在天车专用吊点上，拴好牵引绳，一台吊车移运天车与井架销孔或螺孔对正，另一台吊车配合调整天车头水平度，进行天车头与井架连接，定位销进入销孔后，安装轴销，穿好抗剪切销及别针。

将顶驱导轨调节组件提前安装调整到位，与天车固定耳板连接固定，将防雷系统接闪器在天车固定牢固，引下线理顺。

（3）整体抬高井架

指挥两台吊车在末段井架马鞍座挂好绳套，同步起吊上提井架至一定高度，使用工程机械将高支架移至井架正下方合适位置，指挥两台吊车同步下放，确保井架底边与高支架横梁处主要承重部位重合且两端对称。

（4）二层台安装

安装二层台要使用拆装平台。

两台吊车分别在二层台安装位置井架两侧就位，分别将绳套挂在拆装平台两端吊耳上，指挥两台吊车同步平稳起升，对正二层台与井架耳板销孔，作业人员分别安装两边固定销，穿好别针。

作业人员将逃生装置悬挂绳套缠绕在二层台以上指定位置，用专用卸扣将绳套与三角悬挂体连接。

（5）穿起升大绳

用专用钩子拉开大钩安全舌，打开大钩，将三角提环牵引扶正放入大钩，关闭大钩，并检查大钩安全舌复位情况。如使用顶驱无大钩时，直接与游车提环相连。

将起升大绳一端运移至井架起升大绳连接耳板处，将起升大绳接头销孔与井架耳板销孔对齐后，装入销子，穿好别针，将起升大绳按顺序绕过人字架导向轮，安装挡绳销，穿入I段井架导向轮组，并安装挡绳销，将起升大绳接头插入三角提环，并使起升大绳接头销孔与三角提环销孔对正，安装销子，穿好别针。

起升大绳安装完毕，上提游车，将起架大绳带上一定负荷。

（6）穿大绳

将卷绳器摆在钻台右前方合适位置，连接电路、安装接地线后，试运转正常。

将天车、游车滑轮组全部穿满大绳后，牵引大绳经天车快绳轮、人字架导向轮至钻台前台处，留足大绳余量。

将大绳活绳头从绞车滚筒自下而上穿入活绳头索孔，沿活绳头卡槽拉出活绳头，释放大绳扭矩，套上活绳头专用绳卡，装入同一绳径防滑短节，用扭矩扳手固定牢固，上紧背帽，从滚筒处拽拉大绳，使活绳头在活绳头卡槽位置就位。

大绳穿好后，在死绳端留有足够的余量，释放扭矩，将死绳端大绳拉至死绳固定器处，将大绳沿死绳固定器第一道绳槽按顺时针方向依次排满，穿好挡绳杆，并上紧螺母，留下最上方一根挡绳螺栓，待起完井架后安装，将余绳放入压槽内，扣合压板，用扭矩扳手将压板螺栓依次对角上紧，上紧背帽；距死绳压板10cm处，加同一绳径钢丝绳防滑短节，卡紧3只标准绳卡，绳卡鞍座压在主绳上。

3）动力系统安装

（1）柴油机安装

将吊装绳套挂在柴油机吊耳上，拴好牵引绳，指挥吊车运移柴油机至安装位置，指挥吊车下放，机房人员扶正对正定位块就位。

机房人员将柴油机万向轴固定松开，转动联动箱法兰，对正万向轴螺栓孔，穿好螺栓，对角紧固，安装两侧压板，紧固螺栓，上紧背帽，装好丝扣护套，装好护罩，依次将其他柴油机安装到位。

安装连接各油、气管线。

将两根吊带拴挂在柴油机排气管两端，找准平衡点，拴好牵引绳，指挥吊车运移柴油机排气管至安装位置，机房人员上至安装位置，在柴油机排气总管法兰盘上放好密封垫，扶正排气管，指挥吊车平稳下放，将其前端平稳坐在排气管支架上，同时排气管法兰盘与柴油机排气总管法兰盘吻合对正，穿好固定螺栓，对角紧固，将排气管与支架连接紧固，依次将其他柴油机排气管安装到位。

（2）发电房安装

将吊装绳套挂在发电房底座吊耳上，拴好牵引绳，指挥吊车运移发电房至安装位置，指挥吊车下放，作业人员扶正就位，依次将发电房就位。

房体之间安装房顶连接铺板及下铺板。

将两根吊带拴挂在发电机排气管两端，找准平衡点，拴好牵引绳，指挥吊车运移发电机排气管至安装位置，机房人员在发电机排气总管法兰盘上放好密封垫，扶正排气管，指挥吊车平稳下放，将其支架平稳坐于房顶支架底座上，同时排气管法兰盘与发电机排气总管法兰盘吻合对正，穿好固定螺栓，对角紧固，依次将其他发电机排气管安装到位。

4）钻井泵安装

（1）万向轴机械泵安装

将钻井泵前后定位顶杠吊至钻井泵与钻井水柜及机房底座之间，连接前后定位顶杠与水柜之间的耳板，穿好别针。

将钻井泵运移到钻井泵基础上，牵引扶正钻井泵，分别将钻井泵与前后定位顶杠和左右定位顶杠连接，穿好别针，背紧顶杠两端背帽。

指挥吊车吊起钻井泵万向轴至合适高度，移送至传动箱钻井泵动力输出法兰与钻井泵动力输入法兰之间，调整好两端法兰盘花键槽位置，对正两端万向轴法兰盘连接花键，缓慢下放至安装位置，使两端万向轴法兰盘连接花键与调整好的两端法兰盘花键槽对接对正万向轴两端螺栓孔，穿好螺栓和防松垫，对角紧固两端螺栓；安装紧固万向轴护罩。

连接扎紧两台钻井泵排水口与闸门组连接由壬。

（2）电动钻井泵安装

依据绞车水柜侧边为参照物，确定闸门组安放位置，指挥吊车吊运闸门组就位，将钻井泵排水口与闸门组连接高压管线与闸门组连接并紧固。

两台吊车同时吊起钻井泵，缓慢运移至泵基础上，指挥吊车平稳下放就位，连接泵排水口与高压管线由壬并砸紧。

5）循环罐安装

（1）循环管摆放

上水管柔性连接循环罐安装以锥形罐为定位线，根据循环罐设备基础图一次摆放；上水管硬性连接循环罐安装以定1#泵上水罐为定位线，根据循环罐设备基础图一次摆。

循环罐吊装要采用低位吊装。

循环管之间使用定位撑杆定位，按循环罐摆放图依次摆放到位。

（2）出水管安装

将绳套挂在出水管两端吊点上，拴好牵引绳，指挥吊车将其运移至井架底座与振动筛缓冲罐上方处。

出水管一端穿入井架底座内，将出水管与上方井架底座拉筋用吊链缠绕连接后，调整好松紧，扣好锁环，卡好保险绳。

一端的法兰（由壬）与振动筛缓冲罐连接法兰（由壬）对正，穿好固定螺栓（带紧由壬）并紧固。

安装出水管支架底座，用撬杠旋紧支架下端横拉丝杠，将支架升至一定高度，顶在出水管上。

6）井架及底座起升（以动力绳起升式钻机井架及底座起升为例）

（1）井架起升

①试起井架前，除司钻、关键部位观察人员、安全监督、机械工长和指挥人员外，其他人员和所有施工机具撤至安全区域（正前方距井口不少于70m，两边距井架两侧不少于20m）；

②井架抬离高支架不超过20cm，刹车制动，刹车停留至少5min，检查绞车挡位及刹车状况，检查确认井架悬挂部件无拉挂、缠绕现象，起升耳板无裂纹；起升大绳灌铅头固定无滑移，大绳均在绳槽中，挡绳装置可靠；绞车死活绳端固定牢固，指重表读数准确。发现问题时，井架放回原位整改。

③操作缓冲液缸，使其活塞全部伸出，并保持充液。

④操作绞车以低速将井架平稳拉起，正式起升，中途不宜突然刹车或加速，起升过程中超过钻机设计起升拉力值时，应停止起升并检查，当起升至75°~80°或井架离缓冲装置顶杆2m左右时，降低起升速度。

⑤井架接触缓冲装置顶杆时，立即摘掉低速离合器，操作液控箱使缓冲装置缓慢泄压，井架平稳地靠在人字架上，司钻刹车，井架工紧固两侧井架与人字架连接卡子或搭扣，上紧背帽。

（2）底座起升

①底座起升前，将底座缓冲装置液压管线接通并测试，无异常后将缓冲装置顶杆伸，拆除上座与下座之间的连接销轴。

②低速缓慢试起升底座，试起底座到离开安装位置20cm左右时，刹车停留至少5min，检查主要受力部位的销子、耳板完好，杆件无明显变形现象；大绳在绞车滚筒上排列整齐、无断丝；底座无异常变形。

③检查确认后，将底座放回到安装位置，缓慢平稳起升底座，随时注意指重表的变化，在起升过程中指重表读数突然增加或底座构件出现挂卡、异响等现象，应立即停止起升，放下底座，检查排除故障后再起升。

④当底座起升到工作位置时，对准井架人字架后端与底座上座间连接耳板，穿入销轴和抗剪销，穿好别针。

7）钻台设施安装

（1）逃生滑道安装

将两长两短专用绳套挂在逃生滑道4个吊耳上，拴好牵引绳，指挥吊车将其吊至滑道安装位置，用牵引绳左右调整逃生滑道另一端，使连接销孔对正，安装轴销并穿好别针。

在逃生滑道上端入口挂好安全链，下端出口处铺好缓冲垫，清理周边障碍物。

（2）重锤式防碰天车安装

①架起升前，将防碰天车限位绳安装到位。

②井架起升后，机械工长将重锤防碰天车所需各气管线连接在二位三通气开关和防碰气路上，将二位三通气开关固定在专用固定支座上，在二位三通气开关手柄端安装重锤

③接通气源，测试二位三通气开关工作情况。

④将防碰天车绳下端通过开口销挂在重锤挂环。

（3）过卷阀防碰天车安装

检查过卷阀完好、灵活好用，将过卷阀气管线并联接入总防碰气路。

根据滚筒上缠绳位置，调整过卷阀的阀杆长度和位置，阀杆受碰撞时，反应动作应灵敏，总离合器、高低速离合器同时放气或电机断电，刹车气缸或液压盘式刹车应在1s内动作，刹住滚筒。

（4）二层台逃生装置固定

在合适方位选择地锚位置，旋入地锚，以两根导向绳与地面夹角为30°~75°，最佳角度为45°，两地锚相距为4m。

将花篮螺丝调整好长度，一端套环用螺栓与地锚（基墩）连接，并上紧螺母，将穿有导向器的导向绳穿过花篮螺丝另一端套环，拉紧导向绳，用三个同绳径卡子卡紧，导向绳余绳盘好后拴在导向绳上，用花篮螺丝调节导向绳至合适松紧度。

在两地锚附近，导向绳下方位置放置好缓冲垫，下方手动控制器警示牌卡在手动控制器上，上方手动控制器警示牌处在非卡状态。

（5）防雷装置固定

井架起升后，立即在合适位置砸入防雷地线桩，连接避雷线与防雷地线桩，防雷地线

桩四周围警戒带，并悬挂警示牌。

8）顶驱安装

（1）电控房安装

顶驱电控房放置在左侧井架底座外指定位置，房体两端接地，电阻小于等于4Ω。

（2）导轨安装（以一体式导轨顶驱为例）

顶驱导轨上部拴好保险绳，下部固定到反扭矩梁上并紧固，调整丝杠来调节反扭矩架前后伸缩距离合适，安装保险绳。

（3）顶驱本体安装（以一体式导轨顶驱为例）

吊装顶驱时，将绳套挂在运输架上端两个吊耳上，吊住运输架下端；立起运输架，使运输架后侧定位与已安装导轨对正，拆下底部导轨定位销，调整底部导轨丝杆，使底部导轨与运输架导轨在同一垂直面上，下放游车与顶驱提环连接，上提游车，带上顶驱本体负荷，解除运输架与顶驱本体连接；上提游车，使顶驱滑车完全进入导轨，调整底部导轨丝杠，使底部导轨回位，安装导轨定位销，调整反扭矩架，对正顶驱中心管与井口中心，紧固所有螺栓，穿上别针；安装顶驱吊环，将倾斜油缸固定卡分别固定在两个吊环本体，将倾斜油缸下端销孔与固定卡销孔对正，穿入固定销和别针。

（4）顶驱电缆及液压管线安装

操作气动绞车提升背梁电缆架至第Ⅲ段井架背梁，安装固定；使用吊车将游动电缆箱移送至钻台，将游动电缆、控制电缆、液压管线安装在电缆架相应卡槽内并固定到位，与顶驱本体相应接线端连接，与电控房对应的游动电缆、控制电缆、液压管线连接，连接电源；安装水龙带，拴上保险绳；将控制台放至司钻房操作台，接电缆、信号线及；调试顶驱试。

9）井场电路安装及通电调试

（1）按井场布置依次摆放电缆槽至配电柜（箱），将电控房至钻台区电缆敷设在电缆槽内，转接或有尖角处要用绝缘胶垫做好保护隔离，动力电缆与信号、控制电缆分开放置，距离不小于20cm，所有电缆槽进行等电位连接并接地。

（2）各配电箱（柜）及电气设备开关前绝缘胶垫放置到位，各电气设备接地线，符合接地要求。

（3）生活区、井场外围区的电源开关由电控房漏电保护断路器控制。

（4）在通电试运行前，电气工程师对井场设备、生活区电气系统的接地情况进行全面检查、检测接地电阻符合规定要求，填写接地电阻检测记录表。对各区域电路安装情况进行检查，确认各路总开关、分支开关均处于"断开"位置。

（5）发电工按照规程启动发电机组，调整转速，电气工程师观察发电机组控制屏上电气参数，待运行稳定后由发电工合上发电机组控制屏总电源输出开关。

（6）由专人监护，电气工程师在电控房按总电源开关→分支电路开关顺序合闸供电，首次送电试送电3次，每次送电2s，间隔10s，试送电后由电气工程师对各级漏电保护开关进行漏电实验检测。

（7）在试启动电气设备前，人员撤离至安全区域，专人观察设备启动、运转情况，对电气设备逐一试运行，一切正常后通电运行。

10）保温、防雨防沙棚搭建

（1）保温、防雨、防沙棚应根据钻机型号设计、制造，结构稳定，具有相应的承载和抗风强度。

（2）保温、防雨、防砂棚立柱应立在有承载能力的基础上，保温帆布应使用耐低温、阻燃防火、高强度帆布，覆盖钻台上下、循环罐、泥浆泵、机房、节流管汇、压井管汇、废弃泥浆随钻处理装置等区域，泥浆循环系统保温、防雨、防沙棚应独立架设，不应与钻台、泥浆泵、机房等保温、防雨、防沙棚连通，并保持钻台、机房和循环罐区等部位通道通畅，安全出口应有明显标识，棚结构要避免积水，便于除雪，降雪天气要及时除雪。

（3）钻台面以下挡风墙及泥浆循环系统保温、防雨、防砂棚要设置通风口，配置轴流风机。有毒有害气体检测仪探头位置应根据实际情况调整。

（4）棚内应安装充足照明，遮挡处、避光处要增加局部照明。

（5）井架二层台外侧三面应设置2~3m高的挡风墙，并固定牢靠。

（6）高处作业时应正确使用安全带，安全带应高挂低用；配备双挂钩安全带，且在移动过程中必须交互进行；高空作业人员应穿防滑鞋。

（7）遇有中雪（日降水量2.5~4.9mm）、大雾（水平能见度200~500m）、强风（6级）以上恶劣天气时，应停止或避免高处作业。

2. 设备拆卸

1）拆顶驱

（1）拆电缆、液压管线：拆除接入电控房的主液压源电源、液压进出管线；下放顶驱至转盘面，井架工沿井架笼梯攀爬至顶驱本体端电缆拆卸位置，依次拆除电缆，盖好防护帽，拆除顶驱电缆保险绳；井架工沿井架笼梯攀爬至井架电缆座挂架处，依次拆除井架电缆座挂架端电缆，盖好防护帽，拆除电缆保险绳，卸掉悬挂法兰压板，将其余游动电缆拆除盘放在电缆箱；依次将其余动力电缆、辅助动力电缆拆除盘放在电缆箱。

（2）拆水龙带：作业人员沿井架笼梯攀爬或乘坐吊笼至顶驱水龙头鹅颈管处，在顶驱合适位置挂牢安全带尾钩，将水龙带保险绳拆卸，气动绞车配合，井架工使用榔头敲击将水龙带和顶驱的连接由壬卸松，再用手卸开，下放气动绞车吊钩将水龙带下端放到钻台面合适位置。

（3）拆吊环：下放游车至吊环距钻台面0.5m左右刹车，顶驱使倾斜油缸后倾，下放至合适位置刹车，将吊环置于悬浮位置，配合气动绞车，依次手扶对正两侧倾斜油缸下端与吊环活动铰链销孔后，取出止退销及销轴收好，摘下吊环后重新穿好销轴。

（4）拆顶驱本体：将顶驱本体运输架吊放到钻台上立起，并使运输架靠近导轨面，拆下底部导轨定位销，旋转调整丝杠，使底部导轨与运输架导轨对齐，下放游车钩，使顶驱完全穿入运输架，穿入导轨滑车锁销，紧固顶驱本体与运输架，将游车与提环拆开，将顶驱运输架放平，旋转调整丝杠将底部导轨复位，使用随机配带的吊装绳套将顶驱本体吊放到便于装车运输的位置。

（5）拆导轨：将安装小车吊放到钻台上，使安装小车进导轨底部，上提游车使安装小车延导轨滑动到导轨顶部，拆除反扭矩架和导轨连接；将导轨运输架吊放到钻台上，拆除调节板与导轨的连接，将导轨吊放在运输架中，继续下放游车使全部导轨下放到运输架中，拆下游车钩与安装小车的连接，将安装小车固定在导轨上，将导轨及其运输架吊放到钻台下面安全位置。

2）钻台附件拆卸

拆卸气动、液压管线时，要关闭气源、动力源，泄压后拆除，并包扎收好；拆卸钻台固定设备设施时，设备设施固定销轴、连接固定螺丝拆卸后，统一收集和存放；钻台B型大钳、液压大钳等吊绳卸开后，要调整至两边等长理顺、捆扎并固定在井架上；钻台梯子拆卸前，要卸开保险绳和固定螺栓。

拆栏杆等临边作业时，要安装生命线，挂牢安全带尾钩；吊移钻台拆卸的设备设施时，要选好吊点、绳索，钻台由专人指挥。

3）放井架及底座

（1）检查确认无影响放井架的底座及钻台部件、井口出水管等，井口做好保护。

（2）机械工长连接液压站到缓冲缸液压管线，液压站运转良好，井架液压缸、操控箱及连接管线处于完好状态。

（3）穿挂起升大绳时，井架工攀爬至起升大绳卡座处，要佩戴安全带，挂好安全带尾钩；挂好起升大绳后要将起升大绳拉紧100~150kN后刹车。

（4）放底座前，作业人员拆除人字架与底座的连接销；放底座时，机械工长平稳操作液压缓冲器使顶杆缓慢伸出推动钻台前倾，司钻挂合辅助刹车，密切观察指重表变化并平稳下放游车；放底座期间，钻台两侧分别安排人员观察底座下放过程中是否存在挂卡，发现异常及时汇报及处理；底座下放到位后，作业人员安装上座与下座的连接销轴。

（5）放井架前，作业人员拆除人字架与井架的连接固定；放井架开始，机械工长操作液压缓冲器将井架缓慢向前推移，司钻配合同步平稳下放游车，使井架与液压缓冲器活塞杆分离，井架前倾，挂合辅助刹车，缓慢平稳下放井架；放井架期间，如出现悬重异常或有异响时应立即停止下放，查找原因并排除后，继续放井架；绞车大绳即将贴合人字架中间的防磨导向轮时，要将导向轮与绞车大绳对正；井架下放至距高支架1m左右时，要刹车调整确认高支架位置，缓慢下放井架至高支架上。

（6）拆起升大绳时，作业人员攀爬至游车台顶部要佩戴安全带，挂牢安全带尾钩，使用两根等长吊装绳套兜挂在游车两端吊点部位，在棱角部位采取好防磨措施；起架大绳起升至合适高度，场地人员采用牵引绳做好微调；作业人员取下平行导向轮处防脱销要及时撤离至安全位置；起升大绳拆卸完要盘放就位。

4）井架拆卸

（1）悬吊绳拆卸：将悬挂滑轮打开取出吊绳，拆除滑轮固定绳及保险绳，将吊绳及固定滑轮收到材料房。

（2）水龙带拆卸：拆除水龙带保险绳后，卸开水龙带与立管连接由壬，将水龙带吊起运移至合适位置盘放。

（3）二层台拆卸：要采用二层台拆装平台拆卸二层台；使用工程机械将拆装平台运移至二层台正下方，将拆装平台转移至指定位置。

（4）天车拆卸：将两根绳套分别兜在末段井架左、右马鞍座处，挂在吊车吊钩上，两台吊车分别在井架左右两侧将井架整体同步吊起。

（5）拆卸井架：作业人员依次将井架立管连接由壬卸开；两台吊车分别在末段井架两侧就位，在末段井架马鞍座处兜上绳套，挂在吊车吊钩上，指挥两台吊车同步将井架整体吊起，使用工程机械将两个低支架分别移至下一节井架横梁处，将井架整体平稳放在低支架上；吊车配合作业人员拆除斜拉筋、横梁两端连接销轴，将斜拉筋吊、横梁放到地面合适位置；吊车配合作业人员将绳套挂在井架专用吊点上起升吊钩带上负荷，拆除井架连接销轴，指挥吊车将井架分别运移至包装运输架固定，依次拆卸各段井架。

5）底座拆卸

（1）人字架拆卸：作业人员分别攀爬至导向轮位置，将绳套挂入人字架导向轮轮槽内或专用吊点，指挥吊车平稳起升带上负荷，拆除前后支腿连接销轴。

（2）司钻房拆卸：关停动力源泄压后，拆除控制管线、拆除连接电缆。

（3）钻台偏房拆卸：作业人员将绳套挂于钻台偏房专用吊点上，拴好牵引绳，指挥吊车起升带上负荷，作业人员撤离到安全区域，指挥吊车缓慢吊起钻台偏房，将其平稳运移至场地合适位置。

（4）转盘驱动总成拆卸：作业人员拆除驱动箱与转盘万向轴连接螺栓；指挥吊车下放吊钩，将绳套挂在转盘驱动箱两侧吊耳部位，指挥吊车缓慢起升带上负荷，拆除驱动箱与左右上支座连接销，将驱动箱牵引运移至地面合适位置；指挥吊车下放吊钩，将绳套挂在转盘吊耳部位，指挥吊车缓慢起升带上负荷，作业人员拆除转盘与转盘大梁连接销轴，将转盘平稳运移至场地合适位置。

（5）立根台拆卸：指挥吊车下放吊钩，将绳套分别挂在立根台两侧吊耳部位，指挥吊车缓慢起升带上负荷，作业人员拆除各连接销轴，将其吊放于地面合适位置。

（6）钻机绞车拆卸：依次拆除钻机绞车油、气控制管线、绞车电路，拆除钻机绞车与机房联动，拆除钻机绞车固定螺栓；挥两台吊车在绞车两侧就位，将专用绳套挂入绞车专用吊点，同步平稳起升绞车将其运移至地面合适位置。

（7）基座拆卸：指挥两台吊车在基座两侧就位，作业人员将绳套挂在两侧基座中间连接梁上，拴好牵引绳，指挥吊车缓慢起升带上负荷，拆除两侧基座中间连接梁销轴，指挥吊车将其平稳运移至合适位置，摘下绳套及牵引绳；指挥吊车下放吊钩，将绳套拴挂在左后基座吊点部位，缓慢起升带上负荷，拆除左后基座与左前基座连接销轴，指挥吊车将其平稳运移至合适位置。

6）钻井泵拆卸

（1）钻井泵上水管拆卸：确认钻井泵离合器气管线或电源线已拆掉后关闭泵上水管阀门，拆开上水管线与循环罐连接口，将上水管内钻井液回收至桶内，再拆开上水管与钻井泵连接口，将罐口和钻井泵连接管线口封堵好，将上水管运移至指定位置。

（2）高压管线及闸门组拆卸：接好气管线，打开低压闸门，吹扫管线内残留钻井液，作业人员分别在各管线拆卸处铺好防渗膜；作业人员将低压管线与循环罐连接由壬砸开，将管线内的钻井液放入回收桶中。

（3）机械钻井泵万向轴拆卸：作业人员拆除钻井泵万向轴护罩两侧螺栓，卸下护罩；作业人员将万向轴两端十字头用铁丝缠绕固定，使用吊带将万向轴挂在吊车吊钩上，吊钩上提带上负荷，作业人员拆除万向轴连接螺栓，撤离至安全区域，将其运移至地面指定位置。

7）循环罐区拆卸

（1）重晶石粉罐拆卸：确认重晶石粉罐内重晶石粉已经回收，加重管线吹扫干净；关闭气源房通往重晶石粉罐气源总闸门，放净余气，拆除气管线与重晶石粉罐连接由壬，卸下另一端与气源阀门连接由壬，将气管线盘起回收至工具房；卸开加重管线两端固定卡子，封堵罐口和管线口，将加重管线回收至材料房。

（2）固控设备拆卸：卸下进浆管线，拆除与循环罐的固定。

（3）循环罐（储备罐）低压管线拆卸：拆除循环罐、储备罐低压管线保险绳及两端连接由壬，将低压管线回收至材料房或爬犁内。

（4）循环罐的连通拆卸：将连通管气胎泄气或卸开连接管线两端固定，将连通管推至循环罐内。

（5）出水管拆卸：作业人员攀爬至出水管支撑架上，卸松支撑螺丝或固定卡，将两根等长的吊装绳套分别挂在出水管上端的吊耳上，缓慢起升带上负荷，卸下钻井液出水管与振动筛缓冲箱连接的固定，拆除井架底座处钻井液出水管的吊链锁环及保险绳，将出水管运移至场地合适位置。

8）动力系统拆卸

（1）机房油管线拆卸：作业人员分别将柴油机、发电机进油闸门关闭，接上带相应连接接头的气管线吹扫，将管线内柴油回收到柴油罐，将所有发电机、柴油机下端进油管线连接接头及柴油罐出油管线连接接头拆除，回收管路内残留柴油进行，用管线堵头或干净的塑料布封堵，盘好保存。

（2）柴油机排气管拆卸：吊车下放吊钩，作业人员将两根等长吊带挂于吊钩上，将吊带分别挂在排气管两端，找准平衡点拴好牵引绳，缓慢起升带上负荷；作业人员分别卸下柴油机排气总管法兰盘和柴油机排气管支架U形卡处固定螺栓，人员撤离至安全区域；指挥吊车将其运移至指定位置。

（3）柴油机拆卸：拆除柴油机油气管线，将万向轴护罩固定螺栓卸下，将万向轴护罩运移至指定位置；作业人员用铁丝将万向轴两端十字头连接紧固，卸掉柴油机万向轴两端连接螺栓，将万向轴固定在柴油机的合适位；拆除柴油机压板螺丝，套上丝扣护套妥善存放。

发电房、网电房拆卸：将房体之间所有下铺板、顶部连接铺板拆除，拆除各油、气管线。

9）井场电路拆卸

（1）电路要分区拆卸前，作业人员要断开各路系统电路开关，并挂牌上锁。

（2）拆除电控房循环系统总电源与相关系统配电柜电缆插头。

（3）打开电控房至相关系统电缆槽上盖，拉出通相关系统的电缆，将电缆盘起收好，将循环系统各配电柜前绝缘胶皮收起，放至工具房。

（4）拆除相关系统配电柜上各电气设备电源插头，并将各电缆盘好，卸下各电气设备接地线连接螺丝，拔出地线桩，放至工具房。

（5）拆除照明系统、液面报警系统电源插头，并将各电缆盘好。

10）保温、防雨、防沙棚拆卸

（1）高处作业时应正确使用安全带，安全带应高挂低用；配备双挂钩安全带，且在移动过程中必须交互进行；高空作业人员应穿防滑鞋。

（2）保温、防雨、防沙棚立柱、护板、帆布及连接件要集中收集，统一存放，便于下次安装。

（3）遇有中雪（日降水量2.5~4.9mm）、大雾（水平能见度200~500m）、强风（6级）以上恶劣天气时，应停止或避免高处作业。

三　钻完井作业

钻完井作业是指从一口井开钻到交井全流程作业。钻井是指各开次开钻到钻完进尺期间的作业，通常包括钻进、接单根/立柱及起下钻作业；完井作业是指在钻完设计井深后的其他作业，通常包括通井、测井、下套管、固井及候凝等作业。

（一）主要风险

井喷：导致井喷的主要原因有起钻速度过快抽吸作用；钻遇异常高压层；钻井过程中

钻井液密度过低；钻进过程中钻井液漏失导致先漏后喷；作业过程中坐岗不到位，未及时检测到钻井液量增加。

井漏：导致井漏的主要原因有下钻速度过快产生激动压力；钻遇渗透性好、裂缝、溶洞等地层；钻遇地层压力低，钻时快，钻井液当量密度高；开泵过猛。

工具落井：吊卡扣合不到位、安全卡瓦未卡牢；内、外钳工检查井口工具和清理杂物不到位；井口操作配合不当；井口盖板未及时盖好。

顶天车：防碰系统或绞车刹车系统失效；司钻上提游动滑车到距离天车警示高度未及时刹车。

顿钻：司钻下放过快，未及时刹车；精力分散未刹车；或刹车压力不足无法刹车。

高处坠落：临边作业、高处作业人员未正确系挂安全带、未正确使用防坠落装置、高处摘防坠落装置前未挂好安全带；井架工兜兜绳或扣合吊卡时，身体探出操作台过多，重心不稳；在圆（方）井处观察或作业不当。

高空落物：井架工上二层台时，未落实工具防坠落措施；在二层台上手工具等未系牢保险绳；吊物从场地上钻台时吊物脱落；高处附属物未拴保险绳、固定螺栓等脱落。

物体打击：转盘未按要求锁定，误操作使转盘转动造成井口工具移动；推钻具、卸螺纹护帽、扶正对扣、操作井口工具等井口作业时站位或手脚放位不当；接立柱或单根时，钻具公母扣未对正，造成钻具摆动伤人；起柔性较大的小钻杆时挂扣，造成钻柱弹起；出心人员手脚处于出心口下方造成岩心打击伤害。

机械伤害：操作液气大钳（铁钻工）不当绞伤人；检修时未切断动力源，产生误操作；机械旋转部位护罩不能有效遮挡。

（二）监督要点

1. 开钻前准备

（1）钻井工程师检查校正指重表，检查、丈量、编号、记录钻具。

（2）各岗位按循环检查要求做好相关设备检查、校正、调试和试运转。

（3）钻井液工程师配足钻井液，调整好钻井液性能。加重材料、堵漏材料、加重钻井液等应急材料储备齐全。

（4）机械工长校验转盘、井口、天车中心处于同一铅垂线上，误差不超过10mm。

（5）完成钻井施工方案编制，对全队员工进行技术交底。

（6）钻井队进行自查自改，达到开钻水平后申请开钻验收，验收合格或整改完验收存在的问题。

2. 接方钻杆

（1）接方钻杆作业前，班组人员进行工作安全分析，识别作业风险，制定削减风险控制措施。

（2）各岗位做好相关设备检查，气动绞车固定牢固，刹车系统灵敏有效，吊索具、吊钩及附件齐全完好。

（3）采用两台气动绞车，将放在猫道上的方钻杆绷抬，斜靠在大门坡道上，上端伸出钻台面1.5m左右，用绳索通过大门两侧立柱将方钻杆固定牢固。

（4）方钻杆母扣、水龙头公扣，均匀涂抹螺纹脂。

上提游车将水龙头提到合适位置刹车，将吊带在水龙头保护接头上绕一圈后双挂在绷绳滑轮上，操作气动绞车拉动绷绳，水龙头两侧扶正，将水龙头下端接头与方钻杆对扣，放松绷绳，取下滑轮和水龙头吊带，用双链钳紧扣至台阶面无间隙。

（5）安装水龙带与鹅颈管由壬对扣连接，手动旋上并使用榔头敲击紧固至规定扭矩，拴好保险绳。

（6）安装滚子方补芯，压盖与方补芯扣合到位，固定螺母对角紧固到位。

（7）缓慢下放方钻杆，距方井井底约20cm左右刹车，间歇合泵检测丝扣连接及水眼情况。

（8）下放方钻杆至母扣接箍与方补芯贴合、刹车、停泵，采用B型大钳将方钻杆母扣和水龙头公扣紧扣至规定扭矩。

（9）方钻杆上钻台时，专人指挥，大门坡道两侧设置警戒线，严禁人员穿行，钻台和场地上危险区域内的人员撤离至安全位置。

（10）水龙头与方钻杆对扣时，井口人员应站在水龙头中心管两侧扶正；紧扣时，人员撤至安全区域。

3. 冲鼠洞

（1）接方钻杆作业前，班组人员进行工作安全分析，识别作业风险，制定削减风险控制措施。

（2）各岗位做好相关设备检查，气动绞车固定牢固，刹车系统灵敏有效，吊索具、吊钩及附件齐全完好，钻井泵运转良好。

（3）冲鼠洞钻头通过配合接头或螺杆与方钻杆连接，使用B型大钳紧扣至规定扭矩。

（4）小鼠洞用钻杆钩拉钻具或方钻杆至小鼠洞位置；大鼠洞用吊带于钻具或方钻杆下端1m左右，使用气动绞车钢丝绳挂在井架大腿横拉筋处滑轮上与吊带挂好并带上负荷，通过气动绞车拉动方钻杆至大鼠洞位置。

冲大鼠时使用气动绞车绷住钻具或方钻杆控制好倾斜角度；冲鼠洞过程中要转动角度或方重复冲1～2次，确保鼠洞下放到位。

（5）冲鼠洞期间安排专人观察地面及基础情况，发现异常及时汇报处理。

（6）吊鼠洞上钻台过程中专人指挥，使用专用吊点；鼠洞上钻台后使用兜绳控制摆动；下放鼠洞时，专人指挥，人员撤至安全区域。

4. 组配立柱

（1）各岗位做好相关设备检查，气动绞车固定牢固，气压充足，钢丝绳排列整齐，钢丝绳符合安全要求，刹车制动灵活好用。

（2）确认高处作业人员（井架工）身体健康状况；登高助力器、保险带、防坠落装置以及井架二层台逃生装置的完好情况；防碰装置完好有效。

（3）吊钻具上钻台时，气动绞车吊钩挂牢提丝后，场地人员撤离到安全区域、向钻台工作人员发出信号后，方可起吊；钻台大门坡道前严禁人员停留或通行。

（4）钻具上钻台时，钻台人员用缆绳兜稳或操作钻台机械手扶稳单根，卸护丝时手脚不得处在钻具正下方，身体不能处在单根倾斜方向；大门坡道口不用时及时挂好防护链或关闭防护门。

（5）作业人员处在安全位置后方可平稳推进液压大钳；在关闭大钳安全门后，方可进行钻具上卸扣作业；液压大钳不用时用保险绳拴牢，防止窜气自行移动。

（6）作业人员扶正对扣时，合理站位，不能遮挡司钻视线。

（7）司钻、井架工要目视（视频监控）顶驱过指梁，信号清晰，顶驱吊环前倾、复位符合操作规程。

（8）立柱进立根盒时，作业人员使用拉绳或操作钻台机械手平稳拉立柱。

5. 接/卸钻头

（1）接PDC钻头要用专用装卸器，接钻头前，盖好井口盖板防止井口落物；接牙轮钻头要采用专用钻头盒。

（2）钻头与钻具连接，应先用链钳上扣，再用大钳或液压大钳紧扣，需双母接头时，要确认接头扣型和钻铤、钻头匹配。

（3）卸PDC钻头时，PDC钻头起出转盘面后，要盖好井口盖板。

（4）钻头卸扣时，用B型钳或液气大钳松扣，内、外钳工配合盖好井口盖板，再卸扣。

6. 接单根

（1）单根上钻台，场地工将被吊钻杆或钻铤公扣端戴好护丝，场地工在钻具单根母扣端使用专用提丝连接，采用加力杠上紧扣。

（2）场地工把钻台小绞车吊钩挂牢在专用提丝上，撤到安全位置后，给副司钻发出起吊信号。

（3）吊钻具上钻台时，气动绞车吊钩挂牢提丝后，场地人员撤离到安全区域、向钻台工作人员发出信号后，方可起吊；钻台大门坡道前严禁人员停留或通行。

（4）钻具上钻台时，钻台人员用缆绳兜稳或操作钻台机械手扶稳单根，卸护丝时手脚不得处在钻具正下方，身体不能处在单根倾斜方向。

（5）作业人员处在安全位置后方可平稳推进液压大钳；在关闭大钳安全门后，方可进行钻具上卸扣作业；液压大钳不用时用保险绳拴牢，防止窜气自行移动。

（6）作业人员扶正对扣时，合理站位，不能遮挡司钻视线。

（7）每次使用完鼠洞后，应盖好鼠洞盖板。

（8）吊单根作业结束，挂好大门防护链（杆）或关好防护门。

7. 接立柱

（1）游车上行，司钻、井架工要目视（视频监控）顶驱过指梁，信号清晰，顶驱吊环前倾、复位符合操作规程。

（2）井架二层台配备双兜绳，井架工采用双兜绳固定、拉钻具进指梁。

（3）滤清器上二层台及摘取过程中要拴好保险绳，井架工按规范要求取放滤清器，在二层台拴好保险绳后，方可摘掉拴在吊卡上的保险绳。

（4）井口作业人员使用钻杆钩子、拉绳或操作钻台机械手平稳送立柱出立根盒。

（5）作业人员处在安全位置后方可平稳推进液压大钳；在关闭大钳安全门后，方可进行钻具上卸扣作业；液压大钳不用时用保险绳拴牢，防止窜气自行移动。

（6）作业人员扶正对扣时，合理站位，不能遮挡司钻视线。

（7）接完立柱后，操作人员按要求在井口盖好井口防落物挡板。

8. 钻进作业

（1）接好钻头，司钻缓慢下放钻具，下放使钻头接触圆（方）井底部后，方可开泵。

（2）开眼钻进要控制钻井液排量，防止垮塌圆（方）井，采取轻压吊打，将井眼开直，2～3个单根后，逐渐转入设计排量、钻压和转速钻进。

（3）正常钻井过程中，钻台要留人值班，采用顶驱的井口要盖好井口盖板。

（4）取芯作业前，进行工作安全分析，识别作业风险，制定削减风险控制措施，钻台及循环管等位置要配置H_2S监测仪、防爆排风扇、正压式空气呼吸器、专用充气泵等防硫设备设施；起钻至最后10柱、打开岩心筒、出芯、转运岩芯时，按照设计要求应提前佩戴好正式空气呼吸器。

（5）螺杆下井前应在井口试运转，测量轴承间隙；定向钻进时应按技术要求加压，均匀送钻，按要求进行清沙和短起下钻。

（6）控压钻井作业前，进行工作安全分析，识别作业风险，制定削减风险控制措施，要编制专项应急预案，按计划演练，打磨钻杆毛刺的电动角磨机电源装有漏电保护器。

（7）钻进过程中，钻开油气层前及进入油气层后按井控要求做好低泵冲试验，按要求记录好泵冲和泵压、地层破裂试验、井控坐岗及放喷演习，按要求做好记录。

（8）按井控管理要求进行地层破裂压力实验或承压实验。

（9）钻进过程中，一旦出现异常情况，严格执行技术指令和技术措施，并及时汇报值班干部或工程师。

（10）钻开油气层前，进行自查自改，开展风险评估，申请钻开油气层验收，验收合格后方可钻开油气层。

9. 钻井液体系转换

（1）制定钻井液体系转化方案，向全队人员进行技术交底。

（2）钻井液转换前，回收循环罐、储备罐内在用钻井液，根据技术要求清空或部分清理循环罐、储备罐；储备足量钻井液处理剂。

（3）钻井液转化前，按钻井设计及要求做好小型试验，新体系钻井液性能达到设计要求。

（4）卸车点地面垫好防渗膜，安装中转罐，接好长杆泵放入罐内。钻井液转运车到井后，钻井液工配合转运人员放浆至中转罐，再使用长杆泵将钻井液抽入配浆罐。

（5）倒好钻井泵闸门，打开隔离液存储罐上水闸门，将返浆流程倒至钻井液不落地罐，缓慢开泵，开始将井筒内在用钻井液替出。

（6）在转换过程中，司钻密切注意泵压变化，中途尽量不停泵。

（7）顶替至中后期，钻井液工程师观察隔离液的返出，钻井液工测试出口处的钻井液破乳电压，当观察到隔离液返出，或转化到达计算时间，或返出的混合流体破乳电压达到要求时，停泵。副司钻组织人员拆除从返浆口至不落地罐管线，转至正常循环流程，钻井液工程师通知司钻开泵循环。

（8）循环钻井液，钻井液工程师调整钻井液性能至设计要求。

（9）钻台面、泵房、循环罐区、振动筛处按要求配备消防器材、防爆轴流风机；循环罐梯子入口处配置静电触摸装置，人员上循环罐前释放身体静电。

10. 起下钻

（1）起钻前，如使用钻杆滤清器，外钳工应取出钻具内滤清器。

（2）钻具上提过程中，司钻观察指重表，关注游车高度，侧视井口；井架工观察游车起升位置，及时发信号提醒司钻；内、外钳工各站转盘一侧检查钻具有无刺漏和偏磨。

（3）起钻时二层台操作要点：

①钻具上提至母接箍以上20cm左右刹车，立柱送进钻杆盒内后，井架工将主兜绳绕过立柱固定在二层台U形卡里。

②缓慢下放立柱，待立柱接触钻杆盒后，继续下放吊卡，下放到合适位置刹车，将吊卡前倾至合适位置，井架工打开吊卡，使用副兜绳将立柱拉进二层台侧面并固定。

③顶驱液压臂复位，下放游车，司钻、井架工目送游车过指梁，井架工待游车下放过指梁后，解开副兜绳，将立柱推进指梁。

（4）下钻时二层台操作要点：

①游车起至合适高度改为低速，吊卡至合适高度平稳刹车。

②井架工用钻杆钩拉出钻杆立柱，用双兜绳固定，将钻柱推入吊卡，扣合吊卡。

③稳上提钻柱出钻杆盒，井架工配合缓慢放主兜绳，待钻柱缓慢移送至井口，解除主兜绳。

（5）井口操作要点：

①起钻时，上提钻具，将卡瓦提出转盘；下放空吊卡距离转盘面3m左右时，控制下放

速度，缓慢下放吊卡至钻具母扣端1m左右，适当后倾吊卡，下放过钻杆接头后，适当前倾扣合吊卡。

②下钻时，将吊卡活门转向井架工的操作方向，上提游车至合适高度改为低速，吊卡至合适高度平稳刹车；平稳下放钻具，钻具接头过转盘面时控制速度。下放至吊卡距转盘面5m左右，降低速度，待吊卡下平面距转盘1m左右，内、外钳工配合放入卡瓦。

（6）上卸扣时，作业人员处在安全位置后方可平稳推进液压大钳；在关闭大钳安全门后，方可进行钻具上卸扣作业；液压大钳不用时用保险绳拴牢，防止窜气自行移动。

（7）起下钻铤时，内、外钳工配合提升短节与钻铤上卸扣，采用液气大钳铁钻工）或B型钳紧扣或卸扣，按操作要求装卸安全卡瓦。

（8）进入油气层后，起钻前按井控管理要求检测油气上窜速度。

（9）起钻过程中，按技术要求采用灌浆泵或顶驱进行灌浆。

（10）起下钻过程中，按井控管理要求进行放喷演习。

（11）起下钻过程中，一旦出现异常情况，严格执行技术指令和技术措施，并及时汇报值班干部或工程师。

11. 电测

（1）测井前，钻井队要进行通井，调整钻井液性能，确保井眼正常，完井电测要压稳油气水层、测得油气上窜速度满足施工安全需求。

（2）测井作业区域设置警戒带，严禁无关人员进入作业区域。

（3）测井期间按井控细则要求坐岗、灌浆并核对计量罐液面情况。

（4）测井期间，司钻在钻台值班，安排人员配合测井队安装测井工具及附件。

（5）安装天滑轮要拴牢保险绳。

（6）组仪器及测井期间，司钻在司钻房值班，安排人员配合盖好井口，防止落物。

（7）电测人员更换仪器期间，司钻安排人员观察仪器附件入井情况。空井时盖好井口，灌满钻井液。

（8）井壁取芯时，应做好以下工作：

①测井队制定处置方案，并向钻修井队人员进行技术交底与危险告知。

②全程视频监控正常，开具作业许可证，参与作业的人员进行岗位风险识别，排除设备设施隐患。

③现场设立警戒区，作业人员正确穿戴劳保用品，禁止无关人员进入。

④施工区域严禁烟火，严禁使用无线电，车辆设备关闭阻火器。

⑤火工器材专人保管，存放安全，账物相符，雷管箱锁具等齐全完好。

⑥起下射孔枪过程及时保护传爆管。

⑦电缆输送未起爆射孔枪在提出井口前应切断地面系统总电源。

⑧夜间、雷雨天禁止进行未起爆射孔枪的拆卸作业。

（9）装卸放射源时，应做好以下工作：

①测井前，测井队制定处置程序，向钻修井队人员进行技术交底，并告知其他可能受影响人员。

②开具作业许可证，参与作业的人员进行岗位风险识别，排除设备设施隐患，制定针对性防控措施。

③测井期间，作业区域设置警戒区，封闭作业现场，疏散现场无关人员。

④放射源使用专门运输车辆，作业现场配备放射性监测仪及电离辐射标志，设专职护源员，登记放射源交接记录。

⑤专业人员使用放射源维护专用器具操作，戴好铅手套，佩戴个人剂量计。

⑥装卸时井口有防落措施。

⑦安排人员监测现场辐射情况，一旦发生受辐射人员，应立即采取应急救援措施，启动放射性事件应急处置预案。

（10）钻杆输送测井钻杆通径时，需要做好以下工作：

①选择外径尺寸合适的通井规，外径大于测井仪器外径3～5mm，通径规长度一般20cm左右。

②准备2个通径规，通径规上端焊接挂钩。

③使用合格的钢丝绳作为保险绳，拴挂通径规。

④二层台配防爆通信器材，需要井架工与持登高证的另一人操作。

⑤上提游车过二层台，游车起至便于拿取通径规的位置，井架工使用二层台保险绳系牢通径规，解开移送装置上的保险绳。

⑥副司钻将通径规移动至钻杆立柱上端母扣内，解开保险绳，投入立柱水眼中。

⑦上提游车，内、外钳工配合将立柱拉出钻杆盒，确认通径规落出钻杆水眼后，扶稳钻杆至井口。

⑧若通径规未从钻杆水眼中落出，说明这一柱钻杆有阻卡，立刻查找原因，将不合格的钻具查出替换掉。

12. 下套管

（1）送井套管应符合钻井设计及套管柱设计要求，长度附加量不少于3%，并附有套管质量检验合格证。井场套管应整齐平放在管架上，码放高度不宜超过3层，并按套管柱设计排列入井顺序编号，编写入井套管记录，备用套管和不合格套管作出明显标记，与下井套管分开排放。

（2）钻井工程师检查送井浮箍、浮鞋和扶正器等套管附件情况，测量记录其主要尺寸和钢级，绘制草图，检查送井套管外观螺纹伤痕，清洗螺纹，丈量长度，安排套管逐根通径。

（3）含油、气层通井起钻前，测量油气上窜速度，油井上窜速度≤10m/h，气井上窜速度≤15m/h。

（4）下套管前，取出防磨套，按井控要求更换与下入套管尺寸一致的封井器闸板并试压合格。

（5）下套管前，各岗位人员对相关设备进行检查、校正和调整；钻台组织岗位人员更换套管钳、套管吊卡，准备好套管密封脂，清理小鼠洞或绷甩小鼠洞至猫道上；泵房副接好灌浆管线及倒好相关闸门；场地人员按编号顺序逐根带好护丝。

（6）吊套管上钻台时，采用吊带或单根吊卡，套管上提时，场地人员撤至安全区域，钻台操作人员安全站位后，起吊套管；当套管公扣接近钻台面时，作业人员使用挡绳将套管缓慢送至鼠洞位置，摘掉吊带。

（7）吊衬管/尾管悬挂器上钻台时，采用两台气动绞车或吊车上钻台，预防磕碰衬管或尾管悬挂器。

（8）套管上钻台时，要用缆绳兜稳套管，卸掉公扣端护丝，作业人员手脚不得处在钻具正下方，身体不能处在单根倾斜方向。

（9）下套管期间，要严格按井控管理要求进行坐岗、灌浆，并核对套管排替量。

（10）下套管过程中，一旦出现异常情况，要严格执行技术指令或技术措施，并及时汇报值班干部或钻井工程师，值班干部或钻井工程师要到钻台旁站指导，直至作业正常。

13. 固井

（1）钻井队按固井队要求做好清水、前置液罐、回收罐等固井准备工作，根据生产运行及时通知固井队到达现场。

（2）套管下到位，灌满钻井液，顶通水眼，逐步提高循环钻井液排量至固井设计排量，作业人员清理钻台和场地。值班干部与固井队负责人协调固井车辆的摆放，设置警戒区。

（3）钻井液工程师监测钻井液性能满足固井施工要求，检查钻井液罐之间的闸门，确保钻井循环系统工作正常；核实回收罐容量、管线固定、罐面计量替浆准备的情况，确保钻井液罐有足够的容量，满足固井过程中的排量及注水泥过程中的返出量。

（4）钻井工程师与固井工程师共同校核各项固井技术数据，安装固井水泥头前，检查确认入井胶塞情况；司钻组织班员工将井口套管居中，做固井前的准备工作；副司钻提前检修好钻井泵，按固井施工设计倒好闸门，确认闸门流程；内外钳工配合固井人员将水泥头、固井管线等附件吊上钻台面，检查各类返浆管线固定情况。

（5）注水泥施工期间，钻井液工测量水泥浆密度并及时通知固井施工人员，连续报出水泥浆密度，便于固井人员及时调整好水泥浆密度，同时留取干水泥、配浆水和水泥浆样品。

（6）固井队注水泥浆完，副司钻提前倒好泵房闸门，钻井液工返回循环罐处配合钻井液工程师倒好循环罐上的闸门，做好替浆、回收钻井液准备。

（7）顶替钻井液期间，钻井液工配合钻井液工程师计量替浆量，井架工在高架槽（缓冲罐）上观察水泥浆返出，内、外钳工在钻井液罐上协助做好钻井液的回收。

（8）替浆剩 $10m^3$ 左右，根据固井工程师指令停钻井泵，调整水泥头循环闸门，采用固井车使用小排量注入碰压液，井口压力突然增加 $3\sim7MPa$ 时，固井施工技术人员下指令停泵，固井结束。碰压阀上应提前套上胶管并固定，防止碰压阀打开时高压射流刺伤人员；替浆时人员应远离高压区域。

（9）若泄压后钻井液倒返，浮箍浮鞋失效，应关闭水泥头上的闸门，套管内憋压候凝，直到水泥凝固；若泄压后钻井液不返，开井候凝。

（10）固井结束，应按照设计的要求进行候凝并安排专人观察压力变化，候凝期间不应拆卸井控设备。

14. 井口安装、封井器安装拆卸

1）安装底法兰/套管头

（1）卸联顶节：固井要达到候凝时间，卸联顶节使用B型大钳或套管钳松扣，再使用链钳卸扣，卸完提出联顶节要盖好井口盖板，钻井工程师或值班干部旁站指导。卸联顶节时方（圆）井处专人观察，防止下部套管丝扣倒开。

（2）底法兰安装：一开下套管后根据设计要求可装底法兰，底法兰要采取井口吊拉，井场绷放的方式平稳绷至井口，通过双公短节与套管连接，采用专用紧扣盘上端对扣，紧扣至规定扭矩，盖好井口。绷甩时人员远离滑轮受力方向的危险区域。

（3）一级套管头安装：一开或一开装底法兰的二开可装一级套管头，卸开联顶节，使用BOP移送装置或游车吊挂拆除底法兰与封井器四通连接的螺栓，将封井器移至方井外安全位置；将一级套管头绷送至套管的正上方，缓慢下放，对扣，采用专用紧扣盘上端对扣，紧扣至规定扭矩，盖好井口。

（4）二级及以上套管头安装：四开及以上需要安装二级及以上套管头，卸开联顶节，使用BOP移送装置或游车吊挂拆除封井器与上级套管头连接，移至方井外的安全位置，拆掉占位短接，移到安全位置；将二级套管头移送至井口一级套管正上方并保持水平，缓慢下放，与一级套管头螺栓孔对正后，穿好螺栓，使用专用扳手对角均匀上紧法兰连接螺栓。

2）封井器安装

（1）采用BOP移送装置移动到封井器上方，下放吊钩到合适高度，将两根专用绳套挂在双（单）闸板封井器挂在液压缸根部，人员撤离至安全区域。

（2）操作BOP移动装置上提封井器至合适高度，穿上全部螺栓。放好钢圈，缓慢下放封井器对齐封井器与四通螺栓孔，穿好螺栓，放松钢丝绳使封井器坐于四通上，带紧螺帽，使用专用扳手对角均匀上紧法兰连接螺栓。

（3）按井控装置安装要求，依次安装转换法兰、占位两通、钻井四通、闸板防喷器、环形防喷器、旋转防喷器。

（4）封井器按设计安装完后，作业人员配合连接四通两侧内防喷管线，安装防溢管、挡泥伞、封井器四角拉筋等附件，校正井口。

（5）未安装BOP移动装置，可采用游车和气动绞车配合的方式安装。

（6）安装必须有专人指挥，统一指挥信号，严格按照信号执行操作。安装过程司钻与钻台下人员要保持有效通信，司钻在司钻房内可通过视频观察到钻台下人员作业情况。

（7）使用游车和气动绞车配合绷甩作业时，确保滑轮固定牢靠、其受力方向的危险区域有人员作业或停留，吊装封井器出现倒"八"字受力时应采取防止绳套从液缸处滑脱的措施。

（8）尽量避免人员在吊物下作业，确需在吊物下作业时应采取有效防护措施。高处作业时要采取有效防坠措施。

3）封井器试压

（1）每开次封井器安装后，要进行封井器组合、节流管汇、压井管汇试压，更换闸板要对闸板防喷器进行试压。稳压时间按照设计时间进行，密封部位无渗漏为合格。

（2）封井器试压时应设置警示隔离，无关人员不得靠近。

（3）出现刺漏、渗漏现象时应先泄压后检查；试压泵打压软管线应加装保险绳。

（3）冬季试压完成后要使用压缩气体进行吹扫，防止冻结导致闸阀无法实现有效关闭。

4）封井器拆卸

（1）拆除防喷器组四角固定拉筋、锁紧杆等附件。

（2）操作BOP移送装置后移至防喷器上方，下放吊钩到合适高度，井架工将两根专用绳套均衡拴挂在防喷器上，双（单）闸板防喷器挂在液压缸根部，人员撤离至安全区域。

（3）操作BOP移送装置缓慢上提拉紧丝绳。作业人员使用专用扳手卸掉防喷器连接螺栓，操作BOP移送装置上提防喷器至合适高度，向前移送防喷器至预定位置下放防喷器离地0.5m左右停止下放，拆除防喷器连接法兰上的螺栓，下放防喷器坐于法兰保护板上。

（4）按照防喷器组合从上至下依次拆除旋转防喷器、环形防喷器、闸板防喷器、钻井四通。

（5）未安装BOP移动装置，可采用游车和气动绞车配合的方式安装。

（6）安装必须有专人指挥。统一指挥信号，严格按照信号执行操作。

（7）如需整体吊装防喷器组合（环形防喷器+闸板防喷器）时，应在环形防喷器处使用两只卸扣对角对吊装绳索进行限位，防止因"头重脚轻"而倾倒。

15. 套管试压

（1）试压前，各岗位按试压要求做好设备检查、检修，准备好试压工具。钻井工程师检查封井法兰与套管头（试压接头与套管丝扣）的匹配情况，提前准备好钢圈、螺栓、考克压力表等井控附件；井架工检查方井内的工作平台、钻台下部防坠落装置；内钳工检查吊装绳套、套筒扳手（液压扭矩扳手）、榔头、护目镜、牵引绳等工具；场地工检查井口花网固定情况，清理方井周围杂物；钻井工确认清水管线供水正常；电气工程师为试压车（试压泵）接线供电。

（2）试压期间安排专人监护、专人配合试压。试压开始前对所涉及的作业区域拉上安全警示带。

（3）试压过程中，钻井工程师与试压人员共同确认试压对象及各闸阀开关状态，待无关人员撤至安全区域方可进行试压作业，试压人员应根据设计指定的试压流程或者方案试压，严禁任何人在设备未泄压条件下进入高压危险区域。

（4）中完套管试压各开次中完整改过程中，井口封井器组与节流、压井管汇试压完毕，司钻组织班组员工取出套管头试压塞或试压皮碗，将试压塞或皮碗放置在钻台合适位置；产层固井质量评价完，按工程设计要求对套管柱试压。

（5）套管试压时，向套管内灌满清水，安装封井法兰（试压接头）要将螺栓依次对角紧扣（上紧试压接头），试压车（试压泵）管线要拴牢保险绳。

（6）套管试压完成后确保将套管头顶丝紧固到位，防止后期在处理井控事件时顶丝憋开井口失去控制。

16. 甩钻具作业

（1）甩钻具作业前，进行工作安全分析（JSA），识别作业风险，制定削减风险控制措施。

（2）检查登高助力器、保险带、防坠落装置以及井架二层台逃生器的完好情况，防碰装置完好有效。

（3）二层台操作人员确认吊卡扣合到位，司钻接到信号后，上提钻具时及时复位机械臂，平稳操作，缓慢下放，井口人员站位正确。

（4）井口人员处在安全位置后方可平稳推进液压大钳；在关闭大钳安全门后，方可进行钻具卸扣作业；液压大钳不用时用保险绳拴牢，防止窜气自行移动。

（5）钻具下钻台时，大门坡道两侧设置警戒线，严禁人员穿行，钻台和场地上危险区域内的人员撤离至安全位置。

（6）甩大尺寸钻具，应采用两台气动绞车配合或使用吊车作业。

（7）禁止使用钢丝绳套吊装，应专用提丝；大门坡道口处作业时应采取防坠落措施防止人员坠落。

17. 清罐作业

（1）作业前值班干部组织开展 JSA 分析，清罐作业进行安全风险提示，对作业人员进行分工；按照作业许可管理规定办理作业许可证，明确分工、落实责任、讲清安全注意事项，指定监护人。

（2）安全监督员辨识施工区域作业环境、作业条件，判断人员状况、天气情况等因素。确认视频监控范围覆盖特殊作业区域，视频监控清晰，回放及远程传输功能完好，并对施工过程进行监督和检查。

（3）作业前 30min 内检测罐内含氧量、有毒有害气体、易燃易爆气体情况，受限空间作业场所空气中的含氧量应为 19.5% ~ 21%，当低于 19.5% 时应利用防爆轴流风机对作业环境进行强制通风；作业时应连续检测有毒有害、易燃易爆气体含量；作业中断超过 60min，应重新进行检测。

（4）切断搅拌机动力源，控制手柄（开关）上锁并挂牌；关闭钻井液罐之间的连通闸门并挂牌。作业区域设置警戒带。

（5）作业时专人全程监护，实行全过程视频监控。对不能实施视频监控的作业场所，在受限空间出入口设置移动视频监控。

（6）监护人员利用多功能气体检测仪分别在罐内不同区域进行检测，确认安全后将负压清罐设备吸浆管放入罐内，作业人员系好安全绳、戴上护目镜、佩戴便携式多功能气体检测仪进入受限空间作业场所应采取轮换作业方法，防止发生中暑、中毒、窒息等事件。

（7）作业人员进入罐内作业，应穿戴防水、耐腐蚀且具有防滑功能的防护鞋，清罐作业现场配备一至两套正压式空气呼吸器，压力正常装备完整。

（8）作业人员佩戴便携式气体检测仪，发生报警，或人员感到不适、呼吸困难时，立即停止作业、迅速撤离危险区域。

（9）清罐完成后清罐设备断电、停泵，作业人员收回长杆泵及吸排浆管线，清点工具，盖好罐盖清理现场。

（10）内沉淀物较多且施工时间较长、使用合成基泥浆或施工区域内含硫化氢的情况，清罐时应随时或加密检测，并佩戴正压式空气呼吸器。

第二节　关键装备

石油钻井装备是指用于钻探油气井的一套联合机组，主要包括提升、旋转、循环、动力及传动、控制及辅助设备等系统。另外，钻井作业过程中需要安装和使用井控装备，以及钻机自动化装置等。安全监督应熟悉钻井及相关装备性能和操作规程，掌握关键装备监督检查要点，确保装备本质安全。

一　提升系统

提升系统主要包括绞车、天车、游车、大钩、井架及底座等设备。绞车及井架是 HSE 监督检查的重点。

（一）绞车

绞车是钻机的三大工作机之一，是一种集电、气、液控制为一体的机械设备，主要包括绞车架、滚筒轴总成、辅助驱动系统、过卷防碰装置、刹车系统、控制系统、传动系统、润滑系统等。绞车监督检查的重点是防碰天车、主刹车及辅助刹车。

1. 绞车

（1）大绳：活绳头防滑短节坚固牢靠；无压扁、无严重磨损、断丝不超标；排列整齐。

（2）滚筒、高低速离合器：固定螺栓齐全、紧固；气囊、钢毂完好无油污；摩擦片无偏磨、损坏及缺失，磨损不超标。

（3）固定：固定背帽螺丝齐全、牢固。

2. 防碰天车

（1）重锤式：重锤式保险可靠，气开关灵活好用，开口销符合要求；防碰引绳拉紧、无打扭，不磨挂井架，刹车可靠。

（2）过卷阀式：过卷阀位置合适，灵活好用，刹车可靠。

（3）电子数码式：电子防碰天车装置及传感器、电磁阀完好，显示正常；报警提示及刹车设定正确，刹车可靠。

（4）钻井运转过程中，定期检查防碰天车有效性。

3. 主刹车（以盘式刹车为例）

（1）液压管线完好无损，连接正确、紧密，无渗漏。

（2）工作钳、安全钳安全可靠，工作钳间隙不大于1.0mm，安全钳间隙不大于0.5mm，刹车片厚度不小于12mm。

（3）刹车盘无油污、龟裂，磨损量在允许范围之内，刹车片磨损均匀，剩余厚度不小于7~8mm。

4. 辅助刹车（以伊顿刹车为例）

（1）固定螺栓牢靠，转子轴与滚筒轴同心。

（2）滑键摘挂灵活。

（3）水冷系统正常，管线连接正确，无泄漏。

（4）气压正常，无漏气。

（5）作业过程中，应使用辅助刹车。

（二）井架

井架是钻机提升系统的重要组成部分，是一种具有一定高度和空间的金属桁架结构，有足够的承载能力、足够的强度、刚度和整体稳定性。井架要重点做好井架底座基础、井架垂度、井架连接销轴及井架结构件拉筋、腹板等部位的监督检查。

（1）基础：基础按规范打水泥基础或摆放钢木基础，平整度、强度达到设计要求，平面度误差不大于3mm，承载能力不小于0.15MPa；一开大循环防塌措施到位。

（2）校验：转盘、井口、天车中心处于同一铅垂线上，误差不超过20mm。

（3）连接：连接销子、剪切销、别针齐全。

（4）拉筋、腹板：无变形、裂纹。

（5）井架按要求进行拉力测试，关键部件按要求进行探伤检测。

二 旋转系统

旋转系统是用于驱动钻头进行旋转钻井的一套设备，主要包括转盘、顶部驱动装置、水龙头等，旋转系统要重点做好水龙头或顶驱的监督检查。

（一）水龙头

水龙头是钻机旋转系统的主要设备，是旋转系统与循环系统连接的纽带。水龙头要重点做好顶驱关键部位探伤、间隙调整及冲管的检查更换作业安全措施的监督检查。

（1）主轴承上座圈的端面与中心管端面的贴合情况，最大间隙处0.03mm塞尺不能通过。

（2）上盖与外壳之间的调整垫是用来调整上扶正轴承的轴向间隙，间隙为0.05～0.25mm。

（3）提环销、冲管总成、上部和下部油封保养。

（4）冲管更换作业环节安全措施到位。

（5）提环等关键部位要求进行探伤检测。

（二）顶驱

顶部驱动钻井装置（以下简称顶驱）是用以取代转盘钻井的石油钻井装备，主要有动力水龙头、导轨、滑车总成、管子处理装置、平衡系统、冷却系统、司钻操作台等部分。顶驱要重点做好关键部位探伤、导轨与井架的天车底梁及反扭矩梁连接固定、冲管更换作业安全措施的监督检查。

（1）顶驱控制开关、手轮标识准确，开关灵敏可靠，动作指令与顶驱动作相符，手轮设置数值准确。

（2）顶驱本体紧固无松动，游动电缆与井架无挂碰，减速箱油量充足，温度正常，油管线、接头无破损、漏油，润滑油泵、冷却风机、液压盘刹工作正常。

（3）滑车滚轮锁紧螺帽没有松动，滚轮没有严重磨损、转动灵活。

（4）导轨垂直状态保证无弯曲现象，导轨锁销位置正常，导轨锁销无位移，导轨调节背板、连接销、卸扣，没有磨损，别针没有脱落等异常。导轨底部至钻台平面距离为2～2.2m。

（5）顶驱运行过程中所有电机与传动系统无异常杂音。

（6）反扭矩梁固定牢固，悬挂吊耳、调节板连接牢固，保险绳齐全，顶驱承载时中心管与井口中心偏差小于20mm。

（7）冲管保养及总成更换作业安全措施到位。

三 循环系统

钻井液循环系统是由钻井泵、钻井液净化设备等组成，循环系统要重点做好钻井泵的监督检查。

钻井泵主要由液力端和动力端两大部分组成。此外还配备排出空气包总成、安全阀、喷淋泵总成、灌注系统等。钻井泵要重点做好液力端、空气包及安全阀的监督检查。

（1）钻井泵运行：液力端缸套、活塞、阀座工作正常，不刺漏；动力端运转正常、无杂音、温度正常。

（2）喷淋泵：喷淋泵运转正常，护罩牢靠，活塞冷却、润滑良好，箱内清洁无杂物，不刺漏。

（3）空气包：空气包充气压力符合要求，充气（氮气）压力约为施工压力的30%。

（4）保险阀、泄压管：保险阀销子定位正确，安全可靠，保养及时。泄压管固定牢靠，保险绳齐全。

（5）传动装置及护罩：皮带轮紧固，传动皮带齐全完好、松紧合适；万向轴连接无松动，符合要求。护罩密封、固定牢靠。

四 动力及传动系统

动力系统由柴油机或燃气机、柴油发电机、交流电动机、直流电动机及其辅助控制装置组成，传动系统有机械传动、电传动、液力传动（液力耦合器、液力变矩器）、液压传动等多种形式。动力系统的监督检查重点包括柴油机、发电机及电控系统等。

（一）柴油机

柴油机监督检查重点包括冷却液、油气水管线、滤清器、污堵指示器、防爆装置手柄及消防器材。

（1）冷却液冰点符合要求，液位在规定范围内。

（2）各管线连接良好，无渗漏。

（3）每周检查空气滤清器，500h或按质更换机油滤清器，1000h更换柴油滤清器（压差不能超过105kPa）；污堵指示器显示在正常区域，防爆装置手柄在开启状态。

（4）灭火器齐全、有效，标志牌清晰。

（二）发电机

重点做好发电机的运转、接地保护等监督检查。

（1）运转平稳，无振动和烧焦气味。

（2）接地装置完好连接紧固，地线电缆符合标准要求。

（三）电控制系统

重点做好接地线、消防器材的监督检查。

（1）接地装置完好连接紧固，地线电缆符合标准。

（2）灭火器齐全、有效，标志牌清晰。

五　控制系统

钻机的控制系统钻机的中枢系统。重点做好司钻房的监督检查。

司钻房内配置有司钻控制台、顶驱控制台、钻井仪表显示、工业监视系统、气路控制系统、刹车控制系统、通信系统等设备。司钻房要重点做好控制系统、预警报警、防碰等监督检查。

气路：气路完好，气源压力 0.65～0.8MPa。

液路：液路完好，管线及接头连接紧固，无刺漏。

电路：电路连接正确，供电正常。

仪表：仪表齐全、显示正常。

操作手柄、按钮：操作手柄完好，位置正确、复位良好，控制按钮状态正常。

监视系统：完好。

预警报警系统：完好。

六　钻机自动化

钻机自动化是在不改变目前钻机总体结构和钻井作业流程的基础上，以机械代替人工，动力集中供给、设备控制集成的自动化集成系统，主要包括动力猫道、缓冲机械手、铁钻工、动力卡瓦、液压吊卡、二层台排管装备、钻台机械手、控制集成控制系统及动力集成系统等装置。钻机自动化要重点做好自动化装置液压管线、装置和部件连接固定、控制系统及集成的监督检查。

（1）检查自动化装置液压管线和控制电缆连接正确，液压动力单元运行和系统压力正常，液压系统各处接头以及管线无渗漏，

（2）检查自动化装置与钻台、井架，自动化装置部件连接部位连接是否牢靠，销轴是否穿别针，螺母是否锁紧。

（3）检查自动化装备与钻台、井架，自动化装置之间是否存在相互影响，自动化装备停靠位置是否影响安全作业等。

（4）动力猫道：通过操作相应控制按钮实现管柱由排管架移入V形槽或由V形槽推出

至排管架、输送架起降和小车推送管柱等动作，检查每个动作是否到位、顺畅无卡阻、有无相互干涉。

（5）铁钻工：根据管柱的规格选择合适的钳口压力值，使用中应避免夹持钻具接头上的耐磨带，起钻时装自动刮泥器或人工刮泥。

（6）动力卡瓦：检查卡瓦体和牙板规格与所卡持管柱规格一致，检查牙板或卡瓦体磨损情况，及时更换新牙板或卡瓦体；上提钻具时，钻具停稳关闭卡瓦后进行上扣作业；下放钻具时，卡瓦体下行卡住管柱后进行卸扣作业，不要在运动过程中卡持；背钳完全夹紧后方能进行上卸扣操作，严禁下部管柱发生转动。

（7）液压吊卡：下立柱作业时要保证管柱相对垂直。

（8）二层台排管：操作钻铤时机械手滑车不得沿猴道滑动；钻台面使用气动绞车时左、右挡绳机构必须关闭。

（9）钻台机械手：夹持钻具移动时应使用低速；不得随意调高溢流阀的压力。

（10）液压动力集成系统：液压动力集成系统替换原钻机配套的机具液压站，配备多台电机时，应倒换使用，避免长时间使用一台电机。

第三节　高风险作业

钻井高风险作业是指因井下情况复杂、应用特殊工艺及复杂故障处理等导致风险较高的作业，主要包括重点井钻开油气层、控压钻井、井喷压井、故障处理、重要设备检维修及中途测试等作业。安全监督应了解钻井高风险作业情况及主要风险，掌握监督检查要点，确保钻井高风险作业安全。

一　重点井钻开油气层

重点井一般超深、井下情况复杂，尤其是探井，地质认识不足，钻井风险高，施工难度大，钻井周期较长。

（一）主要风险

（1）工具材料准备不足易导致井下复杂故障风险。现场重浆储备、加重材料及相关工具材料准备不足，一旦钻遇异常高压，延误压井时机，导致井下情况复杂。

（2）工程准备不足易导致井下复杂故障风险。施工方案针对性差、员工技能水平不足，一旦发生遭遇战，易导致井下复杂故障。

（3）下井钻具及工具质量差易发生断钻具，导致井控风险不可控。尤其在强化参数钻井情况下，井下复杂导致钻具不稳定、扭矩大，影响钻具正常使用寿命，一旦钻具存在薄弱环节，易发生钻具故障。

（二）监督要点

（1）钻开油气层前，应组织专家进行风险评估，识别钻开油气层存在的风险，按"一井一案、一段（层）一策"的原则，组织制定技术措施，针对可能出现的工程风险编制针对性防范和应急处置措施，全队范围内进行技术交底。

（2）钻开油气层前，按设计要求储备足量的重晶石、重浆等加重材料，加重设施正常，储备重浆罐正常维护泥浆性能，可随时倒入循环罐。

（3）钻开油气层前，钻井队要进行自查自改达到验收条件后报公司申请钻开油气层验收，钻井公司和甲方组织钻开油气层验收，验收合格或完成查出问题整改后，方可钻开油气层。

（4）钻开油气层前及期间，钻井队按井控管理要求组织各班组、各工况井控放喷演习，含 H_2S 的井要进行防 H_2S 应急演练。

（5）钻井施工中，合理选择入井材料和工具，严把采购、入场和入井质量管理，根据施工井况适时调整，杜绝因工具、材料质量问题导致井下复杂故障。

（6）钻开油气层前及期间，钻井公司要按重点井管理办法派驻工程技术、钻井液或井控专家驻井，做好现场难题技术指导，把关现场复杂故障处理。

（7）成立重点井技术专家支持团队，做好重点井技术支撑，采用远程决策系统或派驻现场专家做好关键环节和复杂故障处理远程或驻井指导。

（8）强化工程地质一体化、甲乙方一体化，保持和现场甲方监督、甲方相关部门联系和沟通，及时解决作业中因地质条件与设计偏差较大，采用原有工程设计难以满足安全施工需求等异常情况。

（9）各级工程技术部门要做好施工动态跟踪，及时对工程风险进行分析、提示，组织专家团队进行专家会诊、督导或赴现场进行指导，督促落实相关技术措施与管理制度。

二 控压钻井

控压钻井是一种在整个井眼内精确控制环空压力剖面的自适应钻井过程，属于微过平衡钻井。其目的在于确定井下压力窗口，探索合理钻井液密度，解决井漏溢流复杂，保障钻井施工安全，是保障井控安全的有益补充。控压钻井要重点做好控压装备安装试压、钻井液循环流程及控压钻井作业的监督检查。

（一）主要风险

（1）控压钻井过程中，旋转控制头在转动过程中承受动态压力，一旦发生异常密封失效，在相关部件更换过程中易加剧井下复杂、甚至导致故障。

（2）控压钻井技术要求高，岗位人员技能操作差、技术服务人员井下异常处理不及时或技术人员与岗位人员配合不当易加剧井下复杂、甚至导致故障。

（3）采用控压钻井的井通常井下条件复杂，多为漏、涌同存，安全窗口窄，施工风险高，一旦控压装备出现异常或技术措施不当，会进一步加剧钻井施工风险。

（二）监督要点

（1）控压钻井开工前，控压钻井技术人员与施工单位召开协调会，进行技术交底，内容包括但不限于以下内容：

①控压钻井施工设计、作业程序。要明确钻进、接单根、起下钻、换胶芯等作业程序、发生异常情况的处理措施及健康、安全与环保要求；

②井控要求及防喷、防H_2S演习的要求；

③钻开油气层坐岗制度、干部值班制度；

④控压钻井井口及地面设备安装需要井队和相关方配合的要求；

⑤控压钻井施工的其他注意事项。

（2）钻机底座高度要满足安装旋转控制头或旋转封井器空间要求，旋转控制头（或旋转封井器）按井口装置的安装要求执行，天车、转盘、井口三中心在同一垂线上，偏差不大于20mm。

（3）控压钻井作业使用的方钻杆、方补心要与旋转控制头匹配，采用18°钻杆及相匹配的吊卡，新方钻杆棱角和钻杆接箍要进行打磨处理，入井钻具要通设计要求内径。

（4）组织制定有毒气体和井控的应急预案。

（5）设备安装完毕后要进行试压。旋转控制头（或旋转封井器）、控压节流管汇进行清水试静压到额定工作压力的70%，稳压时间不少于10min，压降不超过0.7MPa。

（6）控压钻井设备安装完毕，静态试压合格后，按控压钻井循环流程试运转，连接部位不刺不漏，正常运转时间不少于10min。

（7）控压钻井装备安装试压完，钻井队自查自改达到开工条件，申请开工验收，公司组织组织相关单位、部门进行开钻验收，验收合格方可开工。

（8）控压钻井作业实施前及作业期间，应井控管理要求进行防井喷、防H_2S中毒等应急演练，记录齐全。

（9）控压钻井施工期间，在钻台上下、振动筛、撇油罐等处应安装可燃气体、H_2S监测仪；在有毒气体易聚积场所安装工业防爆排风机；在钻台、振动筛、井场、燃烧口等位置设立风向标。

（10）作业区设置安全警戒线，禁止非作业人员及车辆进入作业区内，禁止携带火种或易燃易爆物品进入作业区域。

（11）控压钻井施工期间，当班作业人员每人应配备一套正压式呼吸器，并配备一定数量的公用正压式呼吸器，员工应接受培训，做到人人会用。

（12）施工过程中，按技术人员技术指令进行低泵冲试验，记录齐全。

（13）控压钻井期间，受油污染的岩屑应专门存放，回收到指定地点进行处理。

三　压井

监督要点：

（1）钻井施工作业中，严格落实井控坐岗制度，疑似溢流关井观察，发现溢流立即关井。

（2）关井，待压力稳定后，录取立压、套压值，测钻井液增量，报值班干部。除作业人员外，其他人员撤离至安全区域。

（3）压井作业前，进行工作安全分析，识别压井风险，制定削减风险控制措施，根据关井录取的压力计算压井数据，填写压井施工单、绘制出立管压力控制进度曲线。

（4）组织作业人员按压井施工单要求配置压井液或倒入重浆，按压井要求配置足量的压井液。

（5）开始压井，要缓慢开泵，同时迅速打开节流阀及上游的平板阀。

（6）压井过程中，要保持压井排量不变，合理控制套压，始终遵循井底压力略大于地层压力，不能使井底压力过大，一旦接近或超过最大关井套压，要及时调节节流阀，控制合理套压。

（7）压井期间，可适当采取上、下或者转动活动钻具方法来降低卡钻风险。

（8）节流压井需放喷点火时，点火人员处于上风方向安全位置，含硫井放喷点火时，点火人员佩戴空气呼吸器。

四　井下故障处理

钻井故障是指钻井作业中在井内发生的各种故障的总称，主要包括卡钻、断管具、掉钻头等钻井故障，及卡套管、电缆等完井故障等。

（一）主要风险

（1）卡钻处理无效，导致钻具、井下工具埋井，尤其贵重仪器落井，无法正常打捞，填井侧钻造成重大经济损失和钻井周期损失。

（2）井下故障处理不当会导致井下情况复杂化、恶性化。故障发生后，井下情况不确定，井眼状况将随时间增长发生变化，进一步增加处理难度，甚至诱发新故障，如卡钻故障，卡点随时间增加逐渐上移，处理卡钻故障导致断钻具故障，倒开或爆松钻具，下震击器震击或套铣落鱼发生新的卡钻导致故障更恶化。

（3）恶性故障可能引发井控风险，如在油气活跃地层，钻具卡钻，钻具水眼堵塞无法正常循环，处理时间长，易导致井控风险。

（4）恶性故障处理方式不当或出现异常情况，可能造成钻井装备损坏，甚至造成作业人员伤害。

（二）监督要点

（1）一旦发生井下故障，工程技术人员要了解故障发生情况、分析故障原因，按公司井下故障管理办法上报故障情况，其内容包括但不限于以下内容：

①故障类型、故障发生经过、汇报前井下状况；

②当前井深、井眼尺寸、钻头位置及井下钻具组合；

③钻井液性能；

④下一步计划采取处理措施和其他事项。

（2）在制定处理方案、待公司专家或专业打捞工程师到井前，做好相关故障处理准备工作。

①尽量保持钻井液循环、钻具水眼畅通；

②适当活动钻具；

③工程技术人员校核指重表，做好钻具标注或标记；

④安排岗位人员检查确认控制系统、刹车系统及相关设备正常，测试防碰天车正常、灵活好用；

⑤按要求开具故障处理作业许可证，组织参与作业人员进行岗位风险识别，制定针对性风险防控措施；

⑥必要时，钻台下设置安全警戒线，禁止非作业人员进入钻台周围。

（3）故障处理前，工程技术人员或专业打捞工程师要制定处理方案及安全保障措施，并向作业人员进行交底。

（4）故障处理时，当班司钻操作刹把，钻井工程师、值班干部及安全监督要旁站指导和监督。

（5）钻具倒扣、震击或强力活动钻具时，做好防护措施，无关人员禁止在钻台走动或进入钻台周围作业。

（6）钻具泡酸时，卸车点地面垫好防渗膜，作业人员做好专项防护措施，处理过程中要严禁"跑、冒、滴、漏",处理结束后做好废液处理和回收。

（7）爆炸松扣时，爆炸品取用、装填、入井未爆等环节符合安全要求；设备入井前要进行钻杆通径；在装雷管时全场应停电、测井队作业现场不得携带手机、对讲机等无线通信器材；严禁在晚上进行爆松作业。

（8）套铣作业时，严格执行套铣作业安全操作规程，精细操作，一旦出现异常情况及时停止套铣作业，采取措施正常后，方可恢复正常作业。

（9）打水泥塞时，严格执行打水泥塞技术措施，打完水泥塞立即组织起钻设计水泥塞位置以上后，接顶驱或方钻杆循环钻井液。

五　重要设备检维修

重要设备是指钻修井施工中发挥重要作用的设备，通常包括井架底座、绞车、顶驱、泥浆泵动力端、设备传动部分、井控装置及带电部位等。

（一）主要风险

（1）钻井装备部件存在运动、液压管线带压、电缆带电，一旦能量隔离措施不到位、出现误操作或操作失误易导致设备损坏或人身伤害。

（2）重要设备在运转过程中出现异常或发生故障，会影响作业效率、导致施工风险，甚至导致停工。

（3）重要设备关键部位检查不到位、或未按要求进行探伤检测，可能发生突发性疲劳破坏，导致设备损坏，因需要更换设备导致长时间停工，甚至导致井下复杂和故障。

（二）监督要点

（1）钻井队钻井装备管理制度健全，主要装备、装置操作规程、维护保养手册齐全，主要设备按要求进行检查、维护和保养，关键设备和部件按要求进行送修和探伤检测。

（2）特殊作业人员培训到位，持有特殊作业资质证书，并按要求进行培训复证。

（3）钻井队配置专用检测工具、设备，工具定期进行检测和按要求进行更换。

（4）特殊作业要办理作业许可证，未经许可，严禁进行特殊作业。

（5）检修单位持有有效资质及检修工作方案，特种作业人员持有有效证件。

（6）钻井队统一制定指挥信号，作业人员清楚检修指挥信号和应急撤离信号。

（7）地面存在运动部位的设备检维修：检修前要严格执行能量隔离管理规定，落实上锁挂牌制度，指定专人进行监护；清理设备周围杂物，无关人员撤离，必要时作业区域设置警戒；准备好检修、检查工具、材料及要更换的配件，放置在合适位置；拆除设备检修时必要的护罩、盖板、压盖等附件，放置到安全位置；对关键部位进行检查、检测，对过期、损坏或老化的部件进行更换，恢复拆卸的压盖、盖板或护罩等附件，采取人工盘动或适当方式调试正常后摘牌、取消能量隔离，恢复设备正常使用。

（8）地面电器设备检维修：检维修前坚持"先停电，后维修"的原则拉下控制柜开关或电闸，"上锁挂牌"；对存在电气危害的，断电后进行验电或放电接地检验；清理设备周围杂物，无关人员撤离，必要时作业区域设置警戒；准备好检修、检查工具、材料及要更换的元器件，放置在合适位置；拆除设备检修时必要的护罩、盖板等附件，放置到安全位置；持电工证专业人员佩戴专用手套和专用检测工具和设施进行检查、检测，对损坏或老化的元器件或部件进行更换，通电检测；正常后恢复拆卸的盖板或护罩等附件，摘牌、合闸恢复设备正常使用。

（9）高处设备检维修：除常规措施外，高处作业装备要固定牢固；作业人员要通过吊篮或专用爬梯到高处设备或作业平台，作业时要佩戴安全带、防坠落装置，尾绳要拴牢、有效；作业人员使用的手工具、随带的配件等要栓保险绳；地面或工作面要安排专人进行监护，气动绞车操作人员不能随意离开作业区域。

（10）进行敲击作业，尤其是敲击含流体的管线连接时，作业人员戴好护目镜；电气焊作业时，作业人员戴好防护面罩或专用手套；高处作业时，作业人员系好安全带，拴好尾绳；电器维修作业时，作业人员要使用合格的绝缘器具和器材。

六 中途测试

中途测试是指在钻井过程中钻遇油气层之后，未及时了解有关产层性能及所含油、气、水具体情况，取得有关资料所采取的一种工艺。

（一）主要风险

（1）多单位交叉作业，存在配合或沟通不畅可能导致施工风险。

（2）含硫化氢井作业时未使用检测设备，未佩戴安全防护设施可能造成人员中毒伤害。

（3）安装测试井口时无专人指挥、人员站位不合理易造成人员伤害。

（二）监督要点

1. 防井喷

（1）中途测试前，应保证井控装置灵活好用，管线畅通，试压合格；按设计要求储备足量加重材料、重浆。

（2）测试工具的井口控制头承压能力满足设计要求，高压高产天然气井测试管柱测安装安全阀。

（3）在起下过程中，应用专人坐岗，观察记录井筒内、地面钻井液总量，注意总量剧增的异常情况。

（4）起钻时，遇小井径井段时要放慢上起速度，保持环空钻井液灌满。

（5）钻井队与测试队按井控管理要求联合开展防喷演习。

2. 防着火

（1）开井流动和反循环管柱内的油气工作应放在白天进行，遇雷雨、大风等恶劣气候尽量不要进行测试工作。

（2）柴油机的排气管必须装灭火装置，所有的电路开关必须是防爆。

（3）测试期间，应准备消防、可燃气体报警器；在钻台上下安装起消防作用的泥浆枪和喷水装置。及时清除钻台上下的原油等可燃物质。

3. 防伤害

（1）测试队按设计要求安装地面测试流程装置，在油壬连接处加装保险绳，对钻台至地面流程管线两端进行固定，对地面流程管线用地锚或基墩进行固定，对测试地面流程、管线开展逐级试压。

（2）需要转动钻具时，测试人员注意观察钻盘以上管柱，刹把操作人员要平稳缓慢转动转盘，以防止转盘以上的管柱各处螺纹倒扣；用卡瓦转动管柱后，在有扭矩的状态下，上提管柱时当心管柱转动甩出卡瓦伤人。

（3）坐封时，刹把操作人员控制转盘，缓慢平稳释放井下钻具扭矩后方可上提管柱，以防止管柱因扭矩突然释放，反转伤人。

（4）管线内留有压力时，不要捶击由壬；打开或关闭阀门时应缓慢。

（5）当井底取样器或安全密封起至井口时，放样口作业人员不能正对放样口或阀门，以免使人员受伤。

（6）现场配备可燃气体、硫化氢监测设施及防护设施。

📋 本章要点

1 钻井作业主要包括搬迁、安装、钻井、完井及拆卸等工序。设备搬迁、安装及拆卸作业风险主要有物体打击、高空坠落、交通运输及触电等风险，监督要点主要涉及搬迁工序装卸车、设备固定、运输及钻机平移等环节；安装拆卸作业风险主要有物体打击、高空坠落、交摔井架及触电等风险，监督要点主要涉拆卸顶驱、钻台附件、井架、底座、机房、泵房、循环管及起放井架等环节。

2 钻完井作业主要有井喷、井漏、工具落井、顶天车、顿钻、高处坠落、高空落物、物体打击及机械伤害风险，监督检查要点主要涉及接方钻杆、冲鼠洞、配立柱、接钻头、接单根、接立柱、钻进、起下钻、钻井液体系转化、测井、下套管、固井、甩钻具、装井口、试压及清泥浆罐等环节。

3 钻井装备包括提升、旋转、循环、动力、传动、控制及辅助等系统，关键装备主要有绞车、井架、顶驱、水龙头、钻井泵、柴油机、发电机、控制房及司钻房装备或部件，监督检查要点主要涉及关键装备使用及重要部位检查维保。

4 钻井自动装置包括动力猫道、缓冲机械手、铁钻工、动力卡瓦、液压吊卡、二层台排管装备、钻台机械手、动力集成及控制集成控制等装置。监督检查要点主要涉及各系统关键装备的使用及重要部位检查和维保等内容。

5 钻井作业高风险作业主要包括重点井钻开油气层、控压钻井、井喷压井、井下故障处理、重要装备检维修及中途测试等作业。高风险作业主要是高风险作业管理措施、技术措施及工具装备失效情况下导致井下复杂故障及经济周期损失。监督检查要点主要涉及高风险作业管理措施、技术措施、装备工具管理及作业安全等环节。

第七章 陆上井下特种作业

陆上井下特种作业主要包括修井作业、试油（气）作业、压裂酸化作业、连续油管作业、带压作业等专业，业务链条长，作业工序多，HSE风险大。现场HSE监督应结合井下特种作业各专业施工工序、装备重要部位和高风险作业，强化主要风险识别及HSE监督，指导现场规范作业，实现对作业现场的安全管控，达到安全施工目的。

第一节　修井作业

修井作业是通过修井设备、工具和修井工艺，使油水井恢复正常生产施工过程，在修井作业过程中，各工序动态实施及关键装备运行均存在不同风险与隐患，修井队岗位人员、协作单位服务人员要严格落实操作规程，规范操作，HSE 监督应熟悉作业流程，掌握监督检查要点，促进修井现场作业安全高效。

一　施工工序

修井作业施工工序主要包括设备拆搬安、起放井架、打捞、套磨铣等，本部分主要介绍修井作业各工序主要风险和 HSE 监督要点。

（一）搬迁安

搬迁安作业是指采用起重、运输车辆和工器具完成搬迁安装的整个作业过程。

1. 主要风险

起重伤害：吊车安全负载跟所吊设备重量不匹配；吊装索具、吊耳、卸扣等工具锈蚀或损坏，绳套载荷不符合要求；未合理使用牵引绳或推拉杆；多台吊车配合起吊时，没有统一指挥，动作不同步；吊装指挥不能同时看见吊车司机、所吊设备和作业人员等导致人员伤害、设备损坏。

物体打击：人员劳动防护用品穿戴不正确、操作不规范、站位不当，受到人身伤害；使用榔头敲击作业产生的异物伤人或榔头脱手甩出伤人；高处作业时工具、器具掉落，造成人员伤害。

车辆伤害：驾驶员操作失误，作业人员站位不当，无专人指挥导致人员伤害；驾驶人员疲劳驾驶，私自变更行车路线，道路急弯、坑洼、积水、结冰、地基不牢等造成车辆失控侧翻；载物捆绑固定不牢，货物掉落、倾倒。

高处坠落：登高作业时，未系安全带、未注意脚下情况，引起踩空、滑跌、坠落。

触电伤害：井场电源未断电、用电线路未拆除，在高压线旁吊装时未断电、未保持安全距离，引起触电。

其他风险：火灾、爆炸、环境污染、坍塌伤害、设备损坏等。

2. 监督要点

（1）搬迁前应勘查路线、制定施工方案并经过上级部门审批；要进行作业安全分析，按照规定办理特殊作业许可，并针对作业识别出的风险制定削减控制措施。

（2）吊车司机、司索、指挥人员、监护人员要持有效证件；吊装作业安排专人指挥，指挥员应佩戴明显指挥标识（如：袖标、背心等），处于吊车司机和司索人员都能看到的位置，如遇起吊大型设备设施需两台吊车联合作业时，明确一人负责统一指挥。

（3）吊装作业前要检查确认吊车吊钩安全锁销、吊装锁具、牵引绳和卡车防滑垫等设施完好符合要求；被吊物上的浮置物必须进行清理或固定；设备电源已断电，用电线路已拆除，对应地线已拆除、回收；高压线应先断电，无法断电吊装时，应保证安全水平距离。

（4）起吊前应进行试吊，试吊时吊物距离基准面 10 ~ 20cm，无异常方可正式起吊。下放吊物时，应使用牵引绳、推拉杆辅助就位，手扶就位时吊物距基准面应小于 50cm。

（5）吊装指挥人员指挥吊车将吊装物起升到合适高度，移动物体到运输车辆车槽上方，停稳后下放；移动过程中，作业人员应站在安全位置拉动牵引绳，调整吊装物的方向，运输车辆司机应下车到安全位置等候；当吊装钻台等大型设备时，起吊至合适高度后，停止起吊，指挥运输车辆倒车至设备的正下方，然后将被吊物缓慢放到运输车辆上。

（6）风力六级及以上大风、雷电或暴雨、雾、雪、沙暴等能见度小于 30m 时，不得进行吊装作业及高处作业。

（7）运输途中，超长、超高或超宽的物品应有明显标识，并安排人员带车。运输过程中应控制车速，并定期停车检查，如有松动及时紧固。

（8）高空作业时，重点监控上下立体工作面同时作业的人员，正确使用安全带及防坠落装置，手工具及零配件拴保险绳，严禁采用上抛下掷的方式传递工具及附件。

（9）敲击作业人员站位合理、佩戴护目镜，严禁使用管钳、扳手等非专用工具进行敲击作业。

（10）修井机行驶前，详细勘察搬迁路线，对特殊路况进行描述及警示，专职司机与基层队责任人共同按修井机项点检查车况达到要求，修井机行驶途中，专职司机必须严格遵守交通规则，杜绝违章驾驶；行驶途中遇有特殊路段（道路受限、道路变窄、道路急弯等），专职司机与押车人员必须下车查看路况，确保车辆通行安全；在行驶过程中，要密切注意道路上的输电线路、桥梁、涵洞及上空的阻碍物，通过时低速行驶，必要时押车人员指挥通过，避免发生意外；避免在软路基边缘行驶、停靠，谨防车辆倾斜，甚至倾翻。

（二）起放井架

起放井架就是车载式修井机施工前井架树立及施工后井架回收的整个作业过程。

1. 主要风险

机械伤害：井架底座不平、整车不平，井架起升过程中出现下沉、倾斜、翻转；井架有缺损、局部变形，导致承重负荷不够，造成设备损坏、人身伤害。

高处坠落：登高作业时，未系安全带、未注意脚下情况，引起踩空、滑跌、坠落。

物体打击：人员劳动防护用品穿戴不正确、操作不规范、站位不当，受到意外伤害；

高处作业时工具、器具掉落，造成人员伤害；使用榔头敲击作业产生的异物伤人或榔头脱手甩出伤人。

其他风险：火灾、触电、设备损坏等。

2. 监督要点

（1）值（带）班干部对起放井架作业进行安全风险提示，明确各岗位安全职责、指定指挥人员、规范指挥信号，办理相应的作业许可证。

（2）五级风及以上，大雨、大雾和夜间等能见度小于100m时，禁止立井架作业；雨天和雪天作业时，应采取可靠的防滑、防寒措施，暴风雪、台风、暴雨后，应对作业安全设施进行检查，发现问题立即处理。

（3）立井架前，应对井架进行全面检查，井架不应有变形、开焊、断裂等问题；必须彻底排除液压系统、起升液缸和伸缩液缸内的空气，防止起升井架和井架上体伸缩过程中发生重大意外事故。

（4）井架起落、伸缩时，井架上不得有人员，井架高度前后及两侧危险区域内人员不得穿行、逗留。

（5）井架起升时，起升液缸各级柱塞伸出顺序必须正确，油缸各扶正器必须准确合抱伸缩液缸柱塞，防止井架上体伸缩过程中发生重大意外事故。

（6）下放井架平稳操作，控制下放速度缓慢下放，各岗位人员随时观察下放过程中的情况，有问题及时处理。

（7）下放过程必须最低档控制下放速度，缓冲缸灵活好用，气压充足。

（8）起放井架时应连续作业，不得中途停顿。

（9）在上部井架已向上伸出但没有锁紧前，如确需上井架作业时，人员必须使用安全带、防坠落装置、攀爬器防护装备，在此期间不得举升或下放井架，并指派专人在操作台监护。

（10）井架竖立安装后，应拉紧全部绷绳，确保井架安全工作；调整绷绳时，井架、二层台不得有负荷；在井架、二层台承载工况时，不得松开任何绷绳。

（三）拆装井口、防喷器

拆装井口是指通过拆装螺纹、法兰、卡箍等，实现拆装或拆换井口条油（气）树、防喷器的作业过程。

1. 主要风险

物体打击：井口操作时，站位不当易造成人身伤害；使用榔头敲击作业产生的异物伤人或榔头脱手甩出伤人；试压时接头、管线未上紧，固定不牢、管线爆裂，未放压就拆卸管线，造成管线液体刺漏或管线摆动伤人。

井控风险：作业前，井筒液柱压力与地层压力未保持平衡；割焊井口装置前采用封堵工具（或注塞材料）封堵井筒，封堵不严。

中毒窒息：井口有毒、有害气体溢出，发生人员中毒伤害；焊接过程中产生的烟尘和有害气体，产生中毒窒息的风险。

其他风险：火灾、爆炸、灼烫、环境污染、设备损坏等。

2. 监督要点

（1）值（带）班干部对拆装井口、防喷器作业进行安全风险提示，明确各岗位安全职责、指定指挥人员、规范指挥信号。

（2）井口周围具备拆装井口、防喷器作业的空间，便于人员操作、撤离；应保持通信畅通，统一指挥，严禁上下交叉作业；井口应做好防护，严防井口落物，管钳、扳手、钢锤等工具应系尾绳保护。

（3）拆装井口、防喷器作业前根据井况进行泄压、洗井或压井，确保井内压力平稳，无井控风险才能进行拆装。

（4）在井口装置安装作业过程中，应专人检测可燃气体、有毒、氧气等气体浓度并做好防护，发现气体浓度超限报警，则启动相应应急预案，现场应配备急救包、正压式空气呼吸器、护目镜等应急物资。

（5）割、焊井口作业应有专人监护，作业前应清除动火现场及周围的易燃物品，或采取其他有效安全防火措施，并配备消防器材，满足作业现场应急需求。

（6）井口、防喷器安装完毕后，应按照设计要求进行试压，并打印试压曲线，第三方试压时，基层队与作业单位签订HSE协议。

（7）试压过程设立高压隔离区，禁止无关人员进入。

（8）旁站监督试压过程，严禁采用开井的方式泄压。

（9）冬季试压结束后，用压缩空气将管线吹扫干净。

（10）当发生紧急情况时应立即采取脱离危险区域、示警、停止作业、应急处置或启动施工现场应急处置方案等应急处置措施。

（四）洗压井

洗井是指将洗井介质由泵注设备经井筒或管柱注入，把井筒内的物质携带至地面，达到清洁井筒等施工目的。压井是利用泵注设备从地面往井内注入密度适当的压井液，使井筒内的液柱在井底造成的回压与地层压力相平衡，恢复和重建井内压力平衡的过程。

1. 主要风险

物体打击：搬运、接卸洗压井管线站位不当、操作不规范，管线脱落造成伤害；使用榔头敲击作业产生的异物伤人或榔头脱手甩出伤人；水龙带摆动，水龙带脱扣，未系牢保险绳掉落，出口固定不牢摆动飞起，造成人身伤害；操作不当，引起泵压过高、憋泵、憋爆水龙带、液体飞溅，造成人身伤害。

井控风险：洗（压）井液密度不合适，造成井漏或溢流，最终导致井喷；循环压井施工中，未对出口进行控制或控制不当，诱发井喷；压井过程中，中途停泵，导致气体滑脱，产生诱喷效应。

中毒窒息：井内有毒有害气体溢出，人员吸入造成中毒窒息。

环境污染：施工中设备或管线刺漏，洗（压）井液落地造成环境污染。

其他风险：火灾、爆炸、井下故障等。

2. 监督要点

（1）值（带）班干部对洗压井作业进行安全风险提示，针对作业实际情况识别风险制定削减控制措施。

（2）洗压井作业前，使用警戒带、隔离网将高压区域进行隔离，无关人员禁止进入。

（3）洗压井作业前检查循环通道畅通、缓慢开泵。

（4）压井作业根据设计和关井井口压力情况确定压井液密度，压井液密度应适当，不可盲目提高或降低。

（5）压井施工前，应对设备、材料进行检查，确保压井施工连续进行。

（6）洗压井过程中，随时观察并记录泵压、排量、出口量及漏失量等数据。

（7）水泥车、压裂车等压井设备，进入井场必须加防火帽。

（8）作业人员佩戴好气体检测仪，一旦发生有毒有害气体泄漏，及时采取措施。

（9）开关闸阀时，所有人员必须站在闸阀侧向，严禁正对闸门芯站立。

（10）当发生紧急情况时应立即采取脱离危险区域、示警、停止作业、应急处置或启动施工现场应急处置方案等应急处置措施。

（五）起下钻

起下钻是通过提升系统和人员配合，将管柱下入井内或起出井口的施工过程。

1. 主要风险

物体打击：顶天车、刮碰二层台、顿钻、单吊环等造成人员伤害、设备损坏；二层台工具、器具掉落，造成人员伤害；扶推工具、管材、立柱等操作不当，造成人身挤压伤害；人员劳动防护用品穿戴不规范、操作不规范、站位不当，受到意外伤害。

高处坠落：井架工未正确系挂安全带，未正确使用防坠落装置、攀爬器，摘防坠落装置前未挂好安全带，造成人员高处坠落；井架工使用兜绳或扣合吊卡时，身体探出操作台过多，重心不稳易发生坠落。

机械伤害：液压钳或 B 型大钳操作不正确、配合不当、站位不当导致机械伤害；检修液压钳未切断动力源，未正确使用液压钳防挤手装置，更换钳牙、检维修，造成人员伤害；液压绞车操作不平稳、与其他人员配合不当，导致人身伤害事故。

井控风险：压井液选择不当、起钻速度过快造成抽汲、下钻速度过快产生激动压力、未按要求灌入压井液并核对排替量，引起井口溢流或井漏。

其他风险：触电、中毒窒息、设备损坏、井下故障等。

2. 监督要点

（1）值（带）班干部应对起下钻作业进行安全风险提示，对识别出的风险制定消减控制措施。

（2）司钻起下钻前应对电子、机械、重锤防碰装置进行验证，保持灵敏可靠。

（3）井架二层台配备双兜绳，有二层台排管装置的执行相关操作规程；井架工与钻台作业人员应按规定的联络信号交流信息，在条件许可时用通话系统进行信息交流。

（4）司钻或副司钻平稳操作液压绞车，排齐钢丝绳，按设计要求控制起下钻速度，严禁猛刹、猛放起下管柱；与其他人员配合得当，严格执行安全操作规程。

（5）起下钻作业过程中液压钳由井口工专人操作，严禁两人同时操作；检修设备应断开动力源、挂牌、上锁、专人监护。

（6）钻具、方钻杆上下钻台过程中严禁人员从大门坡道下方穿过或停留。

（7）钻台人员卸护丝时，手脚严禁处于钻具正下方；人员严禁处于钻具倾斜方向；大门坡道口不用时及时挂好防护链或关闭防护门。

（8）司钻上提或下放游动滑车经过二层台时注意密切观察，防止剐蹭或挤压钻具；对扣时，井口工合理站位，不能遮挡司钻视线。

（9）下套管灌浆应使用专用灌浆接头，水龙带系好保险绳。

（10）起下钻期间按要求进行坐岗、灌液并核对钻具排替量，及时发现溢流。

（六）套磨铣

套铣是指通过套铣工具清理井下管柱与套管之间环空的一种工艺；磨铣是指用磨铣工具切削磨碎落鱼或将卡在落鱼周围的障碍物铣磨掉的一种工艺。

1. 主要风险

物体打击：套磨铣过程中，人员进入转盘转动区域造成人身伤害；水龙带摆动，水龙带脱扣，未系牢保险绳掉落造成人身伤害；循环出口固定不牢摆动飞起，造成人身伤害；操作不当，引起泵压过高、憋泵、憋爆水龙带、液体飞溅，造成人身伤害、环境污染。

环境污染：施工中压井液泄漏，造成环境污染。

其他风险：机械伤害、中毒窒息、井控风险、井下故障等。

2. 监督要点

（1）值（带）班干部对套磨铣作业进行安全风险提示，对识别出的风险制定消减控制措施。

（2）施工前，检查确认悬吊系统、刹车系统、循环系统、井控装置、井口等设备设施完好有效。

（3）下井工具和管柱均应经地面检验合格。

（4）下管柱时，管柱连接螺纹应按标准扭矩上紧、上平，防止管柱出现脱扣，造成落井事故。

（5）以憋跳小、钻速快、井下安全为原则选择套磨铣参数。

（6）高压区域摆放高压区域风险提示标识，严禁人员进入、穿越和滞留。

（7）作业期间，应按照巡回检查路线，对井口及井控装置、地面设施及管线、动力设备和泵注设备等进行检查。

（七）取换套

取换套作业是指用套铣、切割、倒扣等技术措施将油水井中上部损坏套管取出，下入新套管并通过补接工具或对扣方式与下部完好套管连接起来的一种工艺。

1. 主要风险

井控风险：作业过程中与未认识到的异常低压或异常高压层沟通造成井控风险；取换套施工前未对井筒进行有效封堵造成井控风险；割焊环形钢板造成井控风险。

物体打击：倒扣作业方补芯固定不牢，倒扣作业超扭矩，方补芯飞出伤人；使用榔头敲击作业产生的异物伤人或榔头脱手甩出伤人。

机械伤害：违反规定超负荷上提导致管柱拔断，管柱摆动或落物伤人。

中毒窒息：切割焊接环形钢板作业前未进行气体检测或检测不达标，人员吸入有毒有害气体造成伤害。

其他风险：火灾、爆炸、灼烫、环境污染、井下故障、设备损坏等。

2. 监督要点

（1）值（带）班干部对取换套作业进行安全风险提示，对识别出的风险制定消减控制措施。

（2）根据油气层压力（压力系数）选择合适压井液、防喷器，做好井控防喷和安全环保工作，必须对井筒进行严格的控制，循环洗压井后打封堵桥塞，并试压合格，保证井下油气层绝对封闭。

（3）找漏作业时，高压区域摆放高压区域风险提示标识，严禁人员进入、穿越和滞留。

（4）套铣施工时合理确定匹配施工参数，科学增加钻压、转速，不应有跳钻、管柱摇摆等异常现象。

（5）倒扣过程中，人员撤至安全区域，专人观察指重表变化；需解卡作业时，禁止超负荷上提管柱。

（6）套管回接后应保障井身质量，固井及试压合格。

（7）乙炔瓶禁止卧放，氧气瓶、乙炔瓶间距不得小于5m，氧气瓶与火源间的距离不得小于10m，并固定牢靠。

（8）切割环形钢板需气体分析合格后方可施工，边沟、地井、地漏做好封堵。

（9）切割环形钢板前要先打孔放气，将气体放净灌满洗井液后方可作业。

（10）焊接过程中及焊接施工完毕严禁触碰焊点，以防烫伤，穿戴齐全阻燃防护服、安全帽，佩戴眼面部防护具等劳保用品。

（八）打捞

打捞是指通过专用打捞工具，将井内落鱼捞获起出井口的施工过程。

1. 主要风险

物体打击：刹车、防碰系统气路或油路检查不到位，工作失灵，造成游车上顶或下砸事故；转盘转动时，转盘转动部分有物品，或者人员未离开转盘面，造成意外伤害；倒扣作业方补芯固定不牢，倒扣作业超扭矩，方补芯飞出伤人。

机械伤人：违反规定超负荷上提，管柱拔断，管柱摆动或落物伤人；活动钻具前，未使用转盘离合器有控制地释放管柱反扭矩，不停转盘或带扭矩直接上提方钻杆，造成事故。

其他风险：环境污染、设备损坏、井下故障、井控风险等。

2. 监督要点

（1）值（带）班干部对打捞作业进行安全风险提示，对识别出的风险制定消减控制措施。

（2）打捞作业前，应对井口进行校正，确保天车、转盘、井口中心偏差不大于10mm。

（3）施工前，确认悬吊系统、刹车系统、循环系统、井控装置、井口等设备设施完好有效。

（4）全面了解提升系统和井下工具的最大提升载荷，活动管柱的最大负荷不得超过井架、游动系统、井下管柱及打捞工具的安全负荷。

（5）打捞解卡施工过程中，井架前后方、井架与修井机之间不准站人，非操作人员应远离现场。

（6）转动转盘期间，应一人操作，一人值守；补芯的安装应牢固可靠，不能出现松动或脱落的情况，其他人员应离开钻台。

（7）活动钻具前，应使用转盘离合器有控制地释放管柱反扭矩，严禁不停转盘或带扭矩上提方钻杆。

（九）注水泥

注水泥是指通过向井内泵注水泥浆，达到封堵产层或封堵套管漏失的施工过程。

1. 主要风险

灼烫伤害：配水泥浆过程中，人员防护不当吸入粉尘、水泥浆溅出造成人身伤害。

物体打击：接卸循环管线站位不当、操作不规范，试压、挤注过程中，管线弹起、刺漏、未放压就拆卸管线，造成人身伤害；使用榔头敲击作业产生的异物伤人或榔头脱手甩出伤人。

环境污染：施工过程中，管线刺漏、出口固定不牢造成水泥浆溢出，或拆卸管线水泥浆落地造成环境污染。

其他风险：机械伤害、井下故障等。

2. 监督要点

（1）值（带）班干部对注水泥作业进行安全风险提示，对识别出的风险制定消减控制措施。

（2）注塞之前应进行通井和洗压井，使井筒液柱压力与地层压力相平衡。

（3）水泥浆的性能符合施工设计要求，水泥样本应做水泥浆初凝、终凝、流动度试验和添加剂配方试验。

（4）施工前，确认悬吊系统、刹车系统、循环系统、井控装置、井口等设备设施完好有效。

（5）配水泥浆时操作人员佩戴防尘口罩、护目镜等劳动防护用品。

（6）施工时使用警戒带、隔离网将高压区域进行隔离，无关人员禁止进入。

（7）施工过程人员站位合理，操作人员紧密配合，管线固定牢靠。

（8）注水泥施工中，若提升系统发生故障，应立即反循环洗井，将水泥浆循环出井；若循环系统发生故障，应立即上提起出管柱。

（9）候凝期间，要做好坐岗观察，专人记录油、套管压力。

（十）清罐

清罐是指大修主体施工完成后，对现场循环罐内污水、沉淀物进行清理的施工过程。

1. 主要风险

环境污染：罐内泥浆污水落地造成环境污染。

中毒窒息：未进行气体检测易发生中毒、窒息等事故，造成人身伤害。

物体打击：罐口工具检查、使用，清理杂物不当，导致落物伤人；水龙带管线刺漏，泥浆污水飞溅，造成人身伤害。

其他风险：高处坠落、火灾、爆炸、触电、机械伤害等。

2. 监督要点

（1）值（带）班干部对清罐作业进行安全风险提示，对识别出的风险制定消减控制措施。

（2）进入受限空间作业前，根据检测结果对作业环境危害状况进行全面评估，分析受限空间是否存在缺氧、易燃易爆、有毒有害、高温等危害因素，是否存在旋转、搅拌、电气等设备，制定控制、消除危害措施，确保整个作业期间处于安全受控状态。

（3）检测时，作业人员应佩戴正压式呼吸器。

（4）监护人应在受限空间入口处进行监护，入口处应设置警告牌，并采取措施防止误入。

（5）监护人员与作业人员应明确联络救援信号。

（6）作业前和作业过程中，对受限空间采取强制性持续通风措施降低危险，保持空气流通。

（7）进入受限空间，作业人员应系好救生绳。

（8）在作业中发现情况异常或感到不适，相关人员应及时发出信号，并迅速撤离现场。

（9）清理出来的废液废物按规定回收处理，严禁乱排乱放。

二　关键装备

修井作业现场主要配备修井机、泥浆泵、循环罐、井控设备等，本部分主要介绍修井作业各关键装备重要部位HSE监督要点。

（一）修井机和井架

自走式修井机是将动力、井架、游车系统及传动机构全部装载于自走式底盘上，是修井作业的动力来源，重要部位包括绞车、防碰天车、液压绞车、游车、大钩、二层台和天车，监督要点如下：

1. 绞车

绞车固定牢靠，运行平稳，无明显或大幅度震动；大绳排列整齐，吊卡至钻台面后，滚筒上剩余大绳须在15圈以上；大绳无缩径、锈蚀、磨损严重等缺陷；活绳头固定牢固，配备防滑卡3只，压板不少于2只；死绳固定器穿齐防跳螺杆，压板并帽齐全，配备防滑卡2只，方向正确。

2. 防碰天车

重锤防碰天车引绳中间无接头，不得与井架、电缆线等摩擦；电子防碰天车报警位置、刹车位置设置正确，报警声音清晰、响亮；过卷阀防碰天车顶杆调节合适，防碰位置准确。

3. 液压绞车

安装在修井机支撑结构上，严禁焊接或仅固定在钢板上；3t液压绞车使用直径12.7mm钢丝绳，5t绞车使用直径16mm钢丝绳，无打结、断丝和锈蚀；液压管线无老化、渗漏；手柄及复位弹簧完好、灵敏；有排绳装置，钢丝绳排列整齐。

4. 游车

提环、提环销、两边挡板等外部可见部位无损伤、裂纹和变形；螺栓销子齐全紧固；护罩完好，不磨大绳。

5. 大钩

锁紧装置安全可靠，提环销及安全销完好；吊环保险绳用直径13mm钢丝绳缠3圈，用3只与绳径相符的绳卡卡牢。

6. 二层台

井架及二层平台不应摆放和悬挂与生产无关的物品，工具应拴牢保险绳；二层台操作人员上岗前应检查安全带、防坠落装置、逃生装置完好情况，确保装置有效；逃生绷绳上端应固定在便于逃生处，着陆点应设缓冲装置。

7. 天车

栏杆齐全紧固，有航空障碍警示灯；天车轮无明显摆动或异响，有大绳防跳杆；护罩无变形，不磨大绳；天车底座螺栓固定可靠，有防碰方木；悬吊滑轮固定牢靠，拴保险绳。

（二）钻台和附件

钻台是修井作业的主要承重设备和人员操作平台，重要部位包括钻台、钻台底座、液压钳、B型大钳、水龙头和司钻房，监督要点如下。

1. 钻台

井口工具、接头摆放整齐，应急通道畅通，无油水、泥浆，孔洞有盖板；钻台栏杆完整，固定牢靠，下部有踢脚板；梯子、大门坡道安装牢靠，加保险绳；大门前护栏缺口、梯子口、逃生滑道口应安装防护链；逃生滑道固定牢靠，滑道面平整，无凸起、异物或孔洞，下部缓冲砂充足。

2. 钻台底座

无开焊、扭曲变形，与基础接触无悬空；圆井有盖板，圆井内无油泥。

3. 液压钳

尾桩牢固可靠，无裂纹、锈蚀，销子齐全；门框灵活好用，在作业中应扣好门框；上、下盘与钻具咬合紧密；钳牙安装牢靠。

4. B型大钳

钳尾绳用 ϕ22钢丝绳连接固定于尾桩上，尾桩牢固可靠；吊杆严禁焊接；钳头销轴别针齐全。

5. 水龙头

提环销锁紧块完好紧固，各活动部位转动灵活、无渗漏；水龙带拴保险绳，两端分别固定在水龙头提梁上和立管弯管上。

6. 司钻房

各种仪表、摄像头显示器显示清晰、正确；液压盘刹手柄和紧停按钮工作正常；送话器完好；前方和上方窗户有雨刮器，视线良好。

（三）泥浆泵和循环罐区

泥浆泵和循环罐区是大修作业的循环系统，重要部位包括泥浆泵、地面管汇、循环罐和材料区，监督要点如下。

1. 泥浆泵

底座顶丝应固定齐全、紧固，传动护罩、喷淋泵护罩应完好；安全阀销钉规格、定位符合要求，无弯曲、锈蚀；安全阀盖齐全完好；泄压管线出口弯头应大于120°，朝向循环罐内，两端固定加保险绳；拉杆箱内不得有阻碍物，上方盖板完好。

2. 地面管汇

高低压阀门组、管线应安装在水泥基础上，用地脚螺栓卡牢；高压软管的两端用直径不小于16mm的钢丝绳缠绕后与相连接的硬管线接头卡固，或使用专用软管卡卡固；高低压阀门螺栓紧固，手轮齐全，开关灵活，无渗漏。

3. 循环罐

罐面通道畅通、无孔洞；传动运转部位护罩齐全完好；设备接地良好，电机、灯具等防爆性能良好；所有梯子固定、连接牢靠，拴保险绳；栏杆、梯子扶手齐全。

4. 材料区

分类堆放、下垫上盖，名称数量标识齐全清楚；化学品安全数据单SDS齐全。

（四）井控设备

井控设备是实施油气井压力控制技术的一整套专用设备、仪表与工具。重要部位包括防喷器、远程控制台、司钻控制台、节流压井管汇与内防喷工具，监督要点如下：

1. 防喷器

防喷器在检测有效期内；防喷器的底法兰连接螺栓安装齐全、紧固，螺杆两头丝扣余扣均匀；用直径不小于16mm的压制钢丝绳和两头全封闭的正反扣丝杠对角固定防喷器组并绷紧，正反扣螺栓丝扣应采取防腐措施；井口装置各闸门开关状态正确，有手动锁紧杆和状态标识；防喷器上方安装泥浆伞。

2. 远程控制台

远程控制台在检测有效期内，摆放在大门左前方距井口大于25m，线路专线控制，内有防爆灯及防爆开关，远程控制台做保护接地；周围保持2m以上的人行通道，周围10m不得有易燃、易爆及腐蚀性物品；远程控制台储能器压力符合规定要求，储能器压力17.5～21MPa，管汇压力8.5～10.5MPa，气源压力0.60～0.80MPa；三位四通换向阀手柄处于工作状态，全封闸板手柄安装防误操作装置，剪切闸板手柄安装限位装置；液控管线排放整齐、无渗漏，设置防碾压保护装置，与放喷管线的距离不小于1m，备用液压管线接口采取防尘防腐措施。

3. 司钻控制台

司钻控制台在检测有效期内，安装在司钻操作台后侧，固定牢固；各压力表、控制阀件、手柄完好齐全，操作灵活，气源表压力 0.60~0.80MPa；手柄控制对象及开关状态与远控台一致；司钻控制台禁止安装操作剪切闸板的手柄。

4. 节流压井管汇

节流压井管汇在检测有效期内，压力级别符合设计要求，各闸阀挂牌编号并标明其开、关状态；控制箱压力表齐全、可靠，在检测有效期内；节流管汇旁边应设置"井控警示牌"，相关数据列表显示，正对操作者；内防喷管线采用螺纹与标准法兰连接，法兰连接螺栓两端余扣均匀，超过7m加装基墩固定，固定基墩不得悬空；节流管汇回收液管线出口应接至循环罐，爬坡处用基墩固定，两端固定牢靠，出口处固定牢靠，使用高压耐火软管时两端要加固定保险链，压板处垫胶皮，压井管汇反循环压井管线有保险绳并固定。

5. 内防喷工具

内防喷工具在检测有效期内，额定工作压力应与防喷器额定压力相匹配，内防喷工具灵活可靠，保养到位，旋塞配有旋塞扳手；抢接装置放置位置便于操作，有符合标准的防喷单根。

（五）机房设备

机房设备的重要部位包括柴油机、气源房、发电房、配电房、工具房和柴油罐，监督要点如下。

1. 柴油机

柴油机与底座搭扣及连接螺栓齐全，固定螺丝齐全牢固，并备帽；风扇、护罩无缺损、变形、松动；飞轮、万向轴护罩无缺损、变形，固定牢固；气控箱开关有锁定装置，标识清楚、规范，设备停用或检修时应悬挂"正在修理、禁止合闸"的警告牌；梯子固定牢靠，无变形；排气管固定螺丝齐全、紧固，有消音灭火星装置，直排气管有防雨帽。

2. 气源房

储气罐有检验合格标识牌；安全阀、压力表在校验有效期内，有铅封；安全阀泄压口指向安全区域，禁止对站人方向泄压；供气系统安装牢固，冬季应采取保温防冻措施；各阀门工作灵敏、可靠；气路干燥装置运行正常，定时排水，气路无积水。

3. 发电房

房内有"禁止烟火""当心触电""必须戴护耳器"的安全标识；发电机固定螺丝齐全、牢固，护罩齐全、紧固；接地保护齐全、有效；配电箱（柜、盘）处必须设置"当心触电"标志，控制开关有统一规范控制对象标识，地面设有绝缘胶垫；配备应急灯，安装位置应满足照明条件，便于人员操作，应急灯正常完好。

4. 配电房

电缆线走向及布局合理，无接头、破皮、老化，与金属接触处有绝缘护套，两根以上电源线应绑扎整齐,严禁使用铁丝绑扎敷设;配电柜金属构架应接地;控制开关有统一规范控制对象标识,地面设有绝缘胶垫,有护盖或防弧隔板,接保护线,漏电开关在检测期内;配有"正在检修,禁止合闸"标识牌,检维修作业上锁挂签。

5. 工具房

电气设备和手动工具实行"一机、一闸、一保护",并接有可靠的接地线,电源线无破损;砂轮的装夹牢靠,卡盘与砂轮的接触面应平整、均匀,压紧螺母或螺栓无滑扣,且有防松措施;电焊机焊钳手柄绝缘良好,焊接线无破损;切割机护罩齐全,砂轮无破损,开关灵敏、可靠。

6. 柴油罐

罐体无锈蚀,密封完好,各吊点固定牢靠,高架罐与支撑杆使用满眼销子连接,并加装保险别针;呼吸阀通畅,燃油管线不渗不漏;摆在距井口不小于30m,距发电房不小于20m的安全位置;地面应铺垫防渗布,防渗布四周摆放围堰;装卸成品油过程中要使用规定管线,储油罐和油罐车要有可靠的防静电接地装置。

三 高风险作业

修井作业现场高风险作业主要有爆炸松扣和切割、活动解卡、带压打孔等,修井作业各高风险作业环节的主要风险和HSE监督要点如下。

(一)爆炸松扣或切割

爆炸松扣或切割是配合测井完成的一项打捞解卡工序,是用爆炸方法使卡点钻具松动解卡或在卡点以上进行切割,然后起出卡点以上管柱而采取的一种工艺措施。

1. 主要风险

物体打击:电缆作业悬挂过程中出现部件掉落,人员站位不当,易造成物体打击伤害。

火灾爆炸:地面装药、起下过程中操作不规范、入井无引爆显示、出现哑炮起出后在地面自爆伤人。

机械伤害:给管柱施加反扭矩时,进入转盘转动区域,造成人身伤害。

2. 监督要点

(1)值(带)班干部对爆炸松扣或切割作业进行安全风险提示,基层单位与射孔队组织召开现场技术交底,签订安全协议,明确划分各方责任,对作业人员进行风险提示和制定控制措施。

(2)爆炸解卡施工人员须持有效作业许可证才能上岗操作,并穿戴防静电劳动保护用品。

(3)爆炸解卡火工器材的装配应按说明书的要求和使用非金属工具进行操作,现场设立警示标志,火工品储存箱应及时上锁,妥善保。

（4）进入施工现场的所有施工车辆发动机的排气管应安装阻火器。

（5）井场配备有效的消防安全设施，防爆照明设施和线路应完好无损。

（6）上提和下放电缆过程中，绞车后面不应站人。

（7）电起爆施工全过程中，井场内不应动用电气焊和明火，不应使用无线通信设备。

（8）电缆输送起爆器在井下点火失败，应首先关闭点火电源才能进行上提电缆操作。

（9）所有点火未起爆的电雷管和起爆装置中的撞击雷管不应再次使用，应单独存放在防爆箱内，及时交还。

（10）在电缆输送起爆器过程中，应有专人观察井口，如发生异常现象（井涌、溢流等）应立即停止施工，并采取相应的应急措施。

（二）活动解卡

活动解卡是指捞获井内落鱼或管柱遇卡后，采取不同拉力上下活动管柱使管柱解卡而采取的一种工艺措施。

1. 主要风险

物体打击：解卡期间，井架落物，人员站位不当，易造成人身伤害；违反规定超负荷上提，管柱拔断，管柱摆动或落物伤人。

机械伤害：活动钻具前，未释放管柱反扭矩；刹车迟缓和溜车，发生机械及人身伤害事故。

设备损坏：指重表失灵，盲目操作，造成设备损坏；上提负荷过大，超过钢丝绳或井架承拉强度，使大绳拉断，地锚松动拔出，井架歪斜或倒塌；下放过程刹车不及时，造成游车坠落、管柱弯曲断裂、设备损坏。

2. 监督要点

（1）值（带）班干部应对活动解卡作业进行安全风险提示，对识别出的风险制定消减控制措施。

（2）活动管柱的最大负荷不得超过井架、游动系统、井下管柱及打捞工具的安全负荷，活动管柱前仔细检查井架、游动系统、地锚、大绳等重要部位。

（3）在活动管柱前要固定吊环、吊卡、吊卡销子等部位，防止吊环跳出，吊卡打开引起事故；地面设备、井口工具、用具等要有紧固措施，防止震击时发生断、脱。

（4）活动管柱时要有专人指挥，专人在安全区域观察地锚和指重表。

（5）活动管柱不能连续进行，防止管柱疲劳破坏。

（6）解卡作业期间，值（带）班干部及 HSE 监督对作业流程、操作规范进行巡查，及时排查隐患。

（7）解卡期间严禁从事二层台等高处作业。

（三）带压打孔

带压打孔是指当井筒、管线内有压力，无法进行放压时，可进行打孔作业将压力卸掉，无法判断井筒、管线内是否存在压力时，按存在压力执行。

1. 主要风险

物体打击：搬运、接卸管线站位不当、操作不规范，管线脱落造成伤害；使用榔头敲击作业产生的异物伤人或榔头脱手甩出伤人；试压、放压过程中，管线弹起摆动、刺漏、闸门丝杠顶出、未放压就拆卸管线，造成人身伤害。

中毒窒息：操作过程中，有毒有害气体突然从井筒内、流程内、带压打孔工具等处刺漏、溢出，引起人员中毒窒息。

火灾灼伤：带压打孔、补孔施工中，操作不当、防范措施不到位引起火灾；焊接过程中产生的高温焊渣烫伤，产生的强光对操作人员眼睛造成辐射伤害。

2. 监督要点

（1）值（带）班干部应对带压打孔作业进行安全风险提示，对识别出的风险制定消减控制措施。

（2）带压打孔现场服务人员入场前，按照承包商管理办法对其施工资质、人员证件等进行检查，满足要求后方可进场。

（3）操作人员应穿戴好安全防护用品。

（4）操作前，使用警戒带或隔离网将施工区域进行隔离，清理动火点周围有可能泄漏易燃、可燃物料的设备设施，无关人员禁止进入。

（5）提前落实好井口用电、动火等安全防护措施，准备好灭火器材。

（6）在套管上动火时，必须彻底泄压，无油气溢出，并应用清水灌满套管，将套管内的油气全部置换出来后再动火。

（7）打孔操作人员应佩戴好正压式空气呼吸器，随身携带气体检测仪，现场人员应位于上风口。

（8）当发生紧急情况时应立即采取脱离危险区域、示警、停止作业、应急处置或启动施工现场应急处置方案等应急处置措施。

第二节　试油（气）作业

试油（气）是对钻探的井中可能有油（气）的层位采用适宜的方法和技术，进行诱流（降低井内回压使地层流体流入井内）并取得流体（油、气、水）性质、产能以及反映油气层（藏）特征的参数，进而评价油气井和油气层（藏）的工作。试油（气）目的在油气田预探阶段主要是探明新构造是否有工业油气流；在油气田初探阶段主要是探明新油田的工业含油气面积、产油气能力和驱动类型；在油气田详探阶段主要是落实油气田储量，编制合理开发方案，多层时应分单层试油（气），求准储量参数和开发设计数据；在油气田开发阶段主要是在检查井、观察井、油（气）水过渡带井求分层资料，不断从动态资料中加深认识油（气）层。

一　施工工序

试油（气）工序主要包括搬迁、地面流程安装及试压、换装井口及试压、井筒处理、射孔、放喷测试、配合压裂酸化、配合连续油管、配合钢丝或电缆作业、压井、转层封层。本部分主要介绍试油（气）施工工序中主要风险和 HSE 监督需要监管的项目要点。

（一）地面流程安装及试压

1. 主要风险

起重伤害：吊车安全负载跟所吊设备重量不匹配；吊装索具、吊耳、卸扣等工具锈蚀或损坏绳套载荷不符合要求；未合理使用牵引绳或推拉杆；多台吊车配合起吊时，没有统一指挥，动作不同步；吊装指挥不能同时看见吊车司机、所吊设备和作业人员等导致人员伤害、设备损坏。

物体打击：人员劳动防护用品穿戴不正确、操作不规范、站位不当，受到人身伤害；使用榔头敲击作业产生的异物伤人或榔头脱手甩出伤人；高处作业时工具、器具掉落，造成人员伤害。

触电伤害：井场电源未断电、用电线路未拆除，在高压线旁吊装时未断电、未保持安全距离，引起触电。

其他风险：环境污染、坍塌伤害等。

2. 监督要点

（1）检查施工前的准备情况，如物资、设施、工具、票证、人员状态及劳保使用情况，制止"三违"发生和不合规定的物资使用。

（2）查看视频监控设备覆盖的施工现场区域，视频监控清晰，回放及远程传输功能完好。

（3）地面流程按照设计流程示意图进行安装，留出足够的操作空间和逃生通道。

（4）地面流程管线及放喷管线每隔 10 ~ 15 m 用水泥基墩（长、宽、高分别为 0.8 m、0.6 m、0.8 m）固定牢靠；水泥基墩预埋地脚螺栓直径不小于 20 mm，埋深不小于 0.5 m，固定压板圆弧应与管线管径匹配，加装缓冲减震垫。

（5）地面流程设备安装固定完毕，螺栓应两头余扣均匀，法兰应间隙一致。

（6）吊装作业应执行《中国石化吊装作业安全管理规定》，高处作业应执行《中国石化高处作业安全管理规定》，动土作业应执行《中国石化动土作业安全管理规定》。

（7）吊装作业中明确指挥和监护人员，佩戴明显标识，任何人发出的紧急停车信号均应立即执行。

（8）敲击作业时人员必须佩戴护目镜，高处作业时人员必须系挂安全带。

（9）试压区域应使用警戒带或隔离网等装置进行隔离，在试压过程中人员应站至承压部位10m以外的安全区域，不得靠近观察。

（10）试压作业开关闸阀时，应站在闸阀侧向操作，严禁正对阀芯站立。

（11）试压作业所用管线、软管连接处，系好保险绳。

（12）设备及试压区域落实防火、防爆措施。

（13）确认相邻空间是否处于作业状态，避免交叉作业风险。若无法避免，则落实双方交叉作业交底及各项管控措施是否到位。

（二）换装井口及试压

1. 主要风险

物体打击：井口操作时，站位不当易造成人身伤害；使用榔头敲击作业产生的异物伤人或榔头脱手甩出伤人；试压时接头、管线未上紧，固定不牢、管线爆裂，未放压就拆卸管线，造成管线液体刺漏或管线摆动伤人。

高处坠落：高处作业时，未系安全带、未注意脚下情况，引起踩空、滑跌、坠落。

井控风险：作业前，井筒液柱压力与地层压力未保持平衡；割焊井口装置前采用封堵工具（或注塞材料）封堵井筒，封堵不严。

中毒窒息：井口有毒、有害气体溢出，发生人员中毒伤害；焊接过程中产生的烟尘和有害气体，产生中毒窒息的风险。

其他风险：火灾、爆炸、灼烫、环境污染等。

2. 监督要点

（1）现场各单位施工人员参加安全及技术交底会，确认技术要点、现场安全注意事项及应急处置措施等内容。

（2）检查《拆、装井口作业方案》编写及审核审批情况。

（3）查看视频监控设备覆盖的施工现场区域，视频监控清晰，回放及远程传输功能完好。

（4）井口安装作业时应做好防护，严防井口落物。施工工用具必须系尾绳。

（5）井口装置对接时，严禁将手或身体其他部位置于设备连接位置。

（6）吊装作业应执行《中国石化吊装作业安全管理规定》，高处作业应执行《中国石化高处作业安全管理规定》，动土作业应执行《中国石化动土作业安全管理规定》。

（7）吊装作业中明确指挥和监护人员，佩戴明显标识，任何人发出的紧急停车信号均应立即执行。

（8）敲击作业时人员必须佩戴护目镜，高处作业时人员必须系挂安全带。

（9）试压区域应使用警戒带或隔离网等装置进行隔离，在试压过程中人员应站至承压部位10m以外的安全区域，不得靠近观察。

（10）试压作业开关闸阀时，应站在闸阀侧向操作，严禁正对阀芯站立。

（11）试压作业所用管线、软管连接处，系好保险绳。

（12）设备及试压区域落实防火、防爆措施。

（13）确认相邻空间是否处于作业状态，避免交叉作业风险。若无法避免，则落实双方交叉作业交底及各项管控措施是否到位。

（三）井筒处理

1. 主要风险

井控风险：作业过程可能会沟通到未认识到的异常低压或异常高压层；施工前未对已打开的油气层进行有效封堵造成井控风险。

物体打击：井口旋转作业方补芯固定不牢，方补芯飞出伤人；使用榔头敲击作业产生的异物伤人或榔头脱手甩出伤人。

机械伤害：违反规定超负荷上提导致管柱拔断，管柱摆动或落物伤人。

中毒窒息：井口切割焊接作业前未进行气体检测或检测不达标，人员吸入有毒有害气体造成伤害。

其他风险：火灾、爆炸、灼烫、环境污染、井下故障、设备损坏等。

2. 监督要点

（1）对作业方式、施工压力等进行交底，明确工艺流程、安全注意事项及技术要求。

（2）对钻台、地面流程、循环系统、循环罐等区域进行巡查，及时制止违章行为。

（3）施工作业过程视频监控范围应覆盖作业区域，视频监控清晰，回放及远程传输功能完好，并对施工过程进行现场监督和检查。

（4）在井架二层台位置安装视频监控，范围覆盖二层台作业区域，使司钻能够清楚观察到二层台人员作业全过程，同时具有回放及远程传输功能。

（5）井架工与钻台作业人员应按规定的联络信号交流信息。

（6）二层台作业穿戴专用安全带、上下井架使用防坠落装置、高处作业工具系保险绳。

（7）起下钻期间按井控要求进行坐岗、灌浆并核对钻具排替量，及时发现溢流、井漏，及时处理。

（8）夜间起下钻作业应保证照明良好、视线清楚。

（9）作业人员应正确佩戴和使用个体防护用品。敲击作业时人员必须佩戴护目镜，高处作业时人员必须系挂安全带。

（四）射孔

1. 主要风险

井控风险：射开油气层以后，井口或管线发生刺漏，未能及时控制，井内流体喷出。

高压伤害：射开油气层以后，人员巡检过程进入高压区域，高压流体刺漏造成人员伤害。

物体打击：拆装油壬接头管线时，砸榔头造成伤害。拆装射孔控制井口时，人员操作或站位不当，造成伤害，造成人员伤害。

误射孔：起下油管速度过快，遇阻遇卡加压过大导致射孔弹提前爆破。射孔位置未校深，射孔深度偏差。

2. 监督要点

（1）值（带）班干部组织工作安全分析（JSA），明确作业过程中风险点及防护控制措施，应急联络及应急处置措施。

（2）值（带）班干部组织安全技术交底，明确工作内容、人员分工和安全注意事项，办理相关作业票证。

（3）核对射孔人员资质、设备、机具状况，签订安全生产管理协议书。

（4）对钻台、地面流程、循环系统、循环罐等区域进行巡查，及时制止违章行为。

（5）施工作业过程视频监控范围应覆盖作业区域，视频监控清晰，回放及远程传输功能完好，并对施工过程进行现场监督和检查。

（6）作业人员应正确佩戴和使用个体防护用品。高处作业时人员必须系挂安全带。

（7）射孔作业的火工品区域应进行隔离，装弹期间禁止动火作业，隔离信号源，非装弹作业人员不得进入隔离区域，设置警示标志。

（8）起爆施工全过程中，井场内不应动用电气焊和明火，不应使用无线通信设备。

（9）装射孔弹、下射孔枪时，非操作人员不应靠近射孔弹或井口。

（10）所有电缆输送射孔作业，应在井口安装防喷装置。

（11）施工前绞车应打好掩木，上提和下放电缆过程中，绞车后面不得站人。

（12）确认井口及放喷、测试流程，各闸阀灵活好用，开关状态正确。

（13）检查压力表、传感器等仪器、仪表，确认灵活好用。

（14）各岗位作业人员根据分工检查、确认各自岗位工用具、防护设施、气体检测仪、通信设备完好。

（15）射孔不成功时，应制定专项井口拆卸射孔枪处置措施，由射孔专业人员进行拆卸，其余人员撤离。

（五）放喷测试

1. 主要风险

流程刺漏：放喷测试过程中井口、地面流程中的油嘴、法兰连接部位、数采连接部位出现刺漏。

火灾风险：流程刺漏，导致井内油气泄漏，造成火灾。排液口未点长明火，井内返出油气未及时燃烧，造成泄漏，造成火灾。

环保风险：计量罐满，导致计量罐外溢；储液罐密封不严；排液罐、排液池空高不足，返出液体外溢；高压管线刺漏。

中毒窒息：排液口未点火或火焰熄灭，造成有毒有害气体泄漏；作业人员撤离路线错误，误入毒气聚集区。

2. 监督要点

（1）应编写专项组织方案，明确测试工艺和工具、人员分工、施工准备情况、施工工序、应急处置等内容。

（2）放喷测试过程中进场设备、车辆按照预定布局进行摆放，进入井场的车辆必须加防火罩。

（3）放喷测试过程中涉及特殊作业和非常规作业的，应开展工作安全分析（JSA），办理作业许可。

（4）放喷测试视频监控范围应覆盖作业区域，视频监控清晰，回放及远程传输功能完好，并对施工过程进行现场监督和检查。

（5）放喷测试作业施工现场应备足消防器材及应急药品，必要时应备有消防车、救护车等抢险救护设备设施及专业人员。

（6）放喷测试作业现场应配备紧急压井流程。

（7）应按照设计在重点区域布设有毒有害及可燃气体监测仪。

（8）夜间施工现场电源及照明应能满足作业要求。夜间作业时，井口、放喷流程、高压泵注区等关键位置应配备照明设施。

（9）放喷测试过程中施工现场应配备3种点火方式；放喷时，应保持长明火不灭；当意外熄灭时，立即采用其他方式点火。

（10）放喷测试过程中应用警戒带或隔离网，隔离施工区域、高压区域，无关人员禁止进入施工区域。

（六）抽汲作业

1. 主要风险

物体打击：井口上方设备零件脱落、油管断脱坠落造成人员伤害。

环境污染：防喷盒失效，导致井口液体外溢，计量罐满外溢导致环境污染。

设备损坏：钢丝绳腐蚀、老化严重，抗拉能力下降；抽子下深过大，上提速度过快，导致钢丝绳断；钢丝绳排列不齐，相互挤压，导致钢丝绳损伤。

其他伤害：人员巡检过程进入高压区域，高压流体刺漏造成人员伤害。

2. 监督要点

（1）值（带）班干部应对抽汲作业进行安全风险提示，对识别出的风险制定消减控制措施。

（2）作业人员应正确佩戴和使用个体防护用品，敲击作业时人员必须佩戴护目镜，高处作业时人员必须系挂安全带。

（3）抽汲作业达到设计最大抽汲深度时，通井机滚筒上的抽汲绳不得少于25圈。

（4）抽汲作业中通井机应摆放距井口距离应大于井架整体高度，通井机与井口之间应无障碍物，视线清晰，安全通道畅通。

（5）抽汲作业实施前，在燃烧筒处点长明火，将井内有毒有害气体排出后及时点燃。

（6）抽汲作业期间，如遇大风，雷电、暴雨、雾、雪、沙尘暴等极端恶劣天气，照明不良或大雾导致能见度小于30 m的恶劣天气时，应停止抽汲作业。

（7）抽汲作业应用警戒带或隔离网，隔离施工区域，无关人员禁止进入施工区域。

（8）抽汲作业期间人员禁止跨越或穿越钢丝绳、抽汲绳，且抽汲绳不得与井架、钻台等设备发生摩擦。

（9）抽汲过程及时掌握液面上升（气顶）情况，若抽喷，则将抽子起至防喷管内，关闭闸门。

（10）含硫化氢井禁止进行抽汲作业。

（七）配合压裂酸化施工

1. 主要风险

高压刺漏：压裂过程中排出法兰连接螺栓绷断，泵出法兰后第一个高压弯头易刺漏，高压管汇平板阀连接的第一个高压弯头易刺漏，不同级别类型高压管件变扣产生刺漏，放压旋塞刺漏；泵注二氧化碳上液管线接头易刺漏；压裂设备连续运转时间长、高压管件达到疲劳极限、保护装置失效等造成高压爆裂；井口闸门刺漏不及时控制产生井口失控风险。

设备损害：压裂设备连续运转时间长台上产生松动漏油或者异常高温损害；泵送设备、混砂设备等设备传动轴松动，盘根螺栓等故障未及时发现产生设备损坏。

机械伤害：车组维护保养操作不正确、配合不当、站位不当产生人员伤害；检维修没有落实挂牌落锁制度产生次生损害；违反规定超负荷工作导致设备损害。

火灾风险：压裂设备集中摆放及油路、高温组件高度集中设置，若油路刺漏、设备跑冒滴漏，遇设备高温点容易引起火灾；现场加油未执行加注燃油安全管理规定易导致发生火灾；发动机涡轮增压器周围的液压管线刺漏，液压油刺到高温的涡轮增器引发火灾；排气管周围液压管线刺漏引发火灾；混砂车液压传动部位液压管线刺漏引发火灾。

液体泄漏：酸液运输过程可能发生酸液泄漏导致的酸液灼伤伤害；在试压及施工过程中，可能发生高压管汇刺漏产生液体泄漏环境污染；供酸管线老化，供酸时出现刺漏；阀门腐蚀严重关闭不严，高低压串通泄漏；供酸管线防护不到位，管线与地面或其他设备硬摩擦，引起管线破裂刺漏。

2. 监督要点

（1）应编写专项组织方案，明确压裂工艺流程、组织结构（人员分工）、施工准备情况、施工工序、应急处置等内容。

（2）压裂酸化作业中涉及特殊作业和非常规作业的，应开展工作安全分析（JSA），办理作业许可。

（3）压裂酸化作业视频监控范围应覆盖作业区域，视频监控清晰，回放及远程传输功能完好，并对施工过程进行现场监督和检查。

（4）压裂酸化作业井口应具备满足压裂作业安装、拆卸的施工条件。夜间施工应配备照明设施，满足施工条件。

（5）压裂酸化作业实施前，在燃烧筒处点长明火，将井内有毒有害气体排出后及时点燃。

（6）压裂酸化作业时，进场设备、车辆按照预定布局进行摆放，进入井场的车辆必须加防火罩。

（7）压裂酸化作业以井口为中心，设定为高压危险区。高压危险区用安全带或隔离网隔离，高度宜为0.8～1.2m。高压危险区应设立警戒标识，无关人员不应进入高压危险区。

（8）压裂酸化施工现场应备足消防器材及应急药品，必要时应备有消防车、救护车等抢险救护设备设施及专业人员。

（9）压裂酸化作业施工应备足清水、苏打水、碱性中和剂等物资，一旦发生酸液泄漏或对人员造成腐蚀，立即进行处理。

（10）井口安装放喷管线，朝向避开压裂施工区域。每间隔10～15m和出口处用地锚（水泥基墩等）固定，放喷管线畅通，不得加装小于120°的弯头。

（11）开关井口闸门时由施工员负责指挥，指定专人操作，开关时操作人员应站在闸门的侧面。

（12）酸液取样、配酸时穿戴齐全防酸服，戴好防酸手套及口罩、防护眼镜，准备好洗眼器，干净毛巾做应急使用。

（13）高压管汇、管线、井口装置等部位发生刺漏，应在停泵、关井、泄压后处理，严禁带压作业。

（八）配合连续油管

1. 主要风险

起重伤害：磕碰、挤压伤人，吊物坠落伤人。

井控风险：主阀泄漏；泄压不到位、验封不合格刺漏，压力释放。

高压伤害：人员伤害；高压刺漏伤害；管线憋压伤人。

物体打击：连续油管提断、压扭，油管飞出伤人；管材破损、井内流体逸出伤人。

高处坠落：高处作业人员坠落；高空落物伤人。

2. 监督要点

（1）应编写专项组织施工设计，明确连续油管作业工艺流程、组织结构（人员分工）、施工准备情况、施工工序、应急处置等内容。

（2）连续油管作业中涉及特殊作业和非常规作业的，应开展工作安全分析（JSA），办理作业许可。

（3）连续油管作业视频监控范围应覆盖作业区域，视频监控清晰，回放及远程传输功能完好，并对施工过程进行现场监督和检查。

（4）井口应具备满足连续油管作业安装、拆卸的施工条件。夜间施工应配备照明设施，满足施工条件。

（5）连续油管作业时，进场设备、车辆按照预定布局进行摆放，进入井场的车辆必须加防火罩。

（6）炼油作业以井口为中心，设定为高压危险区。高压危险区用安全带或隔离网隔离，高度宜为0.8~1.2m。高压危险区应设立警戒标识，无关人员不应进入高压危险区。

（7）连续油管主车与起重设备在井口宜呈90°夹角摆放。起重设备转盘中心宜距井口2~5m。

（8）在作业区醒目处安装1~2面风向标。设备宜摆放在井口的上风口或侧风位置。

（9）连续油管起下及作业期间，井口装置及地面管线出现泄漏应立即停止作业。静停期间，应关闭防喷器卡瓦和半封，专人值守。

（10）开关闸阀时，必须站在闸阀侧向，严禁正对闸门芯站立。

（九）配合钢丝、电缆作业

1. 主要风险

起重伤害：磕碰、挤压伤人，吊物坠落伤人。

井控风险：主阀泄漏；泄压不到位、验封不合格刺漏，压力释放。

高压伤害：人员伤害；高压刺漏伤害；管线憋压伤人。

物体打击：管材破损、井内流体逸出伤人。

高处坠落：高处作业人员坠落；高空落物伤人。

中毒窒息：排液口未点火或火焰熄灭，造成有毒有害气体泄漏；作业人员撤离路线错误，误入毒气聚集区。

2. 监督要点

（1）应编写专项组织施工设计，明确工艺流程、组织结构（人员分工）、施工准备情况、施工工序、应急处置等内容。

（2）钢丝、电缆作业中涉及特殊作业和非常规作业的，应开展工作安全分析（JSA），办理作业许可。

（3）钢丝、电缆作业视频监控范围应覆盖作业区域，视频监控清晰，回放及远程传输功能完好，并对施工过程进行现场监督和检查。

（4）井口应具备满足钢丝、电缆作业安装、拆卸的施工条件。夜间施工应配备照明设施，满足施工条件。

（5）钢丝、电缆设备拆除作业时，作业面下方不应站人。

（6）钢丝、电缆作业时，进场设备、车辆按照预定布局进行摆放，进入井场的车辆必须加防火罩。

（7）钢丝、电缆作业以井口为中心，设定为高压危险区。高压危险区用安全带或隔离网隔离，高度宜为 0.8～1.2m。高压危险区应设立警戒标识，无关人员不应进入高压危险区。

（十）压井

1. 主要风险

物体打击：搬运、接卸洗压井管线站位不当、操作不规范，管线脱落造成伤害；使用榔头敲击作业产生的异物对眼睛打击，榔头脱手甩出伤人；水龙带摆动，水龙带脱扣，未系牢保险绳掉落，出口固定不牢摆动飞起，造成人身伤害；操作不当，引起泵压过高、憋泵、憋爆水龙带、液体飞溅，造成人身伤害。

井控风险：洗（压）井液密度不合适，造成井漏或溢流，最终导致井喷；循环压井施工中，未对出口进行控制或控制不当，诱发井喷；压井过程中，中途停泵，导致气体滑脱，产生诱喷效应。

中毒窒息：井内有毒有害气体溢出，人员吸入造成中毒窒息。

环境污染：施工中设备或管线刺漏，洗（压）井液落地造成环境污染。

2. 监督要点

（1）对压井作业方式、施工压力等进行技术交底，明确工艺流程、安全注意事项及技术要求。作业人员应正确佩戴和使用个体防护用品。敲击作业时人员必须佩戴护目镜，高处作业时人员必须系挂安全带。

（2）应制定压井施工单，按照压井施工单，进行压井。

（3）压井作业视频监控范围应覆盖作业区域，视频监控清晰，回放及远程传输功能完好，并对施工过程进行现场监督和检查。

（4）压井作业前，应用警戒带、隔离网装置将高压区域进行隔离，无关人员禁止进入。

（5）压井设备，必须加防火罩。设备运转、高温及其他易发生火灾的区域应增加灭火器数量。

（6）压井平稳后应按照方案要求进行静止观察，确定安全作业时间。

（十一）转层、封层

1. 主要风险

灼烫伤害：配水泥浆过程中，人员防护不当吸入粉尘影响健康，水泥浆溅出灼伤眼睛。

物体打击：接卸循环管线站位不当、操作不规范，试压、挤注过程中，管线弹起、刺漏、未放压就拆卸管线，造成人身伤害；使用榔头敲击作业产生的异物伤人或榔头脱手甩出伤人。

环境污染：施工过程中，管线刺漏、出口固定不牢造成水泥浆溢出，或拆卸管线水泥浆落地造成环境污染。

2. 监督要点

（1）应编写专项组织施工设计，明确转层、封层工艺流程、组织结构（人员分工）、施工准备情况、施工工序、应急处置等内容。

（2）转层、封层作业中涉及特殊作业和非常规作业的，应开展工作安全分析（JSA），办理作业许可。

（3）转层、封层作业应视频监控范围覆盖作业区域，视频监控清晰，回放及远程传输功能完好，并对施工过程进行现场监督和检查。

（4）转层、封层作业时，进场设备、车辆按照预定布局进行摆放，进入井场的车辆必须加防火罩。

（5）转层、封层作业施工前，应进行小型水泥浆凝固试验，确保水泥凝固时间符合施工要求。

（6）转层、封层作业应配置性能、液量满足施工要求的隔离液、顶替液。

（7）转层、封层作业施工现场应配备储液池或储液罐，回收返出液体。

（8）转层、封层作业施工如遇提升设备发生故障，应立即反洗出井内的全部水泥浆；如遇循环设备发生故障，应立即上提管柱至安全井段，必要时起出井内全部管柱。

二　关键装备

（一）采油气井口及井控装置

采油气井口、井控装置是在试油（气）施工中进行地面控制地层流体流出的第一道屏障。重要部位包括套管头、油管头、防喷器组、转换法兰、采油气树等。监督要点如下。

（1）井口安装前，使用棉纱、金属清洗剂将油管头四通、采油（气）树的垫环槽、垫环、密封面、芯轴密封面清洗干净并擦干，检查垫环槽、垫环、密封面、芯轴密封面完好情况。

（2）防喷器应按设计要求的型号进行装配。法兰钢圈槽应清理干净，涂抹润滑脂，确认钢圈入槽、上下螺孔对正，再上全连接螺栓，对角上紧，螺栓两端余扣相同。

（3）防喷器安装后，应保证防喷器的通径中心与天车、游动滑车在同一垂线上，偏差不得超过10mm。

（4）防喷器组顶部距地面高度超过1.5m时，应采用4根直径不小于9.5mm的钢丝绳，分别对角向地面方向绷紧、找正固定。

（5）具有手动锁紧机构的液压防喷器，应装齐手动操作杆并支撑牢固，手轮位于钻台以外。手动操作杆的中心与锁紧轴之间的夹角不大于30°，挂牌标明开、关方向及圈数。

（6）吊索挂平找中，坐放或者上提防喷器时，专人指挥、设备操作者缓慢操作，如遇螺杆卡阻，不得硬性上提或者下放。

（7）使用合适的盖板保护好井口，严防井口落物。专用敲击工具应系尾绳保护。

（8）对角紧固螺栓，螺栓两头余扣一致，并保证钢圈槽一周缝隙一致。

（9）远程控制台安装在当地季节风上风（或侧上风）方向，距井口不少于25m，便于司钻（操作手）观察的位置，并保持不少于2m宽的人行通道；周围10m内不应堆放易燃、易爆、易腐蚀物品。

（10）远程控制台和防喷器之间的液控连接管线在连接时应清洁干净，连接正确，无渗漏；

（11）液控管线应排列整齐，不应堆放杂物，设置防高空落物砸损的保护措施，管排架与防喷管线距离应不少于1m，车辆跨越处应有过桥保护措施。

（12）远程控制台应接好静电接地线，电源应从配电板总开关处直接引出，并用单独的开关控制。

（二）测试管汇

测试管汇是试油（气）作业中的核心设备之一，具有对井内流体起控制流向、节流降压等功能。重要部位包括测试降压液动阀、节流阀、平板阀、紧急关断阀、油嘴及油嘴套、油嘴保温套、数据采集短节、温度压力传感器。监督要点如下。

（1）现场测试管汇布局应考虑当地季节风的风向、居民区、道路、油罐区、电力线等情况，合理布置管线走向。

（2）测试流程转弯处应使用不小于90°的锻造钢质弯头。气井（高气油比井）不使用活动弯头连接。

（3）在环境温度0℃以下使用节流管汇、压井管汇和防喷管线应采取防冻防堵措施。

（4）测试管汇上所有闸阀应挂牌编号，并标明其开、关状态。

（5）平板阀开、关到位后，应回转1/4~1/2圈；开、关应一次完成，不作节流阀用。

（6）压力表量程的选择应与井控装置压力级别相匹配，且使所测压力在量程的1/3~2/3之间。

（三）捕屑器及除沙器

捕屑器及除沙器是用于收集地层排出的岩屑、压裂沙等固体颗粒，防止进入下游流程造成故障。重要部位包括节流阀、平板阀、捕屑承压腔、数据采集短节、温度压力传感器。监督要点如下。

（1）过量出沙和出液会导致高压差，损坏滤网，应快速倒换沙筒以确保施工安全。

（2）当滤网压差达到2.5MPa必须倒换砂筒，滤网排沙。

（3）操作手动闸阀时人员应站在高压通道的侧面。

（4）安装前应测量易冲蚀点的壁厚，且在测试过程中定期测量一次壁厚，检查冲蚀情况。

（5）每使用2~4h提出滤网一次，检查滤网损坏情况；检查除沙筒内部冲蚀情况。

（6）工作结束后应用清水清洗，防止沙子或支撑剂沉淀在死角区域。

（7）如流体中有硫化氢气体，作业人员对除沙器的任何操作都应使用正压式空气呼吸器。

（四）测试分离器

测试分离器是对井内返出流体（油、气、水）进行分离的一种压力容器。重要部位包括承压腔、破裂盘、安全阀、油气水出口控制阀、温度压力传感器。监督要点如下。

（1）测试分离器安全阀每年进行送检，保证开启灵活，不渗不漏；不能随意拆卸、调整安全阀，严禁带压检修分离器。

（2）定期检查测试分离器及其外接管线，确保其安全可靠。

（3）测试分离器应安装接地装置，做好防雷击措施。

（4）含硫气井测试分离器操作时应提前开启防爆排风扇并佩戴正压式空气呼吸器。

（5）分离器距油水计量罐应不小于15m，其气管线出口方向应背向井口和油水计量罐，并考虑风向摆放。

（6）分离器安全阀泄压管线出口应距离井口50m以外，含硫化氢天然气井泄压管线出口应距离井口100m以外，排气管线内径一致，尽量减少弯头，管线长期处于畅通状态。

（7）分离器及阀门、管线按各自的工作压力试压；分离器停用时应放掉内部和管线内的液体，用清水扫线干净，结冰天气应再用氮气进行扫线。

（五）热交换器

热交换器是对井内返出流体加热的设备。重要部位包括承压腔、安全阀、高压盘管、温度压力传感器。监督要点如下。

（1）热交换器各闸阀保持开关灵活，操作高压闸阀时注意人员应站在高压通道侧面。

（2）热交换器进出口管线连接尽量平直，热交换器的安装与油嘴管汇间的距离不超过5m。

（3）蒸汽管线在开工前要进行验漏试验，打压至0.3MPa，不渗不漏为合格。

（六）锅炉

锅炉是燃烧柴油等燃料，对清水进行加热产生水蒸气，为热交换器、流程提供热能对井内返出流体进行加热的装置。重要部位包括安全阀、水位指示器、闸阀、温度压力传感器。监督要点如下。

（1）锅炉安装要与管线走向一致，水箱安装在距离锅炉距离不小于5m处，连接水箱管线。

（2）油箱安装在距离锅炉及井口不小于30m处，安装位置宜选择在高于锅炉1~2m处。

（3）将锅炉气缸出口与热交换器蒸汽进口相连接，并用保温棉进行包裹。

（4）压力表、温度计安装前检查在有效期内，安装位置应便于观察、检修。

（5）在用锅炉每年进行1次外部检验，每2年进行1次内部检验，每6年进行1次水压试验。当内部检验和外部检验同时进行时，应首先进行内部检验，然后再进行外部检验。

（6）运行锅炉的安全阀每年校验1次，校验后至少复跳1次。为防止安全阀的阀芯和阀座粘住，应定期对安全阀作手动或自动的放气或放水试验。每月应有1~2次升高气压，作校验安全阀的性能试验。

（7）管道应固定，管外应用石棉带缠绕二层，防止排污时移位或发生冲击烫伤等事故。

（8）当遇到异常工况锅炉停炉时，将程序控制器的红色复位按钮按下，复位才能再次进入启动状态。

（七）缓冲罐及常压计量罐

缓冲罐及常压计量罐是用于平衡管道压力和储存、计量井内返出液体的设备。重要部位包括安全阀、呼吸孔道、单流阀、阻火器、温度压力传感器、蒸汽加热盘管。监督要点如下。

（1）距井口不小于30m，与分离器安全间距不小于15m，与发电机安全间距不小于30m，与火炬出口不小于100m，铺设防渗膜及设置围堰，符合环保要求。

（2）常压计量罐主体由罐体、量油孔、人孔、进口管线、气出口管线、水排出口、油排出口、清污口、液位计、加热盘管等组成；罐体喷涂导电、耐油涂料，出厂前承压实验。

（3）呼吸阀安装在罐体顶部位置，具备防爆阻火、防硫功能。

（4）量油孔采用铝合金或铜合金材质。

（5）过滤器容积不小于$0.04m^3$，配备安全阀、压力表。

（6）常压计量罐扶梯入口安装本安型人体静电释放器。

（7）每具常压计量罐应有2个接地点；接地端采用螺栓连接；接地端无锈蚀，无油污；接地点进行电阻检测，电阻低于4Ω为合格。

（8）常压计量罐进、出口管线，存在螺栓法兰连接时的，当每对法兰或螺纹接头间电阻值大于0.03Ω时，采用导线跨接。

（9）罐顶处配备固定式气体检测仪，对罐区气体含量远程监测。

（10）量油孔处铺设导电橡胶，采用鳄鱼夹方式与地面连接。

（11）常压计量罐之间的排气管线必须保持常开状态，排气管线现场使用软管线连接，使用前进行压缩空气低压密封试验合格（0.1~0.3MPa）。

（12）输油泵采用防爆离心泵，泵流速最低能控制在1m/s，向上能调整到4.5m/s。

（八）放喷点火装置

放喷点火装置是在放喷口点燃井内返出流体的装置。重要部位包括燃烧筒、点火枪、电子控制装置、燃料输送装置。监督要点如下。

（1）应配备点火装置至少有3种点火方式。

（2）电子点火装置应经有资质的单位进行设计、建造和检验。电子点火装置控制箱及燃气罐安装在距离液气分离器燃烧筒10m以外，安全通道畅通的空旷位置，控制箱离地高度大于0.6m。

（3）应在燃烧筒10m以外，安全通道畅通的空旷位置安装往复式点火装置操作杆。

三　高风险作业

（一）开井

1. 主要风险

刺漏风险：开井时井口、地面流程中的连接部位、数采连接部位出现刺漏。

火灾风险：开井时流程刺漏，导致井内油气泄漏。排液口未点长明火，井内返出油气未及时燃烧，造成泄漏。

中毒窒息：排液口未点火或火焰熄灭，造成有毒有害气体泄漏。作业人员撤离路线错误，误入毒气聚集区。

2. 监督要点

（1）开井制度选择应与设计或技术交底要求一致。

（2）开井前应进行流程确认，例如：双人检查确认流程阀门状态，确保通畅、节流降压受控；阀门开关状态、流体走向进行目视化标识。

（3）开井程序应与设计或技术交底要求一致。

（二）关井

1. 主要风险

高压泄漏：关井时井口、地面流程中的连接部位、数采连接部位出现泄漏。

火灾风险：排液口未持续点长明火，流程残留油气返出未及时燃烧，造成泄漏。

中毒窒息：排液口未点火或火焰熄灭，造成有毒有害气体泄漏。作业人员撤离路线错误，误入毒气聚集区。

2. 监督要点

（1）应进行关井程序和操作确认，例如坚持逐级关井：先关地面安全阀，再关采油树、最后关井下安全阀。

（2）应进行条件确认，例如井口油压限额、压井准备等。

（三）点火

1. 主要风险

火灾风险：排液口未及时点火，井内返出油气未及时燃烧，造成泄漏。

中毒窒息：排液口未点火或火焰熄灭，造成有毒有害气体泄漏。作业人员靠近点火口点火，误入毒气聚集区。

2. 监督要点

（1）确认点火方式准备到位。例如：放喷口放置常明火燃烧桶，通过毛细管加注柴油助燃；手动点火装置，操作灵活；电子点火装置、一键式实现柴油雾化点火；投掷火把，备齐油料及足够数量火把。

（2）确认点火位置设置合理。

（3）确认点火程序规范，例如开井前加注充足柴油，保障4～6h持续燃烧；点火人员佩戴空呼吸、硫化氢及可燃气体检测仪，上风口20m点火；点火时双人双岗，一人点火一人监护；站在上风安全区域操作，监控放喷口有毒有害气体浓度；使用柴油雾化装置点火；若点火失败采取投掷火把形式保障点火成功。

第三节　压裂酸化作业

酸化压裂是一种在石油和天然气开采中使用的增产措施技术，主要用于提高油井或气井的产量。酸化是指通过向地层注入酸液（通常是盐酸或土酸），酸液与地层岩石中的矿物反应，溶解岩石孔隙和裂缝中的堵塞物，从而增加地层的渗透率。压裂是在高压下将液体注入井中，使地层产生或扩大裂缝。压裂液中含有支撑剂（通常是陶粒），当压力释放后，通过支撑剂保持裂缝开放，从而形成永久的高渗透通道，使得油气能够更自由地流向井筒。酸化压裂通常用于那些具有较低渗透率的岩石，单独的酸化可能不足以打开足够的流动路径，而单独的压裂可能因岩石的性质而效果不佳。因此，将两者结合使用可以有效改善这些岩石的渗透性，从而提高油气产量。

一 施工工序

压裂酸化作业施工现场主要工作区域划分为低压区，高压设备区，测井区域，试油（气）流程区四大区域。按照压裂工序分为设备搬上摆放安装、连接调试、走泵试压、压裂酸化施工及收尾。从施工工序主要风险隐患及采取的管控措施来分析监督需要监管的主要点项，以实现对作业现场的安全管控，达到安全施工目的。

（一）搬迁安装

1. 主要风险

起重伤害：吊装液罐、沙漏、泵橇、大通径管汇等大型设施，磕碰滑落产生系列伤害；吊车安全负载跟所吊设备重量不匹配；吊装索具、吊耳、卸扣等工具锈蚀或损坏绳套载荷不符合要求；未合理使用牵引绳或推拉杆；吊装过程中，检查不到位、监护不到位、人员站位不当，在危险区域内操作不当，造成挤伤、碰伤、砸伤，跌落等人身伤害。

物体打击：使用榔头时未戴护目镜，造成异物入眼受伤，榔头甩出伤人；人员劳动防护用品穿戴不规范、操作不规范、站位不当，受到人身伤害；高处作业时工具、器具掉落，造成人员伤害；沙漏安装存在人员在狭小作业面作业挤伤风险。

触电伤害：在变频房、压裂泵橇通电试运行时可能造成触电伤害；生活电器通电调试过程中可能造成触电伤害；现场用电设施设备连接电路不规范或者线路损坏漏电产生触电，现场车辆行走超高、超宽刮碰电路易导致触电。

车辆伤害：车辆运输引起的交通车辆伤害；驾驶员操作失误，作业人员站位不当，无专人指挥；道路急弯、坑洼、积水、结冰、地基不牢等造成车辆失控侧翻；驾驶人员疲劳驾驶，私自变更行车路线；载物捆绑固定不牢，货物掉落、倾倒。

高处坠落：设备安装时人员高处作业没有正确使用劳动防护用品造成坠落伤害；登高、高处作业时，未系安全带、未注意脚下情况，易引起踩空、跌倒、坠落引起人身伤害。

其他伤害：作业场地、设备等湿滑，不注意，从车辆跳下，造成人身伤害；设备设施中残留的油污、残液在安、吊装过程中导致泄漏产生污染；施工车辆未使用防火帽，进入易燃易爆区域，存在起火爆燃的风险；拖拽车辆设备时，绳索断裂飞出伤人；不规律的工作和休息时间、睡眠不足产生注意力不集中影响。

2. 监督要点

（1）吊装、高处作业、用电等关键环节遵守有关直接作业规章制度。作业前按规定进行作业交底会，开展工作安全分析并执行各类开票程序。吊装作业应执行《中国石化吊装作业安全管理规定》，指挥人员和监护人员应佩戴鲜明的标志，任何人发出的紧急停车信号均应立即执行。

（2）参与吊装作业的所有人员应听从指挥，禁止违章作业。提前观察作业环境，选择好逃生路线。指挥者所处位置应能全面观察作业现场，并使司机、司索工都可清楚地看到。作业进行的整个过程中，指挥者和司索工都不得擅离职守，应密切注意观察吊物及周围情况，发现问题，及时发出指挥信号。

（3）指挥人员站位既要保证与吊车司机之间视线清楚，又要保证能够清楚地看到所吊设备和司索人员，并保证自身安全，指挥信号明确。检查施工前的准备情况，物资，设施，票证，工具及人员状态及劳保使用情况。

（4）吊装过程中，人员严禁站立在吊臂旋转半径以内或狭窄空间内。停工和休息时，不应将吊物、吊笼、吊具和吊索悬在空中。作业结束后对现场进行清理，确认现场达到安全环保要求。

（5）根据所吊设备的质量、外形、吊点等类型，执行"一物一吊"，绳索不打扭、不挤压、不碰撞，采用推拉杆、牵引绳控制吊物转向。吊物捆绑牢固、放置平衡，起吊设备时人员站在安全位置，正确使用牵引绳和推拉杆。当吊装大型设备时，起吊至合适高度后，停止起吊，指挥运输车辆倒车，然后将被吊物缓慢放到运输车辆上或者调离车辆。

（6）检查送电、检维修等相关的制度规定执行落实。检查周围环境是否存在潮湿、积水等触电危险因素。设备带电调试时应配备监护人员，操作人员在专人监护下进行项目调试。

（7）井场用电电源、设施、线路的安装、维修、接拆应由持证电工进行操作，并应穿戴经检测合格的绝缘靴、绝缘手套，使用合格的手工具，应有监护人在场。安装、维修、接拆用电电源和线路时必须先确认是否带电，未经验电一律视为带电。

（8）配电箱应安装端正、牢固。配电箱前地面有绝缘保护，并有足够的工作空间和通道。用电的电气设备周围不得存放易燃易爆物、污染源和腐蚀介质。

（9）高空作业时，重点监控上下立体工作面同时作业的人员，正确使用安全带及防坠落装置，手工具及零配件拴保险绳，严禁采用上抛下掷的方式传递工具及附件。高处作业时，下面人员不应穿行、逗留，防止落物伤人。人员穿戴合格安全带并挂好生命绳。高处作业面不应摆放和悬挂与生产无关的物品，工具、器具应拴牢保险绳。

（10）确认相邻空间是否处于作业状态，避免交叉作业风险。若无法避免，则落实双方交叉作业交底及各项管控措施是否到位。

（11）驾驶员在井场内应按照指挥信号移动车辆，超限车辆必须有专人指挥，禁止私自移动车辆。车辆在井场内必须低速行驶。驾驶员上车之前绕车观察一周。在现场倒车或转弯等操作，应有人员进行指挥。施工车辆进入井场前应使用防火罩。

（12）敲击作业人员站位合理、佩戴护目镜，严禁使用管钳、扳手等非专用工具进行敲击作业。雨、雪、霜等天气，人员在场地、上下梯子、设备上等行走或攀爬、拆装设备时，应采取必要的防滑措施，防止跌倒、摔伤、扭伤。

（13）液罐及沙漏区域地面必须水平结实，地基承载力满足承重要求，在有可能渗漏的区域铺环保布。

（14）遇有五级风以上、浓雾等恶劣天气，不应进行高处作业、露天攀登与悬空高处作业。遇有六级及以上大风，雷电或暴雨、雾、雪、沙尘暴等能见度小于30m的恶劣天气时，应停止搬迁作业。

（二）连接调试

1. 主要风险

高压刺漏：高压产生高压刺漏，可能会伤害设备及人员。施工人员未撤离高压区，出现刺漏或管线破裂时伤人。超过施工限压或者压力失去控制产生爆裂。

物体打击：人员劳动防护用品穿戴不规范、操作不规范、站位不当，受到人身伤害。使用榔头时未戴护目镜，造成异物入眼受伤；榔头甩出伤人或者被其他物体打击伤害。

机械伤害：在操作调试时，如果人员的手或其他身体部位被设备的运动部件夹住，可能导致夹伤。不当的启停操作可能导致设备部件的突然运动，引发意外伤害。

触电伤害：对用电设备设施、线路检查不到位，电缆老化、破损、裸露，用电设施漏电、接地不良，安装操作、使用不规范，监护不到位，引起触电。

2. 监督要点

（1）设备摆放就位前，确认相邻空间是否处于作业状态，提前进行沟通协调，避免风险交叉。仪表放置在危险度低的位置，门口不正对高压区。摆放在井口上风方向，给操作人员留出足够的空间和逃生通道。

（2）主压区内泵送设备液力排出端至井口间所有的高压件应缠绕符合相应级别吨位的"安全绳"（吊带），缠绕时在管线连接部位和管线中间部位打结，并拉紧保险绳，吊带连接处用U形环连接。高压管汇周围无遮挡防护区域应放置防护钢质挡板，钢板的厚度和高度应根据压力级别和相关作业标准确定。

（3）在主管汇上安装压力传感器，单车有压力传感器，至少保证有2个压力进行相互校验。泄压应有远程和手动两种控制方式，泄压管线宜安装在最外侧的主管线上。

（4）控制通信线路采用回路连接。通信线路存在磨损的地方是否采用压线槽进行隔离防护。检查仪表限压设定情况，串泵开始时高压管汇出口、井口出口及出口末端专人看守，仪表做好数据压力监控。

（5）对用电设备设施、线路走向、电缆完好性以及用电设施安装操作、使用的规范性检查，杜绝触电发生。严格执行送电、检修、值班、巡视、记录等相关的制度及防火措施，确保安全运行。

（6）设备调试运转按照操作程序执行，检维修设备做好各类防护措施的落实及制度执行，防止人身及设备伤害。

（三）配置液体

1. 主要风险

人身伤害：接拆管线时，管线内残液残酸造成人员伤害；酸液泄漏造成人员腐蚀伤害；添加压裂液添加剂时防护用品使用不当对人员的伤害。

环境污染：酸液运输过程可能发生酸液泄漏导致环境污染；供酸管线老化，供酸时出现刺漏；阀门腐蚀严重关闭不严，高低压串通泄漏；供酸管线防护不到位，管线与地面或其他设备硬摩擦，引起管线破裂刺漏导致环境污染。

2. 监督要点

（1）罐群地基必须稳固，摆放整齐合理，避免造成液罐倾斜污染环境，雨季施工和井场不好时要有专人负责，制定并落实防倒罐措施。

（2）作业人员劳保用品、个体防护用品应按规定穿戴齐全，具备符合作业规定的相关证件。

（3）危化品运输应使用专用运输车辆，具备相应资质，危化品运输及押运人员应持证上岗。

（4）作业区域应清洁、平整、圈闭隔离，设置警戒线、警戒标志、区域责任牌，张贴操作规程；可能发生渗漏的区域应做好防污染措施；通水试压，确保所有接口管线无渗漏。

（5）配液前带队干部负责进行全面检查，对施工项点进行安全质量交底；根据设计要求进行取样及检测，样品采集应避免直接触摸样品；配酸作业场所应备清水、苏打水、防酸手套、洗眼器等相关防护物资；添加各类物料时，无关人员应远离其作业现场，以免对人体产生有害。

（6）杜绝使用含有有机氯的产品，杜绝使用对环境有重大影响的有害物质，添加使用的各类物料需要现场提供检测报告。

（7）按照设计配方及材料添加顺序进行压裂液配制。采用罐车上液时，注意大罐情况，如发现罐体倾斜，要停止往倾斜的罐内继续打液，防止倒罐、冒罐和罐液落地。

（8）工作完毕，配液人员彻底清洗设备及管线。进入罐、限制性空间或其他粉尘高浓度区作业，必须执行受限空间作业要点，做好风险分析及管控措施。

（四）走泵试压

1. 主要风险

高压刺漏：闸阀未正确开关导致通道堵塞，引起高压管线、井口闸门发生刺漏爆裂。高压件材质、安装问题导致高压管线、井口闸门发生刺漏。不同级别类型高压管件互用压力级别不同产生刺漏；试压过程中放压旋塞或者弯头管线连接部位刺漏。限压装置坏产生高压爆裂。

设备损害：管件爆裂或者高压刺漏对设备产生损害。

2. 监督要点

（1）现场施工人员进行安全技术交底，组织开展消防和高压管件刺漏应急演练。

（2）所有泵车单车有压力传感器，仪表设置走泵限压。出口出液及压力正常后开始走泵。启车前施工指挥确认排空管线上所有闸门处于打开状态，走泵期间出口专人观察。

（3）试压前要求所有人员远离高压区，观察人员必须在有遮挡物远离高压区处观察。

（4）试压前要求对压裂车的电子限压装置进行低压验证合格。

（5）试压时，对所有流程、闸门再进行确认，确保处于试压状态。

（6）需要整改则必须泵车熄火，压力为零后再进行整改。杜绝带压整改。

（7）高压管汇周围区域放置防护钢板隔离，减少刺漏次生损害。

（五）压裂酸化施工

1. 主要风险

高压刺漏：压裂过程中排出法兰连接螺栓绷断。压裂过程中泵出法兰后第一个高压弯头易刺漏。压裂过程中高压管汇平板阀连接的第一个高压弯头易刺漏。压裂过程中不同级别类型高压管件变扣产生刺漏；压裂过程中放压旋塞刺漏。泵注二氧化碳上液管线接头易刺漏。压裂设备连续运转时间长、高压管件达到疲劳极限、保护装置失效等造成高压爆裂。井口闸门刺漏不及时控制产生井口失控风险。

设备损害：压裂设备连续运转时间长易产生松动漏油或者异常高温损害。泵送设备、混沙设备等设备传动轴松动，盘根螺栓等故障未及时发现产生设备损坏。

机械伤害：车组维护保养操作不正确、配合不当、站位不当产生人员伤害；检维修没有落实挂牌落锁制度产生次生损害；违反规定超负荷工作导致设备损害。

火灾风险：压裂设备集中摆放及油路、高温组件高度集中设置，若油路刺漏、设备跑冒滴漏，遇设备高温点容易引起火灾。现场加油未执行加注燃油安全管理规定易导致发生火灾。发动机涡轮增压器周围的液压管线刺漏，液压油刺到高温的涡轮增器引发火灾。排气管周围液压管线刺漏引发火灾。混沙车液压传动部位液压管线刺漏引发火灾。

液体泄漏：酸液运输过程可能发生酸液泄漏导致的酸液灼伤伤害。在试压及施工过程中，可能发生高压管汇刺漏产生液体泄漏环境污染。供酸管线老化，供酸时出现刺漏。阀门腐蚀严重关闭不严，高低压串通泄漏。供酸管线防护不到位，管线与地面或其他设备硬摩擦，引起管线破裂刺漏。

2. 监督要点

（1）压裂施工前依据工程设计或工艺设计设定好限压。确认切换流程闸门处于施工状态。泵送设备超压保护设置有效、设置合理，在地面管汇带压时，人员远离高压区。

（2）检查巡视及坐岗人员，泵工及仪表人员在岗情况，监控车组运转情况确保设备正常运转，及时停用异常设备。实时监测设备参数，例如柴驱压裂车的动力设备、变速箱、大泵、温度，压力等参数，电驱压裂设备的电机轴承温度及其他各项参数监控。

（3）排空完毕设备熄火，进行设备维护作业设备必须熄火，电橇或其他设备必须处于锁定停用状态。

（4）高压区域设置好警戒隔离，区域实施密闭管理，裸露地方钢板防护到位，防止刺漏后伤人或伤害其他设施。

（5）消防系统的现场配备符合要求，满足应急需要。

（6）高压管件及泵车连接试压合格后方可施工，杜绝试压不合格进行压裂施工现象。检查管件使用记录台账，杜绝超期或者不合格管件使用。

（7）低压管件物资连接可靠，杜绝跑冒滴漏污染。严格按照操作规程操作，设备所属安全附件配备齐全并定期检验。

（8）使用酸液采用专用低压管线及耐酸流程和闸门。杜绝不耐酸设备混用导致泄漏。酸化或酸压作业时，应安装单流阀，减少刺漏产生次生影响。

（9）组织检查各岗位劳保品、个人防护用品、证件是否齐全。酸液取样、配酸时穿戴齐全防酸服，戴好防酸手套及口罩、防护眼镜。准备好洗眼器、干净毛巾做应急使用。

（六）泵注二氧化碳

1. 主要风险

刺漏伤害：保护装置失效或者高低压部分刺漏造成二氧化碳泄漏。管线内形成干冰又处于密闭状态可能汽化引起高压刺漏或者爆裂。

冻伤窒息：固态（干冰）和液态二氧化碳在常压下迅速汽化造成低温，如与皮肤或眼睛直接接触，可引起皮肤和眼睛严重的冻伤。长时间在二氧化碳聚集区产生窒息。

2. 监督要点

（1）设备摆放连接按照压裂施工规范要求布置。检查二氧化碳液相管线本体和接口及所有连接管线完好并连接牢固，检查气液相管线安全绳完好，检查安全装置齐全有效。

（2）低压管线全部使用专用管线。接头处至管线本体必须捆扎保险绳，条件允许增加捆扎密度。

（3）加强安全检查和跟踪监控，注二氧化碳试压以及施工过程中严禁任何人进入高压警戒区。

（4）严格执行行业管件安全管理规定和上级有关压力容器的安全管理规定；严格按照操作规程操作，设备所属安全附件配备齐全。安全阀校验合格。

（5）无论气相还是液相存在泄漏，必须先关管线两头闸门，放掉管线内部压力后才可以进行整改操作。

（6）干冰堵塞的管线，应始终保持出口通畅，蒸发的二氧化碳可以及时排出；不要通过敲击等物理方式清理结冰管线，管线口禁止朝向有人的方向，防止干冰堵块因膨胀飞出造成伤害。二氧化碳泵注施工时长停后再次施工前需确认各个放喷口内及管线无结冰堵塞。

（7）二氧化碳施工现场配备轴流风机，对有二氧化碳聚集区域进行吹扫。泵注二氧化碳施工中和施工结束后，存在液态、固态二氧化碳的管路、井口等不得同时关闭两道闸门而造成封闭的死空间，否则可能导致闸门损坏或引起爆炸事故。

（8）管线内形成干冰时，杜绝管线处于密闭状态。严禁人员进入二氧化碳聚集区域，杜绝人员触摸二氧化碳设备防止冻伤。

（七）撤场

1. 主要风险

交叉作业伤害：此时现场可能进行放喷作业其他施工，存在交叉区域，搬家中各方人员设备人员和物资可能会存在交叉，易造成对他人的人身意外伤害及设备损坏。

高压伤害：作业施工可能进行放喷作业，井口周围地面试油流程带压，可能会发生刺漏或者被其他设备磕碰产生刺漏引起高压伤人危害。

起重伤害：罐内余液较多，致使起吊重量超过设备额定负荷或起吊晃动倾斜产生次生伤害，沙漏、泵橇、大通径管汇等大型设施吊装时发生位移产生系列伤害，吊装索具、吊耳、卸扣等工具不符合要求，吊装过程中，检查不到位、监护不到位、人员站位不当，在危险区域内操作不当，造成挤伤、碰伤、砸伤，跌落等人身伤害。

物体打击：拆卸设备敲击时未戴护目镜，可能造成眼睛受伤；人员劳动防护用品穿戴不规范、操作不规范、站位不当受到人身伤害。高处作业时工具、器具掉落，造成人员伤害。高空设备拆装人员在狭小作业面作业挤伤风险。

触电伤害：没有断电情况下对带电设备进行拆除作业产生触电。井场电源未断电、用电线路未拆除就移动设备，在高压线旁吊装未断电、未保持安全距离引起触电。

车辆伤害：现场车辆来回移动不服从指挥或者私自移动产生人员设备伤害或者误车刮碰事件。

其他伤害：设备设施中残留的油污、残液泄漏产生污染；施工车辆未使用防火帽进入易燃易爆区域，存在起火爆燃的风险；拖拽车辆设备时，绳索断裂飞出伤人；不规律的工作和休息时间、睡眠不足产生注意力不集中。

2. 监督要点

（1）建立多方协同机制，现场统一指挥，服从安排。

（2）班前会进行作业交底会，进行风险分析与危害识别，制定风险管控措施，将人员合理分工。各类工况下按照相应规定开展工作安全分析并执行开票程序。

（3）在井口高压管件拆卸时，要与试油作业进行确认井口闸门是否关闭以及再次打开放压流程闸门进行放压为零操作。双方相互监护到位。

（4）严禁对试油作业地面流程及放喷管线产生磕碰。

（5）推行生产安全运行一体化模式，明确各施工方职责场地范围及对相关方要求。

（6）各自作业区域应圈闭隔离，按照标准化要求设置警戒线、警戒标志，空间上可能交叉作业做好交底。

（7）进入放喷作业现场车辆正确安装并使用防火帽。

（8）所有设备应按操作规程进行拆除，杜绝"跑、冒、滴、漏"。

（9）电路拆除应由专业电工人员进行操作，拆除电气设备时，必须停电、验电、挂牌、上锁，并专人监护。

（10）吊装作业执行《中国石化吊装作业安全管理规定》，指挥人员和监护人员应佩戴鲜明的标志，任何人发出的紧急停车信号均应立即执行。

（11）吊装作业应专人指挥，专人监护。指挥人员站位既要保证与吊车司机之间视线清楚，又要保证能够清楚地看到所吊设备和司索人员，并保证自身安全，指挥信号明确。

（12）设备拉运前，应将设备捆绑牢固，达到"平、正、稳、牢"方可起运。零散、易滚、易滑的设备装车后要捆绑牢靠。

（13）撤场作业完成后清理作业场地，移除所有废弃物，HSE管理员与现场相关方进行压裂区域场地交接。

二　关键装备

压裂装备主要包括泵注设备、混沙、仪表系统、高低压管汇、液罐、沙罐。按照区域划分液罐低压区、沙罐混沙区、高压施工区、用电设备区及其他辅助区域。

（一）液罐低压区

压裂液罐主要有卧式罐、立式罐、折叠液罐等，组装存在吊装及物体打击、高处坠落、车辆伤害等风险，地面不平或者塌陷存在设备倾斜倒塌风险，监督要点如下。

（1）井场应平整结实，地面承重≥0.2MPa。场地高于四周防止雨水倒灌。液罐摆放区地基不会下沉，与井场边缘之间的距离不宜小于2m。承重不能满足要求时采取铺设水泥基础、管排或钢板等措施加固。压裂液储罐顶部不得有高压线，侧向离高压线距离大于3m。

（2）背罐车进入井场前，带班干部要先行下车去勘察井场，注意井场已有的其他设备、设施，防止车辆进入刮碰事故。背罐车立罐时要有专人负责指挥。

（3）现场罐体做好检查，特别是锈蚀严重的罐体，在装水验漏时认真检查，有泄漏的禁止使用。

（4）套罐摆放时，液罐与液罐之间不用预留空间，整齐合理。两罐顶部之间间隙大于0.1m，则应铺设过桥踏板进行封闭。双层液罐安装，先整组液罐吊装就位，再吊装上罐对接可靠就位。上罐四周及下罐侧面安装防护栏，空洞做好掩盖，梯子安装固定锁紧。上液立管位置合理，底部做好支撑，上部固定牢固可靠，过道使用过桥。杜绝上液立管底部悬空。

（5）高空作业时，重点监控上下立体工作面同时作业的人员，正确使用安全带及防坠落装置，手工具及零配件拴保险绳，严禁采用上抛下掷的方式传递工具及附件。

（6）严禁作业人员在狭小空间扶正、安装；严禁人员身体任何部位处于被吊物下方等危险区域；严禁两根及以上管线未捆绑牢固同时吊装；严禁吊装作业被吊物从人员上方停留或通过；严禁悬空安装件未固定前人员在其上方和下方滞留和通行。吊装区域进行圈闭，使用牵引绳或推拉杆，专人指挥。

（7）供酸区域应配备护目镜、洗眼台、防酸服、碱性溶液等应急防护用品与器材，在供酸区域周围设置安全警戒线，在醒目位置设置"当心腐蚀"安全标识和危险化学品标志。供酸区域酸的危险特征、健康危害、现场急救措施、个体防护措施、泄漏应急处置等基本知识摆放在显著位置。

（8）化工材料应包装完好，分类存放，码放整齐，做到下铺上盖。化工材料的名称、状态等标识应齐全清晰，并设置安全警戒线和职业危害告知牌。

（9）储液池应设置防护围栏。围栏入口处应放置救生衣、救生圈，并设置"水深危险""当心落水"等安全标识。

（10）进场车辆卸货听从指挥。各方卸料区卸料禁止交叉作业。如果确实需要交叉，则各方做好交叉交底并专人负责看护，空间上不能重叠交叉。

（二）沙罐混沙区

沙罐混沙区主要包括混沙车（橇）、沙罐等，要求地基基础平整结实，摆放符合安全要求，各部位连接可靠、安全设施齐全，用电线路规范，监督要点如下。

（1）现场组装沙罐施工，要求场地平整结实，整体强度满足承重要求。沙罐应安装在靠近混沙车的开阔区域，便于运沙车辆进出、沙包装卸。

（2）采用沙罐车装运支撑剂施工，要求场地满足车辆交替通行，倒车专人指挥。

（3）组合沙罐安装有钢木基础的先将其吊到指定位置，并连接可靠。每节沙漏吊装到位对接后，连接好固定装置并锁紧。罐顶四周安装好防护栏。沙罐组装完成后按照厂家要求进行固定。

（4）智能输沙装置连接并做好调试，要求便于人员操作或遥控完好防止支撑剂泄漏。

（5）连接好电器设施，用电线路及用电安装符合安全用电要求。

（6）运沙及吊装区域设置警戒，圈闭施工区域并及时清理落地支撑剂。

（7）混沙四周围堰圈闭，及时回收落地液体至混沙罐内。

（8）混沙输沙器底部裸露的转动部位做好安全防护隔离。转动时禁止人员拆除此设备，施工时产生堵塞需要疏通，要求停止转动后再进行处理。严禁设备不停进行处置。

（三）高压施工区

此区域包含整套车组高压管汇管件、闸门，旋塞等，监督要点如下。

（1）压裂泵车进场及倒车专人指挥，倒车时后面禁止有人。高压管线检测合格，连接后应用安全绳捆绑。管件之间留有足够间距，使用垫木支撑。管线之间距离小时采用橡胶垫或垫木隔开。

（2）泵车橇与管汇之间应安装旋塞阀或闸门。在距离井口就近位置处，入井口的每根高压管线上安装对应级别的单流阀。转向时采用2个活动弯头，连接角度适宜，垫好胶木起到缓冲及转向作用。

（3）预置或泵注二氧化碳、液氮施工时，从泵车到高压方向上安装单流阀，所有高低压管线连接部位使用安全绳等防脱保险措施。

（4）泄压阀安装远程控制和人工放压两套装置。泄压阀及走泵出口连接位置宜安装在外侧的主管线上，且在井口到单流阀之间。投球器连接位置在入井管线单流阀到井口之间的管线处。高压管汇上安装与整套高压管件相匹配的安全阀，出口朝下。

（5）泵送桥塞，泵送管线安装单独放压装置，与主压车组之间安装闸门进行隔离。泵送管线与投球器分别连接在不同的入井高压管线上。

（6）阀门张贴与闸门开关状态相一致的开关标识。以施工井井口10m为半径，管汇出口至两侧泵组边界设定为高压危险区，使用安全警示线（带）围栏，区域醒目位置摆放高压警示标志。

（7）高压管线连接完后采用安全绳缠绕做好防脱措施。低压上水管线存在交叉及磨损时，采用胶皮防护。对柴驱设备油箱暴露在危险区域内采用硬隔离防护。

（8）要求地面平整结实，最大限度减少由于地面不平整或者不均匀下沉引起的受力不平衡产生的刺漏。

（9）配备消防应急设备物资，在施工前做好调试处于应急状态。

（10）施工期间杜绝人员处于高压危险区域，巡检人员远离危险区域。远处坐岗观察人员必须坚守岗位，时刻观察高压区域，有异常实时汇报现场带班领导或者带队干部。

（四）用电设备区

用电设备区包括高压线路、变频房、仪表、泵橇、开闭所、变压器、电橇、混沙设备内电机及各类电柜等，监督要点如下。

（1）电力驱动压裂泵送设备输出功率不宜低于施工设计总功率的80%，电力变压器的选用要根据施工设备的总额定功率定，严禁超功率造成负荷过载。

（2）电缆在地面上敷设时，应采用电缆槽防护当穿过车辆通道时应对电缆槽采取过桥保护措施。电力电缆、通信电缆、信号电缆应分开敷设。电力电缆应按照从高电压到低电压的顺序敷设，从压裂设备端到终端电杆端的顺序接线。电缆无法采用直埋或电缆槽敷设时，应采用穿管敷设并设置安全警戒线。确保电缆产品及使用合格。

（3）变频控制房宜集中布置，其他设施按照用途进行归类摆放，距离满足标准要求。变频控制房区应设置防护围栏，杜绝人员私自进入高压用电区域。变频器内部如果过于潮湿时，电控房内的空调要设置为除湿模式运行。对接地系统进行检查和维护，主要检查连接处是否紧固、接触是否良好、接地引下线有无锈蚀、接地体附近地面有无异常。操作启动一定按照正常操作流程和顺序。

（4）现场应配备35kV级别的绝缘杆、绝缘靴和绝缘手套，35kV和10kV电压级别的验电器。配电箱（柜）总开关应安装漏电断路器，应一机一闸一保护，执行挂牌落锁。变频房、高压房、配电箱，开关箱内严禁存放杂物及易燃物品。

（5）压裂作业时，变频控制房的房门及内部的柜门应处于关闭状态。如需打开变频器柜门，应在变频器断电5min以上，且直流母线电压归零后方可进行。非电气操作人员严禁进入高压用电区。所有现场送电由电气操作人员操作。

（6）输入和输出的高压电缆必须经过严格的耐压测试。输入和输出电缆必须分开配线，防止绝缘损坏造成危险。现场到变频装置的信号线，应该与强电电线分开布线，最好采用屏蔽线。要一直保证变频装置柜体可靠连接到大地，保证人身安全。设备进行电气安装时，应为控制系统埋设专门接地极并电阻测试合格。

（7）井场用电电源、设施、线路的安装、维修、接拆应由持证电工进行操作，并应穿戴经检测合格的绝缘靴、绝缘手套，使用合格的手工具，应有监护人在场。照明设备应满足防尘、防水、防爆等要求，布设区域和安装位置合理，井场照明及照度应满足夜间施工需要。

（8）电气设备和电缆安装敷设完毕后应采用专用仪器进行绝缘阻值测试。送电前，配送电单位和临时用电单位应检查临时用电线路和电气设备，确认风险防控措施已落实。

（9）临时用电单位严禁随意增加用电负荷或擅自向其他单位转供电。用电的电气设备周围不得存放易燃易爆物、污染源和腐蚀介质。用电安装施工应符合供用电安全规范有关标准规范和企业要求。

（10）施工单位组织专业人员进行验收，确认合格后方可进行设备调试。撤场前应由电力专业人员切断终端电杆电源，经放电、验电合格后方可拆卸电气设备。

（一）大型压裂施工

1. 主要风险

高压刺漏：压裂高压管线、弯头、泵车液力端、井口及地面闸门旋塞等高压管件在压裂施工过程中，发生渗漏或刺漏，更为严重会发生高压管件爆裂事件。

设备损害：压裂设备连续运转，台上渗油漏油或者异常高温损害。

机械伤害：操作不当产生人员伤害或者设备伤害，超负荷工作导致设备损害。

火灾风险：设备长时间高温高压运转液压部件渗漏，发动机涡轮增压器周围的液压管线刺漏，液压油刺到高温的涡轮增压器引发火灾。排气管周围液压管线刺漏，液压油刺到高温的排气管引发火灾。

2. 监督要点

1）井控监督要点

（1）执行行业井控管理规定。按照压裂工程设计或工艺设计要求安装相应级别型号检验合格的井口。大型压裂井应配备井口远程液控闸阀、大通径压裂注入头、高压管汇、远程泄压装置、过压保护装置、视频监控系统等。

（2）压裂施工前，压裂井口、四通与下部套管头（法兰）或套管双公短节连接部位及套管应试压合格，试压值依据压裂工程或工艺设计要求，满足打平衡套压或空井筒压裂。配套地面放喷管汇应满足关井及放喷时承压要求。

（3）施工的最高压力不能超过套管、工具、井口等设施中最薄弱者允许的最大许可压力范围。关井套压不得超过井控装置额定工作压力和各级套管抗内压强度的80%。压裂施工安全施工压力不宜超过井口及管汇额定工作压力的80%。当施工压力达到井口或管汇额定工作压力80%～90%，应尽可能缩短在此压力段的工作时长，通过改变工艺参数降低施工压力。高压管汇件最大施工压力应不超过额定工作压力的90%。

（4）施工过程中，对井口装置、高压管汇、技表套及邻井监测压力，有异常及时上报现场指挥并采取措施。根据工程设计要求，监测好技套压力。若压裂期间技套压力发生变化及时采取好应对措施。严禁采用开关平板闸门控制的方式放压。

（5）现场井口闸门开关、高压旋塞闸门开关等高压流程切换操作应由专人负责，双人确认。核实手动闸阀处于全开或全关状态时所需的圈数，每次闸门开关确认闸阀处于全开或全关状态。

（6）压裂井口每使用1井次，应由具有检测资质的井控车间、生产厂家进行维护、检修，检测合格并出具合格报告后方可继续使用。

（7）带封隔器压裂的施工井，压裂施工中根据设计要求做好套管压力监测，管控好套管压力及油管压力，严禁超过设计限压。

（8）施工过程中一旦发生高压刺漏，针对发生刺漏不同部位及刺漏的程度、刺漏发生时机及刺漏大小采取针对性应急处置，原则是确保井筒及地面设备安全。井口装置刺漏立即停止施工，视情况启动相关应急预案。整改时确保管线内压力为零下方可整改。施工结束后，停泵，关闭井口；泄高压管线压力，确认管线内压力为零后，方可进行高压管汇拆卸工作。

2）其他要求

（1）压裂施工过程出现异常情况需要应急放喷时，应满足或遵循下列安全条件：放喷现场必须有足够容积（井筒容积1.5倍以上）的储液罐池；应急放喷的同时，必须组织拉运车辆等应急装备保障油水的处理；放喷时必须采用油嘴或针形阀控制放喷；放喷时必须从套管内侧闸门开始依次由内向外打开闸门，关井时按照由外向内的顺序关闭闸门。

（2）各作业区域到主安全通道应设置次安全通道，各安全通道应设置逃生方向标识。井场各种物料、工具、配件等应按照用途性质合理规划，分区域集中摆放，整齐稳固。

（3）同排压裂泵送设备间距宜不小于1m，采用大通径管汇连接，则两侧压裂泵送设备间距宜不小于7m。具体根据场地大小进行调整满足施工需求。同排相邻油驱压裂泵车间距≥0.8m，电驱压裂泵间距≥1.0m。燃油驱动与电力驱动压裂泵送设备之间的距离不应小于3m。

（4）油罐区距井口≥30.0m、发电机距井口≥30.0m。压裂泵送设备与井口之间的距离不应小于10m，达不到要求时应采取风险管控措施，特别是临近井口泵车在油箱部位进行钢板防护隔离。周围禁止存放易燃、易爆、腐蚀性物品，并应设置"严禁烟火"安全标识，油罐区下方铺设防渗膜，周边摆放护栏，设置醒目的禁火标识，夏季采取防晒措施，地线及静电释放装置配置齐全。

（5）排液用储液罐、计量池距井口应大于25m，分离器距井口应大于30m，且位于井口、油罐区主导风向的上风侧。

（6）活动弯头不允许使用3个或以上连续串接，不应在连续旋转、摆动和承受轴向负荷的工况下工作，应采用固定或地面垫实的方法来消除摆动及轴向负荷，活动弯头进出口液体流向不能在同一平面，夹角角度合理，杜绝拉直现象。

（7）与管汇橇单车控制阀连接的弯头或直管短接悬空处用橡胶垫块支撑。管汇橇单车控制阀应支撑固定稳固，旋塞阀两端固定，如采用U形螺栓锁紧固定。

（8）大通径高低压管汇橇单车控制阀（旋塞阀或平板阀）与大通径高低压管汇高压部分连接方式宜使用法兰连接方式。大通径法兰连接要求螺母紧固应逐渐拧紧，依据不同螺栓扭矩要求调整合适扭矩，对称均匀紧固，循序多次紧固到位，确保密封钢环均匀压紧。

（二）高压刺漏处置

1. 主要风险

高压刺漏是高压管线、弯头、泵车液力端、井口及地面闸门旋塞等高压管件在压裂施工过程中，发生渗漏或刺漏，更为严重会发生高压管件爆裂事件，高压刺漏作为压裂施工当中非常重要的一项应急处置，需要快速有效恰当处置，现场人员都应该掌握处置要领。

2. 监督要点

（1）前置液期间刺漏停泵熄火，关闭连接压裂注入管线的井口闸门，地面管汇泄压为零后整改。整改合格后继续施工。携沙液期间刺漏停止加沙，在确保人员设备和施工现场安全环保的条件下，完成顶替后停泵熄火，关闭连接压裂注入管线的井口闸门，地面管汇泄压为零后整改。整改合格后继续施工，若刺漏较严重，停止加沙后无法完成降排量顶替，则停泵熄火，关闭连接压裂注入管线的井口闸门，地面管汇泄压为零后整改。顶替液期间刺漏正常或降排量完成顶替。关闭连接压裂注入管线的顶部井口闸门，停泵熄火，转入整改或下步施工工序。

（2）泵车液力端发生刺漏：单车停车。安装有液动闸门则关闭该车旋塞。没有液动闸门情况下，停泵还继续渗漏，则全部停车。通知关闭井口闸门，打开放压闸门放压至零，关闭单车手动旋塞或者把单车高压端进行隔断处理，试压合格后继续施工。

（3）泵车液力端到管汇之间发生刺漏，井筒内没有支撑剂：单车停车，安装有液动闸门则远程控制关闭闸门后继续施工。没有液动闸门情况下，通知全部停车，停泵后关闭井口闸门，打开放压闸门放压至0，对管件及密封圈进行更换或者隔断处理，试压合格后继续施工。

（4）泵车液力端到管汇之间发生刺漏，刺漏发生在加砂阶段：单车停车，安装有液动闸门则远程控制关闭闸门后继续施工。没有液动闸门情况下，通知关闭井口闸门，根据现场刺漏情况合理判定关井口时间，低渗，则顶替完毕后再停泵，停泵后关闭井口闸门，打开放压闸门放压至零，对管件及密封圈进行更换或者隔断处理，试压合格后继续施工。

（5）刺漏发生在分流头到井口之间时全部停车，通知关闭井口闸门，打开放压闸门放压至0，对管件及密封圈进行更换或者隔断处理，试压合格后继续施工。管线崩裂时全部立即停车，通知关闭井口闸门，打开放压闸门放压至0，对管件及密封圈进行更换或者隔断处理，试压合格后继续施工。

（6）1号阀与油管头连接法兰密封失效，或1号阀内漏，或油管头顶丝密封失效：用电设备断电、柴油压裂装备熄火，条件允许满足人员站位下开启环空侧翼，通过测试放喷管线快速放喷降压。测井电缆或连续油管组下全封桥塞座封至2000m左右封堵井筒，泄桥塞上部压力观察压力情况。连续油管在桥塞顶界处打水泥塞200m，更换1号阀。连续油管钻扫水泥塞及桥塞。若外泄严重或不满足下桥塞条件，泄压后采用直推法泥浆（或连油循环泥浆）压井。

（7）套管四通两侧内闸门与四通之间连接法兰密封失效，闸门内漏：用电设备断电、柴油压裂装备熄火。通过测试管线控制泄压。电缆（连油）组下2支全封桥塞座封至2000m左右堵井筒。泄压观察。连续油管在桥塞顶界处打水泥塞200m。更换泄漏阀门并试压。连续油管钻扫水泥塞及桥塞。转入下步正常施工。若外泄严重或不满足下桥塞，泄压后采用直推法泥浆（或连油循环泥浆）压井。

（8）套管侧翼两侧两个闸门以外漏及井口上面2个闸门以外泄漏：车组停泵熄火。若刺漏点较小，条件满足人员站位，则直接关闭2号阀，若刺漏点断流，则判断关井成功，若刺漏点仍有返液，但喷势减小，则直接关闭1号主阀，刺漏点断流判断关井成功。该处需要特别注意的是在关闭井口闸门时，只能是先关闭2号闸再关闭1号闸，不能两个闸门同时关闭更不能更换关闭顺序，否则有井口失控的风险。当刺漏点不再返液后，更换刺漏点部件，试压合格后转入下步工序。

（9）发生火灾时，应抓住初起阶段组织现场人员进行灭火，尽可能立即组织灭火，切断火势蔓延渠道。在火势无法控制时，立即拨打火警电话报警，并上报上级主管部门。现场应急处置领导小组各负责人负责各施工方人员疏散。在现场指挥小组有组织、有步骤的统一指挥下，按火灾应急处置程序进行灭火工作。灭火工作中注意事项：火灾发生后，应抓住初起阶段组织现场人员进行灭火；在火灾现场，应迅速有组织地疏散物资、设备和人员，最大限度减少火灾损失；灭火工作应采取"先控制、后灭火"的原则，防止火势蔓延和扩大。

（10）二氧化碳泄漏。在标准状态下，$1m^3$液态二氧化碳汽化体积为$509.5m^3$。干冰极易挥发，升华为无毒、无味的气体二氧化碳。二氧化碳施工存在炮弹效应、冻伤、窒息风险。二氧化碳所有管线都缠绕安全绳及防脱装置。储罐易发生泄漏的部位为闸门，一旦发生泄漏，立即关闭上游闸门。并带好防窒息、防冻伤保护用具，进行维修或更换。在施工过程中易发生泄漏部位为地面管线及闸门，如果上述部位发生泄漏，应立即停止施工，关闭井口注入闸门，放压为零后进行整改。放压时确保人员远离泄压区。

（三）其他异常情况处置

1. 设备故障

（1）前置液期间出现故障。停泵熄火，关闭连接压裂注入管线的井口闸门，地面管汇泄压后整改。整改合格后根据情况继续施工或重新备液压裂。

（2）携沙液期间出现故障。停止加沙，在确保人员设备和施工现场安全环保的条件下，正常或降排量完成顶替后停泵熄火，关闭连接压裂注入管线的井口闸门，地面管汇泄压后整改。整改合格后根据剩余液量情况确定是否继续施工。

（3）顶替液期间出现故障。正常或降排量完成顶替。关闭连接压裂注入管线的顶部井口闸门，停泵熄火，转入整改或下步施工工序。所有整改前确保在地面管汇压力为零下进行。

2. 沙堵

由现场领导小组根据井口压力制定下步方案并组织实施。放喷时若无法放通，采用连续油管或其他方式冲沙。注意试挤压力及现场条件，杜绝超压施工。

3. 泵送桥塞遇阻

（1）闸门开关问题。闸门开关显示到位，而里面闸门没有完全到位；冬季施工造成冰卡。

（2）打背压问题。地面流程闸门复杂，关闭不严或者误操作导致下桥塞井口突然串压发生上顶断脱。

（3）泵送车组问题。供液不稳使泵车供液发生变化导致压力突然异常，从而使张力发生突变发生断脱或遇卡；仪表计量偏大，没有及时核对泵效情况，导致过顶液量偏少。

（4）防喷控制头沙卡。主要是沙卡和压裂液携带的纤维造成的阻流管沙卡电缆；电缆质量原因及使用造成的跳丝。

（5）施工人员问题。同台多口井交替压裂泵送，人员业务素质低导致操作配合失误，井口闸门开关错误导致电缆断脱落井；指挥人员对地面需要富余量及支撑剂滞后现象没有考虑周全，顶替液量不够，有少部分悬浮沙没有全部进入地层。

（6）等停过长问题。压裂完成后由于其他因素耽误时间过长，没有进行洗井直接下桥塞，可能有悬浮物沉降导致遇阻遇卡。

第四节　连续油管作业

连续油管广泛应用于油气田修井、完井、测井、钻井等作业，在油气田勘探与开发中发挥着越来越重要的作用，被业界称为"万能作业机"。连续油管作业的优点有作业时间短、作业成本低、施工效率高、需要作业井场小，整个作业过程中随时可以循环，能在生产条件下作业，作业安全可靠。同时可不放喷、不放压，带压连续进行作业，减少地层污染，保护环境，而且避免因压井而产生的地层伤害。

一　施工工序

（一）设备搬迁安

1. 主要风险

车辆伤害：驾驶员操作失误，作业人员站位不当，无专人指挥；道路急弯、坑洼、积水、结冰、地基不牢等造成车辆失控侧翻；驾驶人员疲劳驾驶，私自变更行车路线；载物捆绑固定不牢，货物掉落、倾倒。

起重伤害：吊车安全负载跟所吊设备重量不匹配；吊装索具、吊耳、卸扣等工具锈蚀或损坏绳套载荷不符合要求；未合理使用牵引绳或推拉杆；多台吊车配合起吊时，没有统一指挥，动作不同步；吊装指挥不能同时看见吊车司机、所吊设备和作业人员。吊车拉油管过程与操作手配合不当，造成吊车倾覆或拉翻滚筒。人员在滚筒附近或在油管下方，造成人员伤害、设备损坏。

物体打击：人员劳动防护用品穿戴不规范、操作不规范、站位不当，受到人身伤害；使用榔头敲击作业产生的异物伤人或榔头脱手甩出伤人；高处作业时工具、器具掉落，造成人员伤害。连接工具时，站位不当；管钳滑脱，手拉葫芦、管钳断脱造成人员伤害。穿油管进注入头，人员站在油管应力释放方向，油管弹起，造成人员伤害。

高处坠落：登高、作业时，未系安全带、未注意脚下情况，易引起踩空、滑跌、坠落。

触电伤害：井场电源未断电、用电线路未拆除，在高压线旁吊装未断电、未保持安全距离，引起触电。

高压伤害：井控装置、管线试压，人员未撤离高压区，设备管线未泄压，进行拆除，高压流体刺漏，造成人员伤害。

2. 监督要点

（1）搬迁前应勘查路线、制定施工方案并经过上级部门审批。搬迁前要进行作业安全分析，按照规定办理特殊作业许可，并针对作业识别出的风险制定削减控制措施。运输途中，超长、超高或超宽的物品应有明显标识，并安排人员带车。

（2）吊车司机、指挥人员、监护人员要持有效证件。风力六级及以上大风、雷电或暴雨、雾、雪、沙暴等能见度小于30m时，不得进行吊装作业及高处作业。吊装作业前要检查确认吊车吊钩安全锁销、吊装锁具、牵引绳和卡车防滑垫等设施完好符合要求，被吊物上的浮置物必须进行清理或固定，起吊前应进行试吊。吊装作业安排专人指挥，指挥员应佩戴明显指挥标识，处于吊车司机和司索人员都能看到的位置。如遇起吊大型设备设施需两台吊车联合作业时，明确一人负责统一指挥。当吊装钻台等大型设备时，起吊至合适高度后，停止起吊，指挥运输车辆倒车至设备的正下方，然后将被吊物缓慢放到运输车辆上。吊车拉油管过程人员远离作业区域，及时提醒吊车摆动快慢及操作手增减滚筒压力，操作手和吊车协调配合。

（3）注入头下方操作人员不超过3人。敲击作业人员站位合理、佩戴护目镜，严禁使用管钳、扳手等非专用工具进行敲击作业。人员站在管钳、手拉葫芦受力方向侧面操作，上手拉葫芦时用力不应过猛、过快。非穿油管人员远离注入头，直至油管通过上夹紧。

（4）高空作业时，重点监控上下立体工作面同时作业的人员，正确使用安全带及防坠落装置，手工具及零配件拴保险绳，严禁采用上抛下掷的方式传递工具及附件。

（5）吊装前确认设备电源已断电，用电线路已拆除，对应地线已拆除、回收。吊装前高压线应先断电，无法断电吊装时，应保证安全水平距离。

（6）试压期间，高压区设置警示隔离，专人监护，严禁人员入内；拆除管线前，进行泄压，并确认管线内无剩余压力。

（二）通刮洗

1. 主要风险

起重伤害：吊车悬停期间，吊车液压系统掉压，吊臂、支腿异常，注入头倾倒，造成设备损坏、人员伤害。

高压伤害：人员巡检过程进入高压区域，高压流体刺漏造成人员伤害。油管未排列整齐进行垫管时，油管刺漏造成人员伤害。

物体打击：起下作业期间，人员在滚筒至井口之间的油管下方穿行，油管断脱，造成人员伤害。

工具损坏：工具连接错误、故障，工具未使用拉力计按标准扭矩上扣，工具脱落，造成井下故障复杂。井口闸阀未开启到位，造成下放遇阻或工具受损。

2. 监督要点

（1）落实岗位巡检制度，对施工现场进行巡检，并督促吊车司机做好吊车支腿、悬重的检查。

（2）严禁人员进入高压区域，使用望远镜对高压区域流程、井口等进行检查，必须进入时穿戴好防弹衣及头盔。作业人员穿戴好防弹衣和头盔进行垫管作业。

（3）作业区域设置警示隔离，作业期间严禁人员在油管下方穿行。

（4）对照施工设计确认井下工具连接顺序，入井前做好工具功能测试。对照井下工具参数按照标准扭矩进行连接。与井口方共同在场确认井口闸门开启、关闭是否到位。0～50m下入速度应小于5m/min，过井口50m后不应大于25m/min，特殊井段操作手按设计要求起下油管，密切注意悬重变化，遇卡遇阻及时向带（值）班干部进行汇报，最大提放吨位不应大于对应操作权限。

（三）冲砂及解堵

1. 主要风险

起重伤害：吊车悬停期间，吊车液压系统掉压，吊臂、支腿异常，注入头倾倒，造成设备损坏、人员伤害。

高压伤害：人员巡检过程进入高压区域，高压流体刺漏造成人员伤害。油管未排列整齐进行垫管时，油管刺漏造成人员伤害。

物体打击：起下作业期间，人员在滚筒至井口之间的油管下方穿行，油管断脱，造成人员伤害。

工具损坏：工具连接错误、故障，工具未使用拉力计按标准扭矩上扣，工具脱落，造成井下故障复杂。井口闸阀未开启到位，造成下放遇阻或工具受损。

流程故障：泵注突然中断、循环通道或出口流程堵塞。

2. 监督要点

（1）落实岗位巡检制度，对施工现场进行巡检，并督促吊车司机做好吊车支腿、悬重的检查。

（2）严禁人员进入高压区域，使用望远镜对高压区域流程、井口等进行检查，必须进入时穿戴好防弹衣及头盔。作业人员穿戴好防弹衣和头盔进行垫管作业。

（3）作业区域设置警示隔离，作业期间严禁人员在油管下方穿行。

（4）对照施工设计确认井下工具连接顺序，入井前做好工具功能测试。对照井下工具参数按照标准扭矩进行连接。与井口方共同在场确认井口闸门开启、关闭是否到位。操作手按设计要求起下油管，密切注意悬重变化，遇卡遇阻及时向带（值）班干部进行汇报，最大提放吨位不应大于对应操作权限。

（5）现场应配备两台泵注设备交替使用。两台泵注设备均应连接至泵注流程，泵注流程相互独立，连接有排空流程。井场应配备循环、返排流程。返排流程应有备用出口可以切换使用。监管返排口专人坐岗并取样观察，正常每半小时汇报返排情况，有异常立即汇报。

（四）射孔及下桥塞

1. 主要风险

起重伤害：吊车悬停期间，吊车液压系统掉压，吊臂、支腿异常，注入头倾倒，造成设备损坏、人员伤害。

高压伤害：人员巡检过程进入高压区域，高压流体刺漏造成人员伤害。油管未排列整齐进行垫管时，油管刺漏造成人员伤害。

物体打击：起下作业期间，人员在滚筒至井口之间的油管下方穿行，油管断脱，造成人员伤害。

工具损坏：工具连接错误、故障，工具未使用拉力计按标准扭矩上扣，工具脱落，造成井下故障复杂。井口闸阀未开启到位，造成下放遇阻或工具受损。

井下故障：起下油管速度过快，遇阻遇卡加压过大导致射孔弹提前爆破或桥塞提前坐封。位置未校深，射孔或下桥塞深度偏差。

2. 监督要点

（1）落实岗位巡检制度，对施工现场进行巡检，并督促吊车司机做好吊车支腿、悬重的检查。

（2）基层单位与射孔队组织召开现场技术交底，签订HSE协议，明确划分各方责任，对作业人员进行风险提示和制定控制措施。

（3）确认火工品作业人员资质，现场设立警示标志，火工品储存箱应及时上锁，妥善保管。

（4）严禁人员进入高压区域，使用望远镜对高压区域流程、井口等进行检查，必须进入时穿戴好防弹衣及头盔。作业人员穿戴好防弹衣和头盔进行垫管作业。

（5）作业区域设置警示隔离，作业期间严禁人员在油管下方穿行。

（6）对照施工设计确认井下工具连接顺序，入井前做好工具功能测试。对照井下工具参数按照标准扭矩进行连接。与井口方共同在场确认井口闸门开启、关闭是否到位。操作手按设计要求起下油管，密切注意悬重变化，遇卡遇阻及时向带（值）班干部进行汇报，最大提放吨位不应大于对应操作权限。

（7）严格按照施工设计要求速度起下油管，严禁急刹、急停，按设计要求控制加压。射孔队或桥塞方人员校准深度，现场监督及相关施工单位确认。

（五）钻塞

1. 主要风险

起重伤害：吊车悬停期间，吊车液压系统掉压，吊臂、支腿异常，注入头倾倒，造成设备损坏、人员伤害。

高压伤害：人员巡检过程进入高压区域，高压流体刺漏造成人员伤害。油管未排列整齐进行垫管时，油管刺漏造成人员伤害。

物体打击：起下作业期间，人员在滚筒至井口之间的油管下方穿行，油管断脱，造成人员伤害。

工具损坏：工具连接错误、故障，工具未使用拉力计按标准扭矩上扣，工具脱落，造成井下故障复杂。井口闸阀未开启到位，造成下放遇阻或工具受损。

流程风险：泵注突然中断或出口流程堵塞。

井控风险：防喷盒胶芯磨损、失效，防喷盒刺漏。

2. 监督要点

（1）落实岗位巡检制度，对施工现场进行巡检，并督促吊车司机做好吊车支腿、悬重的检查。

（2）严禁人员进入高压区域，使用望远镜对高压区域流程、井口等进行检查，必须进入时穿戴好防弹衣及头盔。作业人员穿戴好防弹衣和头盔进行垫管作业。

（3）作业区域设置警示隔离，作业期间严禁人员在油管下方穿行。

（4）对照施工设计确认井下工具连接顺序，入井前做好工具功能测试。对照井下工具参数按照标准扭矩进行连接。与井口方共同在场确认井口闸门开启、关闭是否到位。操作手按设计要求起下油管，密切注意悬重变化，遇卡遇阻及时向带（值）班干部进行汇报，最大提放吨位不应大于对应操作权限。

（5）现场应配备两台泵注设备交替使用。两台泵注设备均应连接至泵注流程，泵注流程相互独立，连接有排空流程。井场应配备循环、返排流程。返排流程应有备用出口可以切换使用。捕屑器上下游压差超过2MPa时，进行碎屑清理。监管返排口专人坐岗，正常每半小时汇报返排情况，有异常立即汇报。

（6）现场施工时，入井前检查防喷盒胶芯，发现损坏的及时更换。

（六）打捞

1. 主要风险

起重伤害：吊车悬停期间，吊车液压系统掉压，吊臂、支腿异常，注入头倾倒，造成设备损坏、人员伤害。

高压伤害：人员巡检过程进入高压区域，高压流体刺漏造成人员伤害。油管未排列整齐进行垫管时，油管刺漏造成人员伤害。

物体打击：起下作业期间，人员在滚筒至井口之间的油管下方穿行，油管断脱，造成人员伤害。

工具损坏：工具连接错误、故障，工具未使用拉力计按标准扭矩上扣，工具脱落，造成井下故障复杂。井口闸阀未开启到位，造成下放遇阻或工具受损。

井下故障：井下工具遇卡或循环不够油管遇卡，上提拉力过大造成油管断裂。

2. 监督要点

（1）落实岗位巡检制度，对施工现场进行巡检，并督促吊车司机做好吊车支腿、悬重的检查。

（2）严禁人员进入高压区域，使用望远镜对高压区域流程、井口等进行检查，必须进入时穿戴好防弹衣及头盔。作业人员穿戴好防弹衣和头盔进行垫管作业。

（3）作业区域设置警示隔离，作业期间严禁人员在油管下方穿行。

（4）对照施工设计确认井下工具连接顺序，入井前做好工具功能测试。对照井下工具参数按照标准扭矩进行连接。与井口工共同在场确认井口闸门开启、关闭是否到位。操作手按设计要求起下油管，密切注意悬重变化，遇卡遇阻及时向带（值）班干部进行汇报，最大提放吨位不应大于对应操作权限。

（5）打捞精细操作，时刻观察指重表，上提拉力不超过油管最大屈服极限80%。根据井下实际情况做好液性选择和充分循环。

（七）注灰

1. 主要风险

起重伤害：吊车悬停期间，吊车液压系统掉压，吊臂、支腿异常，注入头倾倒，造成设备损坏、人员伤害。

高压伤害：人员巡检过程进入高压区域，高压流体刺漏造成人员伤害。油管未排列整齐进行垫管时，油管刺漏造成人员伤害。

物体打击：起下作业期间，人员在滚筒至井口之间的油管下方穿行，油管断脱，造成人员伤害。

流程故障：泵注突然中断、循环通道或出口流程堵塞。

2. 监督要点

（1）落实岗位巡检制度，对施工现场进行巡检，并督促吊车司机做好吊车支腿、悬重的检查。

（2）严禁人员进入高压区域，使用望远镜对高压区域流程、井口等进行检查，必须进入时穿戴好防弹衣及头盔。作业人员穿戴好防弹衣和头盔进行垫管作业。

（3）作业区域设置警示隔离，作业期间严禁人员在油管下方穿行。

（4）对照施工设计确认井下工具连接顺序，入井前做好工具功能测试。对照井下工具参数按照标准扭矩进行连接。与井口方共同在场确认井口闸门开启、关闭是否到位。操作手按设计要求起下油管，密切注意悬重变化，遇卡遇阻及时向带（值）班干部进行汇报，最大提放吨位不应大于对应操作权限。

（5）水泥浆初凝时间应大于连续油管整个施工时间，与固井方组织召开现场技术交底。

（6）现场应配备两台泵注设备交替使用。两台泵注设备均应连接至泵注流程，泵注流程相互独立，连接有排空流程。井场应配备循环、返排流程。返排流程应有备用出口可以切换使用。监管返排口专人坐岗并取样观察，正常每半小时汇报返排情况，有异常立即汇报。

二 关键装备

（一）主体设备

常规连续油管作业设备为双车组装载形式，设备组成由控制车（主车）和滚筒车（辅/副车）组成。一般来说，控制车为主车，其他车辆为辅车。

控制车（图6-4-1）其功能和作用是对滚筒、注入头、防喷盒和防喷器等连续油管系统的控制，完成连续油管作业的一切动作。一般由底盘车、控制室、液压动力系统、注入头控制和防喷器控制软管滚筒、排管器、注入头、液压系统、气路系统、电气系统等组成。

滚筒车（图6-4-2）其功能和作用是完成对连续油管滚筒的控制和运输。根据需要和作业环境的不同，也可以承担运输注入头、防喷器、防喷盒、防喷管等设备的任务。有些运输车也可选装自备吊。其主要结构由底盘车、油管滚筒、监视系统等组成。

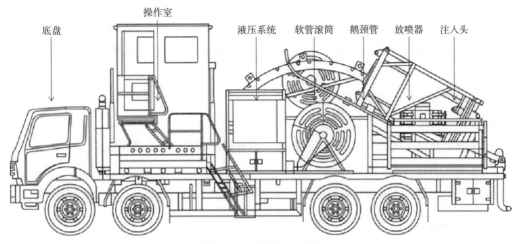

图 6-4-1　控制车（主车）

底盘　操作室　液压系统　软管滚筒　鹅颈管　放喷器　注入头

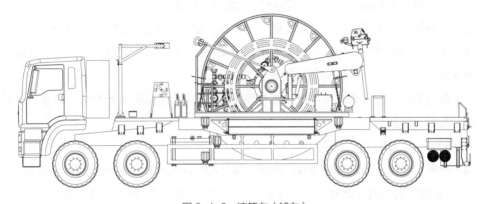

图 6-4-2　滚筒车（辅车）

为满足作业区域狭小施工现场的连续油管作业需求，如：海洋油气开采平台、山区油气开采平台、井工厂作业等场地，也可采用橇装制连续油管设备。其根据装备的功能划分，主要为：动力操作室橇、注入头运输橇（注入头、防喷装置、辅助装置）和连续油管橇。

连续油管主体设备监督要点如下。

（1）有主要关键设备技术档案，包括运转记录、保养记录、高压管件检测台账、吊点检测台账等。

（2）运行平稳正常，无异响，无破裂或断裂的部件。

（3）动迁前对设备进行维保，并有设备近期维保记录。

（4）地线桩连接完好。

（5）控制车/操作橇旁放置2具8kg干粉灭火器。

（6）注入头安装区域、滚筒底部等铺设防渗膜。

（二）注入头

注入头主要功能是夹持油管并克服井下压力对油管的上顶力和摩擦力，为连续油管进井或出井提供动力。主要部件包括鹅颈管、框架、夹持块、动力系统。监督要点如下。

（1）摆放位置及固定：垂直井口，注入头应拉绷绳四角固定；基墩位于滚筒方向每个质量≥3.0t，滚筒对面每个质量≥5.0t。

（2）鹅颈位置：正对滚筒。

（3）鹅颈上油管盖：盖紧、扣好。

（4）链条润滑：润滑到位、正常，链条润滑油罐的润滑油在有效刻度内。

（5）刹车装置：快速准确制动。

（6）安全装置：注入头安装防坠器，吊点按时检测、第三方检测报告在有效期内。

（三）滚筒

滚筒是连续油管的储运设备，用以均匀地缠绕连续油管，使连续油管起、下时在油管上保持一定的拉力。主要部件包括滚筒体、排管器、轴承及管汇。监督要点如下。

（1）框架和橇装块无损坏、裂缝或变形。走道/梯子无损坏，无油脂、油渍、垃圾。滚筒基座固定销完好，安全销、安全别针齐全。

（2）齿轮箱油位符合要求（不低于观察窗）。液压软管和连接头无泄漏、干净，所有盖子、标记及标签正确。

（3）滚筒刹车系统工作正常。

（4）滑舌无磨损，涂抹黄油保养。驱动（链条和导向螺丝）润滑和运转情况正常。

（5）缓蚀剂/润滑剂储罐液位符合要求（不低于三分之一）、系统运转正常。

（6）正常准确传递油管压力。

（7）滚筒所使用连续油管具有对应参数和使用记录。

（四）操作室

施工过程中，操作手通过在控制室内的控制面板对连续油管系统控制操作。操作室主要部件包括仪表和控制、数据采集系统。监督要点如下。

（1）所有仪表（压力/温度）工作正常、无损坏、外观整洁。

（2）正常采集并显示正常。电缆/连接头干净、连接牢固。

（3）现场至少配置风向标1个固定于操作室附近。

（五）防喷装置

防喷装置用来防止连续油管作业过程中出现井喷的井控设备，同时可以容纳井下工具串。主要部件包括防喷盒、防喷器、防喷管。监督要点如下。

（1）防喷盒：正常开关，按要求试压不漏，有功能测试表；压力级别符合施工设计要求；施工前进行压力测试，并有记录，第三方检测报告在有效期内。

（2）防喷器：四个闸板正常开关，光杆指示到位，内部闸板完好；手动锁死（如果有）工作正常；闸板平衡阀（如果有）工作正常且畅通；防喷器闸板同连续油管尺寸匹配；防喷器的工作压力、装在防喷器上的转换接头满足施工井的要求；连接软管和连接头无损坏、无泄漏、干净；施工前进行压力测试，并有记录，第三方检测报告在有效期内。高压管汇件第三方检测报告在有效期内。防喷器泄压管线采取硬管线连接。

（3）防喷管：丝扣完好，通径及压力级别满足要求；第三方检测报告在有效期内。

（4）组合要求：最大预测井口压力 0~10MPa，井控设备组合额定压力 ≥21MPa；井口压力 10~24MPa，额定压力 ≥35MPa；井口压力 24~52MPa，额定压力 ≥70MPa；井口压力 52~86MPa，额定压力 ≥105MPa，并采用双防喷器组。

（5）试压要求：现场安装后，应对防喷装置按不低于预测最大井口压力的 1.1 倍进行试压。稳压时间不小于 10min，压降不大于 0.7MPa。

（6）作业暂停期间，应启动防喷器半封闸板及卡瓦闸板，确保井口处于可控状态。如停等时间较长，应起出连续油管，关闭井口闸阀。

三　高风险作业

（一）拆安井口装置

1. 主要风险

井控风险：主阀密封不严，井口压力泄漏。

起重伤害：磕碰、挤压伤害，吊物坠落伤害。

2. 监督要点

（1）无关人员远离吊装作业半径，专人指挥，专人监护。

（2）做好吊车、防喷器和绳索的检查工作，确保灵活可靠。系好牵引绳，平稳操作，保持通信畅通。

（3）选择挂吊索的位置应保证设备被平稳吊起。吊物不得从设备上方经过，使用牵引绳或撑杆辅助采油气树落地。

（4）确认井口主阀处于关闭状态。缓慢释放井口主阀以上压力至一半，观察 5min 无变化后再泄压至 0，观察井口压力 10min 无上升。验封不合格申请业主方整改至合格。恢复采油气树后，按设计要求对采油气树试压至合格。

（5）拆除井口装置前从防喷器泄压口卸除井口压力，防喷器泄压管线采取硬管线连接。

（二）异常情况处理

1. 主要风险

高压伤害：人员伤害；高压刺漏伤害；管线憋压伤人。

物体打击：连续油管提断、压扭，油管飞出伤人；管材破损、井内流体逸出伤人。

高处坠落：高处作业人员坠落；高空落物伤人。

井控风险：防喷装置泄漏，井喷失控。

2. 监督要点

（1）高压区域设置明显标识，设置隔离带；无关人员撤离到安全区域，远离高压区；确认打压流程正确，设置超压保护值；按照施工设计要求逐级打压；泄压时使用防护用具，确认出口畅通。

（2）上提下放最大强度不超过管材最大极限80%；控压进行大吨位上提下放；上提下放时设置注入头最大上提或下放吨位，防止控制不住；设置隔离带，非操作手远离井口。

（3）人员高处作业系好安全；手工具采用绳索连接，防止高处落物。

（4）防喷装置泄漏应急处置：

①防喷盒泄漏

当防喷盒胶芯不能密封时，关闭防喷器卡瓦闸板及半封闸板。

从防喷器压井端泄掉防喷管内压力，观察半封闸板密封是否有效：若防喷器半封闸板密封有效，检查防喷盒漏点，对漏点进行整改。根据施工井况，选择是否需要保持泵注循环（监控井口压力）；若防喷器半封闸板密封失效且泄漏持续扩大，关闭剪切、全封闸板。卸掉防喷管内压力后，确认全封闸板密封有效的情况下，进行后续处理。

②防喷管泄漏

停止起下连续油管，将滚筒及注入头控制阀件关到刹车位，停止泵注。

关闭防喷器卡瓦和半封闸板。

从防喷器压井口泄掉防喷管内压力，观察半封闸板密封是否有效：若防喷器半封闸板密封有效，对漏点进行整改；若防喷器半封闸板密封失效且泄漏持续扩大，关闭剪切、全封闸板。卸掉防喷管内压力后，确认全封闸板密封有效的情况下，进行后续处理。

③连续油管刺漏

停止活动连续油管，将滚筒及注入头控制阀件关到刹车位。

停止泵注，缓慢卸掉油管内压力，监控刺漏点，根据刺漏情况进行下列操作：若井下单流阀有效，轻微渗漏、无断开风险，起出连续油管；存在断开风险则对连续油管对接后起出连续油管；单流阀失效或地面刺漏持续扩大，剪切连续油管并手动锁紧全封闸板。卸掉防喷管内压力后，确认全封闸板密封有效的情况下，进行后续处理。

第五节　带压作业

　　带压作业是指在油气水井井口带压状态下，利用专业设备和工具在井筒内进行的作业。带压作业范围通常包括修井、完井、射孔、压裂酸化、抢险及其他特殊作业等。

一　施工工序

　　带压作业施工工序主要包括设备拆搬安、带压起下油管、带压钻磨等。

（一）设备搬迁安

1. 主要风险

　　吊装风险：吊装前井场设备设施水、气管路未断开，设备连接、固定未拆除，吊装时造成设备设施损毁、人身伤害；钢丝绳、吊具、索具不符合安全要求，起有断丝、锈蚀，或使用不当，造成吊装过程中钢丝绳、吊具、索具断裂伤人；吊物捆绑不牢、不平衡，造成吊物掉落，导致人身伤害、设备设施损坏；吊装过程中，检查不到位、监护不到位、人员站位不当、在危险区域内操作不当，造成挤伤、碰伤、砸伤，跌落等人身伤害；摘、挂绳索，与吊车操作人员配合不当，造成挤手。

　　物体打击：人员劳动防护用品穿戴不规范、操作不规范、站位不当，受到人身伤害；使用榔头时未戴护目镜，造成异物入眼受伤，榔头甩出伤人；高处作业时工具、器具掉落，造成人员伤害；放车厢板时不注意被车厢板砸伤；拖拽车辆、设备时，挂点处、绳索断裂飞出伤人。

　　车辆伤害：车辆在行驶、倒车过程中，与其他设施、车辆、人员碰撞、剐蹭；车辆未按照指定路线行驶、未正确驾驶、出故障，造成交通事故、人身伤害；车辆行驶过程中，发动机油路渗漏、管线破裂、轮胎温度过高等，引起着火、发生交通事故。

　　高处坠落：设备安装等登高作业时，未系或未正确系带安全带、未注意脚下情况，易引起踩空、滑跌、坠落；工具未系安全绳，掉落伤人。

　　触电：井场电源未断电、用电线路未拆除，在高压线旁吊装未断电、未保持安全距离，引起触电；井场电路接拆过程中，对用电设备设施、线路检查不到位，电缆老化、破损、裸露，用电设施漏电、接地不良，安装操作、使用不规范，监护不到位，引起触电。

2. 监督要点

　　（1）作业队搬迁前进行井场踏勘，制定施工方案并经过上级部门审批；要进行作业安全分析，按照规定办理特殊作业许可，并针对作业识别出的风险制定削减控制措施。

　　（2）吊车司机、指挥人员、监护人员要持有效证件；吊装作业应专人指挥，专人监

第七章　陆上井下特种作业

护。吊装指挥人员和监护人员应佩戴鲜明的标志。吊装指挥所处位置应能全面观察作业现场，并使司机、吊装人员都可清楚地看到；吊装作业应执行《中国石化吊装作业安全管理规定》；高处作业应执行《中国石化高处作业安全管理规定》。

（3）吊装起吊前应进行试吊。试吊时吊物距离基准面 10 ~ 20cm，无异常方可正式起吊。下放吊物时，应使用牵引绳、推拉杆辅助就位。手扶就位时吊物距基准面应不超过0.5m。

（4）吊装前高压线应先断电，无法断电吊装时，应保证安全水平距离。井场所用电缆不宜有中间接头，必然使用接头时应采用防爆接头连接，并保证接头不承受张力。用电设施应做到"一机一闸一保护"；距井口30m以内的电气设备应符合防爆要求，开关箱、移动式电气设备应安装漏电保护器。

（5）吊装尖棱利角物体时，应在吊物与索具的接触处加护角（保护衬垫），防止索具受损破断。执行"一物一吊"，绳索不打扭、不挤压、不碰撞，采用推拉杆、牵引绳控制吊物转向；吊装较轻的小件物体，索具与被吊物应采用卸扣等闭环方式连接，防止移动过程中脱落；吊装带存在颜色标识难以辨认、出现割口、被化学品侵蚀、出现热损伤或摩擦损伤、配件损伤或变形、纤维严重破损、承载芯裸露的，不允许使用。

（6）作业人员应正确佩戴和使用个体防护用品；敲击作业时人员必须佩戴护目镜，高处作业时人员必须系挂安全带；吊装作业时人员严禁站立在吊物运移方向上和作业半径内。

（7）搬迁运输车辆应按照指定路线行驶，不得随意变更路线，遇到限高、限宽、拐弯、视线受遮挡路段，应降低车速，不得冒险通过；搬迁、安装作业现场备有值班车辆、应急药品和简单医疗器械。

（8）搬迁、安装作业应视频监控范围覆盖作业区域，视频监控清晰，回放及远程传输功能完好，并对施工过程进行现场监督和检查。

（9）安装、拆除电气设备时，必须停电、验电、挂牌、上锁，并专人监护；恶劣天气（雨、雪、雾、风暴潮等）禁止进行室外接电作业。

（10）遇有六级（10.8 ~ 13.8m/s风速）及以上大风，雷电或暴雨、雾、雪、沙尘暴等能见度小于30m的恶劣天气时，应停止吊装作业。

（二）带压起下油管

1. 主要风险

物体打击：起下油管过程中，轻管柱状态时，作业机防顶卡瓦夹持到油管接箍上，造成作业机防顶卡瓦失效，油管上窜飞出；井内复杂变化，导致压力突然变化，中和点位置改变，管柱状态变化，导致油管飞出、落井情况。

火灾爆炸：在起下管柱时可能出现油管内堵失效、油管断裂、油管丝扣密封失效情况，油管内大量气体逸出导致火灾爆炸；在施工过程中，井口以下可能出现漏气现象，井内气体瞬时喷出，存在中毒或窒息、火灾爆炸、污染大气的风险。

井控风险：带压作业过程中，存在环形防喷器密封失效的情况，安全半封闸板防喷器在正常关井过程中可能会出现刺漏，工作半封闸板防喷器在正常起下管柱中可能会出现刺漏现象，存在井控风险。

冰堵风险：施工过程中，在低温高压工作环境下，天然气在被产出井口的过程中温度降低，由于井口装置孔径尺寸变小产生相应的压差，加之外部温度的影响，极易产生固态水合物形成冰堵，如果没有及时消除很容易发生管线爆裂或刺漏，严重影响施工的安全。

2. 监督要点

（1）作业前，观察人员精神状态，检查血压测量结果。

（2）核查好管柱最大无支撑长度和中和点等数据，起管柱时，液缸行程应不大于管柱最大无支撑长度的70%，随起出管柱增多，应逐渐增加液压缸的下压力。

（3）作业期间，督促根据井口压力、油管型号等选择不同工作半封闸板倒换方式进行油管起下；不同的井口压力和不同的施工阶段选择不同的油管起出速度。

（4）下管柱过程中，中途遇阻，分析原因，上提判断是否有遇卡现象，严禁盲目加压通过。

（5）作业过程巡回观察带压作业机、防喷器和卡瓦，发现问题时，要及时通知整改；通过数采系统观察操作手操作是否符合操作规程，检查各项工作表单是否及时填写。

（6）起管柱过程中，因管柱可能存在腐蚀情况，有断脱的风险。要严格控制上提速度，操作手注意观察悬重变化，防止油管断脱。

（7）施工过程中确保远程控制柜安排专人坐岗值班。

（8）夜间照明不良、视线不清楚的情况下禁止进行起下管柱作业。

（三）带压钻磨

1. 主要风险

井控风险：带压钻磨时，桥塞钻除后，在桥塞底部异常高压作用下，控制不当可能导致井控险情。

卡钻风险：水平井段钻磨桥塞，钻屑不易返出；桥塞在水平段，钻具摩阻大，易导致卡钻。

物体打击：钻磨桥塞，井口返排管线易被碎屑堵塞，导致高压管线刺露或爆裂伤人。

2. 监督要点

（1）用带压作业设备工作防喷器控制环空压力，节流管汇控制适当的回压，确保桥塞上下压力平衡，有效控制圈闭压力缓慢释放并排放至罐内；钻塞期间关闭防顶卡瓦，有效控制管柱突然向上运动，避免飞管柱。

（2）钻磨桥塞时，泵压、返排压力、返排口需时时监控，以防止磨铣速度太快而导致磨铣碎屑太大没有及时循环出来；若钻磨无进尺且出口排液正常，起出工具串后，检查入井工具，下强磁打捞工具或更换磨鞋，充分划眼洗井，保证碎屑全部被携带到地面；每钻完一个桥塞，要泵入适量胶液，确保更好的携带钻屑。

（3）合理使用金属减阻剂，减小管柱在井筒内的摩阻；每下入500m，要测量上提下放悬重，并进行循环一次；带压作业设备配备大扭矩主动转盘，可以有效旋转管柱，克服摩阻。

（4）循环返排出口使用捕屑器，两条管线，泵车采取一用一备。

（5）确保按照程序进行操作，称重钻屑返出量，确保钻屑全部反出；如果发生卡钻，进行上提下放解卡，旋转解卡，震击解卡，泵入金属减摩剂等进行解卡，还可以投球进行解卡。

（6）当天然气与水在低温高压条件下接触就会形成水合物（冰堵），随着压力的增加，形成水合物的温度会升高，高压气井在接近地面的井筒部分很容易形成水合物，造成井口压力下降，油管活动困难，如果发生冰堵，建议泵入乙二醇，或进行加热。

（7）施工过程中确保远程控制柜安排专人坐岗值班。

二　关键装备

带压作业现场主要配备带压作业机、井控设备、液控系统、逃生装置等。

（一）带压主要装置

带压主要装置包括举升/下压系统、卡瓦系统、动力系统、液压转盘和桅杆总成，其中举升/下压系统是带压作业机的主要执行机构；卡瓦系统主要用于卡住管柱，分为游动卡瓦组和固定卡瓦组；动力系统为带压作业机提供液压动力，主要包括发动机、液压源等；液压转盘由游动横梁和齿轮传动部分组成；桅杆总成包括桅杆、绞车、滑轮组、管线滑轨等。监督要点如下。

1. 举升系统

（1）操作前检查动力源举升机液泵开关是否打开；检查举升机液压管线连接是否牢固，有无破损渗漏；检查举升机液缸螺栓是否紧固，液缸完好无渗漏；检查举升机四缸/两缸模式闸阀开关是否正确；检查液缸管汇连接牢固无渗漏；检查连接板螺栓是否紧固。

（2）每井检查所有螺栓的紧密性；检查液缸螺母的紧密性；检查液压系统的渗漏程度；检查液缸组件的渗漏程度。

2. 卡瓦系统

（1）操作前检查卡瓦固定牢靠，卡瓦牙同井内管柱对应；检查附件齐全，管线连接无误，无漏油现象；按要求调整卡瓦液缸压力；进行空载试验，操作灵活可靠。

（2）检查卡瓦固定牢靠，无液压系统漏油情况；清洁卡瓦牙，检查卡瓦牙的损坏情况，卡瓦牙牙盖和牙座盖固定牢固；滑座打黄油，滑轨与滑座之间无松动，并检查滑座和牙座磨损情况；气井带压作业施工，卡瓦牙应每班进行检查。

（3）定期全面清洁卡瓦系统，保持整洁；肉眼观察，检查有无结构性损坏；检查卡瓦液缸使用情况，是否漏油，活塞杆是否有磨损等缺陷；检查牙座、滑座和滑轨的磨损情况。

3. 动力系统

（1）柴油机：检查防冻液及冷却系统是否渗漏；检查空气滤芯是否堵塞，如果堵塞清理或更换；检查风扇皮带、发电机皮带松紧度，如果过松，通过调节杆调节或更换；检查电瓶电压，如果电压不足，检查原因并充电；检查发动机管线是否损坏、磨损。检查排气系统是否腐蚀；检查发动机紧急熄火工作是否正常；检查空压机是否工作正常；检查柴油油水分离器、一级滤芯和二级滤芯。

（2）离合器：机械式离合器用润滑脂进行润滑；定期需用润滑油枪通过油嘴给离合装置（滑动套总成）加润滑油；定期用油枪通过油嘴给主轴承（圆锥滚子轴承）和分离轴加润滑油。

（3）分动箱：日常检查齿轮油油位，不足需要添加；更换齿轮油时，要保证齿轮油温度适宜，以便可以将旧齿轮油全部放掉。

（4）蓄能器：每井检查蓄能器氮气压力。

（5）散热器：散热器应保持清洁，定期清洁散热器。

4. 液压钻盘

（1）操作前将转盘锁紧装置打开，检查转盘液压油位；检查转盘各供油管线有无渗漏；检查转盘各连接螺栓有无松动。

（2）检查转盘液压系统的漏油情况，并按要求进行修理；检查密封情况，修理渗漏、损坏的密封件；检查转盘软管，确保其无损。

（3）每月检查链条张力以及要求的绷紧度；检查转盘的结构性是否损坏；检查润滑脂，据情况添加EP润滑脂、锂皂基润滑脂。

5. 桅杆总成

（1）操作前检查钢丝绳排列是否整齐，有无断丝、断股；检查绞车液压管线有无渗漏、破损；检查绞车阀件、操作手柄开关是否灵活可靠；检查死绳头是否紧固完好；检查刹车装置是否灵活可靠；检查主桅杆各固定销是否牢固。

（2）设备安装前检查天车滑轮，确保其自由旋转；通过滑轮轴润滑天车滑轮；检查起吊索绞轮；检查锁销和锁销弹簧的实际状况；确保起重拔杆在运输或搬运过程中没有受到损坏；检测起重拔杆基座的锁销。

（3）设备安装后延伸前检查举升绞车的油位；检查润滑举升绞车轴承；移动锁销，确保起重拔杆在内缩位置。

（4）每日检查吊钳臂立柱固定牢固，无松动；吊钳臂转动灵活，伸缩自如。

（5）每周伸缩臂和旋转臂涂黄油；检查吊钳绳索断丝情况，按要求更换。

（二）井控设备

井控设备包括安全防喷器组、工作防喷器组、平衡泄压系统、节流泄压管汇台和内防喷工具，其中安全防喷器组包括全封闸板防喷器、半封闸板防喷器、卡瓦闸板防喷器（选配）、剪切闸板防喷器等；工作防喷器组包括环形防喷器、上半封闸板防喷器、平衡/泄压四通、下半封闸板防喷器、升高法兰（选配）等；平衡泄压系统包括平衡阀、泄压阀、升高法兰等。监督要点如下。

（1）拆开采气树后，应尽快安装安全防喷器组并立即调试液控管线，除剪切闸板外，其他防喷器应做功能测试，并留有测试记录。

（2）安全防喷器组安装时，应自下而上安装全封、剪切、半封防喷器，修井或其他特殊作业应配置卡瓦防喷器；安装完毕后，采用绷绳（井口稳定器）固定牢固，绷绳直径应不小于19mm。

（3）作业过程中加强观察工作防喷器闸板胶芯的密封性，若密封失效及时停止作业，检查更换，可通过数采系统观察倒换防喷器、阀门，开关卡瓦等操作是否正确。

（4）环形防喷器保养期间，检查防喷器芯子，检查内表面，清除泥沙油污异物；检查所有的螺母和螺栓的损坏情况；观察顶盖、活塞和壳体的表面；检查芯子有无刮、划、断裂的痕迹。

（5）闸板防喷器保养期间，清洁防喷器本体，目视检查防喷器的缺陷和损伤；检查所有螺母和螺栓是否松动、损坏；用黄油对球面进行润滑。

（6）平衡/泄压系统操作前检查液压管线无渗漏、破损；检查各连接部位的螺栓牢固齐全；检查各旋塞阀灵活，开关状态处于工作位置；检查平衡/泄压阀手柄灵活可靠；日常保养注脂；施工结束后要给平衡、泄压阀注脂；检查节流阀操作是否正常；检查井筒压力表是否准确。

（7）班组巡回检查并填写相应资料，做好日常维护保养，确保防喷器三月检、一年检、三年检按期进行。

（三）液控系统

液压控制系统，是通过阀门控制各执行机构的集成装置，所有控制阀都集成在操作台上，一般举升/下压控制系统和环空密封控制系统控制阀安装在一个操作台上，某些设备将举升/下压控制系统与环空密封控制系统分开独立操作，绞车控制系统采用单独操作台控制。监督要点如下。

（1）安全阀和压力表定期检验，检查、修理或更换易损件，如O形密封圈、密封件、轴承、叶片、传动螺栓等。

（2）检测接地位置，检验安全回流阀。

（3）定期对泵的所有转动部件进行全面检查。

（四）逃生装置

带压设备操作平台逃生装置一般包括逃生桶、逃生滑道、逃生索、逃生杆等。监督要点如下。

（1）逃生滑索上端安装位置正确，固定牢靠，挂钩和连接件牢固，缓降器灵活。

（2）逃生滑索本体钢丝绳完好，挤压变形、无断丝、断股等现象。

（3）逃生滑索下端安装位置正确，固定牢靠，限位卡安装牢固，缓冲垫安放位置正确。

（4）柔性逃生滑筒上端安装位置正确，牢固可靠。

（5）柔性逃生滑筒下方缓冲垫安放位置正确，正对滑筒出口，逃生出口无障碍物，逃生通道畅通。

三 高风险作业

带压作业现场高风险作业主要有轻管柱状态、中和点、坐油管悬挂器。

（一）轻管柱状态

1. 主要风险

轻管柱指管柱在井筒内的自重小于管柱截面力的管柱。此时油管在上顶力的作用下，出现卡瓦夹持接箍、倒换错误、卡瓦牙过度磨损等情况，就会引起管柱飞出的风险。

2. 监督要点

（1）轻管柱状态下使用游动防顶卡瓦、游动承重卡瓦与固定防顶卡瓦配合交替动作，游动防顶卡瓦和游动承重卡瓦在工作状态均需关闭。

（2）核查好管柱最大无支撑长度和中和点等数据，轻管柱状态下，主操作手应根据井内管柱质量逐渐调小举升液缸的下压力。

（3）下轻管柱作业，尤其是刚开始时，应采用小行程，液缸行程控制在理论计算出的油管最大无支撑长度的70%以内。

（4）施工过程中确保远程控制柜安排专人坐岗值班。

（二）中和点

1. 主要风险

带压作业过程中，井下管柱在管柱自身重力、流体中的浮力、摩擦力及截面力的中和作用下，管柱横截面受力为零处即为中和点，又称平衡点。当压力突变或中和计算错误，存在管柱落井和飞出的风险。

2. 监督要点

（1）当管柱处于中和点处正负 15 根油管时，应同时使用防顶卡瓦和承重卡瓦控制管柱，且应连续作业。

（2）中和点正负 15 根油管严格控制单根平均下放速度。

（3）下管柱首日收工时，管柱宜下入至中和点位置以下 150~200m 为宜。

（4）注意观察井内压力变化，随时掌握中和点，严格按照带压作业操作规程操作。

（5）施工过程中确保远程控制柜安排专人坐岗值班。

（三）坐油管悬挂器

1. 主要风险

在下入油管悬挂器时，需要使用工作上、下半封闸板防喷器交替倒换下入油管悬挂器，油管悬挂器进入防喷器腔体内，无法有效观察位置，可能会发生工作防喷器闸板夹持到油管悬挂器。工作上半封夹持到油管悬挂器，造成环空密封失效；工作下半封夹持到油管悬挂器，造成泄压不尽；有天然气着火爆炸、井喷、油管断裂等风险。

2. 监督要点

（1）开井前倒平衡气前，排出空气；防止天然气和空气混合后浓度过高引起爆炸，进行多次倒平衡、泄压排空设备腔体内的混合气体或液体。

（2）严格按照油管标记进行试坐油管悬挂器操作，防止悬挂器未坐入到位，紧入顶丝损坏悬挂器。

（3）试坐油管悬挂器期间，保持平衡管线常开，避免油管悬挂器上、下压力失衡。

（4）油管悬挂器坐入到位后，应保持下压力不变，不宜在紧入顶丝过程中降低油门，避免举升机液压下降，油管上窜。

（5）紧入顶丝时，同时对角紧入顶丝，根据厂家提供数据紧入，防止顶丝紧入到位后因丝扣粘连等意外无法退出顶丝，造成复杂情况。

（6）起油管悬挂器前，必须丈量顶丝外露长度与紧入前一致，确保顶丝退出到位，避免刮坏悬挂器。

（7）起、下油管悬挂器过程中，缓慢、平稳操作，遇阻不超过 2t，避免油管悬挂器在防喷器腔体内刮伤、损坏。

（8）油管悬挂器起出之后擦干净，观察顶丝的痕迹，如果痕迹在顶丝槽内说明油管悬挂器试坐成功，如果没在顶丝槽内说明油管悬挂器没有试坐成功，排除问题后再次试坐，直至成功。

（9）坐油管悬挂器过程中，出现遇阻，遇卡情况，分析原因，及时汇报，严禁猛提猛放。

📑 本章要点

1 井下特种作业主要包括修井作业、试油（气）作业、压裂酸化作业、连续油管作业、带压作业等。

2 井下作业施工过程主要风险有起重伤害、物体打击、高处坠落、车辆伤害、触电伤害、机械伤害、中毒窒息、环境污染、井控风险、承包商配合风险等。

3 修井作业施工工序主要包括设备拆搬安、起放井架、打捞、套磨铣、取换套等；主要装备有修井机、钻台、泥浆泵、循环罐、井控设备等；高风险作业主要有爆炸松扣和切割、活动解卡、带压打孔等。

4 试油（气）作业施工工序主要分为搬迁、地面流程安装及试压、井控装置安装及试压、放喷测试、压井、转层封层；主要装备有采油气井口、测试管汇、除沙器、分离器、热交换器、锅炉等；高风险作业主要有射孔、放喷测试、异常情况处置等。

5 压裂酸化作业施工工序主要分为设备搬迁安装、连接调试、配液、走泵试压、压裂酸化、设备撤场等；主要装备有液罐、酸罐、沙罐、压裂泵车（橇）、混沙车、高压管汇、低压管汇等；高风险作业主要有大型压裂、高压刺露、异常情况处置等。

6 连续油管作业施工工序主要分为设备搬迁安、通刮洗、冲沙、射孔、钻塞、打捞、注灰等；主要装备有控制车、滚筒车、注入头、防喷装置等；高风险作业主要有拆安井口、异常情况处置、新技术应用等。

7 带压作业施工工序主要包括设备拆搬安、带压起下油管、带压钻磨等；主要装备有带压作业机、井控设备、液控系统、逃生装置等；高风险作业主要有轻管柱状态、中和点、坐油管悬挂器等。

章节思维导图
及本章要点

第八章 | 海上钻修井作业

海上钻修井作业受环境影响和平台自身结构制约，存在着平台倾覆、火灾爆炸、中毒窒息等风险，在施工中应科学识别风险、规避风险，通过有效的控制措施及对策将危害和损失减少到最低。

第一节　基本要求

一　专业设备检验

海洋钻修井平台的设计、建造、安装以及生产全过程，实施发证检验制度。海上结构物、海上锅炉和压力容器、钻井和修井设备、起重和升降设备、火灾和可燃气体探测、报警及控制系统、安全阀、救生设备、消防器材、钢丝绳等系物及被系物、电气仪表等，应当由专业设备检验机构检验合格，方可投入使用。

二　作业设施备案

海洋石油作业设施的作业计划和安全措施，以及试运行前的安全措施实施备案管理。应急管理部海洋石油作业安全办公室（以下简称海油安办）相关分部接到备案申请后，应当根据提报资料严格审查，必要时，进行现场检查，决定是否允许开展海洋石油作业活动。

三　平台证书

海洋石油作业设施应满足国际公约、船级社的法规要求，须取得《船舶国籍证书》《海上移动入级证书》《国际防止油污证书》《国际防止生活污水证书》《国际载重线证书》《国际吨位证书》《无线电台执照》《起重设备检验和试验证书》等。

四　人员持证

（1）作业者、承包者及海洋钻修井平台的主要负责人和安全生产管理人员，应自任职之日起6个月内通过海油安办组织的安全生产知识和管理能力考核，并取得考核合格证书。

（2）出海人员应接受"海上石油作业安全救生"的专门培训，并取得培训合格证书。其中：

①长期出海人员应接受"海上石油作业安全救生"全部内容的培训，培训时间不少于40课时，每5年进行一次再培训。

②短期出海人员应接受"海上石油作业安全救生"综合内容的培训，培训时间不少于24课时，每年进行一次再培训。

③临时出海人员应接受"海上石油作业安全救生"电化教学的培训，培训时间不少于4课时，每年进行一次再培训。

④不在海洋钻修井平台留宿的临时出海人员可只接受作业者或承包者现场安全教育。

⑤未配备直升机平台或已明确不使用直升机倒班的海洋钻修井平台的作业人员，可以免除专门培训中"直升机遇险水下逃生"内容的培训。

（3）海洋钻修井平台及守护船上直接从事消防设备操作、现场灭火指挥的关键人员应接受"油气消防"培训，培训时间不少于24课时，并取得培训合格证书，每4年进行一次再培训。

（4）移动式平台和浮式生产储油装置稳性压载人员应接受"稳性与压载技术"培训，培训时间不少于36课时，并取得培训合格证书，每4年进行一次再培训。

（5）海洋石油作业者和承包者的相关人员均应接受"井控技术"和"防硫化氢技术"培训，并取得培训合格证书，"井控技术"初次培训时间不少于56课时，"防硫化氢技术"初次培训时间不少于16课时，每4年进行一次再培训。"井控技术"取证人员范围参照《海洋石油作业人员安全资格》（SY/T 6345—2022）执行。

（6）"防硫化氢技术"取证人员范围包括在作业过程中已经出现或可能出现硫化氢的场所从事钻井、完井、修井、测试、采油及储运作业的人员，以及地质、录井、定向井、固井等作业的海上人员。

（7）为海洋石油作业服务的船员应按国家主管部门的规定进行培训，并持有与所在船舶相适应的《船员适任证书》。

（8）无线电操作人员应按政府主管部门的规定进行培训，并取得相应的资格证书。

（9）从事司钻、电工作业、焊接与热切割作业、高处作业、制冷与空调作业等《特种作业目录》中规定的特种作业的人员应经专门的安全技术培训并考核合格，取得《中华人民共和国特种作业操作证》。

第二节　重点施工工序

海（水）上施工作业包括动平台作业、下隔水管作业、水下防喷器拆装作业等重点工序。

一　动平台作业

动平台作业是根据海（水）上作业需要，对平台进行升降、移位、拖带、就位的各项作业。目前石油工程钻修井平台主要分为自升式和半潜式两种，自升式平台施工工序：拖航前准备→降平台→带主拖缆→拔桩→拖航→就位→插桩→升平台→预压载→解主拖缆；半潜式平台施工工序：拖航前准备→起浮→起锚→带主拖缆→拖航→就位→抛锚→解主拖缆→下潜。

（一）主要风险

失稳/倾覆：平台配载不合理、平台物资未绑扎固定、未减少自由液面、压载操作失误、穿刺、压载设备故障、恶劣天气等，可能引发平台失稳/倾覆。

搁浅：海底存在障碍物、船体结构触碰暗礁等，可能引发平台搁浅。

碰撞：船舶靠平台、平台就位、恶劣天气、拖带设备故障、主拖轮失去动力、航线上过往船舶较多等，可能引发平台碰撞。

断缆：恶劣天气、拖带设备故障、与主拖船沟通不畅等，可能引发断缆。

淹溺：涉及高处舷/岛外时，可能发生人员落水。

起重伤害（半潜式平台）：涉及吊高强度漂浮应急缆、备用拖缆、锚头缆作业，因人员站位不合理、违章作业，可能发生的挤压、物体打击等。

（二）监督要点

1．一般要求

1）申请报备

（1）拖航前向政府授权的验船机构提出平台和主、副拖船的适拖检验申请，并提交正式的《拖航计划》，经验船师检验并获得《适拖证书》。

（2）拖航前向当地海事部门申请办理航行警告，长距离拖航设有临时避风插桩点或临时抛锚点；控制平台拖航人数，不超过单舷救生艇的救生能力。

（3）收集远期天气预报、近3天准确天气预报，依据气象资料，选择良好拖航窗口期。

2）作业前准备

（1）召开拖航前动平台作业协调会，明确拖航任务、责任分工、气象通报、风险分析、安全注意事项等。

（2）合理配载并进行平台稳性计算，稳性计算结果满足操船手册要求。

（3）按《海洋井场调查规范》提供海调资料，对自升式平台进行明确的插桩分析曲线，判断穿刺风险，制定有针对性的压载方案；对半潜式平台布锚区域进行海底障碍物分析和锚抓力评估。

（4）配备规范要求的漂浮应急缆和备用拖缆，主拖缆及拖缆附件（拖缆桩、龙须缆、三角板、过桥缆、卸扣）定期检验并取得检验合格证书。

（5）做好动平台作业设备的检查保养工作，开展动平台作业前安全自查，不符合问题立即整改。

（6）动平台作业前活动载荷固定情况检查确认，如平台活动载荷固定是否牢靠；超过5t大件活动物固定是否采用焊接方式与船体连接；可移动的大型设备尽可能降低重心，居中摆放；悬臂梁、钻修井机井架等有锁定机构的可移动的大型构件应可靠锁定。

（7）检查平台水密情况；堵漏器材、应急潜水泵等齐全有效。

（8）检查救生、消防设备处于良好状态；备足拖航期间需要的生活物资和医疗用品。

（9）检查并试验应急发电机、应急照明、各种报警系统和无线电通信设备等处于良好状态。

（10）关注天气预报，当突遇大风天气时，注意调整航向和拖缆的长度，尽可能使拖船与平台同时处在波峰或波谷，以改善拖缆的受力状况，防止主拖缆崩断。

2. 自升式平台

（1）降平台前，按操船手册进行卸载，确保可变载荷在升降能力范围之内。

（2）监督检查插拔桩方案、压载方案，审查方案的可操作性及合规性。

（3）升、降平台期间，船体倾斜不允许超过手册要求；尽可能降低海浪拍打船体造成船体结构受损风险。

（4）检查各桩腿电机刹车扭矩在规定范围内；检查桩腿锁紧装置是否打开，锚机刹车、止链器、锚张力显示等各项功能处于良好状态。

（5）升、降平台期间，各桩腿与中控室的通信保持畅通，桩腿升降无障碍物。

（6）拖航期间，安排值班人员进行拖航期间巡回检查（如舱室水密性、物资绑扎固定等），专人各桩腿值班瞭望，以备应急插桩。

（7）按压载设计进行压载，对穿刺风险较高的压载应留有足够的安全时间余量，采用水中压载，控制穿刺风险。

（8）在压载期间，重点关注控制压载气隙，观察15min，桩腿无变化。

3. 半潜式平台

（1）重点关注起浮、压载、起抛锚天气窗口，当天气窗口不具备条件时，应停止作业，等待天气窗口，或提前选择锚地进行抛锚避风。

（2）审查起抛锚方案、压载方案的可操作性及合规性，如平台艏向、出链长度、均匀布锚或集中布锚、自起/自抛锚、防台风等。

（3）在起抛锚作业前，对起重机功能测试，并核实现场实际海况（如风速风向、浪高、升沉、平台横倾纵倾等），重点关注平台起重机与主副拖轮配合吊锚头缆，船体工程师、水手长要亲自指挥，严格遵守"十不吊"。

（4）起、抛锚过程中，重点关注锚链与锚链轮的角度，角度不合适时，及时通知拖轮调整方位，防止锚链撞击平台浮箱。

（5）起抛锚期间，重点检查锚链外观、肯特环处于良好状态，对异常情况及时分析处理。

（6）拖航期间，安排值班人员进行拖航期间巡回检查（如舱室水密性、物资绑扎固定等）、专人锚机室值班瞭望，以备应急抛锚。

（7）按平台操船手册及压载方案，压载完成后，要对各锚进行锚张力试验，对试验不符合要求的锚，增抛串联锚。

二　下隔水管

自升式平台的井口装置为水上防喷器组，其通过下隔水管将海水与泥浆分隔，实现建立钻井液循环通道。

（一）工作程序

准备工作→取出大补芯→下浮箍浮鞋→下隔水管→探底→坐导管张紧器→拆甩送入用隔水管→放回大补芯。

（二）主要风险

（1）起重伤害：恶劣天气影响、吊索具损坏或捆绑方式错误引起隔水管碰撞、滑落；因人员站位不合理、违反"十不吊"，可能发生人员受伤等。

（2）高处坠落：钻台坡道口（临边区域）、取出大补芯后的转盘面处（孔洞区域）等临边或孔洞区域未做防护或防护不到位，可能发生人员坠落。

（3）淹溺：涉及舷外作业时，可能发生人员落水。

（4）物体打击：因人员站位不合理，可能发生气动绞车吊钩、榔头、撬棍等工具击打人员身体部位。

（三）监督要点

（1）召开现场作业安全会，所有作业人员参与并进行JSA分析，作业流程分工明确，风险防控措施落实到人。

（2）监督检查现场作业条件：选择平潮、海洋流速较低时进行；现场风力小于15m/s，满足吊装作业要求。

（3）检查作业涉及的钢丝绳、卸扣及专用吊卡等，钢丝绳无断丝、变形等，使用四联卸扣；严格执行"十不吊"。

（4）钻台补芯取出后，钻台坡道口等处做好孔洞防护（如安全防护链、孔洞盖板），以防人员防坠落。

（5）监督检查钻台作业人员的安全站位，现场提示，以防挤压、磕碰。

（6）监督检查作业人员在扣吊卡、隔水管下放对扣时，人员手部放置的位置，现场提示，以防挤压、磕碰；隔水管吊卡应设置专用扶手，并用醒目颜色标注。

半潜式平台的井口装置为水下防喷器组，其通过安装水下防喷器组，将海水分隔，实现建立钻井液循环通道。

（一）工作程序

1. 起防喷器

准备工作→拆导流器→防喷器离开井口→拆节流压井软管→拆隔水管张紧绳→上提防喷器→隔水管分解→防喷器分解移位

2. 下防喷器

准备工作→防喷器移位组合→功能试验→连接隔水管→下放防喷器→安装隔水管张紧绳→安装节流压井软管→坐井口→安装导流器→防喷器海底试压

（二）主要风险

（1）起重伤害：恶劣天气影响、吊索具损坏或捆绑方式错误引起隔水管碰撞、滑落；因人员站位不合理、违反"十不吊"，可能发生的挤压、物体打击等。

（2）高处坠落：钻台坡道口（临边区域）、取出大补芯后的转盘面处（孔洞区域）等临边或孔洞区域未做防护或防护不到位，可能发生人员坠落。

（3）淹溺：涉及舷外作业时，可能发生人员落水。

（4）物体打击：功能测试、试压过程中存在压力意外泄放；因人员站位不合理，可能发生软管、气动绞车钩头、榔头、撬棍等工具击打人员身体部位。

（5）起下防喷器作业过程中存在速度控制不当（特别是在防喷器入水前、出水前），可能发生软管、张紧绳拉断导致人身伤害。

（6）防喷器组合、连接隔水管作业过程中，存在设备损坏、密封失效等。

（三）监督要点

1. 起防喷器

（1）作业条件：平台升沉小于1.4m，浪高小于4.8m，风速不超过15m/s，周期6~9s，平台横、纵倾2°以内方可作业。

（2）召开现场作业安全会，所有作业人员参与并进行JSA分析，作业流程分工明确，风险防控措施落实到人，并申请作业许可证后方可作业。

（3）起防喷器之前，防喷器行吊钢丝绳状况良好、油箱油位足够、防喷器行车轨道及电缆轨道无障碍物。

（4）蓝/黄盒绞盘操作面板、气马达功能、变速箱油位正常；活动门链条轨道状况良好。

（5）补偿器及隔水管、导向绳张力器系统压力正常。

（6）操控室面板各操作阀状况良好，压力表读数正确，三缸泵组工作正常。

（7）起防喷器气动扳手等专用工具状况处于良好，清洁防喷器试压桩密封面。

（8）隔水管公头密封、隔水管卡盘及送入工具状况良好，伸缩隔水管吊装时，要使用专用吊索具。

（9）核查月池甲板（舷外作业区）安全措施落实到位（如作业人员安全带挂点可靠，配置差速器），守护船在平台下游区域巡视守护。

（10）由钻井队长统一指挥，HSE监督旁站监督，平台经理全程在现场监督把控作业安全，任何人有权对即将造成风险的作业及时叫停。

2. 下防喷器

（1）召开现场作业安全会，所有作业人员参与并进行JSA风险分析，作业流程分工明确，风险防控措施落实到人，并申请作业许可证后方可作业。

（2）核查月池甲板（舷外作业区）安全措施落实到位（如作业人员安全带挂点可靠，配置差速器），守护船在平台下游区域巡视守护。

（3）在移防喷器前对防喷器进行功能测试，并确保各项功能正常，试压合格。

（4）从试压桩往船井区移防喷器过程中，存在防喷器晃动伤人风险，重点监督防喷器移动过程中防晃动措施可靠有效，人员站位安全合理。

（5）防喷器组连接完成后，蓝黄系统的各项地面控制功能试验正常。

（6）防喷器与隔水管连接锁紧后，锁紧销和防松机构到位，并通过钻井绞车在安全距离范围内提放验证连接可靠性。

（7）防喷器入水前，平台中控水平仪摇摆度，当摇摆度大于2°时应暂停作业。

（8）防喷器下入过程中，隔水管边管试压和蓝黄控制管线试压合格，固定可靠。

（9）水下防喷器临近海床，水下机器人提前就位观察，平台经理在水下机器人间亲自指挥对井口操作，井口对接完成后要超拉15~20t以验证连接可靠性，并记录水下基盘、闸板防喷器、挠性头等处的水平仪偏移方向和度数。

（10）下试压塞，按规范对防喷器组试压，做好试压的安全防护工作，如全平台明语广播通知、试压区域设置隔离警示带等。

（11）计算闸板防喷器和万能防喷器距离转盘面距离，并制作图表粘贴在司钻房、队长办公室、监督办公室。

一　锚泊系统

（一）工作原理

锚泊系统由锚机、锚链或锚缆、锚及锚架等组成。锚泊系统工作时，通过控制锚机执行释放、回收锚链/缆的动作，从而带动锚完成起抛锚作业。锚回收至锚架上时，应注意控制锚链/缆保持一定的张力。

（二）监督要点

（1）重锚链及锚链轮起抛锚过程中是否存在跳链现象，如有，则应根据锚链检测规范按1%比例测量链径、链环，对链径磨损超标的进行更换。

（2）重点关注锚冠、锚爪、锚杆、锚卸扣销有无裂纹、弯曲、磨损，发现问题及时修理或更换。

（3）关注锚链横档是否松脱，松脱后会造成锚链打结或扭曲。

（4）特别关注锚机掣动能力，检查掣链器及将载荷传递到平台结构中去的结构（如锚机底座等），是否经强度检验校核，撤台期间掣链器作用关键。

（5）船体工程师或水手长指挥水手操作锚机。在操锚过程中，保证手持对讲机听从统一指挥，正确操作；并根据要求定时（每50m锚链）将锚机张力、链长等报告拖航小组或拖轮，发现异常及时报告。

（6）起抛锚前，至少提前一天对锚机的传动装置、制动装置、张力传感装置及润滑系统等进行全面检查，保证锚机系统完好，并将检查结果交底。在锚机运转过程中，轮机工程师负责现场巡回检查。

（7）起抛锚前，至少提前一天对锚机电机、电源、指示信号装置及链长计等进行全面检查，保证锚机电气系统正常，并将检查结果交底。在锚机运转过程中，电气工程师负责现场巡回检查，检查链环钢丝绳的固定及完好情况、锚头缆专用起吊链条钩的状况，并试运转锚机，检查锚机油位、气压及刹车情况。

（8）在锚机运转过程中，要求每台锚机处至少两名甲板水手同时在场，一人负责操作锚机，另一人负责观测锚链及锚头缆情况及配合锚机换挡。锚机换挡须有水手长、船体工程师至少一人在场才能实施。

二 升降装置

（一）工作原理

升降装置由升降电机、齿轮箱、桩腿（含齿条）及中央控制系统组成。插拔桩作业时，由中央控制系统发出操作指令，升降电机带动齿轮箱内的齿轮，在桩腿齿条上执行上升/下降的行程，从而带动桩腿运动。

（二）监督要点

（1）按桩腿升降装置维护规程要求，对升降系统进行日检、周检，维护保养到位，按要求填写升降装置运行记录表。

（2）桩腿升降装置启动前，测量升降系统电机、刹车绝缘电阻，不应小于规定值，否则检查系统，提高绝缘，填写桩腿升降装置绝缘检查记录表。

（3）各检查各控制箱内的空气开关，保证其在"ON"的位置；发电机做并网试运行，试启动应急机，保证都能正常工作。

（4）试用声高频对讲系统保证与控制室通信畅通；检查控制室控制台所有显示屏无任何警报或错误；保证控制柜内接线牢固。

（5）检查升降齿轮箱油位油质、升降电机绝缘、电机刹车电阻和冲撞系统的通畅情况。

（6）检查并证实潜水泵系统功能完好，升降期间操作潜水泵支架连接的人员，必须与升降控制室或该桩腿监督人员保持联系。

（7）在升降操作期间，监督升降单元/马达、吃水读数、适当的润滑升降系统、电缆、潜水泵，任何不正常现象立即汇报到中控。

（8）主升降控制台启动后，试验所有触摸屏可用；切换每个桩腿屏幕页面，检查升降装置编码器、齿轮载荷。

三 水下防喷器控制系统

（一）工作原理

水下防喷器控制系统包括本地控制装置、附属电泵、储能瓶及远程控制台，经液压管线与水下防喷器本体控制机构相连接，通过储能瓶的蓄能压力以控制水下防喷器开关。

（二）监督要点

（1）按防喷器控制系统操作规程要求，对控制系统进行正常检查维护保养，三缸泵、气泵无渗漏，压力开关按设置压力启停（电泵2700~3000psi、气泵2500~2800psi）。

（2）控制管线及阀门无渗漏，混液箱内的控制液比例为3%~5%，且pH值>7.5，定期清洁混液箱。

（3）对蓝黄盒所有的液控阀功能测试，检查无渗漏后记录在案，三低报警值（低系统压力小于1500psi、低气压小于80psi、低液位）按规定设置并能有效报警。

（4）防喷器水下控制面板操作规程进行系统设定、检查、维护和保养，重点关注插接器本体和堵头状况、密封环和插入孔本体密封面状况。

（5）按规范填写防喷器地面功能测试表、防喷器水下功能测试记录表、防喷器水下控制面板测试记录表、储能瓶功能测试记录表。

四　消防系统

（一）系统组成

船舶、平台消防系统应符合SOLAS公约和《国际消防安全系统规则（FSS Code）》要求，经过发证检验机关检验发证。消防系统可分为主动式消防系统和被动式消防系统两部分，被动消防系统主要指设计时采用的防火分隔，主动式消防系统应在装有燃油主锅炉或辅助锅炉及其他具有同等热功率的燃烧设备的处所，或设有燃油装置或沉淀柜的处所，配备一套固定式消防水系统、一套固定式气体灭火系统、一套固定式高倍膨胀泡沫灭火系统。

1. 固定式消防水系统

固定式消防水系统是船舶、平台覆盖范围最广的消防系统。主要由消防泵、消防管路、消防栓组成，消防栓处配有水龙带和水枪，以扩展消防覆盖范围。固定式水消防系统还可在终端连接泡沫灭火系统或水雾灭火系统，为其提供带压消防水源。

2. 固定式气体灭火系统

固定式气体灭火系统设置于机舱、泥浆池、泥浆泵房等关键处所或火灾风险较高的区域，采用CO_2、七氟丙烷等惰性气体作为灭火剂。

3. 泡沫灭火系统

泡沫消防系统主要由泡沫消防泵、泡沫管路、泡沫罐、泡沫比例混合器等组成，泡沫消防栓处配有水龙带和水枪，以扩展覆盖范围。在钻台及相关设备（应急关断设备、重要结构部件和围蔽的防火屏障）和油气井测试区，应至少设置两套相互远离的两用（喷射/喷雾）消防水炮，其射流应能够覆盖整个钻台及相关设备和油气井测试区，喷射率不小于20L/（$m^2 \cdot min$），最小流量应不小于115m^3/h。消防水炮可就地控制也可以遥控，就地控制位置应便于接近且受到充分保护。

4. 移动式灭火器

灭火剂种类及适用火灾类型，起居处所、服务处所、控制站、A类机器处所、其他机器处所、货舱、露天甲板和其他处所的手提式灭火器数量和布置应符合消防救生布置图。

5. 消防员装备

消防员装备包括隔热防护服、消防靴和手套、头盔、正压式空气呼吸器、消防斧以及可以连续使用3h的手提式安全灯。

6. 消防报警、可燃气体报警系统

设置自动和手动火灾、可燃和有毒有害气体探测报警系统，总控制室内设总的报警和控制系统。

（二）监督要点

（1）消防系统符合发证检验机关的标准，取得必要证书，并定期检验。

（2）参照消防救生布置图，核实现场配置的灭火器、消防栓、消防水龙带箱、消防炮等与其保持一致。

（3）消防系统维护保养周期设置合理，并按要求开展维护保养工作。

（4）消防系统应定期开展检查和功能测试（如每半月检查灭火器、每月检查消防栓等），发现问题应及时整改。

（5）定期开展消防员装备、灭火器、固定CO_2灭火系统、消防栓及水带等消防设施的实操培训，并开展消防应急演练，在演练中检验消防设施的完整性、有效性。

五　救逃生系统

（一）系统组成

船舶、平台配备的救逃生系统应符合SOLAS公约的要求，经过检验机构检验发证。主要包括救生艇、救助艇、救生筏等逃生设备，以及救生衣、防寒救生衣、救生圈、救生信号等救逃生工具。

（二）监督要点

（1）救逃生系统符合检验机构的标准，取得必要证书，并定期检验。

（2）设施上所有通往救生艇（筏）、直升机平台的应急撤离通道和通往消防设备的通道应当设置明显标志，并保持畅通。

（3）参照消防救生布置图，核实现场配置的救生艇、救生圈、救生筏、救生衣等与其保持一致。

①配备的刚性全封闭机动耐火救生艇能够容纳自升式和固定式设施上的总人数，或者浮式设施上总人数的200%。

②气胀式救生筏能够容纳设施上的总人数，其放置点应满足距水面高度的要求。

③至少配备并合理分布8个救生圈，其中2个带自亮浮灯，4个带自亮浮灯和自发烟雾

信号。每个带自亮浮灯和自发烟雾信号的救生圈配备1根可浮救生索，可浮救生索的长度为从救生圈的存放位置至最低天文潮位水面高度的1.5倍，并至少长30m。

④救生衣按总人数的210%配备，其中住室内配备100%，救生艇站配备100%，平台甲板工作区内配备10%，并可以配备一定数量的救生背心。

⑤在寒冷海区，每位工作人员配备一套保温救生服。

（4）救逃生系统维护保养周期设置合理，并按要求开展维护保养工作。

（5）救逃生系统应定期开展检查和功能测试，发现问题应及时整改。

（6）定期开展救生艇释放实操、救生筏释放实操、救生衣穿戴、救生圈使用等消防设施实操培训，并开展弃平台（弃船）应急演练，在演练中检验消防设施的完整性、有效性。

第四节　高风险作业

一　高处及舷/岛外作业

（一）主要风险

（1）淹溺：作业时落水，恶劣海况影响，可能发生人员淹溺。

（2）高处坠海：人员在舷/岛外作业劳保措施不当存在高处坠海风险。

（3）其他伤害：作业环境的潮湿，可能发生的滑倒和绊倒；高处工具坠落导致物体打击伤害。

（二）监督要点

1. 人员要求

作业人员没有高血压、高处眩晕症、晕高症等身体不利情况，身体健康。

2. 过程管控

（1）执行作业许可程序，作业前申请高处及舷/岛外作业许可；作业前召开JSA分析会，明确各岗位安全职责，指定指挥人员，分析作业风险，布置风险防控措施及明确实施责任人。

（2）安排专人值守监护，人员保持通信畅通。

（3）作业前，检查高处作业劳保完好程度，确保高处作业工具防坠落措施。

（4）舷/岛外作业要在穿戴防坠落安全装置的情况下穿戴救生衣。

3. 其他要求

高处及舷/岛外作业应满足必要的天气海况要求，遇有15m/s以上强风时，立即停止作业。

二 潜水作业

（一）主要风险

（1）淹溺：潜水作业时，恶劣海况影响，可能发生人员淹溺。

（2）中毒和窒息：潜水作业时使用的装备检查不到位（如气压不足、管线气密性不严等），可能发生人员窒息。

（3）其他伤害：作业环境的潮湿，可能发生的滑倒和绊倒；作业环境的空间狭小，可能发生的挤压、手部伤害等。

（二）监督要点

1. 人员要求

潜水作业人员持有有效证书，具备必要的水中求生技能；掌握水域内的情况、潜在风险和相关的急救知识；配备合适的防护装备。

2. 过程管控

（1）作业前召开JSA分析会，明确各岗位安全职责，指定指挥人员，分析作业风险，布置风险防控措施及实施责任人。

（2）安排专人值守监护，与潜水作业人员保持通信畅通。

（3）作业前，检查潜水装备的气密性和气压，确保满足潜水作业时长的要求。

3. 其他要求

潜水作业应满足必要的天气海况要求，具体要求根据潜水作业的种类执行各自标准要求。

三 载人吊篮和载人工作吊篮

（一）主要风险

（1）高处坠落：人员恐高、挥手打招呼、恶劣天气影响，可能发生人员坠落。

（2）淹溺：涉及舷外作业时，可能发生人员落水。

（3）物体打击：因松散物品未捆绑、人员站位不合理等，可能发生手工具等松散物品击打人员身体部位。

（4）其他伤害：作业环境的潮湿，可能发生的滑倒和绊倒；作业环境的空间狭小，可能发生的挤压、手部伤害等。

（二）监督要点

1. 载人吊篮要求

（1）载人吊篮上应永久标识制造厂名称、型号规格、产品编号、制造日期、安全工作负载、额定准载人数和乘坐安全警示。使用说明书中还应注明自重、使用条件和报废条件。

（2）立柱式载人吊篮和无立柱式载人吊篮应能满足空载时不下沉，框架式载人吊篮应能满足在额定载运乘员数量状态时不下沉及不倾覆。

（3）载人吊篮应设置安全带连接装置和锁定工具的装置，不允许使用载人穿梭吊篮。

（4）载人吊篮的钢丝绳、吊带、吊链、卸扣、吊环、吊钩等的安全系数应不小于10；与吊钩连接后，还应设置一套额外的安全索牢固连接，并配备牵引绳，便于辅助人员牵引辅助。

（5）每次使用吊篮吊运人员前，除对起重机全面检查外，应对吊篮的状况进行检查。

（6）应每年进行一次检验，检验内容包括设计文件、竣工图纸、质量证明文件，并对其承重和浮力进行功能测试。

2. 作业过程管控

（1）在进行吊运前，船体工程师/水手长要简明地向被运送的人员解释吊篮的使用方法。

（2）船体工程师/水手长和工作船舶船长要验证双方的无线通话正常，船体工程师/水手长、工作船舶船长和吊车司机应始终保持无线电联系。

（3）在吊篮操作过程中，平台上必须有人按起重作业标准手势指挥吊车司机的操作或有效通信方式。

（4）吊车司机操作时具有开阔的视野，可以看到指挥人员和工作船舶。

（5）按规定穿好救生衣，均匀分布站在网橡胶环带区域，脸朝里面，双手抓紧网索。

（6）吊篮承载的人员和物品不可超过安全载荷，所有的随身行李必须在甲板上装入吊篮的内部避免落到外部。

（7）晕船或身体不适者乘坐吊篮，除站在笼网橡胶环带区域内，还应将吊笼顶部安全绳系挂在救生衣上，以保证吊装安全。

（8）当吊笼吊人升离工作船舶或平台甲板2m后，吊车司机应尽快将吊笼转移到海面上，以防人员坠落到甲板上。

3. 其他要求

载人吊篮作业应满足必要的天气海况要求，遇有15m/s以上强风或者出现影响吊篮安全起放的情况时，应立即停止使用。

四　船舶靠平台作业

（一）主要风险

（1）碰撞风险：船舶操作不当或船舶失去动力，造成船舶与平台的碰撞；恶劣天气或海况等自然因素影响，造成船舶与平台的碰撞。

（2）失稳/倾覆风险：船舶与平台碰撞后，造成平台破舱，可能引发平台失稳/倾覆。

（二）监督要点

1. 作业前

（1）工作船到达作业工区后，中控值班员应告知工作船平台的作业情况及周围障碍设施。

（2）工作船应每隔1h向平台中控值班室报告其所在位置。

（3）平台与工作船使用高频无线电进行沟通，以保证指令和计划一致。

（4）中控值班员负责与工作船沟通，工作船应通知平台中控值班员，进入安全区前要征求平台方的许可。

（5）平台舷外排放应告知工作船，确认不影响船舶靠平台作业。

（6）平台需提前确认起重机等处于可用状态。

2. 作业过程管控

（1）工作船在靠平台作业开始后尽量与平台保持相对稳定，工作船的方位与航向由工作船船长根据现场风、浪、流等情况把握。

（2）船舶靠平台卸货作业中应有船体工程师/水手长专门负责现场指挥及有关的安全工作，密切注意船舶与平台的距离，并手持对讲机与工作船上保持联系，发现有不安全因素应及时提醒和纠正，作业未完成不得擅自离开岗位。

（3）作业现场平台需安排专人监督船舶与平台之间的相对位置，发现船舶离平台过近，及时告知船舶进行调整。

（4）装载/卸载展开之前，相关作业的各方人员需要提前做好沟通确认，涉及到的人员包括工作船、吊车司机、司索指挥、水手、货物所属单位负责人等。

3. 其他要求

（1）中控值班员应将工作船到达平台、作业和离开时间等详细记录在中控值班日志中。

（2）工作船不得有任何作业危及到平台正常作业。

（3）在作业过程中，因作业环境改变，不适合作业时，工作船船长、平台现场指挥可以及时沟通并停止作业。

（4）工作船应向平台提供其作业环境边界条件及相关性能参数，在遭遇不利天气时，平台应根据其作业能力和现场海况决定工作船在不利天气条件下的靠泊边界条件，超出工作船作业能力条件外的不得进行靠泊作业。

五　海上柴油装卸作业

（一）主要风险

（1）溢油风险：舷边加载管线破损发生油品泄漏，导致环境污染。

（2）火灾风险：泄漏的柴油遇点火源后，发生火灾。

（3）淹溺：临边作业时，可能发生人员落水淹溺。

（4）物体打击：因人员站位不合理，可能发生油管线接头击打人员身体部位。

（5）其他伤害：作业环境的湿滑，可能发生的滑倒和绊倒；作业环境的空间狭小，可能发生的挤压、手部伤害等。

（二）监督要点

1. 作业前

（1）作业前召开JSA分析会，明确各岗位安全职责，指定指挥人员，分析作业风险，布置风险防控措施及实施责任人。

（2）与船舶连接柴油供给管线前，船体工程师/水手长需检查管线、接头、滤器、泡沫浮子等的状况，保证状态良好。

（3）作业前平台对加载管线进行试压，试压合格方可使用，试压完毕后泄压。

（4）现场需配备吸油毡，以防柴油泄漏时的应急处置。

2. 作业过程管控

（1）供给柴油的整个过程中，轮机师/机匠负责上甲板至机舱、至油舱管线的巡检查看，发现异常及时停止柴油供给，并现场处理。船体工程师/水手长负责船舶至上甲板舷边管线的巡检查看，发现异常及时停止柴油供给，并现场处理。

（2）加载柴油期间加油管线、加油口接头出现大量溢油并入海，船体工程师/水手长马上通知中控值班员，平台转入溢油应急处置，并协助船舶对现场油污进行回收处理。

（3）供油结束后，要有专人负责管线回收，确保拆卸管线环节没有燃油入海风险。

3. 其他要求

（1）柴油供给作业需在天气、海况较好的前提下进行，风力超过10.8m/s，立即停止柴油供给作业。

（2）平台对接收的柴油取样留档。

六　直升机起降

（一）主要风险

（1）高处坠落：直升机起降过程中，可能发生直升机坠海。

（2）火灾爆炸：直升机加油作业，可能发生火灾爆炸。

（3）其他伤害：人员不按规定路线行走、进入直升机首尾危险区域、穿戴不符合规范的衣物等引发人身伤害。

（二）监督要点

1. 起降环境

（1）检查飞行甲板区域内无零散物件，无杂物堆放，起重机吊臂置于休息臂，不影响飞行安全。

（2）报务员实时与机组保持通信畅通，提前告知平台天气情况，在飞机到达前30min打开归航机。

2. 过程管控

（1）守护船于飞机到达前15min到位看护（不得在平台的上风口，留出直升飞机的安全操作空间）。

（2）飞机降落前5min，消防员必须穿着消防服，进入飞机坪消防炮位置待命守护。

（3）接机员必须经过培训，取得接机员证书，接机时确认具备降落条件，方可通知直升机准许降落。

（4）直升机停稳、得到飞行员许可指令后，接机员方可引导乘客下飞机。

（5）乘客离开平台要进行乘机安全教育并签字，得到飞行员同意后，接机员示意穿好救生衣的乘客有条不紊地登乘飞机，接机员确认飞行甲板正常后，示意飞行员可以起飞。

3. 其他要求

直升机需要加油的，提前对加油装置进行功能检查并化验油样，加油作业应进行等电位连接，加油作业期间应撤离机上所有乘客。

第五节　海上应急

为了保障海洋石油作业人员生命的健康、钻井平台设备设施的安全、海洋环境的保护，确保正确合理的应急救援工作能高效有序地组织和开展，减轻事故的危害，最大限度控制减少人员伤亡、财产损失和海洋环境污染。

一　基本常识

（1）出海人员在登平台后接受登平台安全培训，收到一张T（应急）卡，卡上有姓名、房间号、救生艇号。

（2）出海人员应实地察看应急集合点、逃生通道、救生艇的具体位置，并将卡片插入应急集合区对应的T（应急）卡箱子内。

（3）出海人员进入寝室后，应认真看清床边上的卡片，卡片上有登救生艇的艇号和应变工作任务，还要确认房间内救生衣、紧急逃生呼吸装置的存放位置。

（4）平台生活区各层张贴有平台消防救生布置图、平台危险区域划分图、平台应急部署表。

二 报警信号

按照《海上石油设施应急报警信号指南》（SY/T 6633），海洋钻井平台配备了"红、黄、蓝、绿"四色状态灯，火警、井喷、油气泄漏、硫化氢泄漏、溢油、人员落水、恐怖活动、弃平台和海上遇险求救时的应急报警信号（表7-5-1）。

表7-5-1　海（水）上应急报警信号

信号类型	视觉信号	听觉信号	周期/s
综合警报（含火警、溢油、恐怖活动等）	红色状态灯	连续短声，"综合警报General Alarm"中英文语音广播	15
井喷	红色状态灯	一短声两长声，"井喷警报Man Blowout Alarm"中英文语音广播	15
人员落水	红色状态灯	三长声，"人员落水警报Man Overboard Alarm"中英文语音广播	17
油气泄漏（含硫化氢泄漏）	黄色状态灯	一短声一长声，"撤离警报Gas Leak Alarm"中英文语音广播	11
撤离警报（包括弃船、弃平台、终端或人工岛撤离等）	蓝色状态灯	七短声一长声，"撤离警报Abandon Alarm"中英文语音广播	23
解除警报	绿色状态灯	连续长声，"解除警报Alarm Release"中英文语音广播	15

三 防台风

为有效防范化解极端天气给海上钻修井作业带来的重大安全风险，防台风工作应当树立十防十空也要防的理念，坚决落实预防为主、科学决策、高效撤人、强化保障的要求。

（一）基本知识

（1）热带气旋（统称为台风）是指生成于热带或副热带洋面上，具有有组织的对流和确定的气旋性环流的非锋面性涡旋的统称，包括热带低压、热带风暴、强热带风暴、台风、强台风和超强台风。

（2）土台风是指生成于海洋钻修井平台作业海域且发展强度达到热带风暴等级及以上的热带气旋，具有生成时间短、移动速度快、变化难预测等特点。

（3）必要维持人员是指在防台风状态下，维持海洋钻修井平台基本生产作业和安全操作的最少人员。

（4）防台风警戒区是指海洋石油企业根据台风预警信息、生产作业情况、撤离所需时间等因素综合分析，为海洋钻修井平台防台风应急处置和撤离人员提供依据而划分的不同预警区域，分为绿色警戒区、黄色警戒区、红色警戒区。

绿色警戒区：当台风风力等级达到8级且预报路径将影响海洋钻修井平台时，海洋钻修井平台根据设施分布特点和生产作业需要，自行划定的警戒区范围。

黄色警戒区：以海上钻修井平台为圆心，以生产作业处置到安全状态、非必要维持人员撤离到安全地带所需的时间窗口和台风移动速度计算的距离为半径划定的区域。

红色警戒区：以海上钻修井平台为圆心，以平台拖航和必要维持人员撤离到安全地带所需的时间窗口和台风移动速度计算的距离为半径划定的区域。

（二）组织管理

（1）成立由主要负责人任应急总指挥的防台风应急指挥中心，明确机构成员职责，建立防台风管理制度体系，确保防台风所需人力、财力、物力保障，科学组织撤离。

（2）健全区域联防联控机制，保持应急保障力量和资源有效调配，形成防台风工作合力。

（3）海洋钻修井平台主要负责人有权在紧急必要的情况下发出生产关停、人员撤离等指令。

（三）防台风准备

1. 应急预案

（1）应根据安全管理体系要求和海洋钻修井平台实际情况编制防台风应急预案，并报送上一级单位备案。

（2）防台风应急预案应当综合考虑海洋钻修井平台人员数量、撤人资源、撤离时间、海域条件等因素，明确防台风警戒区划分、人员责任分工、各阶段防台风撤人工作要求等内容。

（3）海洋钻修井平台应当结合本设施的特点，组织制定防台风撤人计划、停产程序和检查清单、复产程序和检查清单。

2. 资源保障

（1）根据海洋钻修井平台台风季的作业计划和作业人数，落实相应防台风撤人资源。

（2）防台风撤人资源的配置应当满足在台风影响设施前安全撤离全部人员的要求。

（3）防台风撤人直升机应当具有抗8级以上大风飞行的能力，其商载条件在满足现有航程基础上，应当不低于承载12人的当量重量。台风季值守的直升机，应当配足配件物资，加强维修保养，保证直升机处于适航状态；应当根据需要配置备用机组人员，机组人员应具有仪表飞行资质和防台风撤人飞行经验。

（4）防台风撤人船舶应当具有抗8级以上大风航行，并在6级大风状态下靠泊海洋钻修井平台或岸基的能力。台风季值守的船舶，应当清理并固定甲板货物，调整配载使船舶处于良好的稳性状态；应当配备所守护设施全部人员1日的粮食和淡水，保持通信畅通；船长应当具有防台风撤人航行经验。

3. 气象信息

（1）应及时获取专业气象服务机构的台风预警信息，动态研判分析台风对海洋钻修井平台的安全影响。台风预警信息应当包括：现时台风中心位置、中心最低气压、最大风速、8级大风范围半径、10级大风范围半径、过去6h台风中心移向和移速、未来12h移向和移速，未来12h、24h、36h、48h、60h、72h、96h、120h台风中心位置、中心最低气压、最大风速等。

（2）当台风形成并可能影响海洋钻修井平台时，每日至少获取4次预警信息。当台风到达警戒区并继续向海洋钻修井平台方向移动时，每日至少获取8次预警信息。预警频次原则上采取平均时间间隔，也可根据实际需求加密。

（四）应急响应

1. 预警阶段

（1）防台风应急指挥中心收到台风预警信息后，应当立即进行研判，发出工作预警，确保应急人员、撤人资源、防台风物资等处于可用待命状态，持续跟踪气象变化情况，控制海上作业人数。

①台风前缘距离钻井平台1500km时，应发布绿色警报，施工单位应进入应急状态并立即报告油田企业。

②台风前沿距离钻井平台1000km时发布黄色警报，现场监督组及平台密切关注台风动向，妥善做好井下处理及平台固定工作。

③台风前沿距离钻井平台500km时发布红色警报，根据应急指挥中心的指令，组织安排现场人员的撤离。

（2）接到海洋钻修井平台作业海域生成土台风的预警信息后，防台风应急指挥中心应当密切跟踪气象信息，根据实际需要及时采取生产关停、人员撤离等措施。

2. 绿色警戒区阶段

（1）当台风前沿到达绿色警戒区域并继续向海洋石油设施方向移动时，防台风应急指挥中心值班人员应当密切跟踪台风动向，及时将台风预警信息报告应急总指挥。

（2）应急总指挥组织召开预警会议，通报台风预警信息，部署完成影响防台风撤人的作业和工程项目收尾工作，卸载影响设施抗风能力的物料器材，专虑到台风路径和强度的多变性，可以开始进行生产作业安全处置和预防性撤离非必要维持人员。

①检查救生艇是否稳固，若能晃动则需用手摇机构收紧救生艇，直到救生艇稳固为止；检查救生筏吊机是否固定；检查救生筏的存放机构是否正常，如有必要使用麻绳或吊带加固救生筏。

②甩下井架上的钻具，加固井架上的设备和物件，加固缚牢在甲板上的钻杆、钻铤以及其他钻具、管材，加固在舱内的其他物资工具，保证其在特大暴风雨袭击下固定不松、结实可靠。

③考虑平台防台期间载荷和空间的需要，调整/固定不下船的物资（甲板上的集装箱、设备、器材及各舱室的活动设备等）。

④检查平台水密系统、风筒、通海阀和舷外排出阀，关闭不影响作业的水密舱盖、水密门、小通风孔盖、水密窗等。

⑤检查锚链及锚机的可靠性。

⑥检查通信设施、设备是否正常。

3. 黄色警戒区阶段

（1）当台风前沿到达黄色警戒区域并继续向海洋平台方向移动时，应急总指挥应当主持召开会议，宣布启动台风应急响应，组织开展关键设备检查维护，部署非必要维持人员撤离。

（2）应立即停止钻井及辅助作业。如有其他井下情况（如井下故障等），应依据井下具体情况、处理时间、气旋强度以及到达平台的时间，研究决定每一种情况的处理措施。

①钻井作业应停止钻进，循环泥浆清洁井眼、调整泥浆性能，垫封井稠浆，起钻、甩钻台全部钻具或结合现场作业的具体情况制定相关应急预案，并根据应急计划开始进行保护井眼、加固设备、撤离平台非必要人员。

②下套管作业应初期，应停止下套管，起出井内的套管，下光钻杆打封井水泥塞转入井眼保护计划，如在下套管作业中后期，视情况可将套管下到位固井。

③试油（气）作业应关闭防喷器，保障井内安全；起甩测试工具及酸化钻杆、打封井水泥塞。

（3）海洋石油作业设施应当预先确定避风点，做好撤离前的收尾工作。

（4）当台风预警等级接近或超过设施最大抗风能力时，海洋平台应当提前实施减重计划、调整压载、回收隔水套管等处置方案。

（5）用飞机或拖轮撤离非必要人员（乘船者携带自己的救生器具）。

4. 红色警戒区阶段

（1）当台风前沿到达红色警戒区域并继续向海洋钻修井平台方向移动时，海洋石油生产设施应在确保安全的前提下关停生产或启用遥控生产模式，组织开展撤离前检查维护，部署必要维持人员全部撤离。

（2）作业人员撤离前应当检查确认设施应急关断系统、火气探测报警系统等处于正常工作状态，确保设施在异常情况下能够按照逻辑自动关停。

（3）当海洋钻修井平台上的人员全部撤离后，守护船应当及时起航到就近港湾避风。

（4）当台风预警等级接近或超过设施最大抗风能力时，海洋钻修井平台应当拖航至安全锚地避风，必要维持人员随平台抵达安全锚地后撤离上岸。

（五）检查及恢复

（1）台风过后作业海域风力减弱到6级以下后，经防台风应急指挥中心研判，组织海洋钻修井平台作业人员返回作业现场，逐步恢复现场作业。

（2）海洋钻修井平台遭受接近或超过设施最大抗风能力的台风后，应当先安排守护船或直升机到达海上设施位置，巡视设施外观结构、管线、锚系等是否有异常，确认安全后再组织作业人员返回作业现场。

（3）作业人员返回现场后，应当进行安全检查，消除不安全因素，逐步恢复生产。对于遭受接近或超过设施最大抗风能力的海洋钻修井平台，应当对设施结构、管线、锚系等进行全面检查，确认安全后方可复产。

第六节　重大隐患判定标准

为进一步加强海洋石油安全生产工作，深化海洋石油天然气开采行业领域安全风险隐患排查治理，应急管理部海油安监办石化分部组织编制了《中国石化海洋石油天然气开采重大隐患判定标准（试行）》，于2024年1月发布执行。

一　通用部分

（1）特种作业人员无证上岗，生产经营单位主要负责人、安全管理人员和外包工程项目部负责人未依法经安全生产知识和管理能力考核合格，在硫化氢环境中作业的人员未经硫化氢防护培训合格，从事钻井、完井、修井、测试作业的重要岗位人员未按照法规要求经井控技术培训合格。

（2）将项目发包给不具备相应资质的承包商，或未按规定签订安全生产管理协议。

（3）两个及以上生产经营单位在同一作业区域内进行可能危及对方安全的生产经营活动，未明确作业过程中各自的安全管理职责和应当采取的安全措施，或未指定专职安全管理人员进行安全检查与协调。

（4）在运行的油气生产设施、输送管道、储罐、容器上动火作业，或进入存在有毒有害物质、缺氧窒息风险、情况不明的受限空间作业，或进行潜水作业，未经审批或作业前未确认安全条件。

（5）在硫化氢环境中作业的人员未按规定配备使用硫化氢防护装备及检测设备。

（6）未按法规、标准要求设置或擅自关闭可燃气体探测报警系统、有毒有害气体探测报警系统、火灾探测报警系统、紧急关断系统，或现有系统主要功能失效且未采取有效的防控措施。

（7）划分为爆炸性气体环境。0区、1区和2区的生产作业场所未按法规、标准的要求设置、使用防爆设备设施，或防爆设备设施失效。

（8）油气生产系统、火气探测系统的报警或联锁关断信号旁通未按控制程序进行管理。

（9）未依法编制或修订生产安全事故应急预案，未依法组织消防演习、弃平台（装置）演习、井控演习、人员落水救助演习、硫化氢泄漏演习。

（10）海洋钻修井平台未制定并执行防台风应急预案。

（11）未按法规、标准的要求设置消防系统或系统主要功能失效。

（12）救生艇（筏）的配置或布置不符合法规、标准要求，或救生艇的释放、动力、供气功能失效。

（13）企业未建立或未严格执行井控、硫化氢防护、变更管理等安全管理制度。

二　海洋石油钻井平台

（1）井控设备未按法规、标准、设计的要求配置、安装、试压、检验，不能满足关井和压井要求的；地质录井在用气侵、溢流监测报警系统主要功能失效或擅自停用。

（2）石油钻机和修井机未配备天车防碰系统或系统主要功能失效，井架未经检验合格。

（3）区域探井和高压、高含硫、高产油气井钻（修）井作业未经开工验收合格，未经建设单位批准钻开油气层或打（射）开目的层；现场配制的钻（修）井液密度和pH值及储备加重钻井液、加重剂不符合设计要求。

（4）固井质量未达到设计要求且未采取技术措施。

（5）危险区与非危险区应相互隔离，中心控制室和应急设备处所应设在非危险区。

（6）自升式钻井平台插桩作业前未根据井场调查报告进行风险分析并完成应急预案。

（7）平台结构应按规定进行检验，并留存检验证书。

（1）船舶违规实施重大改建；救生消防等应急设备设施、助航仪器功能失效。

（2）船员未持有效法定证书；船长或高级船员的配备未满足最低安全配员要求。

（3）擅自关闭、破坏、屏蔽、拆卸船舶自动识别系统（AIS），或者篡改、隐瞒、销毁其相关数据、信息。

（4）起重船未按法规要求进行吊重实验。

（5）未取得危险货物载运证书，从事危险货物运输。

（6）守护船距离所守护设施超过5nmi（海里）或到达时间超过30min；守护船不具备拖带、人员救助或消防能力。

（7）动平台作业前，主拖未经法定检验合格并取得适拖证书，或未按适拖证书限定的航区和条件进行拖带。

📖 本章要点

1 海上钻修井作业的基本要求主要包括依法合规要求和人员准入要求，需做好事前审查及事中监管。

2 海上钻修井作业重点施工工序分为动平台、下隔水管、水下防喷器拆装等。应结合风险辨识、监督要点，把控关键作业环节，实行全过程监督。

3 海上钻修井平台关键装备和重点部位分为锚泊系统、升降装置系统、水下防喷器控制系统、消防系统、救生系统等，应根据关键装备工作原理或系统组成，加强重点部位安全监督，做好过程控制。

4 海上钻修井平台高风险作业主要包括高处及舷（岛）外作业、潜水作业、载人吊篮作业、船舶靠平台作业、海上柴油装卸作业、直升机起降等，应加强作业条件事前审查，关注特殊作业环节、非常规作业环节，做好旁站监督。

5 海上作业应掌握应急常识，熟悉应急报警信号，落实防台风措施。防台风分为绿色警戒区、黄色警戒区、红色警戒区，根据相应级别，做好应急准备、应急响应和检查及恢复。

6 中国石化海洋石油天然气开采重大隐患判定标准，包括通用类13项、海洋石油钻井平台类7项和海洋船舶类7项。

章节思维导图及本章要点

第九章 石油工程建设

　　石油工程建设主要包含建筑工程、公路工程、站库工程、陆上长输管道工程和海上工程等专项工程，业务涵盖范围广、类型多，施工涉及的分部分项工程多，施工风险大。本章主要介绍了各专项工程施工管理的主要风险及监督要点、建设活动中关键设备的监督要点和高风险作业活动中的主要风险和监督要点，其中直接作业环节特殊作业部分参见第三章第二节。

第一节 专项工程

一 建筑工程

建筑工程是指对各类房屋建筑及其附属设施的建造和与其配套的线路、管道、设备的安装活动。

（一）施工测量

1. 主要风险

施工测量是指为施工所进行的控制、放样和竣工验收等的测绘工作，主要存在高处坠落、触电、物体打击和淹溺等风险。

2. 监督要点

（1）根据现场情况设置明显的警示标志和隔离设施。

（2）在测量现场作业时，测量人员应佩戴安全帽、反光背心等防护用品，应密切关注场内交通状况，避免在车辆通行高峰时段进行作业。

（3）密林丛草间施工测量应探明周边环境，遵守护林防火规定，并应采取预防有害动物、植物伤人的个体防护措施。

（4）外电架空线路附近工作时，测量人员的身体和测量设备外沿与外电架空线路之间的安全距离应符合现行《施工现场临时用电安全技术规范》（JGJ 46）的有关规定。安全距离无法实现时，应与有关部门协商，采取停电、迁移外电线路或改变工程位置等措施。

（5）在"四口""五临边"及高处和山区作业，观察周围环境，做好安全防护。

（6）夜间进行施工测量时应配备足够的照明设备，增加警示标志的反光性能，测量人员应穿着反光背心，配备手电筒等照明工具。

（二）土石方工程

1. 主要风险

建筑工程的土石方工程主要为一切土石方的开挖、支护、回填以及排水、降水等方面，主要存在坍塌、机械伤害、场内交通事故和物体打击的风险。

2. 监督要点

1）场地平整

（1）进入施工现场应按规范穿戴劳保防护用品，涉及特种作业的人员应持证上岗。

（2）工程现场周围应设立明显的警戒标识，重点和危险部位设置警示标志，增加围护设施并重点监管。

（3）多台机械在同一场地作业时，要保持足够的安全距离。

（4）积水坑深度超过500mm时采取有效防护措施。松散堆积物堆积高度大于1.8m时，设置警示标志、护栏，清理时分层挖除严禁掏挖。

（5）设备安全性能应良好，山区、坡地机动设备停放时应加掩（垫）木止滑。

（6）清除较大树木时注意周围的人员，选择合适的倾倒方向，作业时专人监护。

（7）施工场地修筑的道路应坚固、平整。

2）基坑开挖支护

（1）基坑开挖深度超过3m应编制专项施工方案，施工单位技术负责人审核签字、加盖单位公章，并由总监理工程师审查签字、加盖执业印章。开挖深度超过5m，施工单位应当组织召开专家论证会对专项施工方案进行论证。

（2）进入施工现场必须按规范穿戴劳保防护用品，工程现场周围应设置明显的警戒标识。

（3）机械开挖设专人指挥，挖掘机回转半径内严禁站人。

（4）开挖深度超过2m的基坑，周边必须安装防护栏杆，防护栏杆高度不应低于1.2m，立杆间距不大于2.0m，立杆距离坡边不小于0.5m，悬挂密目式安全网和挡脚板。

（5）基坑支护结构必须在达到设计要求的强度后，方可开挖下层土方，严禁提前开挖和超挖。

（6）严禁设备或重物碰撞支撑、腰梁、锚杆等基坑支护结构，亦不得在支护结构上放置或悬挂重物。

（7）基坑边坡的顶部应设排水措施，基坑底部四周设置排水沟和集水井。

（8）基坑开挖深度大于2m时，应设置供施工人员上下的安全通道，净宽不小于0.75m，距离作业人员小于等于4m，并保持畅通。

（9）基坑边缘堆置建筑材料时距槽边至少1m，堆土高度不得大于1.5m，禁止基坑边堆置弃土，堆土不应堵塞下水道和窨井。

（10）降水井口设置防护盖板或围栏并设置明显的警示标志，夜间施工应有足够符合规范的照明设施；危险部位应设置红色警示灯。

（三）地基与基础工程

1. 主要风险

地基与基础工程包含强夯地基处理、桩基础、混凝土基础、砌体基础等工程，施工中主要存在触电、机械伤害和物体打击等风险。

2. 监督要点

1）强夯地基处理

（1）工程现场周围应设置明显的警戒标识、专人警戒，施工时必须确保人员与设备与正在操作的夯击设备之间安全距离。

（2）强夯作业使用的机械设备应定期检查，确保性能良好安全可靠。操作人员持证上岗，熟悉机械性能和操作规程，严禁无证操作或违规操作。

（3）作业前应对场地进行平整处理，清除杂物和障碍物，确保作业区域平整干净，必要时应在作业区域铺垫钢板或木板等材料，增加地基承载力和稳定性。

（4）强夯机械在坡面作业和进行上下陡坡转移，须由专人指挥。

（5）正在施工的强夯作业30m内禁止站人，土方机械与强夯机械作业应保持在35m以上的安全距离，未及时回填的夯坑，周围应设安全警示线。

（6）夜间施工设置足够的照明设施，大型机械的四周粘贴反光条，危险部位设置红色警示灯。

2）桩基

（1）吊装作业指挥人员和吊装机械操作人员、焊接作业人员取得相应资格证书，持证上岗。

（2）作业前明确钻机行走路线，避免在松软、湿滑或不稳定的地面上行走。

（3）孔口应设置稳固的防护栏或防护网、明显的安全警示标志，并配备夜间照明设施。

（4）清孔时确保孔口周围有足够的安全距离，避免施工人员或设备过于靠近孔口，防止孔口坍塌或物体坠落伤人。

（5）钢筋加工区域设置明显的安全警示标识和安全操作规程标识，所有电气线路完好无损，无裸露、老化或破损现象，所有设备都接地良好。

（6）钢筋笼存放位置应平整、干燥、通风，避免锈蚀和变形，成品钢筋笼下方设置防滚动措施。

（7）在运输过程中钢筋笼固定牢固，运输车辆安全可靠，驾驶人员具备相应的驾驶资质。

（8）钢筋笼吊放安装作业严格执行吊装作业安全管理规定。

（9）施工人员在浇筑过程中与桩孔保持足够的距离。

（10）人工挖孔灌注桩，应按受限空间作业要求管理，并设置专人监护。

3）基础

（1）施工区域设有明显的安全警示标识，如"注意安全""禁止通行"等。

（2）施工过程中应遵守相应的操作规程和安全技术措施，如模板支撑、钢筋绑扎等。

（3）施工现场的废弃物及时清理保持现场整洁。

（4）高处进行作业必须设置安全的脚手架和护栏，并确保作业人员佩戴安全带系挂牢固。

（5）对模板和支撑结构进行必要的防护措施确保其牢固和稳定，防止混凝土渗漏和坍塌。

（6）夜间施工有足够的照明设备和反光标识。

（7）砌筑基础前做好临时排水措施，基坑边坡稳定情况。

（8）砌筑材料应随运随砌、分散码放。

（9）堆放砖块材料应离开坑边1m以上，当深基坑装设挡板支撑时，操作人员应设梯子上下，不得攀跳；运料不得碰撞支撑，也不得踩踏砌体和支撑上下。

（10）砌筑作业应自下而上进行；人员不得在支架下方操作或停留，砌筑勾缝不得交叉作业。

（11）坡面砌筑应预先清除上方不稳固石块等物料。

（四）主体结构工程

1. 主要风险

主体结构工程包含混凝土结构工程、砌体结构工程、钢结构工程、装配式混凝土结构工程等，施工中主要存在高处坠落、脚手架坍塌、触电、起重伤害、火灾、物体打击和机械伤害等风险。

2. 监督要点

1）现浇混凝土结构工程

（1）钢筋工程

①钢筋加工区设置明确的安全警示标识和设备操作规程，工作台稳固，照明灯具有网罩，并备有灭火器材。电气设备的接地、接零完好有效，所有电气开关、按钮等正常工作，电线电缆完好无损。

②钢筋堆放整齐，设置防止倾倒、防滚落措施。

③钢筋加工机械转动部件应有防护罩。钢筋冷弯作业时，弯曲钢筋的作业半径内和机身不设固定销的一侧不得站人或通行。钢筋冷拉作业区两端应装设防护挡板，冷拉钢筋卷扬机应置于视线良好位置并应设置地锚。钢筋或牵引钢丝两侧3m内及冷拉线两端不得站人或通行。

④起吊钢筋骨架下方禁止站人，必须待骨架降落到离地1m以下始准靠近，就位支撑好方可摘钩；起吊钢筋时，规格统一。

⑤吊运短钢筋应使用吊笼，吊运超长钢筋应加横担，捆绑钢筋应使用钢丝绳千斤头，双条绑扎，禁止用单条千斤头或绳索绑吊。在楼层搬运、绑扎钢筋，不要靠近和碰撞电线。

⑥在坠落基准面2m及以上高处绑扎柱钢筋，必须系好安全带。当绑扎钢筋和安装钢筋骨架需悬空作业时，应搭设脚手架和上下通道，不得攀爬钢筋骨架。当绑扎圈梁、挑梁、挑檐、外墙、边柱和悬空梁等构件的钢筋时，应搭设脚手架或操作平台。当绑扎立柱和墙体钢筋时不得站在钢筋骨架上或攀登骨架作业。

⑦钢筋焊接焊机接地装置可靠，导线绝缘良好，作业人员戴防护眼镜和手套，并站在橡胶板或木板上，高处焊接作业要设置接火斗。

⑧夜间施工要有充足的照明，不准把灯具挂在竖起的钢筋上或其他金属构件上，导线应架空。

（2）模板工程

①模板工程及支撑体系按照《危险性较大的分部分项工程安全管理规定》（住房城乡建设部令第37号），分类标准，施工前应编制专项施工方案，按规定进行审批，超过一定规模危险模板支撑体系专项施工方案经专家论证。

②加工区电气设备的接地、接零完好有效，所有电气开关、按钮等正常工作，电线电缆完好无损，并配备足够的消防器材，木模板加工废料及时清理。

③加工设备上有适当的安全防护装置，使用圆盘锯操作时，操作者应站在锯片左面的位置，不应与锯片站在同一直线上，加工机具各部件紧固状况良好。

④抬运模板时要相互配合协同工作，传递模板工具应用运输工具或绳子系牢后升降，不得乱抛。

⑤安装与拆除3m以上的模板，应搭脚手架、工作台，并设防护栏杆，上下模板支撑架，应设置专用攀登通道，不得在连接件和支撑件上攀登，不得在上下同一垂直面上装拆模板。

⑥模板安装和拆卸时作业人员应有可靠的立足点，在坠落基准面2m及以上高处搭设与拆除柱模板及悬挑结构的模板应设置操作平台，支设临空构筑物模板时应搭设支架或脚手架，悬空安装大模板时应在平台上操作；高处拆模作业时，应配置登高用具或搭设支架。

⑦当模板上有预留孔洞时，应在安装后及时覆盖，混凝土板上预留空洞时，在模板拆除后立即按照要求进行覆盖。

⑧滑模、爬模、飞模等工具式模板应设置操作平台，上下操作平台间应设置专用攀登通道；在支模过程中途停歇时，应将支撑、搭头、柱头板钉牢，将已活动的模板、牵杠、支撑等妥善堆放。

⑨正在拆除的模板下禁止站人，拆模人员要站在门窗孔洞外拉支撑，防止模板突然全部掉落伤人。拆下的模板要及时清理，堆放整齐，堆放高度不超过2m。

（3）混凝土工程

①夜间施工必须准备充足的照明，并有安全员监督值班浇筑，现场用电符合《施工现场临时用电安全技术规范》（JGJ 46）。

②插入式振捣器操作时应保持两人操作，一人持振动棒，一人负责振捣器上的电源开关及电力线路，操作人员应戴绝缘手套，穿绝缘鞋。

③现场临时防护设施严禁随意拆除，因工作需要必须拆除时须经技术人员同意，并在其监督下拆除，使用完毕必须立即恢复，并且必须达到安全防护要求。

④使用塔吊吊运混凝土下料时，严禁碰撞钢筋、模板，慢起慢落防止吊斗摆动过大。

⑤采用泵车泵送混凝土时，施工人员应使用牵引绳牵引混凝土输送管作业。

⑥高处作业人员必须系挂安全带，作业层上的脚手板应满铺、铺实、铺牢，且不允许出现探头板。

⑦混凝土浇筑区域的洞口、临边防护应符合规范要求，严禁施工人员在洞口、临边随意穿越、走动。

⑧沥青混凝土罐车作业完毕冲洗时，严禁对现场环境造成污染。

2）砌体结构工程

①在操作之前必须检查操作环境符合安全要求，道路畅通，机具完好牢固，安全设施和防护用品齐全。

②砌体高度超过地坪1.2m以上时，应搭设脚手架。

③脚手架上堆料不得超过规定荷载，同一块脚手板上的操作人员不应超过2人。

④现场临时防护设施严禁随意拆除，因工作需要必须拆除时须经技术人员同意，并采取相应的措施，在砌筑完成后应立即恢复，重新组织验收。

⑤砌筑作业在洞口、临边部位应采取有效防护措施，临边砌筑时须系好安全带。

⑥砌块吊装要使用专用吊笼，吊砂浆的料斗不能装得过满。

⑦在高处截断砌筑材料时，朝向无人侧，避免碎砖跳出造成物体打击。

3）钢结构工程

（1）钢结构施工应编制专项施工方案，按规定进行审批，跨度36m及以上的钢结构安装工程，还应进行专家论证。

（2）钢结构安装作业应按现行国家标准《建设工程施工现场消防安全技术规范》（GB 50720）的规定采取防火措施。

（3）钢结构安装需要的建筑起重司索信号工、电焊工、电工、高处作业等特种作业人员应当取得相应的资格证书，涉及直接作业环节的应按规定办理各类作业许可证。

（4）施工前应根据要求将各类安全警示标志悬挂于施工现场各相应部位，非操作人员禁止入内，夜间必须有足够的照明。

（5）作业人员应根据作业的实际情况配备相应的作业安全防护用品，并应按规定正确佩戴和使用相应的安全防护用品、用具。

（6）高处作业施工前，应检查高处作业的安全标识、工具、仪表、电气设施和设备，在作业处下面周围10m范围内不得有人。

（7）对钢结构施工作业现场可能坠落的物料，应及时拆除或采取固定措施。高处作业所用的物料应堆放平稳，工具随手放入工具袋，传递物料时不得抛掷。

（8）在雨、霜、雾、雪等天气进行钢结构安装作业时，应采取防滑、防漏电、防冻和防雷措施，并应及时清除作业面上的水、冰、雪、霜。当遇有六级及以上强风、暴雨、浓雾、沙尘暴等恶劣气候，不得进行露天攀登与悬空高处作业。雨雪天气后，应对安全设施进行检查。

（9）搭设临时支撑前应清除搭设场地障碍物，支撑结构搭设和拆除过程中，地面应设置围栏和警戒标志，派专人看守，严禁非操作人员进入。

（10）支承结构在搭设和使用过程中，应设专人监护施工，当发现异常情况，应立即停止施工，并应迅速撤离作业面上的人员、启动应急预案。

（11）钢柱安装前，登高爬梯、挂篮或操作平台等应与钢柱连接稳固，随钢柱一同吊装。

（12）首节或单节钢柱吊装安装完成后，应及时安装柱间支撑或钢梁或稳定缆绳，单柱不得长时间处于悬臂状态。

（13）组合吊装或整体吊装时，钢桁架下弦应设置安全网，上下弦搭设施工通道。当采用捆扎法时，钢丝绳与钢梁的棱角处应有保护措施。

（14）钢梁吊装前应安装好安全立杆搭设生命绳，高处作业时使用的所有工具都必须拴在安全绳上，施工人员操作时安全带必须挂在生命绳上。

（15）楼层周边钢梁应加设钢管防护栏杆，防护栏杆高度不应低于1.2m。

（16）使用吊篮应设置安全带专用的安全绳和安全锁扣，安全绳应固定在建筑物可靠位置上，不得与吊篮上的任何部位连接，吊篮安全管理要求符合工具式脚手架吊篮的安全使用管理规定。

（17）门式刚架梁安装第一榀刚架梁吊装就位后应采取可靠的临时固定措施，及时进行第二榀钢梁吊装并与第一榀钢梁连接形成稳定的空间体系。

（18）钢结构的焊接，严格执行动火作业安全管理规定，高处焊接作业要设置接火斗。

（19）钢结构涂装施工的安全和环境保护，应符合现行国家标准的规定。

（20）涂料、稀释剂和清洁剂等易燃、易爆和有毒材料应进行严格的管理，应存放在通风良好的专用库房内，不得堆放在施工现场。

（21）喷涂油漆时，作业人员手上沾有油漆（未干燥前）禁止动用电器设备开关，防止发生触电事故。

4）装配式混凝土结构工程

（1）装配式建筑混凝土预制构件安装前应编制专项施工方案，并按规定审批。

（2）施工现场应根据预制构件规格、品种、使用部位、吊装顺序绘制施工场地平面布置图。预制构件应放置于专用存放架上或采取侧向支撑措施，构件堆放层数不宜大于3层。

（3）高处吊装时应在构件两端设置溜绳，由操作人员控制构件的平衡和稳定。

（4）预制剪力墙、柱吊装就位、吊钩脱钩前、应设置工具式斜撑等形式的临时支撑，高大剪力墙等构件宜在构件下部增设一道斜撑。

（5）构件作业面承载力、构件码放高度符合规定要求，并采取稳定措施。

（6）检查外挂脚手架所使用各种材料、机具和设备的产品合格证等质量证明文件，外挂脚手架安装完成后进行荷载测试，确保承载能力满足施工需求。施工期间定期对架体及挂钩栓进行检查，如发现挂钩栓弯曲、架体变形、脱焊，应及时修整、更换。

（7）不得将模板支架、缆风绳、泵送混凝土和砂浆的输送管等固定在外挂架操作平台上，严禁悬挂起重设备。

（8）搭拆外挂脚手架时地面应设围栏和警戒标志并派专人看守严禁非操作人员入内。

（9）防护架提升前进行安全技术交底，提升过程中防护架上严禁站人，设警戒区并由专人监护，严格控制各组防护架的同步性，不能同步时必须按照临边防护要求进行防护。

（10）当有六级及以上大风和夜间、雾、雨、雪天气时应停止外挂脚手架的搭设与拆除作业，台风天气应对脚手架进行加固处理，防止架体上翻。

（五）防水工程

1. 主要风险

建筑防水工程可分为地下防水、屋面防水工、室内防水、外墙防水和特殊结构部位防水等，施工中主要存在火灾、灼烫、高处坠落和物体打击等风险。

2. 监督要点

（1）现场施工必须戴好安全帽、口罩、手套等防护用品，必须穿软底鞋，不得穿硬底或带钉子的鞋。

（2）防水施工现场必须严禁烟火，配备相应的消防器材。

（3）熬制、配制防水灌浆堵漏材料时，必须穿戴规定的防护用品，皮肤不得外露。

（4）热熔施工时必须戴墨镜并防止烫伤。施工现场应保持良好通风。

（5）施工现场应备有泡沫灭火器和其他消防设备，涂刷冷底子油时防止发生火灾。

（6）采用热熔法施工时，石油液化气罐、氧气瓶等应有技术检验合格证，使用时，要严格检查各种安全装置齐全有效，施工现场不得有其他明火作业。

（7）火焰喷枪或汽油喷灯应由专人保管和操作，点燃的火焰喷枪不准对着人员或堆放卷材，以免烫伤或着火。

（8）喷枪使用前，应先检查液化气钢瓶开关及喷枪开关等各个环节的气密性，确认完好无损后才可点燃喷枪，喷枪点火时，喷枪开关不能旋到最大状态，应在点燃后缓缓调节。

（9）屋面有易燃设备时，应采取隔离防护措施。

（10）五级以上大风及雨雪天暂停室外热熔防水施工。

（11）施工人员要坚持每天下班前清扫制度，做到"工完、料净、场地清"。

（12）尽量避免上下交叉作业，上下交叉作业设置相应错时错位硬隔离措施。

（13）高处作业必须有可靠的防护措施，施工人员在高处边缘施工时，必须系安全带。

（14）屋面防水所用的物料必须堆放平稳，拆卸下的物料、剩余材料和废料等都要加以清理及时运走，不得任意放置或向下丢弃。

（15）室内防水应做好通风换气工作，防止防水涂料引起身体不适。

（六）装饰装修工程

1. 主要风险

装饰工程包括抹灰工程、外墙装饰、门窗工程、轻质隔墙工程、吊顶工程、涂刷工程、裱糊工程、饰面安装工程、幕墙工程、细部工程等，施工中主要存在高处坠落、触电、物体打击、火灾和灼烫等风险。

2. 监督要点

1）抹灰工程

（1）室内抹灰使用的木凳、金属支架应搭设平稳牢固，脚手板跨度不得大于2m。架子堆放材料不得过于集中，在同一跨度内作业人员不应超过两人。

（2）不得在门窗、暖气片、洗脸池等器物上搭设脚手板。在阳台部位粉刷，外侧必须挂设封闭安全网。

（3）在高层建筑外墙进行抹灰装饰作业时，除按高处作业要求做好脚手架安全网防护外，还应注意所使用的材料、工具不能乱丢和抛掷。

（4）进行墙面喷涂及各种涂料施工时，应检查各种喷涂机械、工具良好。如果发生堵塞，不能面对喷口修理，防止突然喷出伤害眼睛和面部。

2）外墙装饰

（1）高处作业应设置安全警戒区，设置警示标识，设立专职监护人，禁止无关人员入内。

（2）施工中所使用的机电工具，应由专职电工负责接线、拆线，电源和线路应符合现场安全用电的有关规定。

（3）悬空作业处应有牢靠的立足处，并视具体情况配置防护网、栏杆或其他安全设施。

（4）使用的索具、脚手板、吊篮、吊笼、平台等机具，均需经过技术鉴定合格后方可使用。

（5）外墙脚手架严禁私自移动、拆除；因施工需要拆除完毕后，应立即恢复。

（6）脚手架、吊笼设备内应及时清理，严禁堆放材料、杂物。

（7）临电线路严禁与钢构件、铁件接触，应加装绝缘层。

（8）严禁上下进行交叉作业。

3）门窗工程

（1）往楼上运送玻璃时，高空云梯车操作人员持有相应证书，窗框吊装作业遵守吊装作业管理的相关要求。

（2）临边窗户安装过程中，施工人员临时离开应设置"禁止靠近"等安全警示标志。

（3）当门窗临时固定、封填材料未达到强度以及施焊作业时，不得手拉门窗进行攀登。

（4）操作人员在无安全防护措施时，不得站在樘子、阳台栏板上作业。当在高处外墙安装门窗且无外脚手架时，操作人员应系好安全带，安全大钩应挂在操作人员上方的可靠物件上。

（5）当进行各项窗口作业时，操作人员的重心应位于室内，不得在窗台上站立，必要时应系好安全带进行操作。

4）幕墙安装工程

（1）建筑幕墙安装工程编制专项施工方案，施工高度50m以上的建筑幕墙安装工程专项施工方案经专家论证。

（2）所有施工人员进入施工现场必须戴安全帽，登高临空作业人员还需配备安全带、工具袋。

（3）对施工现场进行封闭，设置警示标志，防止非施工人员进入。

（4）电工和电焊工必须持证上岗，焊接时下方设置接火斗，周围放置防护设施。

（5）施工中如遇六级及以上大风，或大雨、浓雾等恶劣气候停止施工，如遇暴风做好机具和未完工部分的加固工作。

（6）安装过程中使用的临时支撑、固定装置等安全可靠。

（7）在高处作业时，应设置稳固的操作平台和防护栏，防止人员坠落。

（8）安装骨架涉高处作业时，作业面下方每10m设置安全平网。

5）吊顶工程和地面工程

（1）贴面使用的预制件、大理石、瓷砖等，应堆放整齐平稳，边用边运。安装应要稳拿稳放，待灌浆凝固稳定后方可拆除临时支撑。

（2）使用手持电动工具应戴绝缘手套，穿绝缘鞋等。

（3）使用切割石材的机具时，禁止两人面对面作业。

（4）磨砖机应装防尘装置。

（5）大块大理石应嵌、砌牢固、支撑稳固，地面打蜡磨光后应有防滑措施。

（七）建筑机电工程

1. 主要风险

建筑机电工程包括建筑管道工程、建筑电气工程、通风与空调工程、建筑智能化工程、电梯工程和消防工程，施工中主要存在触电、高处坠落、火灾、物体打击等风险。

2. 监督要点

1）建筑管道工程

（1）管件堆放高度符合要求，人工搬运管材，起落要一致。

（2）锯割管子时，要垫平、卡牢；在快锯断时，不要用力过猛。用砂轮片切割时，人要站在侧面。

（3）工件套丝要支平、夹牢，工作台要平稳，两人以上操作，动作应协调，防止柄把打人。

（4）翻动工件时防止滑动及倾倒伤人，管子串动和对口动作协调，手不得放在管口和法兰结合处。

（5）高处作业应系安全带，递接材料、工具严禁投掷，应使用绳子拴挂递接。

（6）用风枪、电锤或錾子打透眼时，板下、墙后不得站人。

（7）道路上挖沟、坑，应有栏栅和标志，晚上应有照明或红灯标志。

（8）工作完毕要整理现场、清理工具、零件，防止遗漏在管、沟和设备内。

2）建筑电气工程

（1）电缆桥架安装时，下方不得有人停留。

（2）使用人字梯必须坚固，距梯子角 40～60cm 处要设拉绳防止劈开，单梯上端绑牢、下端有人扶持。

（3）使用梯子的下端有防滑措施，不得垫高使用，在通道处使用梯子、有人监护或设置围栏。

（4）使用电气设备、电动工具要有可靠的保护接地（接零）措施。在墙上打孔时戴好防护眼镜，工作地垃圾要做到及时清理，堆放在指定地点。

（5）电缆竖井内电缆敷设，架设电缆盘支架采用有底平面的专用支架。

（6）拆卸电缆盘包装木板时，随时清理，防止钉子扎脚或损伤电缆。

（7）切割机防护罩完整，切割机不得用作砂轮磨物，严禁用切割机切割麻丝和木块。

（8）电缆管扫管、穿线作业时两人穿线时协调一致，要防止使用的钢丝弹力勾眼。

（9）严禁将冷勺或水进入焊锡锅内，防止爆炸飞溅伤人，熔化焊锡、锡块，工具要干燥，防止爆溅。

（10）剔槽打洞时，锤头不得松动，凿子无卷边、裂纹，戴好防护眼镜。

3）通风与空调工程

（1）在屋面、框架和管架上铺设铁皮时，不应将半张以上铁皮举得太高，以防大风吹落伤人，下班前应将铁皮钉牢或拴扎牢固。

（2）吊装风管或风机时应加牵引绳，风管、部件或设备未经稳固，严禁脱钩。

（3）悬吊的风管应在适当位置设置防止摆动的固定支撑架，不得在未固定好的风管上或架空的铁皮上站立。

（4）在平顶顶棚上安装通风管道、部件时，事先应检查通道、栏杆、吊筋、楼板等处的牢固程度，并应将孔洞、深坑盖好盖板。

4）建筑智能化工程

（1）电动工具必须有漏电保护器，且应在空载情况下启动。

（2）人工弯管应选好场地防止滑倒和坠落，面部避开弯管器。

（3）电动工具必须有漏电保护器，应在空载情况下启动。

5）电梯工程

（1）电梯井层门口、机房入口应做好安全防护和安全标识完好可靠，确认施工专用电动工具、电气设备、起重设备及吊索具、安全装置安全有效。

（2）电梯井层门口防护栏（门）不得随意打开，井道内禁止上下交叉作业。

（3）进入井道前应将各层门口附近的杂物清理干净，以防止掉入井道，伤及井道内的作业人员。

（4）严禁在井道内上下抛掷工具、零件、材料等物品。

（5）同一工作平台上作业的人员不应超过3人。

6）消防工程

（1）锯断管材时，应将管材夹在管子压力钳中，不得用平口虎钳，管材应用支架或手托住。使用砂轮锯，压力均匀，人站在砂轮片旋转方向侧面。

（2）管材堆放应放平，不得乱堆乱放；安装立管，必须将洞口周围清理干净，严禁向下抛掷物料。

（3）安装立、托、吊架时，要上、下人员要配合好，尚未安装的楼板预留洞口必须盖严盖牢。

（4）焊接作业按照动火管理规范执行，作业完毕必须将洞口盖板盖牢，严禁在管道上行走。

（5）管道串动和对口时操作人员动作要协调，手不得放在管口和接口处。进行管材坡口、打磨、剔除飞刺作业时，作业人员应戴防护眼镜，对面严禁有人。

二 公路工程

公路工程构造物包括路基、路面、桥梁、涵洞、隧道、排水系统、安全防护设施、绿化和交通监控设施，以及施工、养护和监控使用的房屋、车间和其他服务性设施。

（一）施工便道便桥

1. 主要风险

施工便道便桥是指在公路桥梁施工前，为方便交通需架设一座临时便道或便桥，主要存在车辆伤害、物体打击、高处坠落、触电、交通安全和淹溺等风险。

2. 监督要点

（1）编制便道便桥施工方案，对所有作业人员进行安全技术交底，作业涉及特种作业的人员必须持证上岗，且证件在有效期内。

（2）施工人员和技术人员必须戴好劳保用品，高处作业时要系好安全带，水上作业要穿救生衣，遇六级及以上大风停止一切水上作业。

（3）现场用电符合临时用电管理要求、动火作业严格遵守动火安全管理规定，每天施工完毕应收好电线、气瓶，做到工完场清，并及时关闭电源。

（4）施工便桥应设置限宽、限速、限载标志，与既有道路平面交叉处应设置道口警示标志，有高度限制的应设置限高架，全桥需专人看护。所有水上设施采取有效保护和固定，主水道孔设反光标志。

（5）根据需要设置排水沟和圆管涵等排水设施，在急弯、陡坡、连续转弯等危险路段应进行硬化，设置警示标志，并根据需要设置防护设施。

（6）施工便桥使用中检查便桥拼装点、焊点焊缝及各型材，发现关键焊点焊缝、关键型材明显形变，临时封闭交通，采取补强措施。

（7）涉构件吊装遵守吊装作业安全管理规定、起重机械安全操作规程。主梁拖拉就位纵梁安装前要铺设脚手板施工，两侧安装栏杆和扶手，栏杆外和横梁底部均必须挂上安全网，设临时脚手架。

（8）施工便桥拆除时在两端设置拦护措施，并设立明显的行人禁入标志，安排专门人员进行值班和维护，钢桥拆除过程中需由专人负责，统一指挥，施工时戴好安全帽，按规定设置安全网，高处作业系好安全带。

（二）路基工程

1. 主要风险

路基有路堤和路堑两种基本形式，涵洞是设置在路基里的构造物，路基工程施工主要存在触电、火灾、坍塌、机械伤害、起重伤害和物体打击等风险。

2. 监督要点

1）路堤和路堑

（1）施工前，应掌握施工影响范围内的地下埋设的各种管线情况，制定安全措施。

（2）施工现场整洁有序，施工机械经过定期检查和维护，操作人员持有有效的操作证书，并遵守操作规程。

（3）施工路段设置明显的交通警示标志、限速标志和照明设施，施工区域与通行区域的有效隔离。施工路段有专门的交通指挥人员，夜间施工时应特别注意照明。

（4）机械作业范围内不得同时进行人工作业，多台机械同时作业时，各机械之间应保持安全距离。

（5）边坡、边沟、基坑边缘地段上作业的机械应采取防止机械倾覆、基坑坍塌的安全措施。

（6）挖方施工前应到现场核实弃土场的具体情况，弃土场四周应设立警示标志，挖方作业应遵循"先支护、后弃土"的原则。

（7）清理淤泥或处理空穴前应查明地质情况，采取保证人员和机械安全的防护措施。

（8）填筑材料符合要求，路基无裂缝、沉陷等破损现象，有则应及时修补。路基与路面的衔接处平顺，避免因不平顺导致的行车安全隐患。

（9）路肩平整、无损坏，挡土墙无裂缝、变形等损坏，边坡无滑坡、崩塌等迹象，如有应及时采取加固措施。

（10）边坡有完善的排水设施，防止因水流冲刷导致的边坡失稳。

（11）路肩、挡土墙的排水设施畅通，排水沟、涵洞等排水设施畅通，防止因积水导致的墙体损坏。

（12）定期对边坡进行监测，及时发现并处理潜在的安全隐患。

2）涵洞

（1）涵洞施工时施工现场要做好基坑安全防护措施，并设立警示牌；现场操作人员应佩戴安全帽严禁不按操作规程野蛮施工。

（2）现场浇筑涵洞的基坑和顶进用工作坑，其开挖、钢筋绑扎、模板安装参见建筑工程相关要求。

（3）钢管桩的纵梁之间应设置安全可靠的横向连接，搭设完成后应检查验收。

（4）跨通行道路时，应按照现行《道路交通标志和标线》（GB 5768）的要求设置交通标志，跨通航水域时，应设置号灯、号型。

（5）挖土机械不得碰撞加固设施，人工清理开挖工作面时，挖土机械应退出开挖面。

（6）顶进法施工的涵洞应编制专项施工方案，编制公路中断和抢修预案，并应配备抢修人员和物资。

（7）顶进前，应注浆加固易坍塌土体，并应通过现场试验确定注浆参数，注浆土体禁止出现隆起现象。

（8）雨季不宜顶进作业，无法避开时，应采取防洪、排水措施。

（9）顶进作业时，地下水位应降至涵洞基础底面1m以下，且降水作业应控制土体沉降。

（10）顶进作业过程中，传力杆与支承面应贴合紧密，方向应与顶力轴线一致。宜4~8m加一道横梁，应采用填土压重等防止传力杆崩出伤人的措施，传力杆上方不得站人。顶进时应安排专人密切观察传力杆的变化，有拱起、弯曲等变形时，应立即停止顶进，进行调整。

（11）顶进挖土作业应坚持"勤挖快顶"的原则，不得掏洞取土、逆坡向挖土，顶进暂停期内不得挖土，顶入路基后，宜连续顶进。

（12）支点桩严禁爆破拆除。

（三）路面工程

1. 主要风险

路面是在路基上铺筑的层状结构物，施工内容包括基层（底基层）、垫层、路肩、人行道、沥青面层、排水系统以及联结层等，施工中主要存在高处坠落、脚手架坍塌、触电、起重伤害、机械伤害、物体打击、火灾和灼烫等风险。

2. 监督要点

1）路面清扫

（1）路面清扫路段要彻底封闭，禁止一切车辆驶入，防止车辆伤害。

（2）路面清扫作业人员应顺风并排吹风，禁止出风口对人。

（3）路面吹风机现场加油，要注意明火。

（4）聚酯玻纤布施工作业人员，必须佩戴皮手套。

2）碎石撒布作业

（1）撒布碎石时，碎石撒布机的车速要稳定，不允许在撒布过程中换挡。

（2）撒布机在工作过程中设置专人指挥防止自卸车碰撞撒布机。

（3）撒布机在工作过程中要布置警戒人员。

3）沥青洒布作业

（1）加沥青时防止外溢烫伤，行驶中事先必须将加长管卸下，提升洒布架。

（2）喷洒沥青时洒布车操作手应注意观察，周围无人时方可开始工作，防止伤人。

（3）罐中装热沥青后，驾驶室禁止带人，后洒布台上严禁站人。

（4）严禁采用规定之外的燃油作为加热系统的燃油，燃油箱液面应低于溢流管上端 20~30cm。

（5）采用固定式喷灯向沥青箱的火管加热时，先打开沥青箱上烟囱并在液态沥青淹没火管后，才能点燃喷灯。加热喷灯的火焰过大或扩散蔓延时，应立即关闭喷灯，在吸油管及进料口尚未封闭时，以及在热态沥青的情况下，不得使用喷灯。手提喷灯点燃时，不允许接近易燃品。

4）混合料生产作业

（1）在运转前应仔细检查各种机电、微电脑控制进料设备，确认正常完好后才能合闸运转。

（2）机组投入运转后，各部门、各岗位人员都要随时监视各部位运转情况，不得擅离岗位。

（3）运转中严禁人员靠近各种运转机构。

（4）运转过程中，如发现有异常情况，应报机长，并及时排除故障。停机前应首先停止进料，等拌鼓、烘干筒等各部位卸料完后，才可提前停机。

（5）拌和机运行中，不得使用工具伸入滚筒内掏挖和清理。检修时必须停机并切断电源，进入滚筒内检修时外面必须有人监护，并悬挂"有人检修""禁止操作"的安全警示牌。

（6）料斗升起时，严禁有人在斗下工作或通过。检查斗料时，应将保险链挂好。

（7）混合料生产设备要经常检查设置铁爬梯。

5）混合料摊铺作业

（1）摊铺机驾驶台及作业现场要视野开阔，无关人员不得在驾驶台上停留，驾驶员不得擅离岗位。

（2）运料车向摊铺机卸料时，应有专人指挥协调动作，同步进行，防止互撞。

（3）水泥混凝土面层摊铺作业时，布料机与振平机应保持安全距离。

（4）隧道内摊铺沥青混凝土路面应采用机械通风排烟，隧道内空气中的有毒气体和可燃气体的浓度不得超过相关规定，作业人员应佩戴符合要求的防毒面具，应穿反光服。

6）路面碾压作业

（1）作业时注意各仪表读数，若发现异常，必须查明原因并及时排除，严禁带病作业。

（2）多台压路机联合作业时，应保持规定的队形及间隔距离，并应建立相应的联络信号。

（3）三轮压路机在正常情况下禁止使用差速锁上装置，特别是在转弯时严禁使用。压路机在坡道上行驶时，禁止换挡、禁止脱挡滑行。严禁用牵引法拖动压路机，不允许用压路机牵引其他机具。

（4）水泥混凝土面层切缝、刻槽作业范围应设警戒区。

（四）桥梁工程

1. 主要风险

桥梁是公路工程中常见的构造物、一般由下部结构、上部结构、支座系统和附属设施四个基本部分组成，根据桥梁施工的特点施工主要存在高处坠落、物体打击、机械伤害、触电、坍塌和淹溺的风险。

2. 监督要点

1）钢围堰工程

（1）钢围堰应对内外侧壁、斜撑及内撑、围檩等受力构件及连接焊缝进行设计计算，并应对围堰整体稳定性和抗倾覆进行计算。

（2）水上钢围堰应设置水上作业警示标志和防护栏，夜间河道作业区域应布置警示照明灯，靠近航道处的作业区应设置防止船舶撞击的装置。

（3）围堰内基础施工时，挖土、吊运、浇筑混凝土等作业严禁碰撞围堰支撑，不得在支撑上放置重物。

（4）钢围堰抽水过程中应进行观察，并应进行围堰变形监测。

（5）施工过程中应监测水位变化，围堰内外的水头差应在设计范围内，地下水位高或水中围堰应采取可靠的止水措施。

（6）严禁任意加高围堰高度。

（7）在围堰内浇筑混凝土时，应安装供作业人员上下的梯子或设置跳板。

2）桩、承台基础

（1）吊装作业指挥人员和机械操作人员、焊接作业人员应取得相应资格证书，持证上岗。作业前明确钻机行走路线，避免在松软、湿滑或不稳定的地面上行走。钻机等高耸设备应按规定设置避雷装置。钻机电缆线接头应绑扎牢固，不得透水、漏电；电缆线不得浸泡于水、泥浆中，不得挤压电缆线及风水管路。

（2）钻机钻进时高压胶管下不得站人，孔口应设置稳固的防护栏或防护网、明显的安全警示标志，夜间配备照明设施并悬挂红灯示警。

（3）需要根据实际情况进行口径选择和施工方案设计，根据实际情况进行地基承载力测试和土壤分类，考虑现场环境和周围设施的情况。冲击钻孔时，应防止碰撞护筒、孔壁和钩挂护筒底缘。

（4）泥浆池的周围应有足够的围栏或标识，泥浆池边缘应设置防滑措施，池壁设置抗渗措施，设置泥浆循环净化系统，防止对周边环境的污染。

（5）泥浆池应装备足够数量的消防设备，作业时选用防爆型设备，禁止在泥浆池周围区域进行明火作业。建立泥浆池内的油污收集系统定期清理污油。泥浆池应设有防溢设备，如溢流槽、堰坝等，以防止泥浆溢出池外，造成环境和人员伤害。泥浆池的通风系统应保持畅通，及时排除污浊空气，防止爆炸性气体积聚。如果池中出现污染或泄漏情况，应该立即停止使用，并采取措施加以处理。

（6）清孔时确保孔口周围有足够的安全距离，避免施工人员或设备过于靠近孔口，防止孔口坍塌或物体坠落伤人。

（7）施工人员在浇筑过程中与桩孔保持足够的距离，孔口应设防坠落设施，对于已埋设护筒未开钻或已成桩护筒尚未拔除的，应加设护筒顶盖或铺设安全网遮罩。

3）下部构造工程

（1）采用滑膜施工时，应编制专项施工方案并按规定审批。

（2）施工前搭设好脚手架和作业平台，墩身高度在2～10m时，平台外侧应设栏杆及上下扶梯，10m以上时加设安全网。

（3）采用油压千斤顶滑模同步提升，提升速度控制在10～30cm/h。

（4）模板就位后，应立即使用撑木固定其位置，以防倾倒砸人。

（5）在树立高桥墩的墩身模板过程中，安装模板的作业人员必须系好安全带，并拴于牢固地点。

（6）人工、手推车推（抬）运石块或预制块时，脚手架和作业平台上堆放的物品不得超过设计荷载，砌筑材料随运随砌。

（7）高支墩等高处结构施工时，应按照高处作业的安全规定，加设安全防护设施，穿戴好个人防护用品。随着高支墩钢筋绑扎作业面的提升同步搭设拼装式安全梯笼。

（8）模板提升到2m高以后，应安装好内外吊架、脚手架，铺好脚手板，挂设安全网。模板内设置升降设施及安全梯。

（9）操作平台周围应安设防护栏杆。

（10）墩上养护人员必须系好安全带，输水管路及其他设备应栓绑牢固。

（11）运送人员、材料的罐笼或外用电梯，应有安全卡、限位开关等安全装置。

（12）夜间施工应有足够的照明。在人员上下及运输过道上，均应设置固定的照明设施。

（13）滑模拆除时，应做好安全防护措施，警戒线到建筑物边缘的安全距离不得小于10m。

4）上部构造工程

（1）预应力混凝土结构

①预应力张拉机具设备应按规定校验、标定。

②作业应设警戒区，张拉与放张的程序应符合设计要求，张拉过程中出现异常现象应立即停止张拉作业，检查、排除异常。

③预应力钢筋冷拉时，在千斤顶的端部及非张拉端部均不得有人。

④先张法张拉端后方应设立防护挡墙，张拉及放张过程中预制台座区域及张拉台座两端不得站人，已张拉的预应力钢筋不得电焊、上方不得站人。

⑤先张法张拉作业中和未浇混凝土之前，周围禁止站人并不得进行其他作业。

⑥后张法施工高处张拉作业应搭设张拉作业平台、张拉千斤顶吊架，平台应加设防护栏杆和上下扶梯。梁端应设围护和挡板，张拉作业时千斤顶后方不得站人，管道压浆作业人员应佩戴护目镜。

⑦钢束预应力张拉完毕，退销时防止销子弹出伤人，卸销子时不得强击。张拉完毕灌浆前梁端应设围护和挡板，不得在梁端附近作业或休息。

⑧混凝土就地浇筑时应先搭设好脚手架、作业平台、护栏及安全网等安全防护设，采用翻斗汽车运送混凝土严禁在未停稳前翻斗或启斗，翻斗车行驶时斗内不得载人。

（2）现浇混凝土结构

①钢筋加工区域设置明显的安全警示标识和安全操作规程标识，所有电气线路完好无损，无裸露、老化或破损现象，所有设备都接地良好。钢筋对焊机应安装在室内或防雨棚内，并应设可靠的接地、接零装置。多台并列安装对焊机的间距不得小于3m。对焊作业闪光区四周应设置挡板。

②成品钢筋笼下方设置防滚动措施，在运输过程中钢筋笼固定牢固，运输车辆安全可靠，驾驶人员具备相应的驾驶资质。

③作业高度超过2m的钢筋骨架应设置脚手架或作业平台，钢筋骨架应有足够的稳定性，吊运预绑钢筋骨架或成捆钢筋应确定吊点的数量、位置和捆绑方法，不得单点起吊。

④支撑架严禁与施工起重设备、施工脚手架等设施、设备连接。桥梁满堂支撑架搭设完成后应进行预压试验，支撑架在使用期间，严禁擅自拆除架体构配件。

⑤模板作业层应在显著位置设置限载标志，注明限载值，施工荷载不得超过设计允许荷载。大模板竖向放置应保证风荷载作用下的自身稳定性，同时应采取辅助安全措施。竖向模板应在吊装就位后及时进行拼接、对拉紧固，并应设置侧向支撑或缆风绳等确保模板稳固的措施。

⑥模架在首孔梁浇筑就位后应按设计要求进行预压试验；每完成一孔梁的施工，应随时检查模架的关键受力部位和支撑系统，发现异常应及时采取有效措施进行处理。

⑦当桥梁采用挂篮进行悬臂浇筑时，挂篮制作加工完成后应进行试拼装，并应按最大

施工组合荷载的1.2倍进行荷载试验；挂篮行走滑道应铺设平顺，锚固应稳定，行走前应检查行走系统、吊挂系统和模板系统等；挂篮应在混凝土强度符合要求后移动，墩两侧挂篮应对称平稳移动，就位后应立即锁定，每次就位后应经检查验收。

⑧在浇筑混凝土作业时应先搭设好脚手架、作业平台、护栏及安全网等安全防护设，支撑架下部范围内严禁人员作业、行走或停留。

⑨混凝土浇筑顺序及支撑架拆除顺序应按专项施工方案的规定进行。

（3）装配式混凝土结构

①预制场地应合理分区、硬化场地，并应设置排水设施，场内临时用电符合现行《施工现场临时用电安全技术规范》（JGJ 46）的有关规定。

②预制构件安装施工所需的脚手架、作业平台、防护栏杆、上下梯道、安全网齐备。

③轮式起重设备通行的道路、作业场地应平整坚实，门式起重机、架桥机和轮式吊车等作业时，应在设备顶部设置可靠的避雷装置，人员上下设备应使用爬梯。

④高处吊装梁板等大型构件时应在构件两端设牵引绳，必要时设撑钩。

⑤梁板吊装采用双台吊车起吊时，应选用性能相近的吊车，负载分配应合理，单机荷载≤额定起重量的80%，两机应协调起吊和就位，起吊速度应平稳缓慢。

⑥梁、板安装及架桥机移动过孔期间，作业区域下方应设警戒区。

⑦对结构复杂、施工期较长的大型立交桥施工时，应进行安全检查，做好施工准备及安全防护设施的安装、验收工作。

（4）斜拉索桥

①钢梁施工应编制专项施工方案，超过一定规模的危险性较大工程应按要求进行专家论证。

②施工区域应设警戒区，通往索塔、横梁、钢梁作业区的人行通道的顶部应设防护棚。

③悬空作业，应形成绕索塔塔身封闭的高处作业系统，每层施工面应设置安全平网和立网，立网高度不得小于1.5m，平网应随施工高度提升。

④施工平台四周及塔腔内部以及拆除模板时应配备消防器材。

⑤横梁与索塔采用异步施工时，上部索塔、下部横梁均应采取防止高处坠落和物体打击的安全措施。

⑥钢梁存放场地应平整、稳固、排水良好，基础承载力应满足要求，钢梁存放堆码不得大于两层。钢梁构件和梁段运输应采取临时固定措施。

（5）钢结构桥

①钢桥安装应编制专项施工方案，应附临时支架、支承、吊机等临时结构和钢桥结构本身在不同受力状态下的强度、刚度及稳定性验算结果。

②平板拖车运输钢桥构件，牵引车上应悬挂安全标识。

③重车下坡应缓慢行驶，行驶至转弯或险要地段时，应降低车速，同时注意两侧行人

和障碍物。

④钢桥安装应设置避雷设施，并应符合现行《建筑物防雷设计规范》（GB 50057）的规定。

⑤钢梁上的各种电动机械和电缆线、照明线路等，应保持绝缘良好。

⑥拼装杆件时应安好梯子、牵引绳、脚手架，斜杆应安拴保险支撑吊具，杆件起吊时，应先试吊。

⑦架梁过程中使用的扳手、小工具、冲钉及螺栓等应存放在工具袋内，不得抛掷，多余的料具应及时清理。

（五）隧道、洞库工程

1. 主要风险

隧道工程是修建在地下、水下或者在山体中专供汽车运输行驶的通道，洞库工程修建在岩石山体中的仓库，隧道和洞库均是地下工程的一种建筑形式，施工过程中主要存在隧道及洞室坍塌、高处坠落、有毒有害气体、起重伤害、物体打击、机械伤害、触电、爆破伤害、交叉作业、粉尘、冒顶片邦、涌水和淹溺的风险。

2. 监督要点

1）一般规定

（1）施工应按设计文件规定的施工方法制订施工方案，根据危险源辨识情况编制专项应急预案并应配备相应的应急资源。

（2）施工现场用电符合现行《施工现场临时用电安全技术规范》（JGJ 46）的有关规定，涉及的特种作业人员和特种设备操作人员持证上岗。

（3）建立内外通信联络系统，进出口布置智能通行闸机及值班室；长、特长及高风险隧道施工应设置稳定可靠的视频监控系统、门禁系统和人员识别定位系统。

（4）事先规划逃生路线，并在适当位置设置避难处、急救场所，避难处应准备足够数量的逃生设备、救护器械和生活保障品等。

（5）供风、供水、供气管线与供电线路分别架设，照明与动力线路应分层架设；自备发电机组与外电线路必须电源联锁，严禁并列运行。

（6）不得使用明火取暖，不得使用以汽油为动力的机械设备，严禁存放易燃易爆物品，应按要求配备消防器材。

（7）施工供水的蓄水池应设防渗漏措施和安全防护设施，且不得设于开挖部位正上方，供水管线应布置在电线电缆的相对侧。

（8）照明灯光应保证亮度充足、均匀且不闪烁，作业地段照明电压不宜大于36V，成洞段和不作业地段宜采用220V。照明灯具宜采用冷光源，漏水地段应采用防水灯具，瓦斯地段应采用防爆灯具。

（9）配电箱、台车、台架、仰拱开挖等危险区域应设置明显的警示标志，洞内施工设备均应设反光标识。

2）洞口与明洞

（1）钻孔作业过程中，严禁在残孔中继续钻孔，钻孔用操作平台的护栏高度不小于1m。

（2）明洞开挖按自上而下的顺序进行，坚决禁止掏底开挖，明洞槽不宜在雨天开挖。

（3）洞口土石方施工时，要做好截、排水工作，并随时注意检查，开挖区应保持排水系统通畅，并与原有水系相连通。

（4）在岩石破碎土质松软地段，开挖面不能太大，不能暴露太久，及时进行防护处理，防止坍塌。

（5）石质边、仰坡应采用预留光面爆破法或预裂爆破法，不得采用深孔爆破或集中药包爆破开挖。

（6）洞口应先支护后开挖，不得掏底开挖或上下重叠开挖。陡峭、高边坡的洞口应根据设计和现场需要设安全棚、防护栏杆或安全网，危险段应采取加同措施。

（7）撬挖施工时，严禁站在石块滑落的方向或上下层同时进行，撬挖作业区域下方设专人监护，严禁任何人员、车辆等通行，多人同时撬挖时保持一定的安全距离，作业人员系安全带，一人一绳。必须经确认悬浮物、危石等清除彻底后，方可进行下一工序的施工。

（8）找顶必须在通风后进行，专人指挥，找顶后应进行安全确认，合格后其他作业人员方可进入开挖面作业。

（9）处于陡峭、高边坡的洞口应增设安全棚、安全栅栏或安全网，危险段应采取加固措施。

3）巷道和洞室

（1）长度小于300m的隧道，起爆站应设在洞口侧面50m以外；其余隧道、洞室起爆站距爆破位置不得小于300m。

（2）隧道双向开挖面间相距15～30m时，应改为单向开挖，停挖端作业人员和机具应撤离，同时在安全距离处设置禁止入内的警示标志。

（3）装药、起爆、通风、盲残炮处置等应符合现行《爆破安全规程》（GB 6722）的有关规定，爆破清除宕渣后，应先机械后人工的顺序找顶，并应安全确认。

（4）机械开挖应根据断面和作业环境选择机型、划定安全作业区域，并应设置警示标志。人工开挖应设专人指挥，作业人员应保持安全操作距离。

（5）两座隧道平行开挖，同向开挖工作面纵向距离应根据两隧道间距、围岩情况确定，且不宜小于2倍洞径。

（6）洞室安装钢支撑，应遵守吊装和高处作业等有关安全规则，宜用小型机具进行吊装。

（7）涌水段仰拱开挖后应立即施作初期支护，围岩仰拱每循环开挖长度、仰拱与掌子面的距离不超方案，栈桥基础应稳固，桥面应做防侧滑处理；两侧应设限速警示标志。

（8）对于洞室岩爆区的开挖施工，喷锚支护要紧随开挖掌子面推进，必要时采取上兜下防的防护措施，以保证人员和设备的安全。

（9）高度超过2m的工作部位必须搭设脚手架，临近悬空边缘处设置安全防护网。施工面特殊部位在明显地方挂标示牌、警示牌，提醒施工人员注意。

（10）锚孔钻进时，至少1人协助操作作业，灌浆泵、搅拌机须双人开机操作，在危及人身安全设备旁设立醒目警示标志。

（11）喷射混凝土作业和灌浆作业戴防毒面具、乳胶手套、胶靴；高压固结灌浆及常规灌浆要配戴安全帽、防护眼镜、胶靴等；非施工人员不得进入正在进行喷射混凝土的作业区，施工中喷嘴前严禁站人。

（12）钻孔与灌浆防水在高处、台车上作业时，系好安全带。施工材料或工器具严禁抛投，必须用绳索在拴挂牢固的情况下进行吊运。

（13）灌浆作业严防皮管爆管，风管接头处丝扣牢固，并且要用铅丝将接头两端牢固连接，以防止丝扣脱开伤人，所有灌浆管路、灌浆塞、压力表、阀门等材料均应通过耐压试验。

（14）在交叉作业场所、各通道与临空面保持畅通，危险入口设有警告标志或防护设施；化学灌浆材料堆放处明显挂设"禁止饮食""禁止吸烟"等警告标志；配有防毒面具等个体防护用品。

（15）衬砌台车就位后，应按规定设置防溜车装置，按设计高程及中线调整台车支撑系统，液压支撑应有锁定装置。

（16）衬砌台车及防水板施工作业台架还应配置灭火器，经验收合格方可投入使用。

（17）洞内预应力衬砌时，锚束张拉作业参见桥梁工程上部构造预应力混凝土结构施工监督要点。

4）辅助坑道

（1）横洞、斜井、竖井、平行导坑等辅助坑道开挖前应妥善规划，并完成周边的截水、排水系统和防冲刷设施。

（2）开挖前应检查斜井、竖井与正洞连接处的围岩稳定情况，严禁上下同时作业，严禁向井内投掷任何物件。

（3）竖井开挖施工时施工机具必须固定牢固，作业面应设置防护措施，扒渣作业人员必须系好安全带。

（4）开挖与钢管安装、混凝土施工平行作业时的控制安全距离不小于30m。

（5）每次爆破作业结束时井内必须进行"敲帮问顶"，清理洞顶及井壁危石，撬除作业人员严禁站在挖掘设备铲斗内进行排险。

（6）竖井井架应安装避雷装置，定期检查出渣起吊设备的井架、钢丝绳、滑轮、滑轮轴、吊头、卷扬机的制动、限位等构件和部位，保证设备安全状态。

（7）平行导坑宜采用单车道断面，每隔200m左右应设置一处错车道。错车道的有效长度宜为1.5倍施工车辆的长度。

（8）斜井提升设备应设置保险装置，车辆中应装有向卷扬机司机发送紧急信号的装置。

5）装渣与运输

（1）施工人员进出隧道、洞室应走预设通道，不得在运输范围内随意走动。

（2）较大坡度地段、洞口平交道、横通道口、施工作业地段以及有障碍物地段，必须设置明显的标志，汽车通过以上地段时，应减速鸣号。

（3）运渣车辆应技术性能完好、制动有效，不得载人，不得超载、超宽、超高运输。

（4）施工作业地段的行车速度不得大于15km/h，成洞地段不得大于25km/h。

6）防水和排水

（1）洞口设置截水沟，排水出口不应设置在供风机基础和洞口处。

（2）防水板施工作业台架应设置消防器材及防火安全警示标志，并应设专人负责。照明灯具与防水板间距离不得小于0.5m，不得烘烤防水板。

（3）膨胀岩、土质地层、围岩松软地段应铺砌水沟或用管槽排水，顺坡排水沟断面应满足排水需要。

（4）遇渗漏水面积或水量突然增加，应立即停止施工，人员撤至安全地点。

（5）斜井应边掘进、边排水，涌水量较大地段应分段截排水，水箱、集水坑处应挂设警示牌标识，并对设备进行挡护。

（6）竖井、斜井的井底应设置排水泵站，排水泵站应设在铺设排水管的井身附近，并应与主变电所毗邻；泵站应留有增加水泵的余地。

7）通风、防尘及防有害气体

（1）隧道、洞内施工应采取综合防尘措施，并应配备专用检测设备及仪器。

（2）隧道施工独头掘进长度超过150m时，必须采用机械通风。

（3）隧道、洞内工人作业时应保证通风机打开，供风管密封不漏风，风带不得破损漏风。

（4）储气罐、风管压力容器压力表检验合格，作业区域设置气体检测仪，对氧气含量、可燃和有毒有害气体进行动态检测。

（5）进入隧道施工前30min应检测有毒有害气体浓度，施工期间各施工作业面必须安装警报装置。

（6）洞内出渣、喷浆等施工超过2h的，应至多每2h测1次有害气体浓度。

（7）存在矽尘的作业场所，每月应至少取样分析空气成分1次、测定粉尘浓度1次。

（8）洞库气密性试验前，撤出全部人员物资，并经专人检查，气密性试验严格按专项施工方案实施。

三 　站库工程

站库工程主要包括土方开挖与基础工程，管道、设备预制及制造，设备、设施安装工程，工艺管道安装工程，无损探伤，热处理及试压，防腐保温等分项工程。

（一）土方开挖与基础工程

1. 主要风险

站库工程土方开挖与基础工程主要涉及坍塌、高处坠落、机械伤害、物体打击、触电及场内交通伤害等风险。

2. 监督要点

1）基坑开挖

（1）应使用探测仪器、人工探挖等方式探明地下隐蔽设施的具体位置，避免损坏地下隐蔽设施。基础开挖应按设计和施工方案的要求，分区、分层、分段、均衡开挖。坑槽开挖设置的边坡应符合规范要求。

（2）基坑应及时围护，并设置警示标志。超过1.2m的基坑四周应设置符合规范要求的防护栏杆。

（3）在靠近道路、建筑物开挖基坑时，要设置明显警示标识，夜间应设照明，并在沟边设置警示带。

（4）沟槽边缘1m内禁止堆土、堆料、停置机具，堆土高度不超过1.5m。

（5）使用挖掘机开挖时，要设专人指挥，挖掘机作业半径内不应有任何人员进入。

（6）基坑应进行放坡或支撑防护，开挖过程中坑边不得站人。

2）模板搭设及拆除

（1）模板搭设、拆除应严格按方案进行。支架搭设完毕后，按规定组织验收并悬挂验收牌。

（2）模板之间应连接牢固。操作部位应有护身栏杆，不准直接站在溜槽帮上操作。

（3）拆除模板应按照工艺程序进行，即后安装的先拆，先安装的后拆，确保结构稳定。严禁作业人员在同一垂直面上拆除模板。在高处安装和拆除模板时，周围应设置警戒区，并设专人监护。支模中途停歇，应将支撑、搭头、柱头板等钉牢；拆模间歇时，应将已活动的模板、支撑等运走或妥善堆放。

3）混凝土浇筑

（1）浇筑框架梁、柱混凝土时，应设置操作台，不得直接站在模板或支撑上。

（2）插入式振捣器操作时应保持两人操作，一人持振动棒，一人负责振捣器上的电源开关及电力线路，操作人员应戴绝缘手套，穿绝缘鞋。

（3）采用泵车泵送混凝土时，施工人员应使用牵引绳牵引混凝土输送管作业。

（4）泵送混凝土出现泵管堵塞情况时，应在泵机卸载情况下拆管排除堵塞。

（5）使用现场搅拌混凝土时，搅拌机应设置防护棚；搅拌完毕，清理滚筒时，必须将电源关闭并设专人监护。

（二）预制及制造工程

1．主要风险

管道、设备预制及制造过程中涉及下料、坡口预制、卷制、组对、焊接、无损检测、热处理、试压、防腐等诸多工序，主要风险为预制及制造期间的火灾、触电、坍塌、爆炸、物体打击、灼伤、机械伤害、起重伤害等。

2．监督要点

1）预制作业

（1）电器设备做到"一机一闸一保护"，严禁两台及两台以上用电设备使用同一开关（含插座），禁止线头直接插入插座孔内。

（2）打磨工件时要戴防护眼镜，且砂轮切线方向不得有人。

（3）氧气、乙炔瓶安全附件齐全，氧气、乙炔距明火地点10m以外，氧气瓶和乙炔瓶间距5m以上，严禁在太阳光下暴晒。

（4）钢板切割或刨边完成后，待冷却后，再进行吊装作业，防止烫伤，吊装坚硬、有棱角、有尖锐边缘的物件，要加衬垫等。

（5）卷制作业时，由专人操作，防止钢板滑落；非操作人员，不得进入卷制场地。组对时由专人指挥，手不得伸入其内，按要求点焊牢固，防止焊缝崩裂伤人；筒体转动时，施工人员应远离转动区域，防止筒体滚落。

2）设备及附件安装

（1）安装零部件时，设备下面严禁站人。

（2）进入受限空间作业时，必须有监护人员。

（3）施工完毕后，应将压缩空气阀门、电源关闭，吊车锁死或固定牢固。

3）热处理

热处理整个过程中，清除施工场地易燃、可燃物，配备足够的消防器材，由专人监护。热处理炉温度降至环境温度时，方可开炉，防止烫伤事件的发生。

4）试压

（1）试压的设备设施、仪表应校验合格，且在有效期内，其精度等级不得低于1.6级，表盘直径不应小于150mm，量程应为试验压力的1.5～2.0倍。

（2）安装在容器上部，压力表应至少安装2块，试验压力低于1.6MPa时所用压力表精度不低于2.5级。

（3）耐压试验过程中，发现有泄漏、异常响动等特殊情况时，应立即停止升压，完全泄压后再进行检维修或紧固，不准带压操作。

（4）试压区域设置安全警戒区域和安全警示牌。

5）除锈及防腐

（1）喷砂除锈时，注意风向的变化，操作过程中喷枪、喷砂头严禁对人。

（2）气罐、压力阀、喷砂枪应附有质量检验的标识，阀门、压力表检定合格，且在有效期内。

（三）设备设施安装工程

1. 主要风险

站库设备、设施安装工程涉及各类管道、动、静设备、压力容器、储罐、各类钢结构平台、护栏以及电气、仪表等及相关附件的运输、装卸、组装、现场预制、吊装就位等工作，作业过程中主要涉及机械伤害、高处坠落、物体打击、起重伤害、触电、火灾爆炸、受限空间作业等风险。

2. 监督要点

1）设备、设施拉运

（1）拉运前应对运输路线进行勘察，对危桥、危路采取加强或加固措施。

（2）设备绑扎要牢固，并设置必要的警示标识。

（3）拉运途中，要安排人员随行保护、警戒。

（4）在开箱检验时，拆箱人员应戴好手套，防止被突出的钉子或铁箍扎伤或划伤。在开箱时，谨慎拆除包装箱，以免造成设备损坏。

2）设备、设施吊装

（1）吊装前对施工环境进行确认，清除吊装作业现场障碍物，无法清除的做好安全保护，并设专人监护。

（2）吊装前，应先勘察现场，对吊装作业范围内的高压线可采取停电或拆除等措施。

（3）大型设备的吊装要编制吊装专项方案，经审批后方可实施。

（4）应根据设备实际质量、尺寸大小、站车位置、就位高度等经计算后选用合适的吊车、吊具，并在设备吊装前对选用吊车性能、吊具是否符合吊装要求、绳索是否完好进行检查确认。

（5）核实吊装当天天气情况。室外作业遇到大雪、暴雨、大雾及6级以上大风时，严禁吊装作业。

3）设备设施就位、找正

（1）设备基础验收全部合格，且达到养护要求后再进行设备就位、安装。设备要捆绑牢固，就位时听从指挥，缓慢操作。应正确使用施工工具，施工人员配合一致，设备移动幅度不宜过大。

（2）设备就位时，应采用溜绳控制，不宜用手或身体部位直接接触被吊装设备，并防止与周围的物体碰撞。

（四）工艺管道工程

1. 主要风险

管道安装工程主要涉及机械伤害、触电、物体打击、起重伤害、火灾爆炸等风险。

2. 监督要点

1）管材及管道支架现场预制

（1）打磨管口时要戴防护面罩，且砂轮切线方向不得有人。

（2）氧气、乙炔瓶安全附件齐全（是否有胶圈、仪表是否完好、防护罩是否齐全），氧气、乙炔之间间距是否符合标准距明火地点 10m 以外，氧气瓶和乙炔瓶间距 ≥ 5m。

（3）使用手持电动工具时配有漏电保护器，作业前检查线路，确认电缆无破损和接地良好。

（4）增加使用手持电动工具开关漏电保护器动作电流不得大于 15mA。

（5）现场堆管垫放稳固，采取稳管措施，符合规定高度，并设有警示标识。

2）管道吊装及组对、焊接

（1）吊装管材要捆绑牢固，使用的吊具和索具要认真检查，认真检查确保符合要求，吊管设备行走时要缓慢。

（2）使用倒链时，起重链条要保持垂直，链环间不得有错口，不得超过额定起重量。

（3）组对时要设专人指挥，防止内、外对口器滑落伤人，不应用手指点管口，更不应手握住管口，以免伤害手指。

（4）作业人员在操作外对口器使用千斤顶时，身体不能正对千斤顶，防止千斤顶打出伤人。

（5）高处配管作业所使用的架子平台应搭设牢固，作业过程中系好安全带，作业面下方严禁站人。

（6）施焊前，应对电焊机、焊把线及电源线和接地进行检查，确认合格。

（7）电焊作业时穿戴好防护用品，室外雨天应停止作业，防雨棚内焊接时戴绝缘手套，垫绝缘板。

（8）电焊作业中如发现线路短路或电焊机、软线、焊钳漏电，立即切断电源停止使用，进行检修或更换。

（9）焊接地点周围 5m 内，应清除一切可燃物品。采用电焊进行动火作业施工的储罐、容器及管道等应在焊点附近安装接地线，其接地电阻应小于 10Ω。油气集输场站、管线进行多处动火时，相连通的各个动火部位不应同时进行。上一处动火部位的施工作业完毕后，方可进行下一个动火部位的施工作业。在埋地管线操作坑内进行动火作业时，应设置应急逃生通道。高处动火应采取防止火花溅落措施，并应在火花可能溅落的部位安排监护人。高处动火作业涉及多个作业单位或存在交叉作业时，应签订交叉作业协议，采取"错时、错位、硬隔离"措施；措施无法落实时，由双方作业单位组织开展交叉作业风险识别，采取可靠的风险防控措施，各派1名动火监护人，确保作业安全。

（10）做到防风棚内通风良好，焊接烟尘能排放出去。

（11）电焊车转移工作地点、重新接线时由电工在切断电源后进行。

（12）沟下组对、焊接时，要设置专人监护，检查沟壁稳定及周围环境，及时发现塌方等险情。

（13）对已焊完管段及时进行满焊封堵，继续焊接的管段要使用临时封堵器。

（五）电气工程

1. 主要风险

站库电气安装工程主要包括沟槽开挖、避雷针安装、户外构架、立柱、接地安装、户外隔离开关、断路器等设备安装、主变安装、盘柜安装、母线安装、电缆敷设、户外设备导线接线、电气实验、单体试动及整体联动等工序，主要涉及起重伤害、高处坠落、机械伤害、触电等风险。

2. 监督要点

1）材料拉运进场

（1）人员进入施工现场必须按规范穿戴劳保防护用品。

（2）作业前应对施工人员进行安全教育。

（3）涉及特种作业的人员必须持证上岗，且证件在有效期内（离开特种作业不得超过6个月）。

（4）涉及直接作业环节的应按规定办理各类作业许可证。

（5）吊车等特种设备驾驶人应持有特种设备操作证，熟悉驾驶的特种设备性能，严格按照操作规程作业。

（6）车辆运输应符合交通安全法有关规定，中速行驶文明驾驶，避免急刹车，严禁强超强会。

（7）材料拉运前应对运输路线充分了解，遇危桥、危路应绕行或采取加固措施。

（8）材料吊装前对钢丝绳、吊带、吊钩磨损、变形、破裂情况及关键部位进行安全检查，确保安全吊装。

（9）吊装作业时要有专人持证指挥，电杆、管塔要捆绑牢固。

（10）运输时捆绑牢固，不得超载，超高超长等必须要办理三超手续。

（11）运输车辆禁止违章驾驶，雨、雪、雾恶劣天气车辆应低速行驶，与前车及行人保持安全距离。

（12）管材运输时，公路运输拖车与驾驶室之间要有止推挡板，挡板高度应高于管材高度，立柱必须牢固。

（13）装卸材料、电杆、管塔时，吊车站位应符合吊装作业安全及方案的要求。

（14）堆放场地应选择合适平整的地方，上方不得有电力线路。

（15）分散装卸时，每卸完一处必须将车上的电杆绑扎牢固后，方可继续运送。

2）变电所设施安装

（1）吊装前对变压器重量、吊绳、倒链的规格、吊车吨位等进行测算，起吊前必须先行试吊。

（2）吊装时若周边及上方有线路等带电设备，人员、吊臂及工具等必须与带电体保持安全距离。

（3）移动变压器时，统一指挥，防止伤人或损伤设备。

（4）配电盘柜人工就位时注意协调用力，保持盘柜平稳移动。

（5）盘柜就位时，严禁操作人员的任何身体部位进入到两盘柜之间。

（6）利用撬杠进行盘柜就位时，撬动时必须有专人扶稳盘柜。

（7）安装母线和母线过桥时，高处作业必须正确使用安全带，距离坠落基准面2m以上必须办理作业票。

（8）使用登高梯时应有专人扶梯，禁止两人及两人同时在登高梯上作业。

（9）盘柜顶部安装母线时应使用工具袋，避免工具掉落伤人。

（10）手持电动工具绝缘良好，做到"一机一闸一保护"。

（11）临时电缆过路时要使用钢管保护、埋地保护或架空保护。

（12）人员上杆前必须检查脚扣的安全性，使用的围杆式安全带必须有安全绳。

（13）施工用配电箱金属外壳应可靠接地，接地线必须用多股铜芯线及专用接地线，接地电阻不得大于4Ω。

（14）低压断路器安装时，要注意防止扳手脱手伤人，防止手被挤压在设备与盘柜壳体之间。

3）电缆敷设

（1）电缆沟开挖破土前应逐条落实安全措施，涉及电力、电信、管道等地下设施时应设专人进行安全监督。

（2）在易燃易爆区域开挖或电缆沟开挖后未能立即敷设完电缆并回填的，应在沟边设警戒线，警示灯标志，防止人员摔伤。

（3）电缆吊装时，必须符合起重作业安全要求，且起重臂下严禁站人。

（4）敷设全程由专人统一指挥，并保持各环节通信畅通。

（5）电缆放线支架必须牢固平稳放置，支架定位销和千斤顶安全可靠。

（6）电缆敷设时，电缆盘必须专人看管。

（7）电缆盘要匀速转动，最后一圈电缆释放时要减速释放，防止电缆因为惯性脱出电缆盘伤人。

（8）在桥架上或装置高处敷设电缆时，通道两侧必须设置不低于1.2m的护栏，临边作业必须系安全带。

（9）配电室电缆沟内敷设电缆，要注意协调动作，专人指挥，并防止电缆支架磕碰伤害。

（10）临时电缆过路时要使用钢管保护、埋地保护或架空保护。

（11）电缆敷设完毕后，沿电缆走向应有标志桩，防止电缆被误伤漏电伤人。

4）照明安装

（1）配管所用套丝机金属外壳必须接地，使用旋转机械不得戴手套。

（2）灯具安装配管作业时，手持电动工具绝缘良好，做到"一机一闸一保护"。

（3）使用登高梯配管时必须有专人扶梯，正确使用安全带。

（4）使用移动式脚手架高处配管或安装灯具时，顶层必须有不低于1.2m高护栏，安全带要系挂牢固，脚手架要利用大绳斜拉等方式利用周边设施加以固定。

（5）高处作业区的下方不得有人停留，以防工具零件等误落伤人。

（6）脚手架移动时作业人员必须下来，严禁移动时人员在脚手架上。移动时协调用力，专人指挥，防止倾倒。

（7）在灯具导线穿管接线完毕前，配电箱或柜处应设置"有人工作，禁止合闸"标志，防止误送电触电伤人。

（8）室外人工组立路灯时，必须专人指挥协调用力，防止灯杆倾倒。

（9）路灯灯杆组立需吊车配合时，应将灯杆悬挂牢固，并注意吊钩止脱钩是否有效，起吊时人员不得在吊臂旋转范围内。

（10）室外施工电源配电箱必须门锁齐全，有防雨措施。

5）接地安装

（1）雷、雨天气禁止作业。

（2）在挖接地沟前应取得有关地下管线的资料，防止破坏地下管线电缆等。

（3）电焊机应在负荷线的首端处设置漏电保护器，并安装在开关箱内，做到"一机一闸一保护"使用独立专用电源开关；电焊机金属外壳必须可靠接地；配电箱电气线路应保证绝缘良好，外壳应有符合要求的接地（或接零）保护。

（4）电焊机外露带电部分应设有完好的防护（隔离）装置，电焊机裸露接线柱必须设有防护罩。工作完毕或临时离开工作场地时，必须及时切断焊机电源。

（5）电焊机电源必须安全可靠，拆接电源必须两人进行，一人操作一人监护。

（6）电焊机把线不得与氧气乙炔管路交叉缠绕。

（7）砸接地极时，应相互配合，精力集中，以防铁锤伤人。

（8）机械开挖接地沟时必须专人引导，并注意不得损伤周围设施。

（9）沿建筑物墙壁焊接防雷接地线时必须遵守高处作业有关安全管理规定。

（10）配电箱、开关箱应固定牢固，移动式配电箱应装设在牢固的支架上。配电箱、开关箱中的导线进、出线口应开设在箱体底面，露天使用应有防水保护，并悬挂"有电危险"警告标志。

（六）其他附属工序

其他附属工程主要包括热处理、无损探伤、试压、吹扫置换、防腐保温、调试等重点工序。

1. 主要风险

热处理及试压作业主要涉及火灾、爆炸、机械伤害、物体打击、触电、高处坠落等风险。无损检测主要包括射线照相检验（RT）、超声检测（UT）、磁粉检测（MT）和液体渗透检测（PT）四种，其中射线照相检验相对风险较高，检测活动中主要存在电磁辐射伤、火灾爆炸、高处坠落等风险。防腐保温作业主要包括喷砂（手工）除锈、喷漆（手工刷漆）、补口、保温等工序，主要涉及机械伤害、中毒窒息、灼伤、火灾爆炸、高处坠落等风险。

2. 监督要点

1) 热处理

（1）加热电源配电箱缺少漏电保护器。

（2）固定不牢固或没有防雨防潮措施。

（3）电线绝缘不好、线头包扎不牢等。

2) 无损检测

（1）检测作业环境（照明、通风等）良好，设置安全、牢固的作业平台并配备上下通道。检测作业人员作业时必须按规定穿戴防护用品。

（2）从事辐射工作人员应取得辐射安全培训合格证。射线作业人员应建立个人剂量和职业健康监护档案。射线作业人员的个人年剂量限值应符合职业性外照射个人监测的有关规定。射线探伤安全距离达标。X射线探伤操作人员应保持在距离辐射源至少30m的安全距离。γ射线探伤操作人员应保持在距离辐射源至少100m的安全距离。射线探伤按要求在安全距离外设警戒线或明显警告标志。

（3）射线检测过程中全程配备专职人员在界外进行警示、监护。

（4）放射源设置独立存储区并设置铅门，安保防盗措施。

（5）放射源取放严格按要求进行详细登记。

（6）废旧底片和显、定影液应集中存放、标识和回收。

（7）配备射线检测仪，并按规定定期对存储、检测作业点进行测试。

（8）渗透探伤时，渗透检测的作业场所及周围应通风良好；渗透探伤与焊接交叉作业时，渗透检测的作业场所及周围不应有明火，必要时设置专门的防火层。

（9）渗透探伤喷灌使用完后是否按规范进行回收、处理。

3) 试压、吹扫、置换

（1）设立警戒区域，专人巡视，派专人看守。

（2）试压用的压力表精度、量程按技术规范选择，并经校验合格且在校验期内。

（3）临时试压设备、阀门、管道安装应规范，确认合格后方可进行试压。

（4）作业前将人和设备撤离排放口。合理安排试压时间，稳压时间避开高温时段。

（5）试压时，封头对面100m内不准站人，检查人员检漏时要侧身，不能正对焊道、法兰或阀门手柄、压力表、封堵头等。作业人员应按流程和交底要求开关阀门。应将不参与试压的系统设备彻底隔离后试压作业。吹扫、试压的压力不得超压。发现管道渗漏，应将管道内的压力泄完后，方可补焊作业。

（6）选用合格的收发球装置，通球扫线时应严格按要求塞球。

（7）置换工作现场应保持通风，防止氮气泄漏造成人员缺氧窒息。

（8）禁止触摸液氮低温管线，防止冻伤。

4）防腐保温

（1）除锈作业时，作业者穿戴合适的劳动防护用品。

（2）喷砂除锈操作过程中喷砂头严禁对人。注意风向变化，应站在上风向。

（3）空压机的皮带轮应安装合格的防护罩，空压机在放气或开关气门时应通知操作人员。

（4）连接胶管应有预留长度，各连接接头应用专用的固定卡具固定，操作时应避免用力牵拉。

（5）喷沙罐、喷砂枪及连接胶管应附有质量检验的标识。

（6）喷漆作业时作业者应佩戴防毒面罩。在受限空间内进行刷漆、喷漆作业或使用可燃溶剂清洗等其他可能散发易燃气体、易燃液体的作业时，使用的电气设备、照明等必须符合防爆要求，同时必须进行强制通风。

（7）油漆调配时现场设置禁止烟火警示标识，设置警示区域，无关人员禁止进入。

（8）用于防腐作业的易燃、易爆、有毒材料应分别存放，不应与其他材料混淆放。挥发性的物料应装入密闭的容器存放。

（9）作业场所应保持整洁，作业完后应将残存的易燃、易爆、有毒物质及其他杂物按规定处理。

（10）容器内作业加强通风，夏季高温时间作业采取防中暑措施。

5）补口作业

（1）沟下补口补伤，应首先检查沟下是否采取放坡或支护等防塌方措施，进入沟下补口作业要设置上下安全通道。

（2）加热工人要佩戴护目镜，以防热辐射对眼睛的伤害。操作过程中火焰喷枪、喷灯严禁对人。

（3）热收缩带（套）补口时，应清除周围易燃物，补口完成后，应检查确认有无火险隐患；热收缩带（套）补口时，气瓶与加热点应保持2m以上的距离。

（4）沟下补口补伤，应首先对沟下悬空的管线进行检查，确认稳固后方可下沟补口作业。

主要包括管道主体工程、管道防护结构工程、管道穿跨越工程、线路附属工程等。

（一）管道主体工程

1. 主要风险

管道主体工程主要工作包括踏勘、测量放线、扫线、布管、管道运输及布管、管道焊接、管沟开挖（爆破）、管道下沟、连头、防腐补口、管沟回填、通球清管试压吹扫置换等工序，在作业过程中，存在坍塌、淹溺、起重伤害、机械伤害、车辆伤害、触电等风险。

2. 监督要点

1）踏勘、测量放线、扫线

（1）放线时人员劳保着装齐全，配备必要的通信设备、防毒虫叮咬的个人防护用品和外伤急救包。

（2）勘查前确定好路线，配备测量工具和GPS导航仪。

（3）在炎热天气下作业，配备遮阳帽和充足的水；在寒冷天气下作业，穿戴好保暖衣物并配备防冻伤应急药品；在水网地段放线时，对水域地带情况进行了解，佩戴救生衣。

（4）严格按照清理作业带行走，在山林、草丛、农作物田地中严禁抽烟，烤火。在山区作业，不要靠近陡峭边坡。严格按照作业带指导宽度范围施工，不随意破坏植被、农田、水源和生态环境。

（5）清除较大树木时要注意周围的人员，选择合适的倾倒方向，作业时要有人监护。

（6）在农田清理作业带时，前方要有人负责，对有沟坑处及时做出醒目标志。

（7）在光缆、高压线和居民区附近施工时有防护措施。

（8）拉运前应对运输路线进行勘察，对危桥、危路采取加强或加固措施。

（9）施工中不得故意惊扰野生动物，不捕杀受国家保护的野生动物。

2）管道运输及布管

（1）进入施工现场必须按规范穿戴劳保防护用品，涉及直接作业环节的应按规定办理各类作业许可证。车辆驾驶员应严格遵守交通管理规定，了解车辆机械性能，掌握行车路况。

（2）拉运前应对运输路线进行勘察，对危桥、危路采取加强或加固措施。拉运管材雨、雪、雾等天气车辆行驶安装防滑设施。

（3）专用拖管车不得超出拖车立柱高，一般拖车不得超出车厢高的1/3，总体高度不得超过4m。装车宽度不得超出立柱或车厢的宽度。公路运输拖车与驾驶室之间要有止推挡板，挡板高度应高于管材高度。

（4）堆管场地应选择合适平整的地方，上方不得有电力线。防腐管应同向分层码垛堆放，不同规格、材质的防腐钢管分开堆放；每层防腐管之间应垫放软垫；最下层管子距地面的距离应大于200mm，并用楔子固定。管堆高度不宜超过规定层数（管材公称直径DN < 500mm，堆放高度不大于1m；$DN \geq$ 500mm，堆放不宜超过2层），两侧要有防滚动措施。作业时应自上而下吊装，采用专用工具，应采用尼龙吊带或其他不损坏防腐层的吊具，管口两端用绳牵引，六级风以上大风天气停止作业。上管跺、车辆进行挂钩的作业人员，挂钩结束后立刻从管跺上下来。吊管时从管垛最上层起吊，放管前滑轨要足够平坦，每道滑轨都使用垫木或侧桩。吊装使用的导向索有足够的长度，员工在引导管道时处于安全位置。在起吊和放置时要轻起轻放，悬空时保持水平，严禁摔撞磕碰，不得使用滚、撬、拖拉移动钢管，防止破坏防腐层。装车时管材下方应用支架，其接触面应垫橡胶板。

（5）靠近居民地区、路口或可能有人攀登的现场设置"禁止攀登"等安全警示标志。

（6）要有专人跟车，大型设备倒运与管材运输时应考虑沿线高压线路等当地周边建筑物情况，符合安全要求；在沟壑、山区装卸材料，在陡峭处要有防护措施和警示标志。

（7）吊管机行走时注意架空线和现场人员，首先鸣铃警示。布管时，人员不在管材与设备之间行走，使用牵引绳时人员不倒走。吊管机吊管行走时应有专人使用导向索牵引钢管，以避免碰撞起重设备或其他物体。

（8）用爬犁运管时爬犁上不得载人，爬犁两侧应有护栏，钢管接触面用软质或弹性材料衬垫，捆绑牢靠，防止上下坡窜管。

（9）沟上布管前应先检查在布管中心线上打好管墩，管墩高度应在0.4～0.5m之间，管墩要稳定可靠。山区管墩应根据地形变化设置，应严禁使用硬土块、冻土、石块等坚硬物质作管墩。

（10）坡地布管时应缓慢行驶，坡度大于5°时应在下坡管端设置支撑物，以防窜管，坡度大于15°时应按规定从堆管平台处随用随取，严禁吊管机在20°及以上坡度运布管。布管时按照设计及施工要求摆放，管道首尾错开一个管口，形成锯齿形布置。沟上布管及组装焊接时管道边沿与管沟边沿保持一定的安全距离，潮湿软土沟上布管管道边沿与管沟边沿安全距离大于等于1.5m，干燥硬石土沟上布管管道边沿与管沟边沿安全距离大于等于1m。吊运管材的设备距挖好的管沟边缘3m以外行驶或停置。

（11）使用挖掘机布管时，执行吊装作业许可管理规定外，挖掘机应具备限位保护、过载保护和液压失灵报警等安全保护装置。

（12）每日施工完毕，做到"工完、料净、场地清"。施工现场严禁丢弃废物和生活垃圾，严禁设备机具的跑冒滴漏破坏和污染环境。

（13）施工中不任意扩大限定的作业场地，不随意破坏植被、农田、水源和生态环境。

3）管道焊接

（1）进入施工现场必须按规范穿戴劳保防护用品，涉及直接作业环节的应按规定办理各类作业许可证。

（2）作业前施工人员应进行安全教育及安全技术交底并签字确认。

（3）涉及特种作业的人员必须持证上岗，且证件在有效期内。

（4）打磨管口时要戴防护眼镜，且砂轮切线方向不得有人。

（5）管材组对时，作业人员身体不得贴近管壁，手不得伸入管口内。沟下组对时，检查沟壁及周围环境，及时发现塌方等险情。作业人员在操作外对口器使用千斤顶时，身体不能正对千斤顶，防止千斤顶打出伤人。组对时要设专人指挥，防止内、外对口器滑落伤人，不得用手指点、握住管口。

（6）电焊机设有防雨、防潮、防晒棚，配备相应消防器材；施焊现场10m范围内，不堆放易燃、易爆物品。施焊前应对电焊机、焊把线及电源线和接地进行检查，确认合格。

（7）电焊作业时穿戴好防护用品，雨天停止作业，防雨棚内焊接时戴绝缘手套，垫绝缘板。

（8）电焊作业中如发现线路短路或电焊机、软线、焊钳漏电，立即切断电源，进行检修。电焊车转移工作地点、重新接线时由电工在切断电源后进行。沟下焊接时，检查沟壁及周围环境，做好防护措施。特殊地段按要求采取防塌板、防护棚等防护措施。隧道内施工，采用强制通风，做到通风良好，焊接烟尘能排放出去。高处焊接时，作业用梯子符合安全要求，梯脚有防滑、防倒措施；焊条及工具装在工具袋内，焊把线、电缆等不缠在身上操作。对已焊完管段及时进行满焊封堵，继续焊接的管段要使用临时封堵器。

（9）人员进入管道内返修口时应按照方案严格执行，办理相关作业许可，进行强制送风，遵守受限空间作业相关规定。

（10）不得使用家用插排、插座、移动电缆盘。

（11）不得焚烧、掩埋、丢弃废物，对焊条头、废砂轮片和包装物等应集中处理，做到"工完、料净、场地清"等。

4）管沟开挖

（1）开挖管沟前，应使用探测仪器、人工探挖等方式探明地下隐蔽设施的具体位置，避免损坏地下隐蔽设施。

（2）在开挖中，如遇流沙、地下管道、电缆以及遇有不能辨识的物品时，应停止作业，采取必要措施后方准施工。

（3）应根据图纸设计要求或土质结构，保证其放坡比，应仔细检查沟壁，如发现沟壁有裂纹、渗水等不正常情况时，采取支撑或加固措施。

（4）在靠近道路、建筑物及构筑物开挖管沟时，施工点要设置明显警示标记，夜间应设照明，并在沟边设置警示带。

（5）机械开挖要设专人指挥，挖掘机作业半径内不应有任何人员进入。

（6）现场危石、浮石悬石没有清理之前，不进行其他作业。

（7）挖出的土距沟边的距离和所堆积的高度符合要求，开挖管沟要按规定放坡，挖出的土堆放要离沟边1m以外。

（8）开挖出的管沟应及时围护，并设置警示标志。

（9）人工清沟时，下沟前应清除沟边的硬物，对有可能发生坍塌的地段要采取防护措施。

（10）人工开挖时应保持安全操作距离。

（11）施工现场严禁丢弃废物和生活垃圾，严禁设备机具的跑冒滴漏破坏和污染环境。

（12）施工中不任意扩大限定的作业场地，不随意破坏植被、农田、水源和生态环境。

（13）施工中发现有古迹、文物、化石等，暂停施工、报有关部门。

5）管道下沟

（1）下沟所用钢丝绳、吊带、吊钩应无磨损、变形、破裂情况，安全性能可靠，钢丝绳卡扣数量及安装方向应符合要求。

（2）管线下沟前，应对管沟进行检查，确认沟内无人和无塌方危险时，方可组织下沟作业。

（3）吊管机作业时，应注意作业区电源线路、通信线路、高空建筑物及其他障碍物等。

（4）在管线下沟作业区段应布置警戒以防人员进入，管线下沟点1km内要分段安排专人巡视监护，并配备对讲机方便联络，发现异常情况及时报告现场负责人。

（5）在下沟前应观察好周围情况，避免碰撞或刮断电线等。

（6）下沟时，要设专人统一指挥，防止滚管等事故发生。

（7）对可能通过车辆和行人的地段，应设专人警戒，明确联络信号。下沟作业时，任何车辆和行人不应通过管沟。

（8）吊管机工作时，非操作人员不准在吊管机上，吊管时，吊杆下面不得站人或通过。

（9）管线下沟与开挖严禁在同一管沟交叉进行。

（10）在使用挖掘机进行下沟时，要有专人指挥，作业前要对作业区的安全状况进行确认，确定无隐患后方可施工。

（11）施工设备内应配备有效的消防器材并设有专人管理。

（12）设备斜坡行走时，禁止换挡，在斜坡停留时，应垫塞三角木并有专人指挥。

6）通球清管试压吹扫置换

（1）试压前所有用于试压的设备设施、仪表应经过校验且具有校验合格证。清管、试压时，升压应保持平稳，专人负责观察压力表。

（2）设备及管道耐压试压前，编制施工方案及安全措施。

（3）现场气密试验操作应有方案和技术文件依据。

（4）耐压试验时，带压介质易泄漏方向或被试物件易脱离方向严禁站人。

（5）试压用的压力表应经过校验，并在有效期内。试压的临时法兰盖、盲板的厚度须计算确定，加设位置应做标记。试压的临时装置、金属软管、接头等压力等级不得低于系统管道的试验压力。压力表的量程为试验压力的1.5～2.0倍；安装在试压管线的易观察部位，压力表应至少安装2块。试压时，须将不能试压的系统设备彻底隔离。对渗漏点严禁带压紧固螺栓、补焊或修理作业。

（6）分段清管应设临时清管器收发装置，清管器接收装置应选择在地势较高且50m内没有建筑物和人口的区域内，并应设置警示标志。

（7）在压力试验过程中，受压设备和管道有异常声响、压力表降、表面油漆脱落等现象，应停止试验。

（8）试压宜在环境温度5℃以上进行，当不能满足时，应采取防冻措施。

（9）气压试验时，试压时的升压速度不宜过快，压力应缓慢上升，每小时升压不得超过1MPa。

（10）检漏人员在现场查漏时，非试压人员不得进入试压区域。试压巡检人员应与管线保持6 m以上的距离。

（11）管道吹扫口方向应朝向隔离区或天空。用油冲洗时，应采取防火措施。管道冲洗用水不得随意排放。

（12）空气或蒸汽吹扫时，作业人员应佩戴听力保护用品。爆破吹扫时，应设置警戒区域，并应采取相应的安全措施。

（13）置换工作现场应保持通风，防止氮气泄漏造成人员缺氧窒息，禁止触摸液氮低温管线，防止冻伤。

7）带压封堵作业

（1）带压封堵作业人员应取得《特种设备作业人员证》（作业项目代号D2、D3）。

（2）带压封堵所用设备品种、规格、性能应符合国家现场标准和设计要求，带压封堵作业管道压力元件（三通、皮碗、O形圈等）应为具有制造许可资格的生产厂家的产品，出厂合格证齐全。

（3）带压封堵所用设备应按规定维护保养，安装前应进行设备试运行，保证具有良好的工作状态和安全性，能够满足施工要求。

（4）封堵管道内介质的压力、流速等参数的控制需提前同建设单位、监理单位沟通，确保达到施工条件要求。带压封堵作业期间，严禁清管或调整管道运行参数。

（5）应按规定选择氮气或惰性气体对管道或连箱进行气体平衡，严禁采用可燃、助燃气体。

（6）开挖的封堵作业坑应采取放坡、支护等措施，确保无坍塌风险。同时应设置安全梯或通道，必要时采用防爆墙、钢板桩等硬围护措施。

（7）焊接封堵三通时，焊接点必须做测厚，计算允许带压施焊的压力；焊接位置应做好接地线，严格按照焊接工艺规程进行焊接。焊接时管道内液体流速不应大于5m/s，气体流速不应大于10m/s。

（8）开孔前应对管线上的阀门、开孔机等进行整体试压，试压一般采用氮气，确定没有泄漏点方可进行开孔作业。

（9）组焊连接旁通管道前，应使用可燃气体检测仪检测可燃气体的泄漏量。

（10）旁通管道运行前，如管道运行介质为可燃性气体，应进行氮气置换，使氧含量降到2%以下。

（11）切管完成、老管线或设备吊离后，应使用防爆工具将管口内外壁的污油清理干净，然后砌筑黄油墙，黄油墙砌筑完毕用可燃气体检测仪器进行检测，达到焊接条件方可动火焊接。断管前应将断管位置两侧管道做好接地。

（12）管线对口与焊接时，严禁敲击震动管线，施工要迅速。如果环境温度太热，需对黄油墙部位的管线采取降温措施。

（13）解除封堵必须在管线施工完毕后进行，原则上先解除低压端，再解除高压端。设备拆除前，要检查夹板阀旁通是否关闭，然后从放油口通入氮气，排油完毕再拆除设备。

（二）管道防护结构工程

1. 主要风险

包括管道内、外壁防腐，管道保温层等工程，主要涉及管道喷砂除锈、喷漆防腐、补口补伤、阴极防护、牺牲阳极防护、保温等工序，主要涉及机械伤害、灼伤、火灾等风险。

2. 监督要点

1）喷砂除锈及防腐

（1）抛丸、喷砂及喷漆场地应搭设防护棚，棚内应安装排风、除尘设备。

（2）抛丸、喷砂及喷漆棚内临时用电电缆线应有保护管，照明应有防护罩，配备消防器材。

（3）喷沙罐安全阀、压力表等安全附件应在检定有效期内。

（4）抛丸、喷丸除锈作业时，作业区设专人监护，设置警戒区，严禁无关人员进入。

（5）涂装作业时，应监测可燃气体浓度，有通风措施。受限空间入口处应设置"禁入"的标志，未经准许不得进入。

（6）进入设备内部的气管、电源线等，应采取防护措施。

（7）防腐作业完后，油漆和稀释剂罐（桶）应按要求集中处置。

（8）高处补漆作业时，应搭设作业平台。

（9）作业人员接触有毒及腐蚀性材料时，应穿戴个体防护用品，配备防护药物。

2）补口补伤

（1）加热工人要佩戴护目镜，以防热辐射对眼睛的伤害。

（2）作业应佩戴个人防护用品，并注意风向的变化，操作过程中火焰喷枪、喷灯、喷砂头严禁对人。

（3）连接胶管应有预留长度，各连接接头应用专用的固定卡具固定，操作时应避免用力牵拉。

（4）液化气罐、压力阀、喷砂枪及连接胶管应附有质量检验的标识。

（5）燃气钢瓶与管沟边距离应大于1.5m，并牢固放置。

（6）热收缩带（套）补口时，应清除周围易燃物，补口完成后，应检查确认有无火险隐患。气瓶与加热点应保持2m以上的距离。

（7）进入沟下补口前，应对管沟进行检查，对可能发生塌方的地段要采取防塌方措施。应首先对沟下悬空的管线进行检查，确认稳固后方可下沟补口作业。

（8）空压机的皮带轮应安装合格的防护罩，空压机在放气或开关气门时应通知操作人员。

（9）喷砂除锈时，操作人员穿戴防尘面具、护目镜等劳动防护用品。对面不得有人，注意风向变化，应站在上风向。

（10）补口补伤完成后，应使用电火花检漏仪按照操作规程进行检测。

（三）管道穿跨越工程

1. 主要风险

管道穿跨越工程主要包括定向钻（直铺管）施工、顶管施工、跨越施工、大开挖等类型，在作业过程中主要涉及坍塌、淹溺、机械伤害、起重伤害及高处坠落等风险。

2. 监督要点

1）定向钻（直铺管）施工

（1）检查吊具、索具、及安全装置如：力矩限制区、行程限制器等应符合安全技术要求。

（2）设置警戒区和警示警告标志。

（3）在设备负荷线的首端处设置漏电保护器，并安装在开关箱内，做到一机一闸一保护，设备电气线路应保证绝缘良好，外壳应有符合要求的接地（或接零）保护。

（4）严格执行起重作业操作规程，现场设立专人监护。

（5）作业人员对定向钻方案、环境、道路、架空电线、建筑物以及构件重量和分布情况熟悉了解。

（6）对于伴行光（电）缆、已建管线，施工前应与相关管理部门取得联系，到现场确认位置，并作出标记，根据不同情况采取切实可行的保护方案，必要时采用人工开挖。

（7）牵引作业时，应设专人指挥，监护。

（8）定向穿越施工应采取减少施工噪声、振动的措施，泥浆按规定处置。

（9）泥浆池、锚坑等基坑周围应采取硬防护措施，悬挂安全警示标志，泥浆搅拌器有防护隔离设施，泥浆罐护栏、连接踏板完整、可靠。

（10）钻机安装应远离高压电线。安装时基础应加固处理，地锚坑抗拉能力满足要求。

（11）在钻进时，人员与钻杆、钻具保持安全距离，安拆钻具作业人员，应专人指挥、监护。

2）顶管施工

（1）使用的卷扬机等设备安全可靠并配有自动卡紧保险装置，电动卷扬机必须设置防冲顶装置。

（2）吊车、起重设备由专人操作和专人指挥，统一信号。

（3）在坑内的操作人员要严格穿戴劳动保护用品，操作坑的大小要满足人员在内施工的活动半径。操作坑的坡比要严格按照土质样本进行计算，避免塌方。靠背墙要有可靠的支护装置。井内有积水时，抽水作业人员不得站立在积水范围内。

（4）挖土施工时工作井必须设置爬梯，供人员上下井用。挖出的土石方应及时运离工作井，不得堆放在工作井四周1m范围内。靠公路侧设置土堆隔离带。

（5）每个作业人员在管内作业时间不得超过1h，避免劳动强度过大引起危险。

（6）在顶进过程中，洞口必须有施工人员照应，洞内用不大于12V照明灯照明。遇到障碍停止顶进，待查明情况排除障碍后再进行顶进。

（7）严格控制挖掘长度，本着少挖勤顶的原则确保施工安全，掘进时人员不得于混凝土管外作业。

（8）采用卷扬机垂直牵引出土时，井下不能站人，工作井上平台的作业人员出土时必须使用安全带。

（9）在沼泽、化学垃圾堆等特殊地段顶管时，应对洞内气体进行监测，使用气体测试仪检测洞内气体含量。在人员进管前要用含氧量探测仪进行管道内氧气浓度的探测，利用毒气探测仪进行管道有毒气体浓度的探测。工作挖掘面的工人进入时佩戴含氧量探测仪。管外配备专职监护人员，密切注意入管作业人员状态。

（10）长距离顶管时应采用通风设施进行通风，如采用鼓风机向洞内鼓风。利用鼓风机和软管，用于输送空气进入管道，加强管内空气的流动和循环。

3）跨越施工

（1）通航河道施工应考虑对航道的影响，应设置警戒设施，并满足航道管理部门的相关要求，采取相应的安全措施。

（2）人员水上作业必须穿救生衣，高处、舷外作业必须系安全带。作业人员对吊装方案、环境、道路、架空电线、建筑物以及构件重量和分布情况熟悉了解。

（3）跨越所用地锚经计算，符合强度要求。

（4）跨越施工所用的起重机的变幅指示器、力矩限制器、起重量限制器以及各种行程限位开关等安全保护装置，完好齐全、灵敏可靠。起重作业有足够的工作场地，起重臂起落及回转半径内无障碍物，六级及以上大风或恶劣天气停止起重吊装作业。不使用起重机进行斜拉、斜吊和起吊地下埋设或凝固在地面上的重物以及其他不明重量的物体。

（5）采用双机抬吊作业，选择性能相似的起重机，载荷分配合理，单机起吊载荷不超过允许载荷的80%。

（6）未能一次发送完的索系或桥面结构，且发送构件的临时停留位置低于设计高度时，应在构件上设置夜间警示灯光。当主索或施工承重索等一端就位后，另一端就位时应做好防止主索滑脱的防护措施。桥面结构上同一位置的两根吊索应对称安装。桥面结构宜采用对称吊装，采取非对称吊装措施应符合技术方案要求。

（7）塔架安装完成应及时安装临时防雷接地设施。

（8）桁架上的人行道板、栏杆、护栏应连接牢固，不得有弯曲、变形。

4）大开挖施工

（1）开挖前应根据图纸设计要求或土质结构，查明穿越段地下管道、电缆、光缆等障碍物。在开挖中，如遇流沙、地下管道、电缆以及遇有不能辨识的物品时，应停止作业，采取必要的措施。

（2）仔细检查沟壁，如发现沟壁有裂纹、渗水等不正常情况时，采取支撑或加固措施。在靠近道路、建筑物及构筑物开挖时，施工点要设置明显警示标记，夜间应设照明，并在沟边设置警示带。

（3）机械开挖要设专人指挥，挖掘机作业半径内不应有人员进入。

（4）现场危石、浮石悬石没有清理之前，不应进行其他作业。

（5）沟槽边缘 1～3m 内堆土高度不得大于 1.5m，3～5m 内堆土高度不得大于 2.5m。

（6）开挖出的管沟应及时围护，并设置警示标志。

（7）人工清沟时，下沟前应清除沟边的硬物，对可能发生坍塌的地段要采取防护措施。

（8）沟下作业时必须配备齐逃生梯、防塌板等工具。

（9）围堰的堤坝有专人监护，发现问题及时进行加固处理，并与上游河流管理站保持联系，密切注视天气变化，预防水情变化。

（10）汛期不得进行开挖作业。

（四）线路附属工程

1. 主要风险

线路附属工程主要包括管道阀门设施、阀门装置、排气或排液设施、管道线路检测仪表、线路保护和稳管构筑物、地面架设管道的支承结构、线路标志等工程，在作业过程中主要涉及机械伤害、起重伤害、物体打击、触电、车辆伤害等风险。

2. 监督要点

相关阀门、管道、仪表、支撑结构、标志安装等施工，监督要点参考设备、设施、工艺管道、电气工程安装监督要点。

石油工程建设行业中海上工程主要包括海洋平台建造、海底管道敷设、海底电缆敷设和海上构筑物拆建等，其中海洋平台建造又包括固定平台建造安装和移动式平台建造安装。

（一）海上平台（导管架）工程

1. 主要风险

海上平台（导管架）工程风险主要涉及搁浅沉船、走锚、起重伤害、触电、人员坠落、淹溺、环境污染、火灾爆炸、中毒等。

2. 监督要点

1）装驳加固

（1）海上平台（导管架）装驳需编制专项方案，结合需求进行专家评审，平台（导管架）的重量、重心以及运输船舶的吃水、稳性等参数需满足要求。

（2）装驳加固前，应到第三方检验机构报备检验，配合建设单位办理水上作业等相关手续。检查参与作业人员、设备的持证、状态，且与原方案一致。

（3）参与施工的所有人员必须经专门安全技术交底。

（4）熟悉当地水文信息，掌握潮汐时间，严格按照方案进行加固，检查加固点的位置、焊接方式、无损检测等。

（5）装驳加固时，要进行现场安全隔离，增加警示标识，通信方式沟通畅通，岗位分工明确。吊装、动火、高空、临边、上下船等直接作业环节按照风险等级分级管控。

（6）对登船人员进行实名制登记，按时检查。

（7）夜间施工时，应根据夜间施工专项方案，增加照明设施。

2）系泊运输

（1）系泊运输前提前检查船舶的证书、保险等手续，做好设备实施、应急消防及防污染等安全检查。

（2）熟悉航运路线，掌握沿途锚地、码头信息，做好避风、防台准备。

（3）在离港后风力小于六级且波高不影响的条件下，驳船可以出港。

（4）运输船舶应保持与陆地通信畅通，不得随意改变航线，双方做好值班记录。

（5）运输过程中，应保持船舶值班、瞭望制度，及时接受气象预警。

（6）随船人员应满足规范要求，正确穿戴救生衣，掌握救生逃生知识，主要负责沿途检查绑扎及设备设施固定情况。

（7）船舶航行过程中随船人员应服从船舶管理规定，不得随意去船边等缺少防护区域逗留，防止人员落水。

3）抛锚就位

（1）提前掌握、勘测当地水文信息、海底管线及海缆路由，避免与其他海缆、海管设施发生刮碰、破坏。

（2）抛锚配合船舶，保持通信畅通，锚点测绘核对准确。

（3）就位后，要紧密关注船舶受洋流、潮汐影响后，是否发生位移，避免发生走锚。

（4）参与作业时按要求穿戴救生衣，防止人员落水。

（5）就位完成后，守护船保持适当距离，保持通信畅通。

4）海上吊装

海上吊装一般指符合一级大件吊装标准要求的大型吊装，按要求进行专项方案编制、报审，散件吊装按照中石化吊装作业管理规定执行。

5）打桩加固

（1）夜间施工照度应满足要求。

（2）打桩设备检查，排除机械故障、触电及漏油污染风险。

（3）上下船及平台，采取的吊笼应满足规范要求，梯道做好防坠落措施。

（4）做好油料、消防管理，防止柴油、润滑油泄漏引起的火灾或爆炸。

6）工艺电气连接调试

（1）选择经验丰富的施工人员，要求全员持证，设备做好自检、报验。

（2）动火作业时，注意平台上的设施设备，针对压力容器、易燃易爆容器、防爆电气设备的隔离防护，提高作业许可等级管理。

（3）海洋石油设施上的动火作业时，应使用防火材料封堵动火区域以及附近甲板的泄水孔、开口以及开放式排放口，动火安全环境确认后，方可动火作业。海上油气生产设施进行特级动火时，应安排具备消防覆盖能力的守护船守护。

（4）用电管理，服从平台上的属地管理，严禁私自用电。

（二）海底管道工程

1. 主要风险

人员落水、高处坠落、火灾、爆炸、船舶碰撞、沉船、走锚、淹溺、触电、环境污染等。

2. 监督要点

1）拖航及锚泊

（1）船舶拖带前，检查拖缆系统；锚泊前，检查锚泊系统，确保其处于良好状态；

（2）根据海底已建管缆情况制定抛、起锚方案；

（3）船舶24h人员值班，安排专人进行收集所属海域72h气象信息，通信系统畅通。

2）管段下水

管段下水前计算好管子弯曲曲率，以及滑轮小车受力情况，现场检查浮筒绑扎情况及绑扎距离。

3）海上托运

（1）参与施工的所有人员必须经专门安全技术交底，熟悉航运路线，掌握沿途锚地、码头信息，做好避风、防台准备。

（2）在风力小于六级且波高不影响的条件下，驳船可以出港。

（3）运输船舶应保持与陆地通信畅通，不得随意改变航线，双方做好值班记录。

（4）运输过程中应保持船舶值班、瞭望制度，及时接受气象预警。

（5）随船人员应满足规范要求，正确穿戴救生衣，掌握救生逃生知识，主要负责沿途检查绑扎及设备设施固定情况。

（6）船舶航行过程中，随船人员应服从船舶管理规定，不得随意去船边等缺少防护区域逗留，防止人员落水。

4）水下作业

（1）规范编制措施方案，并对作业人员进行交底，安排专人监督检查方案执行情况。

（2）严格按潜水规范操作，潜水员的出水速度以 $6 \sim 8m/min$ 为宜，不得超过 $12m/min$。

（3）施工前认真检查，无问题后才可下水施工。配备备用通信设施。

（4）潜水员必须听从指挥、服从安排，未经许可，不得擅自下水。

（5）潜水作业前，潜水监督要明确队员分工，各自对分管的器材、设备要认真检查。确信无误后，方可着装，决不带问题下水。

（6）潜水员在水下作业中，要经常向水面汇报水下情况。潜水员在水下如遇险情，应立即向水面报告，并沉着、果断、正确地采取自救措施。同时，潜水负责人迅速组织水面人员实施援救。

潜水负责人和领队要切实抓好安全工作，对违章作业、不利于安全的行为要立即制止。

5）海上铺管船铺管

（1）服从统一指挥，人员持证上岗；操作前对起重设备进行检查，正确使用。

（2）专人随时关注海况，时刻关注 48h 气象预报，如遇大风等恶劣天气，应及时安排船舶避风。

（3）避风现场抛锚后进行拉力测试，保证锚在一定时间内保持一定的张力，若判断可能走锚，则需要重新进行抛锚。

6）走管、收弃管

（1）作业前清理作业线，无关人员禁止入内；施工现场设置警示标志、警戒线。

（2）各部分连接在张力转换前进行确认。

（3）现场指挥与中控操作人员保持良好沟通，安排有操作经验的人员进行张紧器和绞车操作。

（4）定期对绞车、张紧器进行维护，绞车操作人员合理调节绞车拉力，避免回收缆绳速度过快。

（5）配备海上施工必须配备的救生设施、工具袋或者安全绳。

7）管道海上试压通球

（1）将试压操作规程对参与试压作业全体人员进行交底，试压前对所有机具设备进行验收检查。

（2）试压通球前对施工机具进行详细检查，确定设备合格后再投入使用。

（3）及时清理、保持甲板干燥，铺设防滑材料。

8）海床清理

（1）对全员进行海床清理安全技术交底。

（2）施工现场设置警示标志、警戒线；关注气象变化，合理安排作业任务。

（3）根据现场实际情况合理选择或调整挖进路线，加强现场作业监护，发现问题及时示警停止施工。

（三）海底电缆工程

1. 主要风险

搁浅、沉船、走锚、起重伤害、触电、人员坠落、淹溺、环境污染、火灾爆炸、中毒等。

2. 监督要点

1）船舶就位

（1）提前掌握、勘测当地水文信息、海底管线及海缆路由，避免与其他海缆、海管设施发生剐碰、破坏。

（2）抛锚配合船舶，保持通信畅通，锚点测绘核对准确。

（3）就位后，要紧密关注船舶受洋流、潮汐影响后，是否发生位移，避免发生走锚。

（4）参与作业时按要求穿戴救生衣，防止人员落水。

（5）就位完成后，守护船保持适当距离，保持通信畅通。

2）埋设犁起吊、牵引钢绳敷设

（1）配齐劳动防护用品，穿救生衣，人员配合操作时不得站立船舷边或探出船舷外。

（2）统一指挥，号令明确，专人监护，敷设过程中严禁人员擅自跨越已受力的钢丝绳，人员不得站立于钢绳受力的内夹角方向。

3）海底电缆端登陆平台

（1）牵引海缆作业前严格检查滑轮固定吊耳是否焊接牢固可靠。

（2）安排专人操作卷扬机，时刻关注牵引绳运行情况并及时通过对讲机与指挥、布缆机操作手、平台端作业负责人实时联络。

（3）安装牵引网套，系上牵引钢丝绳，并绑上浮球，用作下次打捞标记。

4）调试前及调试中

（1）正确使用工具制作电缆终端，谨慎操作。

（2）加强监护，在桥架或脚手架通道上制作电缆头时必须可靠系挂安全带，穿救生衣。

（3）增设警戒、标识，与试验无关人员严禁进入。由持证并具备海缆调试能力的电工任监护人进行现场监督监护。

（4）线缆端头与设备连接正确，电缆端头段受力均匀且固定牢固可靠，高压柜电缆入口密封完好。

（5）调试时现场严格按照已审批方案及安全操作规程进行操作。

第二节　关键设备

一　起重搬运机械

（一）塔式起重机

1. 操作资质

（1）塔式起重机必须编制安装、拆卸、顶升专项施工方案，其安装、拆卸、升节及附墙作业在政府管理部门备案，并实施告知。

（2）作业过程中配备专职塔吊作业指挥人员，指挥人员和塔机司机持有相应的特种作业资格证。

2. 塔机基础

（1）基础部位无裂缝，安装避雷接地装置。

（2）基础设置排水措施，基础内无积水。

3. 金属结构件

（1）主要结构件无明显裂纹、变形、严重磨损与锈蚀，螺栓紧固、齐全，销轴连接可靠。

（2）过道、平台、栏杆、踏板应无严重锈蚀、缺损，栏杆高度符合要求。

（3）附着部位焊接应符合要求，附墙拉杆应完好牢固可靠，预埋件部位无拉脱现象，穿墙螺栓紧固无松动。

（4）吊钩钩体磨损在允许范围内且无裂纹、补焊，吊钩上滑轮及钢丝绳防跳槽装置完好可靠。

（5）钢丝绳无波浪变形、笼形畸变、绳股挤出、钢丝挤出、局部增大、直径局部减小、部分被压扁、严重扭结、严重弯曲、断股、毛刺严重等现象。

4. 控制系统

（1）力矩限位器、重量限制器、高度限位、变幅限位器、回转限位器状况良好。

（2）警铃完好，急停按钮、各接触器等电器元件无烧蚀、接触不良等现象。

（3）紧急断电开关上应安装急停按钮，并确保其无损坏。

（4）塔式起重机临时用电符合施工现场临时用电安全管理要求。

5. 安装、拆卸、顶升、附墙

（1）塔式起重机的安装、拆卸、顶升、附墙作业须由相应资质的单位进行，涉及人员持有相应的作业资格证。

（2）自由高度应按照说明书要求，当超过规定时应进行附墙操作，以确保塔吊的稳定性。

（3）附着时应用经纬仪检查塔身垂直度，并进行调整，每道附墙装置的撑杆布置方式、相互间隔以及附墙装置的垂直距离应按照说明书规定。

6. 作业

（1）塔机尾部与建筑物及外围设施距离不小于0.6m；低位塔机大臂外端相对高位塔吊塔身水平距离不小于2m；两塔大臂垂直高差不小于2m。

（2）施工现场两台及以上塔吊作业时应编制群塔作业安全方案，设置群塔作业时的防碰撞措施。

（3）塔式起重机安装完成，邀请第三方对设备的安装情况进行检测验收，设备使用过程中定期邀请第三方检测形成检测报告。

（4）每月由施工总承包单位、监理单位、使用单位、产权单位对设备安全使用情况进行检查。

（二）履带式起重机

1. 吊钩

（1）吊钩应有制造单位的合格证等技术证明文件，方可投入使用。否则，应经检验，查明性能合格后方可使用。

（2）起重机械不得使用铸造的吊钩。

（3）吊钩应设有防止吊重意外脱钩的保险装置。

（4）吊钩表面应光洁，无剥裂、锐角、毛刺、裂纹等。

（5）吊钩上的缺陷不得焊补。

2. 钢丝绳

（1）钢丝绳应符合《钢丝绳通用技术条件》（GB/T 20118—2017），并必须有产品检验合格证。

（2）钢丝绳在卷筒上，应能按顺序整齐排列。

（3）载荷由多根钢丝绳支承时，应设有各根钢丝绳受力的均衡装置。

（4）起升机构和变幅机构，不得使用编结接长的钢丝绳。使用其他方法接长钢丝绳时，必须保证接头连接强度不小于钢丝绳破断拉力的90%。

（5）当吊钩处于工作位置最低点时，钢丝绳在卷筒上的缠绕，除固定绳尾的圈数外，必须不少于2圈。

3. 卷筒

（1）卷筒上钢丝绳尾端的固定装置，应有防松或自紧的性能。

（2）多层缠绕的卷筒，端面应有凸缘。凸缘应比最外层钢丝绳或链条高出2倍的钢丝绳直径或链条的宽度。单层缠绕的单联卷筒也应满足上述要求。

（3）卷筒出现裂纹、筒壁磨损达到原壁厚的20%时，应报废。

4. 滑轮

（1）滑轮槽应光洁平滑，不得有损伤钢丝绳的缺陷。

（2）滑轮应有防止钢丝绳跳出轮槽的装置。

（3）轮槽底部直径磨损减少量达钢丝绳直径的50%应报废。

5. 制动器

（1）起升、变幅、运行、旋转机构都必须装设制动器。

（2）起升机构、变幅机构的制动器，必须是常闭式的。

（三）施工升降机

（1）司机应持有主管部门颁发的特种作业操作证，证件在有效期内。

（2）检查基础是否坚实平稳，无沉降或开裂现象；底架结构应稳定，无变形或锈蚀。

（3）检查防护门、上限位、前后门限位、防护栏杆和避雷装置等安全防护装置是否完好。

（4）检查电动机、减速器、制动器等部件的运行情况，确保无异常声响和过热现象，制动器应灵活可靠。

（5）检查超载保护、限速器、防坠安全器等装置是否完好有效，无损坏或失效现象。

（6）检查报警装置是否灵敏，能否及时发出声音或光信号，提醒工作人员及时采取措施。

（7）检查应急设施是否齐备，包括灭火器、安全绳索、紧急电话等，以备发生意外时紧急使用。

（8）电梯在每班首次载重运行时，必须从最低层上升，严禁自上而下。

（9）操作人员应与指挥人员密切配合，根据信号操作，作业前必须鸣笛示意，在电梯未切断电源开关前，操作人员不得离开操作岗位。

（10）电梯运行到最上层和下层时，严禁以行程限位开关自动停车来代替正常操纵按钮的使用。

（11）作业后应将梯笼降至最底层，各控制开关拨到零位，切断电源，锁好开关箱，闭锁梯笼门和围护门。

（12）在周围5m内不得堆放易燃、易爆物品及其他杂物，不得在此范围内挖沟开槽，在周围2.5m范围内应搭坚固的防护棚。

（13）不得利用施工电梯的井架、横竖支撑和楼层站台，牵拉悬挂脚手架、施工管道、绳缆、标语旗帜及其他与电梯无关的物品。

（14）若载运熔化沥青、剧毒物品、强酸、溶液、笨重构件、易燃物品和其他特殊材料时，必须由技术部门会同安全、机务和其他有关部门制定安全措施向操作人员交底后方可载运。

（15）梯笼运行时使载荷均匀分布，防止偏载，严禁超负荷运行，物料不得超出梯笼之外。

（16）电梯在大雨、大雾和六级以上大风、导轨结冰时应停止运行，并将梯笼降至最底面并切断电源。

（四）物料提升机

（1）司机应持有主管部门颁发的特种作业操作证，证件在有效期内。

（2）确认物料提升机的工作环境是否符合安全要求，运行通道是否畅通，有无易燃易爆物品等危险物品。

（3）检查物料提升机运行轨道、提升塔、导轨、安全门等部件的机械结构和外观是否完好。

（4）检查物料提升机的电气设备是否正常运行。

（5）检查物料提升机安全门、防护栏杆、紧急停车开关等安全保护装置是否齐全有效。

（6）检查物料提升机限位开关、电子排故系统、运行参数设置等运行控制系统是否正常。

（7）检查物料提升机液压油箱、油泵、液压管路等液压系统部件是否正常工作，是否造成对环境的影响。

（8）检查物料提升机制动器、制动蹄片、制动阀等制动系统部件是否可靠，确保制动器对提升机的运动能够起到及时、有效的制动作用。

（9）检查物料提升机的重载保护装置是否正常运行。

（10）检查物料提升机运转的声音和振动是否正常。

（五）架桥机

1．结构部分

（1）检查架桥机结构部位有无开焊、裂纹、塑性变形现象。

（2）检查架桥机连接部位螺栓是否紧固、销轴是否配套或安装正确、开口销是否安装到位。

（3）检查行走轨道是否有裂纹、是否有严重磨损。

2．液压部分

（1）检查架桥机的安全阀、溢流阀、流量阀、换向阀和平衡阀是否完好。

（2）检查液压连接管接头是否拧紧，有无松动漏油现象；观察液压油油质、温度和液面，定期清洗油箱，更换油品；温度超过80℃时检查液流阀、油泵等元件工作是否正常。

3. 安全保护装置

（1）限制吊钩冲顶，整机横移和起重小车每个运动方向设运行行程限位器，防止脱轨。

（2）工作状态下使用制动器或防风铁楔，非工作状态下使用起升机构加载。

（3）架桥机在过孔状态下非运动支腿实施锚定。

（4）架桥机工作时只能进行一个动作，防止架桥机超载；紧急情况下，能够停止所有驱动装置。

4. 架桥机吊具、钢丝绳

（1）吊杆、吊杆螺母应有制造单位合格证、探伤报告。

（2）吊具、钢丝绳表面应光洁，无裂纹、锐角、毛刺；螺纹不得腐蚀；不得产生明显变形。

（3）发生腐蚀、断面腐蚀不能达到原设计厚度的10%；不能出现裂纹，无不能修复的塑性变形。

（4）当吊具处于工作位置底点时，在卷筒上缠绕的钢丝绳必须不少于3圈。

（六）内燃叉车

1. 装载

（1）为了良好的横向稳定性，货叉间距应尽可能大。

（2）货叉插入托盘或货物时，叉车与货物应对中。

（3）货叉相对托盘必须平行插入，货叉应完全插入直至货叉根部。

（4）提起货物时，先将货叉提升5~10cm确认货物是否稳固；然后，门架后倾到位提升货物离地15~20cm，再开始行驶；搬运大体积货物有碍视线，除爬坡外，倒车行驶。

2. 堆垛

（1）操作前先检查装载区域是否有货物坠落和损坏货物，确保没有物品和货堆妨碍安全。

（2）当接近堆垛区域时减速行驶，在堆垛前停车检查堆垛周围是否安全。

（3）调整叉车位置使叉车位于堆垛区域货物放置的位置前方。

（4）门架垂直地面并升起货叉超出堆货高度，检查堆垛位置并向前行驶，在合适位置停车。

（5）确保货物在货堆位置上方，缓缓降低货叉，确保货物已放好。

（6）当货物没有完全放在货架或托盘上面时，放低货叉直至货叉不再承载重量，叉车后退1/4货叉长度，再起升货叉50~100mm，向前移动叉车然后将货物放在合适的位置上。

（7）观察叉车后部空间，向后行驶叉车以避免货叉与托盘或货物相撞。

（8）确定货叉前部离开货物或托盘，放低货叉以便行驶（货叉距地面150~200mm）。

3. 拆垛

（1）当接近要搬运的货物时要减速行驶，在货物前停车（货物与叉尖相距30cm）。

（2）在货物前调整叉车位置，判断货物重量，确保货物不会超载。

（3）门架垂直地面，观察货叉位置同时向前移动叉车，直至货叉完全插入托盘。

（4）当货叉难以完全插入托盘时，插入3/4货叉长度并抬起托盘（50～100mm），拉出托盘100～200mm然后再放低托盘，然后将货叉完全插入托盘。

（5）货叉插入托盘后，抬起托盘（50～100mm），观察周围的空间并移动叉车直至货物被放低。

（6）降低货物直到距地面150～200mm，将门架后倾以确保货物稳定。

二　工程机械

（一）液压静力压桩机

1. 整机外观

（1）结构件、附属部件应齐全，主要受力构件不应有失稳及明显变形，金属结构件锈蚀（或腐蚀）的深度不得超过原厚度的10%。

（2）金属结构件焊缝不应有开焊和焊接缺陷。

（3）金属结构杆件螺栓连接或铆接不应松动、缺损，关键部件连接螺栓应配有防松、防脱落装置，使用高强度螺栓时应有足够的预紧力矩。

2. 吊钩和钢丝绳

（1）吊钩应设置有防脱装置，防脱棘爪在吊钩负载时不得张开，形态应与沟口端部相吻合。

（2）钢丝绳与滑轮和卷筒匹配，穿绕正确，不得有扭结、压扁、弯折、断股、断芯、笼状畸变等变形。

（3）卷筒上的钢丝绳应连接牢固、排列整齐，放出钢丝绳时，卷筒上至少保留3圈。

3. 桩架

（1）机架安装牢固，各部件连接螺栓不应有松动，机座底部的地脚螺栓不应有缺损。

（2）配重安装应牢固，以防桩机在移动过程中配重块出现晃动坠落伤人。

（3）箱体无缺损、无明显变形、焊缝无开裂，支重轮、托轮转动应自如，轴套磨损不应超过耐磨层的50%。

4. 顶升、行走装置

（1）长短船破损缺失，轨道堵塞，轨道末端未设防滑脱装置。

（2）顶升支腿损坏、渗漏油，液压管损坏或压力过大，发生液压管爆裂，液压系统运行不正常，有可能发生机身整体失稳倾覆。

（3）配重牢固地卡在横梁上，桩机在移动过程中配重块无晃动现象。

5. 夹桩、压桩装置

（1）液压油应合格、不应浑浊有杂质、漏油，液压系统及部件、管件接头不应有漏油渗油等现象。

（2）夹持板不应有变形和裂纹。

（3）夹持机构运行应灵活，夹持力应达到额定指标。

6. 安全装置

（1）电气系统应有短路、过载和失压的动作保护装置，且灵敏可靠。

（2）卷扬机配置的棘轮、棘爪不应有裂纹，动作应灵敏、可靠。

（二）振动压路机

1. 作业前检查

（1）检查轮胎气压是否正常，气压过高或过低都会影响压路机的行驶和振动效果。

（2）检查轮胎是否有裂纹、磨损或穿孔等情况，如发现损坏应及时更换。

（3）检查刹车油液位是否充足，如不足应及时加注。

（4）检查刹车片是否磨损或损坏，如发现异常应及时更换；检查压路机制动情况，如存在制动失灵的情况应及时处理。

（5）检查发动机润滑油液位是否充足，如不足应及时加注；检查发动机的散热情况，如存在堵塞或受损情况应及时处理。

（6）检查气缸、活塞、机油散热器等关键部位的工作情况，如存在异常应及时修复或更换。

（7）检查振动机构是否存在松动、磨损等情况，如发现应及时处理。

（8）检查压路机振动频率和振幅是否符合操作要求。

2. 碾压作业

（1）压路机碾压的工作面，应经过适当平整。

（2）压路机启动时，要特别注意前后左右的情况，确认没有人员和障碍物。

（3）压路机靠近路堤边缘作业时，应根据路堤高度留有必要的安全距离。

（4）碾压傍山道路时，必须由内侧向外侧碾压，上坡时变速应在制动后进行，下坡时严禁脱挡滑行，严禁压路机上陡坡。

（5）两台以上压路机同时作业，其前后间距不得小于3m，在坡道上纵队行驶时，其前后间距不得小于20m。

（6）振动压路机起振和停振动作必须在压路机行走时进行；换向离合器、起振离合器和制动器的调整，必须在主离合器脱开后进行，不得在急转弯使用快速挡。

3. 维护保养

（1）尾气排放达标，按照当地政府环境部门要求完成非道路移动机械环保登记。

（2）须在关闭发动机的条件下加注燃料油，更换润滑油需在个润滑油箱降至常温状态下。

（3）运输时前后轮均增需加木楔固定，以保持运输的稳定性。

（三）沥青摊铺机

1. 环保要求

（1）尾气排放达标，按照当地政府环境部门要求完成非道路移动机械环保登记。

（2）摊铺机维修期间，沾染油漆的棉纱、破布、油纸、手套、废油漆桶、刷子等废物，要及时送交回收部门处理。

（3）在城市市区范围内，建筑施工过程中使用摊铺机等机械设备，能产生环境噪声污染的，应与噪声影响范围内的居民协商确定施工时间。

2. 工作前检查

（1）检查机身外观和结构的完整性和紧固性，以及润滑部位是否滴油现象，有无渗油现象。

（2）检查摊铺机的液压油位是否正常，如果不足，需要加注液压油。

（3）检查液压油管有无老化破损或渗漏，如有问题需要及时更换液压油管或拧紧螺丝。

（4）检查摊铺机的电加热系统电子元器件的状况，如有问题需要及时维修更换。

（5）检查摊铺机夯锤振动部分，如有异常及时矫正处理。

（6）检查摊铺机履带行走部分，如有问题需要及时更换拧紧部分。

3. 沥青混合料摊铺作业

（1）驾驶台和作业现场视野要开阔，清除一切有碍工作的障碍物。作业时无关人员不得在驾驶台上逗留，驾驶员不得擅自离开岗位。

（2）工作过程中，禁止摊铺机进行倒退操作，倒退时必须提起熨平板停止工作后方可进行。

（3）人员不准在料斗内坐立或作业，以免发生人身安全事故。

（4）运输沥青混合料的自卸汽车在倒车驶向摊铺机时，应专人指挥，汽车和摊铺机要密切配合，避免发生冲撞、撒料等现象。

（5）摊铺作业时熨平板上不准随意站人，非操作人员不得攀登摊铺机。

（6）换挡必须在摊铺机完全停止时进行，严禁强行挂挡和在坡道上换挡和空挡滑行。

（7）熨平板在进行预热时应控制热量，防止因局部过热而变形。加热过程中，必须有专人看管。

（8）操作平稳不得急剧转弯，熨平装置的端头与路缘石的间距不得小于10cm。

4．维护保养

（1）发动机熄火后，再进行清洗料斗、刮板、螺旋输运器和熨平板等部件。

（2）用柴油清洗摊铺机时，不得接近明火。

（3）必须配置干粉灭火器。

（4）运输沥青摊铺机时，应提起主机熨平板，并用锁紧装置锁住。

（四）路面铣刨机

1．环保要求

（1）尾气排放达标，按照当地政府环境部门要求完成非道路移动机械环保登记。

（2）铣刨机维修期间，沾染油漆的棉纱、破布、油纸、手套、废油漆桶、刷子等废物，要及时送交回收部门处理。

（3）在城市市区范围内，建筑施工过程中使用铣刨机等机械设备，能产生环境噪声污染的，应与噪声影响范围内的居民协商确定施工时间。

2．工作前的检查

（1）铣刨机必须由专人操作，操作人员必须经过严格的技术培训，熟悉铣刨机各系统、装置的结构，工作原理、性能及操作规程，以免发生机械设备故障的人员设备安全事故。

（2）做好铣刨机的巡回检查，看有否漏油、漏水和异常现象。如发现泄漏和异常情况应及时加以修复，防止污染土地。

（3）检查铣刨机的各个部件，包括刀头、刀座、轴承、传动系统等。确保这些部件完整无损，安装正确，且处于良好的工作状态。

（4）检查设备的润滑系统，确保各润滑点润滑良好，润滑油量充足且清洁。同时，检查冷却系统是否正常运行，防止因过热导致的设备损坏。

（5）检查铣刨机的控制系统，包括启动装置、停止装置、紧急停车装置等，确保其工作正常且易于操作。在操作过程中，如有任何异常情况，应立即停机检查。

（6）安全装置是保障操作员安全的重要部件，如防护罩、防护栏等，在每次使用前，都应检查这些安全装置是否完好、有效。

3．路面铣刨作业

（1）在启动铣刨机时，应确保无人在车上或车下工作，无人在接近危急区域活动。

（2）将全部的路面障碍清除到工作区外，在非平整路面上，小心驾驶，避免滑坡、倾覆。

（3）铣刨作业时全部的防护装置和盖子在正确位置上，并且紧固牢靠。

4．维护保养

（1）作业后铣刨机应停放在平坦、安全的地方，提起铣刨鼓脱开铣刨挡，发动机怠速运转5min后熄火，并对铣刨机实施驻车制动。

（2）开始维护前，操作钥匙取下专人保管，应确保设备不会因疏忽大意而启动、旋转或下降；维护工作应在发动机停止运行的状况下完成。

（3）清洁路面铣刨机机身时，不要时候用易燃材料。

（4）打开铣刨鼓的安全罩，检查安装在铣刨鼓上的刀头、刀座等。

（五）沥青混凝土拌和站

1. 设备管理

（1）定期检查设备，并制订检查计划和周期，防止发生故障和意外事故。

（2）对设备运转状态、润滑和清洁情况进行常规检查，确保运转状态良好，减少由于设备出现故障导致的事故。

（3）在使用设备时，命令操作人员积极采取安全防护措施，在操作前应戴好手套、口罩（或保罩）、耳塞（或耳罩）等防护用品。

（4）废气处理方面，增加高效除尘装置，对废气进行处理，降低对环境的污染。

（5）卸车和倾倒时应缓慢轻放，防止粉尘飞扬。作业时要戴好防护用品，保持工作环境卫生通风。

（6）设备维修期间沾染油漆的棉纱、破布、油纸、手套、废油漆桶、刷子等废物，要及时送交回收部门处理。

（7）做好设备的巡回检查，看有否漏油、漏水和异常现象。如发现泄漏和异常情况应及时加以修复，防止污染土地。

（8）设备安装过程中产生的废水、废液、废导线、废电缆及电缆皮、钢铠、废电池、仪表包装箱等物品不得任意丢弃，应分类存放，集中交回收部门处理。

（9）明确各项岗位职责并指定固定责任制，安排人员进行巡视，检查设备及现场环境是否安全。

（10）在操作现场设立安全警示牌，设置警示标志牌，并与操作工人员进行沟通。

（11）对设备及现场设施进行定期的清洗和消毒，保持现场卫生，防止发生感染性疾病。

2. 沥青混合料生产

（1）在作业前进行安全检查，检查设备使用状态是否正常，如有异常，立即停止作业并维修，保障设备的正常安全运行。

（2）沥青拌合设备一般装备有全套安全设施。应严格保证全部安全护罩正确安装。在传动部件附近严禁穿着肥大服装，以免卷入转动件中造成伤害。

（3）工作场地的意外起火，应用灭火器、覆盖沙或土进行灭火。

（4）严禁从各溢流管下通过或在其周围逗留，设备各运转部件均不许超过推荐最大极限值。

（5）设备全部电器均应由专业电器人员操作。所有电气线路必须符合标准，同时应有合适的接地和熔断装置。电源接头须充分保护，免遭意外的损坏。

（6）电气仪表要有安全装置，防止开关意外地接通。

（7）在进行短期储存的沥青作业时要做好油脂防护措施，禁止明火和吸烟，并强制操作人员使用个人防护装备。

（8）对于存储沥青的危险品，应定期安排专人检查及维修保养，并严格按照规定的方法正确操作，防止沥青泄漏和造成污染。

（9）配料系统应防止过大粒径的物料进入设备，装载机铲斗不碰撞或损坏本装置，不要用加装延伸挡板的方法来增加料斗的容量。

（10）干燥滚筒工作之前拆除在运输时用于固定筒体的紧固件，滚筒过大推力的校正，应通过调整支撑滚轮装置实现。

（11）严禁燃油泵在无油状态下运转，严禁未燃烧的燃油喷入干燥筒内。

（12）在搅拌器内进行维修保养作业时，首先要切断电源、卡死搅拌轴，以防意外的转动造成人身事故。

（13）严禁使用系统泄漏出的导热油，导热油温度不得超过其允许的最高温度，严禁两种不同牌号的导热油混用。

（14）停工熄灭燃烧器后，要立刻关闭导热油管道进油阀和回油阀，以防止膨胀罐溢流。

（15）驱动和传动系统V形三角带应成组更换，不能单根更换，所有传动部分的链条、皮带均要按各部位要求张紧。

（16）严禁在运转的设备上堆放工具及其他物件，未经专业训练的非操作人员严禁操作和维修。严禁在设备运转时进行调整和维修，所有的调整维修工作应在设备停稳后进行。

（六）挖掘机

（1）挖掘机作业时，应注意观察土质、侧滑、硬块、地下管道、电缆等障碍。

（2）装卸车时，必须等车停稳后再装卸，并严禁挖斗从车辆驾驶室顶部越过。

（3）特殊环境作业必须有专人指挥，并做到无安全保障不作业，任务不清不作业，地下情况不明不作业，损坏设备不作业。

（4）挖掘机回转和行走时，必须提起挖斗。

（5）停放设备时，要停平设备、挖斗落地，操纵杆放到浮动位置，变速杆放到空挡位置，空转5min后熄火，并将先导控制闭锁阀置于位。

（6）除长输管道、油气集输管道、市政管道项目施工作业外，不得使用履带式挖掘机进行吊装作业，必须使用时，应编制专项方案并严格执行。

（7）铲斗应安装专用防脱吊钩，严禁使用铲斗斗齿吊装。吊钩规格应满足挖掘机的最大起重量，吊钩的安装及焊接应经过专门设计计算，经检测合格后方可使用。原厂铲斗带有吊孔的，应配套卸扣使用。吊钩、吊孔及铲斗本身存在损坏及变形的，不得进行吊装作业。

（8）挖掘机吊装作业区域应设置警戒区并有专人进行监护，作业范围内严禁人员停留或经过。挖掘机吊装作业必须有起重工进行指挥。挖掘机吊装作业全过程应使用低速模式。

（8）挖掘机维修期间，沾染油漆的棉纱、破布、油纸、手套、废油漆桶、刷子等废物，要及时送交回收部门处理。必须交由有资质的环保单位进行集中回收，做到依法依规处置。

（七）装载机

1. 设备外观

（1）外表清洁，无脏物，无漏油、水、气现象。

（2）各滤清器不缺垫、不短路、不缺油、不漏油。发动机熄火后有明显的旋转声。

（3）机油油面合乎标准，不漏油，机油压力符合技术标准。

（4）引擎各部固定螺丝、连接螺丝不滑扣，六方完整、不缺不松。

（5）发动机运转正常，不发抖、不发吐、无异响。

（6）柴油箱内外清洁、牢固、不漏油，不缺盖、垫，滤网齐全完整。

（7）发动机汽缸压力不低于使用极限。

2. 传动转向部分

（1）方向机不松旷、液压转向系统不缺油。

（2）转向系统各固定螺丝连接可靠，锁销不缺。

（3）转向系统灵活可靠，不重、不摆、不旷、不飘。

3. 电气部分

（1）发电机充电性能良好，调节器符合技术要求，发动机三次启动有效。

（2）各种电器、线路应保持原车颜色。达到整齐、清洁、包扎紧固、可靠完整，无漏电、跑电现象。

（3）各种灯光齐全、完好、固定可靠、开关灵活。

（4）仪表齐全、灵敏、准确，电瓶良好、连接牢靠、清洁、桩头无油，电瓶水不缺。

4. 附属机构

（1）各部外表清洁整齐、无油污，紧固件不松不缺、无滑扣螺丝。

（2）机械、安全装置齐全可靠，操纵灵活。

（3）各润滑部位齐全完好，不缺油、不漏油，油位正常。

（4）油气线路及接头不松不漏，符合技术规定。

（5）铲斗、斗齿无严重磨损、变形，大、小臂动作时间在规定范围。

（6）制动良好，各档位工作正常。

（八）吊管机

1. 吊钩、防脱装置、钢丝绳

（1）吊钩禁止补焊，表面无裂纹，挂绳处截面磨损量不超过原高度10%，心轴磨损量不超过其直径的5%，钩口开口度比原尺寸不得增加15%。

（2）吊钩应有防脱装置，并完好有效。

（3）钢丝绳不得有扭结、压扁、折弯、断丝、断芯、笼状等变形，钢丝绳卡应安装符合规范要求，且绳卡数量不少于4个。钢丝绳在卷筒上必须排列整齐、尾部卡牢，工作中至少保留3圈。

2. 布管作业

（1）吊管机布管时，应清理、平整施工通道，吊管机行进时应避开输电线路和地下障碍物，并在已挖好管沟的3m以外行走或停留，管材摆放距已定型管沟不小于1m距离。

（2）使用两台或多台吊管机吊运统一吊物时，升降、运行要保持同步，各台吊管机所承受的载荷不能超过各自额定起重能力的80%。

（3）上下坡道时应预先选择合适速度，严禁在坡道上换档变速。

3. 沟下作业

（1）沟下作业时，吊管机停放距离沟边不小于1.5m，并严格执行起重作业操作规程，钢管未落稳时严禁拆除索具。

（2）施焊过程中，严禁吊管机熄火，严禁任何操作。

（3）吊管机在下沟作业时，严禁与其他工序在同一条管沟内交叉作业，吊管机在下管时距管沟边缘不能少于2m，以免管沟塌方。

（九）定向钻机

1. 作业前

（1）设备和控向室必须配置干粉灭火器。

（2）确保所有人员及相关物件远离旋转或运动部件，防护栏、门都可以正常使用再启动钻机。

（3）施工前应勘察铺设管线水平方向管线长度两端以外至少各100m，垂直管线方向两边各300m范围内的各种地下管线和设施。必要时需对局部进行开挖验证。

（4）充分考虑钻进导向孔和回拖施工过程中对原有管线的安全距离和钻杆的最小弯曲半径，确保施工的安全。

（5）按使用说明书的规定检查液压系统接头、螺栓及螺母都已拧紧，液压管不应有破损。

（6）检查电气线路各线端是否有松动，电器元件是否有损坏。

（7）检查各种仪表显示是否正常，确保所有控制处于"关闭"位置。

（8）检查急停开关工作是否正常，并检查所有控制器。

（9）检查辅助系统工作是否正常。

（10）作业前应检查所有的安全装置、安全附件，确保其齐全、完好、有效。

2. 作业中

（1）钻杆旋转时人员不应接触钻杆，钻进过程中推进或旋转压力突变时，应立即停机分析和查明原因。

（2）回拖扩孔中遇异常情况，应立即停机检查分析。

（3）在施工过程中，主机操作人员在没有得到操作指令时，不得操作水平定向钻机。

（4）现场人员在钻机上或旁边进行交叉作业时，不要操作钻机。

（5）在未与控向人员或出土点人员进行沟通的情况下，不要操作钻机。

（6）在使用说明书提供的最大扭矩和推拉力范围内操作钻机，不要在管钳外面使用钻机扭力进行上卸钻杆作业。

3. 作业后

（1）关闭钻机前，发动机应空转5min，关闭动力源，释放系统压力。

（2）作业完成后，应对钻具进行常规检查。

（3）水平定向钻机长期停用时，应采取防雨措施。

（4）施工现场所有用电设备，必须按规定设置漏电保护装置，要定期检查，发现问题及时处理解决。

（十）泥水平衡顶管机

1. 作业前

（1）操作者必须明确所有操纵机构的位置及功能，经过专门培训，持证上岗。

（2）操作顶管机，应穿戴合适的安全防护品。

（3）在饮酒或服药的情况下，切勿操作顶管机。

（4）作业前，应检查所有的安全装置、安全附件，确保其齐全、完好、有效。

（5）漏电保护器试验按钮下应立即动作。

（6）确认电压在规定的电压范围以内。

（7）顶管机用电严格按照"一机一闸一漏电保护"设置配电柜，并确保有效接地。现场布线要求架空或埋地。

（8）顶管机地锚不准超载使用，且限于在规定方向受力，其他方向不准受力。

（9）液压油缸固定在顶管基座上，防止顶力过大油缸崩飞伤人。

（10）顶管机现场设置灭火器，规划紧急逃生线路。

（11）各类压力表必有经过有效的检测单位检测、标定。

2. 作业中

（1）顶管机作业时管端、基坑、油管接头附近严禁站人，防止意外打击伤害。

（2）顶管机作业时液压泵站流量尽量调低，使顶管油缸平缓推进，有效降低顶管推力，避免油缸急进急退造成伤害。

（3）顶管管道内用电电压不得超过24V，管内比较潮湿时，将电压降至12V，同时可采用头灯等干电池灯具避免管内临时用电。

（4）做好注浆减阻措施，防止顶管顶力过大。

（5）中继间使用时安装形成限位装置，单次推进距离必须控制在设计允许距离内。

（6）安装顶铁前，应确认其外观和结构尺寸符合施工设计要求，应安装平顺，不出现弯曲和错位现象，顶铁表面和导轨顶面的泥土、油污擦拭干净，导轨安装牢固。

（7）穿越铁路、轨道交通的顶管作业，列车通行时，轨道范围内严禁挖掘、顶进作业。

（8）顶进作业时，拆接电路、油管和泥浆、水管时，必须在卸压、断电后进行，接长的管路不得超出界限，并及时固定在规定位置。

三　船舶

（一）铺管船

1. 甲板作业

（1）进行甲板作业时必须穿戴工作服及劳保防护用品，严禁穿拖鞋、赤脚和赤膊作业，衣服必须系好纽扣，必要时用带缚牢，防止被机械绞进。做到防滑、防冻或防暑。

（2）进行甲板各项作业时，精神要高度集中，听从指挥，不得擅自离开岗位。舷外、高处作业要考虑气候因素，要避开恶劣气候，急需作业时要采取安全措施后方能作业。

（3）不宜单独作业时，不准一人勉强作业。两人以上作业时，应确定负责人，有主有从。尤其是雨、雪天，作业人员视线不好，要互相照应、提醒，密切配合。作业人员必须穿戴工作服、防滑工作鞋、安全帽、工作手套等防护用品，使用钢丝缆必须戴皮手套。

（4）作业人员进入作业现场要严肃认真、精神集中、严格执行操作命令。作业现场要经常整理、保持作业现场的整洁适用。导向桩、导向滑轮要活络。作业前要将缆绳、撒缆、制缆索等检查整理好，缆绳的扭结必须打开理顺，超过规定磨损的缆绳不能使用。制缆索要牢固适用，撒缆头要用木质、硬橡胶、沙囊等非金属制作。

2. 解系缆作业

（1）解系缆作业，必须按照船长的命令作业，船头、船艉分别由大副、二副负责现场的全面指挥和安全监督。作业前要认真核准对讲机的频率，保持船头、船艉、驾驶台的联系畅通，以便协调动作。

（2）在解系缆作业时，站位要合理，严禁跨于缆绳的正上方和站在缆绳拉伸的方向、弯曲的内侧。

（3）解系缆作业的操车手要正确执行命令，平稳操车，注意缆绳的松紧程度和机械运转情况，随时调整车速。如果有意外或听到现场任何发出停车信号都要立即停止。

（4）缆绳松放受力时要先绕在缆桩上，使其缓慢松出。缆绳收绞时，要缠绕滚筒不少于4圈，要避免单根缆用力过大，更不允许单根缆绞紧。

（5）缆绳上桩前需用制动索，将缆绳临时定位，然后挽桩。使用制缆索单根强度不够时要用双根制缆索。缆绳挽桩前，要先慢车松至使制缆索吃力后，再从绞缆机上松下迅速挽桩，不可开快车或突然从滚筒上解除，以防止缆索突然受力崩断伤人。

（6）缆绳上桩时制缆索临时制动后，要迅速固定在缆桩上。挽缆时，要先绕过前面一根缆桩，然后迅速用"8"字形挽牢。带钢丝缆时，要防止扭结弹跳伤人，挽结不少于5道。带拖缆时还要在"8"字形交会处最上面的三根上打一个活结缚住。尼龙缆不得与钢丝缆同系一个缆桩上。挽缆时缆绳不得压叠，以防弹出伤人，上桩操作最好由两人协同进行。

（7）带缆要规范化，任何情况下均不允许以绞缆机、锚机的滚筒作为缆桩使用；不允许以双缆桩的单桩进行系缆。收缆时注意缆绳尾端将要通过导缆孔时，要放慢绞缆速度，防止缆绳受阻而甩动伤人。

3. 吊装作业

（1）吊运过程中，操作人员，必须在指挥人员的指挥下进行，操作过程中，吊臂及重物下不准有人员通过或站立。

（2）起吊重物时，速度要慢，做到轻吊轻放，起升、回转、伸缩要匀速平稳。吊物摆动未稳定时，不允许吊机进行回转操作和继续起吊。起吊长而轻的物件，物件两端必须有拉牵绳，对物体进行控制。

（3）吊物未离船面前，吊机不得旋转，禁止斜吊重物和吊与船面未脱离连接的物体。

（4）在环境恶劣，作业难度较大的情况下，在保证吊机和人员安全的前提下可以进行作业，但必须有专人负责指挥，在没有把握的情况下，不得盲目起吊。

（二）铺缆船

1. 船用主机操作

（1）启动前检查润滑油、柴油、淡水是否充足，检查柴油机周围有无障碍物，确保启动安全。

（2）检查各操纵机构是否灵敏可靠，开启和关闭各系统相关所有阀门。

（3）检查控制电源、检查控制系统是否正常可靠。

（4）柴油机启动时，必须在润滑和冷却系统工作正常时进行。

（5）启动前检查油门调节杆是否在零位，启动后要注意观察柴油机的转速、润滑油、淡水、海水的压力、温度变化是否正常。

（6）运转过程中，认真观察各监测、监控仪表，确保在正常运行的参数范围之内，及时做好检查和记录。

2．锚机操作

（1）操作前应检查各润滑点，是否润滑充足，检查蜗轮箱、液压锚机润滑油数质量。

（2）起锚时应先挂一挡，当达到适当转速后，逐挡递增，挡位转换不可太快。

（3）起锚完毕后，合上制链器，将锚链松一段后，紧死刹车带，脱开离合器。

（4）切断电源，清洁锚机周围。

3．舵机操作（非动力工程船舶不适用）

根据船长口令操作舵机，舵机停止时，关掉电源开关，停止油泵运转，清洁舵机，阀件及管路，检查液压油油位。

4．起重机操作

（1）操作人员上吊前必须检查吊车周围有无障碍物，查看周围有无船舶倚靠。

（2）检查吊机各操纵装置、仪表，是否工作灵活可靠。

（3）吊机运行中要严格执行各种操作数据，如变幅、吊重和旋转变幅电压等，不得超过规定范围。

5．液压绞缆机操作规程

（1）检查液压油是否充足，各润滑部位是否润滑良好。

（2）检查离合器是否打开，刹车带是否松开，制动是否好用。

（3）辅缆机与被辅管、缆是否连接牢固可靠。

（4）启动放缆操纵装置。

（5）当接到放缆的命令后，操纵辅缆机缓慢放缆，同时检查压力是否正常，系统是否渗漏。

（6）无关人员远离工作区。

（7）拖辅缆放到合适程度，应刹死刹车带。

（8）辅缆过程中，应随时检查辅缆机和机油泵的工作情况，检查各部位有无渗漏，油泵运转是否平稳，油压是否正常，自动收放缆是否好用，连接装置是否牢固。

（9）大风大浪天气拖、放缆应降低船速，以防瞬间负荷增大而断缆。

（10）辅缆完毕脱开离合器，关闭油泵。

四　其他机具设备

（一）便携式焊机

（1）电弧焊接属于危险作业，焊接现场、操作者应具备符合安全环保要求的防护措施，始终要穿戴劳保用品如安全帽和劳保鞋，工作服应合身。操作者应取得焊工证书。

（2）工件电缆和电极电缆应捆扎在一起。

（3）避免电极电缆或工件电缆环绕操作者的身体。

（4）操作者不要处于电极电缆与工件电缆之间。

（5）从焊接电源到工件的焊接电缆应尽可能短。

（6）不要在靠近另一台焊接电源的地方进行焊接。

（7）操作者应做好绝缘保护措施，小心触电。

（8）焊接或观察焊接时，必须应使用焊接面罩保护好眼睛和面部，避免电弧射线和焊接飞溅物造成伤害。焊接面罩和滤光玻璃必须符合国家标准。

（9）焊接会产生有害的烟尘、气体，应避免呼吸道与之接触。焊接时，头部不要接触焊接烟雾，保持良好的通风，防止焊接烟尘、气体进入呼吸区。

（10）不允许在含有碳氢化合物蒸气的环境中焊接，焊接时的高温和电弧射线可能引起反应，生成光气、有害气体和一些其他的刺激性气体。

（11）避免焊接保护气体导致伤害和死亡。焊接现场要保证良好的通风，特别是在狭窄的地方，应保证有足够的新鲜空气供操作者呼吸。

（12）焊接区域内严禁放置易燃物品，不能移开的应采取可靠的防火安全措施，避免焊接火花引燃易燃物。

（13）焊接现场应备有数量充足的灭火器。

（二）气体保护焊机

（1）操作人员必须持有电气焊特种作业操作证方可上岗，操作人员穿戴好劳保用品。

（2）为避免触电，应遵守以下规定：

①勿接触带电部位。有关电气人员按规定将焊机电源、母材接地。安装、检修时，必须关闭配电箱电源。勿使用绝缘护套破损、导体外露的电缆。电缆连接部位，应确保绝缘。严禁在卸下机壳的情况下使用焊机电源。

②使用干燥的绝缘手套，定期保养检修，损伤部位修理完好后再使用，不用时，应关闭所有输入电源。

（3）为避免焊接弧光、飞溅、焊渣、噪音等对人的伤害，应使用规定的防护用具。

（4）在焊接场所周围设置保护屏障，防止弧光危及他人。

（5）严禁在脱脂、清洗、喷雾作业区内焊接。

（6）焊接过程中产生的废弃焊条、焊渣不应随意丢弃，应做好清理回收工作。

（三）等离子切割机

（1）按规定穿戴劳保用品。

（2）确认切割机壳是否有安全接地。

（3）避免切割弧光、飞溅、切割渣、噪音等对人产生的危害。

（4）安装检修时，应先关闭配电箱电源，检修完毕后再进行作业。

（5）严禁在卸下机壳的情况下使用切割机。

（6）在狭窄场所作业时，应充分换气及配用呼吸保护用具。

（7）严禁在切割场所放置可燃物和在可燃气体。

（8）更换割嘴、电极时，应关闭电源。

（9）严禁将手指、头发、衣服等靠近冷却风扇等旋转部位。

（10）切割场所附近应放置灭火器。

（11）操作人员应按规定要求选择切割速度，不允许单纯为了提高功效而增大设备负荷。

（四）手持电动工具

（1）严禁未掌握磨光机操作规程人员擅自操作。

（2）操作人员应穿戴防护面罩，严禁油手、湿手操作磨光机。

（3）磨光机砂轮质量合格，砂轮尺寸、转速与磨光机匹配。磨片、割片连接牢固，防护罩牢固可靠。

（4）打磨、切割工件固定牢固，严禁手持工件。

（5）磨光机电源、电线良好，且满足一机一闸一保护的要求。

（6）打磨、切割用力要均匀，打磨时，应与工作面保持15°～30°夹角；切割时严禁倾斜、不得横向摆动。

（7）打磨、切割时间较长，磨光机温度较高时应停止工作，冷却后再继续工作。

（8）打磨、切割工作完成后，应关闭开关，待磨光机砂轮停止转动后放置，将磨光机电缆线整理完成后，放回工具架。

第三节　高风险作业

一　爆破作业

1. 主要风险

爆破作业是指使用民用爆破器材对土石方进行爆破开挖及对建（构）筑物进行爆破拆除的施工作业。作业过程中主要存在火灾、爆炸、物体打击、机械伤害等风险。

2. 监督要点

1）一般规定

（1）爆破作业单位应符合《爆破作业单位资质条件和管理要求》（GA 990）、《民用爆炸物品安全管理条例》（国务院令第466号）要求，取得公安机关核发的《爆破作业单位许可证》，并按其资质等级承接爆破作业项目。

（2）爆破作业人员（工程技术人员、爆破员、安全员、保管员、押运员）应取得《爆破作业人员许可证》，并按照其资格等级及从业范围从事爆破作业。

（3）进入爆破作业现场的工作人员，要佩戴胸标或臂标；爆破员应随身携带《爆破作业人员许可证》。

（4）爆破作业应编制专项施工方案，方案应按规定进行审批。爆破作业必须严格执行专项施工方案，严禁爆破作业人员不执行方案凭经验施工。

（5）爆破前应对爆区周围的自然条件和环境状况进行调查，了解危及安全的不利环境因素，并采取必要的安全防范措施。

（6）接触爆炸物品人员必须穿戴防静电服上岗作业。

2）作业准备

（1）建立指挥组织，明确爆破作业及相关人员的分工及职责；实施爆破前应发布爆破作业通告；在爆破作业地段，划定安全警戒范围，在警戒区的边界设立警戒岗哨和警示标志；在邻近交通要道和人行通道的方位或地段设置防护屏障。

（2）爆破施工现场在爆破组（人）、起爆站和警戒哨间应建立通信联络，保持畅通；发布的"预警信号""起爆信号""解除警报信号"，应确保受影响人员均能辨识。

（3）警戒人员应从爆破工作面向外全面清场，所有人员和机械应撤离到安全地点。

3）作业过程

（1）在残孔附近钻孔时应避免凿穿残留炮孔，在任何情况下均不许钻残孔。

（2）当发生装药阻塞，严禁用金属杆（管）捣捅药包。

（3）实施爆破后应进行安全检查，当怀疑有盲炮及其他险情时应及时上报，设置明显标识并按以下规定处理：

①应派有经验的爆破员处理盲炮；

②处理盲炮前应定出警戒范围，并在该区域边界设置警戒，处理盲炮时无关人员不许进入警戒区；

③盲炮应必须当班处理完毕，盲炮、危石等安全隐患处理后，爆破作业单位应将处理情况做好记录并向挖运作业班组交接清楚。

（4）爆破作业单位必须按规定处置不合格及剩余的爆破器材。爆破作业单位应建立严格的爆炸物品领取和清退制度，领取爆炸物品的数量不得超过当班用量，作业后剩余的爆炸物品必须当班清退回库。

（5）原则上，作业现场不应设置爆破器材储存库。确需临时存放时，应经过当地公安部门许可，按《小型民用爆炸物品储存库安全规范》（GA 838）建立专用储存库，专人看管，严禁在不具备安全存放条件的场所存放爆破器材。库房门外必须按规定设置静电释放桩。

4）露天爆破作业

（1）露天爆破作业时，应建立避炮掩体，避炮掩体应设在冲击波危险范围之外；掩体结构应坚固紧密，位置和方向应能防止飞石和有害气体的危害；通达避炮掩体的道路不应有任何障碍。

（2）起爆站应设在避炮掩体内或设在警戒区外的安全地点。

（3）起爆前应将机械设备撤至安全地点或采用就地保护措施。

（4）雷雨天气、多雷地区和附近有通信基站等射频源时，进行露天爆破不应采用普通电雷管起爆网路。

（5）遇浓雾、大雨、大风、雷电等情况均不得起爆，在视距不足或夜间不得起爆。

5）洞库、隧道等地下爆破作业

（1）地下爆破可能引起地面塌陷和山坡滚石时，应在通往塌陷区和滚石区的道路上设置警戒，树立醒目的警示标识，防止人员误入。

（2）地下工程工作面所用炸药、雷管应分别存放在受控加锁的专用爆破器材箱内，爆破器材箱应放在顶板稳定、支架完整、无机械电气设备、无自燃易燃或其他危险物品的地点。每次起爆时均应将爆破器材箱放置于警戒线以外的安全地点。

（3）地下爆破出现不良地质或渗水时，应及时采取相应的支护和防水措施；出现严重地压、岩爆、瓦斯突出、温度异常及炮孔喷水时，应立即停止爆破作业，制定安全方案和处理措施。

（4）地下爆破应有良好照明，距爆破作业面100m范围内照明电压不得超过36V。

（5）非长大隧道掘进时，起爆站应设在硐口侧面50m以外。

（6）长大隧道在硐内的避车洞中设立起爆站时，起爆站距爆破位置应不小于300m，并能防飞石、冲击波、噪声等对人员的伤害。

（7）隧道贯通爆破，两工作面相距15m时，只准从一个工作面向前掘进，并应在双方通向工作面的安全地点设置警戒，待双方作业人员全部撤至安全地点后，方可起爆。

（8）间距小于20m的两条平行隧道中的一条隧道工作面需进行爆破时，应通知相邻隧道工作面的作业人员撤到安全地点。

（9）爆破后必须进行充分通风排烟，15min后安全检查人员方可进入开挖作业面，主要检查有无盲炮、有无残余炸药及雷管、顶板及两帮有无松动的岩块、支护有无变形或开裂等；当发现盲炮、残余炸药及雷管时，必须由原爆破人员按规定处理。

6）拆除爆破作业

（1）拆除爆破作业应严格执行《爆破安全规程》（GB 6722）的相关要求。

（2）拆除爆破施工前，应对爆区周围及地下水、电、气、通信等公共设施进行调查和核实，并对其安全性做出论证，提出相应的安全技术措施。若爆破可能危及公共设施，应向有关部门提出关于暂时停水、电、气、通信的申请，得到有关主管部门同意方可实施爆破。

（3）重要工程或结构材质不明的拆除爆破，应进行必要的试爆确定爆破有关参数。

（4）公安部门对拆除爆破设计审查同意后，甲乙双方应联合在作业地段张贴施工公告。

（5）爆破前3天向爆区附近单位和居民发布爆破公告。

（6）爆破作业前，应对施工现场进行清理，完成与爆破作业无关的拆除工作。

（7）爆后必须等待建（构）筑物倒塌稳定之后，检查人员方准进入现场检查。发现尚未塌落稳定的局部地方时，爆破负责人应立即划定安全范围，派专人看守，无关人员不得接近。发现盲炮或尚未塌落稳定部分，应立即制定处理方案，并派专人进行处理。

（8）爆破负责人应在爆后进入现场检查，确认安全后向指挥长提出正式报告，并在报告记录上签字；指挥长收到报告并确认安全后，方可下达解除警戒令。

二　试压作业

1. 主要风险

试压作业指在管道或容器内充入液体或气体，按规定升压至试验压力并持续一定时间，以检查容器或管道强度及严密性的试验。作业过程中主要存在物体打击、机械伤害、触电等风险。

2. 监督要点

1）作业准备

（1）试压作业前应编制试压方案和应急预案，并按规定进行技术交底和安全告知，确保施工人员及附近民众与设施的安全。

（2）应确保试压范围内的管道、容器、设备已按图纸设计要求施工完毕，所有堵头加固牢靠，参与试压的地下管道全部埋地。

（3）与试压管道、容器、设备无关的系统应用盲板或采取其他措施隔开，将不参与试压的安全阀、仪表等拆下或隔离。

（4）参与试压的试压头、连接管道、阀门、法兰盖、盲板及其组合件等的耐压能力，应能承受最大试验压力。试压用的临时法兰盖、盲板的厚度应经计算确定，加设位置应做好标记。

（5）试压压力表应在校验有效期内，其精度等级不得低于1.6级，表盘直径不应小于150mm，量程应为试验压力的1.5～2.0倍。同一试压系统内，压力表不得少于2块，应垂直安装在便于观察的位置，其中至少1块压力表应安装于液位最高点。压力天平、连续记录压力值的量度装置或相当的压力传感装置等应具有校准合格证书，并在有效期内使用。

（6）埋地输气管线强度试验应在回填后进行，严密性试验应在强度试验合格后进行。架空管道的支吊架应安装完毕并检验合格后进行强度和严密性试验。

（7）架空管道采用水压试验时，应核算管道及其支撑结构的强度，必要时应临时加固，防止管道及支撑结构受力变形。

（8）油气输送跨越管道在通航河流上试压时，应采取保证通行安全的措施。

（9）气压试验介质应采用空气或其他不易燃和无毒的气体，严禁使用氧气作为试压介质。

（10）油气管道气压试验时，试压管线首末端不应设置在人员密集区，试压设备和试压段管线50m以内为试压区域，试压区域内严禁有非试压人员。

（11）试压现场应加设围栏和警示牌，设专人现场监督。夜间作业时，试压作业现场照明、警示灯具应齐全。靠近人口密集区、繁忙交通路口、首末端等危险区域应设置具有夜视反光功能的警示标识和自动闪烁的红灯。

（12）试压作业现场应配备必要的交通工具、通信及医疗救护设备。试压巡查应配备便携式无线通话设备，以便与试压负责人保持联系。

2）试压过程

（1）试压作业应严格执行试压方案，应设专人统一指挥，操作、巡线、监护及警戒人员应坚守岗位，严禁脱岗。

（2）升压和降压要缓慢。水压试验应排净空气，使水充满整个试压系统。

（3）在强度试压稳压期间，暴露的管路应采取防晒措施，避免高温引起试压介质膨胀导致超压。

（4）在环境温度低于5℃时，应采取防冻措施，试压完毕后应及时将管内的试压介质吹扫干净，防止结冰冻裂管材。

（5）油气管道气压试验期间，管线左右两侧30m、两端50m范围内严禁有人通过。升压时，盲板和封头对面100m内不得站人，管线通过的道路和居民区50m范围内应设专人警戒。

（6）试压期间，严禁有人站在带压介质泄漏或堵头的脱离方向，避免介质刺漏或堵头脱离伤人。给水排水管道试压每升一级应检查后背、支墩、管身及接口，无异常现象时再继续升压。后背顶撑、管道两端严禁站人。

（7）管道在强度试验过程中，不得沿管道巡线，应对过往车辆行人应加以限制；当管道试验压力降到设计压力，进行严密性检查时方可巡检线；气压试验时，巡检人员应与试压管线保持6m以上的距离。

（8）气密性检查时，不应敲击试验系统的管道或设备，作业人员应避开正对法兰连接处。检查密封面渗漏时，脸部不宜正对法兰侧面。观测时应佩戴防护面罩或采取其他防护措施。

（9）在试压作业过程中，应设专人使用望远镜监视压力变化情况，并做好记录；夜间观察时，应使用具有红外夜视功能的望远镜。

3）异常处置

（1）试压过程中，受压容器、管道、设备如有异常声响、压力突降、表面油漆剥落等情况，应立即停止试压作业，待查明原因并处理后，方可继续作业。

（2）遇有缺陷时应作出标记，泄压后方可修补，严禁带压紧固螺栓、补焊或修理。

4）作业完毕

（1）试压排泄口应远离居民区、高压线路、交通要道等，泄压时在排泄口设置安全警示标志，并设专人监护。

（2）试压作业完毕，确认管道内的压力降至零后，方可进行临时流程的拆除。

（3）试压介质的排放应安全排放并符合环境保护要求。

（4）试压作业结束，应及时清理现场，确认无安全隐患后方可撤离现场。

三　临近高压带电体作业

1. 主要风险

临近高压带电体作业是指在运行中的电压等级在1kV及以上的发电、变电、输配电线路和用户电气设备附近进行的可能造成设备损毁和人员伤害的一切作业。作业过程中主要存在触电、火灾、机械伤害等风险。

2. 监督要点

1）一般规定

（1）临近1kV以下带电体作业可参照1kV电压等级的标准执行。

（2）若在临近高压带电体作业现场采用搭设遮拦、栅栏等防护措施仍无法实现安全作业要求时，应采取停电，迁移外电架空线路或改变工程位置等措施，否则禁止施工。

（3）专业从事电网建设、运行检修、维护单位进行正常运行维护作业时，不需办理《临近高压带电体作业许可证》，执行《电力安全工作规程　电力线路部分》（GB 26859）和《电力安全工作规程　发电厂和变电站电气部分》（GB 26860）。

（4）高压电力线下方10m范围内，不准摆放物料、不准搭设临时设施、不准停放机械设备。

（5）作业前，作业现场负责人应检查人员、劳保用品、设备（设施）是否符合要求。

（6）临近高压带电体作业所使用的工具、装置和设备应经检验（试验）合格。设备必须装设可靠的接地装置。

（7）临近高压带电体作业现场区域，在带电体或有可能接近带电部位的危险区域，均应在保护区外设临时遮栏或警示标志，向外悬挂"止步！高压危险！"的标示牌，并设专人警戒。

（8）作业完成后，应消除警戒，拆除警戒围栏，清理、恢复现场。

（9）遇六级以上大风、大雾、暴雨、雷雨等恶劣天气，严禁开展临近高压带电体作业。

（10）对于在带电线路杆塔上的作业、临近或交叉其他电力线路的作业、同杆塔架设多回路线路中部分线路停电的作业，邻近高压电力线路感应电压的防护措施应执行《电力安全工作规程电力线路部分》（GB 26859）临近带电导线的规定。

2）临近高压带电体吊装作业

（1）在高压电力线及其他架空线一侧进行吊装作业时，应按照《起重机械安全规程第1部分：总则》的要求执行。必须划定明确的作业范围，并设专人监护。

（2）临近高压带电体吊装作业时，臂架、吊具、辅具、钢丝绳及重物与高压带电体的距离应满足表9-3-1的规定。

表9-3-1　臂架、吊具、辅具、钢丝绳及重物与高压带电体的最小安全距离

线路电压 /kV	<1	1～20	35	110	220	330	500	750
与线路最大风偏时的安全距离 /m	2.0	3.0	4.0	5.0	6.0	7.0	8.5	13.0

3）临近高压带电体勘测作业

（1）临近高压带电体进行勘测时，应使用绝缘性能良好的测量设备，测量人员应佩戴绝缘防护用品。

（2）施工作业时，使用的测量工具、设备应与高压线保持足够的安全距离，与电力线路的有效安全距离规定见表9-3-2。

表9-3-2　勘测作业与高压线的最小安全距离

线路电压 /kV	<1	1～35	110	220	330	500	750
最小允许距离 /m	1.0	3.0	4.0	6.0	8.0	10.0	13.0

4）临近高压带电体在建工程施工作业

（1）在建工程（含脚手架）外侧边缘与外电架空线路边线最小安全操作距离见表9-3-3。

表9-3-3　在建工程（含脚手架）外侧边缘与外电架空线路边线最小安全操作距离

线路电压 /kV	<1	1～10	35～110	220	330	500	750
外缘与边线 /m	4.0	6.0	8.0	10.0	12.0	15.0	18.0

（2）脚手架与各类电力线路的距离必须符合规定的安全距离。小于规定的安全距离应采取必要的安全防护措施，增设屏障、遮栏、围栏或保护网并悬挂醒目警示标牌。

（3）施工现场的机动车道与外电架空线路交叉时，架空线路的最低点与路面的最小垂直距离应符合表9-3-4的规定。

表9-3-4　架空线路的最低点与路面的最小垂直距离

外电线路电压等级 /kV	<1	1～10	35
最小垂直距离 /m	6.0	7.0	7.0

5）高压电力线下施工作业

（1）所有施工机具和设备在行车、吊装、装卸过程中，其任何部位与架空电力线路的安全距离应符合《油气长输管道工程施工及验收规范》的规定，同时应符合表9-3-5的规定。

表9-3-5　施工机具和设备与架空电力线路的安全距离

电力线路交流电压 /kV	<1	1~10	35	60	110	220	330	500	750	1000
安全距离 /m	>2.0	>4.0	>5.5	>6.0	>6.5	>8.0	>9.0	>11.0	>14.5	>17.0
电力线路直流电压 /kV	±50及以下	±400	±500	±660	±800	±1100	/	/	/	/
安全距离 /m	6.5	12.6	13.0	15.5	17.0	24.0	/	/	/	/

备注：非标准电压按标准电压等级就高一个电压等级执行。

（2）明确划定作业范围，并设专人监护。

（3）雷雨天气，严禁在架空高压线近旁或下面作业。

6）临近高压电力线路并行施工

（1）加强施工人员、施工机具（设备）的安全绝缘措施，如施工人员应穿绝缘鞋，戴绝缘手套，或者在绝缘保护垫上操作等。

（2）在进行布管、焊接、防腐和下沟作业等与接触钢管有关的任何作业时，应执行《埋地钢制管道交流干扰防护技术标准》管道安装中的干扰防护标准；管段与高压线并行长度超过300m时，管段必须可靠接地；管线接地电阻应小于30Ω；不得采用金属围栏、道路涵洞等其他结构作为接地电极来使用。任何情况下都不得把管道与高压线塔接地连接起来。

（3）雷雨期间，不得进行管道交流干扰电参数测试或类似性质的工作。

（4）搬运不能有效接地的管段，应使用不导电的吊带，避免接触管线的光管部分。

（5）橡胶胎车辆不得在电力线路通道附近100m范围内加油，除非在加油前两台车辆进行了电气连接。

7）临近高压带电体爆破作业

（1）采用电爆网路时，应对高压电进行调查，发现存在危险时，应立即采取预防或排除措施。

（2）爆区附近有高压输电线时，应采用导爆管雷管起爆网路。

（3）电力起爆时，普通电雷管爆区与高压线间的安全允许距离应符合表9-3-6的要求。

表9-3-6　电雷管爆区与高压线间的安全允许距离

电压 /kV		3~6	10	20~50	50	110	220	400
安全允许距离 /m	普通电雷管	20	50	100	100	–	–	–
	抗杂电雷管	–	–	–	–	10	10	16

8）临近地（水）下电力电缆动土作业

（1）作业前，应使用探测仪器探明地（水）下高压电力电缆的走向和埋深情况。

（2）地（水）下高压电力电缆两侧2m范围内禁止采用机械设备进行开挖作业。

（3）开挖露出的电力电缆应做好防护。

四　拖航作业

1. 主要风险

拖航作业是指用拖轮牵引各类非自航移动式钻井平台或驳船在海上航行的作业。作业过程中主要存在淹溺、物体打击、机械伤害、高处坠落、船舶碰撞、倾覆等风险。

2. 监督要点

1）一般规定

（1）出海作业人员必须接受"海上石油作业安全救生"的专门培训，并取得培训合格证书。

（2）拖航施工前，按照《中华人民共和国水上水下活动通航安全管理规定》要求，办理《水上水下作业许可证》，发布航行通告或航行警告。

（3）甲板驳上装运导管架、上部组块等重型组合件或超大型构件时，拖航作业前应编制拖航作业方案，拖航作业方案应经相关部门审批。其应有在恶劣气候条件的稳性计算资料，并具有足够的稳性。

（4）被拖船舶在拖航时，应将其装载后的稳性资料提交拖船船长，一般船舶的初稳性高度应不小于0.3m。

2）作业准备

（1）拖航作业前，召开拖航会议，与会人员应至少包括拖船船长、被拖设备负责人以及拖航组长，同时必须将拖航计划及拖航安全注意事项向全体船员传达。

（2）应组织生产、技术、设备、安全等人员，针对作业内容进行JSA，制定相应的安全风险防控措施。

（3）对船舶、船舶起重机械、吊具、索具、安全装置等报备情况进行检查确认，确保其处于完好、安全状态，并签字确认。

（4）拖航应提前72h收集气象信息；特殊天气过程、特殊情况要及时预报。

（5）拖航前配备相应的应急物资。

3）拖航过程

（1）各级现场作业负责人员、监护人员必须配备便携式无线设备，全过程中现场监督，确保通信畅通，如遇紧急情况及时上报。

（2）拖航过程中，主拖轮及守护船等配合船舶应加强值班，观察被拖船的偏荡情况和拖缆的受力磨损情况，发现异常及时报告，并采取有效措施。

（3）主拖轮船长已航速及所需拖力的估算以拟定拖船航线为依据，正常情况下，在风速为20m/s（从船首30°吹来）有效浪高5m，顶流流速为1m/s的条件下，应能以保持拖航速度至少为零来确定最小的拖航速度。此外，应有足够的储备拖力保证拖航安全。

（4）无限航区的拖航如在拖船的驾驶室不能直接看到船尾的操作，船长则应在驾驶室观看工业电视，以保证接解施工作安全进行。

（5）无限、近海航区拖船的船舶属具中至少应配有4个抛绳器。

（6）被拖船起拖时不得有横倾现场。

（7）严格遵守国际海上避碰规则，正确显示号灯、号型，夜间要采取有效措施照亮拖缆，防止小船穿越拖轮与被拖船之间。拖船和被拖船（或其守护船）用固定频道保持联系并保证通信畅通，每半小时双方要相互联系通报情况。

（8）拖航中不用操舵设备时，应将舵放在正中位置，并予以固定。如为了改善偏航而将舵固定在一定角度上时，应征得拖船船长的同意。

（9）拖航过程中发生紧急情况，危及人员生命财产安全时，拖航负责人应采取相应措施控制事态的发展，立即向相关部门汇报现场情况并按相关要求执行，适时启动应急反应程序。

（10）拖航应严格按照审批的方案进行，严禁擅自改变拖航方案。

（11）拖航作业过程中要开启和使用各种助航仪器定位，并注意基于GPS的风流压差估算与航向修正，防止由于风流作用使船偏离航线。各级负责人应在施工现场进行值守，不得擅离岗位，对违反操作规程行为进行纠正，并采取防范措施。主拖轮进行收、放缆时，船员必须离开缆绳摆动幅度范围。被拖船舶需要绑拖时，主拖轮应缓慢靠拢被拖船舶，避免发生碰撞；船舶靠拢后，各船员迅速用缆绳将船舶之间加固衔接。

（12）一般情况下，起拖时风速应不大于6级，能见度应不低于0.5nm。拖航作业时风速和浪高应不超过海上平台设计要求。

（13）拖航作业完成后，现场作业负责人进行清点人员、设备、物料，在确定人员无误后，由拖航负责人下达返航指令，所有人员乘船返航。

五　吊篮作业

1. 主要风险

高处作业吊篮是用于建筑工程高处作业的建筑施工工具式脚手架，吊篮作业过程中主要存在载重过重吊篮掉落和吊篮在使用过程中悬挂不稳侧翻和人员高处坠落等风险。

2. 监督要点

1）吊篮安装、拆除

（1）吊篮的安装、拆除前编制吊篮安装、拆除技术方案，作业吊篮安装告知书，并在政府管理部门备案。

（2）设计、制造、维修、安装、拆除吊篮应由具备相应资质的单位进行。吊篮的安装、拆除作业人员持有高处作业吊篮安装拆卸工特种作业证。

（3）高处作业吊篮组装前应确认结构件、紧固件已配套且完好，所用的构配件应是同一厂家的产品。

（4）在建筑物屋面上进行悬挂机构的组装时，作业人员应与屋面边缘保持2m以上的距离。组装场地狭小时应采取防坠落措施。

（5）悬挂机构宜采用刚性连结方式进行拉结固定，前梁外伸长度应符合高处作业吊篮使用说明书的规定。

（6）悬挂机构前支架严禁支撑在女儿墙上、女儿墙外或建筑物挑檐边缘。

（7）配重件应稳定可靠地安放在配重架上，并应有防止随意移动的措施。

（8）安装时钢丝绳应沿建筑物立面缓慢下放至地面，不得抛掷。

（9）当使用两个以上的悬挂机构时，悬挂机构吊点水平间距与悬吊平台的吊点间距应相等，悬挂机构前支架应与支撑面保持垂直。

（10）吊篮首次安装完成后或投入使用之前须按照当地政府相关部门要求进行检测及备案，吊篮经验收合格，第三方出具吊篮安装检测报告后方可使用。

（11）拆除前应将悬吊平台下落至地面，并应将钢丝绳从提升机、安全锁中退出，切断总电源。

（12）拆除支承悬挂机构时，应对作业人员和设备采取相应的安全措施。

（13）拆卸分解后的构配件不得放置在建筑物边缘，应采取防止坠落的措施。零散物品应放置在容器中。不得将吊篮任何部件从屋顶处抛下。

2）吊篮使用

（1）吊篮操作人员应经过高处作业操作和维护培训，取得厂家或产权单位的培训合格证。

（2）高处作业吊篮应设置作业人员专用的挂设安全带的安全绳及安全锁扣。安全绳应固定在建筑物可靠位置上不得与吊篮任何部位有连接，安全绳与建筑物接触的地方应做好安全保护。

（3）安全绳应符合现行国家标准的要求，其直径应与安全锁扣的规格相一致，安全绳不得有松散、断股、打结现象，安全锁扣的配件应完好、齐全，规格和方向标识应清晰可辨。

（4）吊篮应安装上限位装置、宜安装下限位装置，在吊篮下方可能造成坠落物伤害的范围，应设置安全隔离区和警告标志，人员或车辆不得停留、通行。

（5）在吊篮内从事安装、维修等作业时，操作人员应佩戴工具袋；使用双动力吊篮时操作人员不允许单人进行作业，其他类型吊篮的作业人员不得超过2人，生命绳应单独设置。

（6）不得将吊篮作为垂直运输设备，不得采用吊篮运送物料。

（7）施工人员必须在人员应从地面进入吊篮内，不得从建筑物顶部、窗口等处或其他孔洞处出入吊篮。

（8）在吊篮内的作业人员应佩戴安全帽，系安全带，并应将安全锁扣正确挂置在独立设置的安全绳上。

（9）吊篮做升降运行时，工作平台两端高差不得超过150mm。使用离心触发式安全锁的吊篮在空中停留作业时，应将安全锁锁定在安全绳上；空中启动吊篮时，应先将吊篮提升使安全绳松弛后再开启安全锁。不得在安全绳受力时强行扳动安全锁开启手柄；不得将安全锁开启手柄固定于开启位置。安全锁的有效标定期限为一年。

（10）吊篮悬挂高度在60m及其以下的，宜选用长边不大于7.5m的悬吊平台；悬挂高度在100m及其以下的，宜选用长边不大于5.5m的悬吊平台；悬挂高度在100m以上的，宜选用不大于2.5m的悬吊平台。

（11）进行喷涂作业或使用腐蚀性液体进行清洗作业时，应对吊篮的提升机、安全锁、电气控制柜采取防污染保护措施。

（12）在吊篮内进行电焊作业时，不得将电焊机放置在吊篮悬吊平台内，电焊机电缆线不得接触吊篮悬吊平台任何部位，电焊钳不得搭挂在吊篮上。

（13）高处作业吊篮变动安装位置时，平行移动悬挂机构时，应将悬吊平台降落至地面，并使其钢丝绳处于松弛状态，在使用前施工单位应重新进行验收。

（14）每天作业前对吊篮进行安全检查，发现吊篮设备故障和安全隐患时，应及时排除，并应由专业人员进行维修。维修后的吊篮应重新进行检查验收，合格后方可使用。

（15）当多台吊篮在同一区域施工时，相邻2台吊篮不得上下错位作业。

（16）下班后不得将吊篮停留在半空中，应将吊篮放至地面。人员离开吊篮、进行吊篮维修或每日收工后应将主电源切断，并应将电气柜中各开关置于断开位置并加锁。

（17）当吊篮施工遇有雨雪、大雾、风沙及5级以上大风等恶劣天气时，应停止作业，并应将悬吊平台停放至地面，应对钢丝绳、电缆进行绑扎固定。

六　架桥作业

1. 主要风险

架桥作业中主要存在高处坠落、坍塌、物体打击和触电等风险。

2. 监督要点

1）作业前检查

（1）机械结构外观正常，各传动机构应灵活；架桥机限位器、止挡块、黑匣子、视频监控、风速仪应安装齐全并有效。

（2）吊钩防脱钩装置良好，起吊天车升降和纵移行程限位、架桥机横移行程限位、防风装置有效。

（3）运行轨道顶面及内部无障碍物。

（4）架桥机在每次开动前，应发出开车电铃警告信号；起重机工作时，任何人不得停留在起重机小车和横梁上。

2）过孔作业

（1）主梁空载纵向前移时应调整纵坡满足要求，桥梁有上下纵坡时，架桥机纵向位移要有防止滑行措施。

（2）起吊天车携带梁体纵向运行时，前支腿应与横移轨道拉紧。架桥机工作前，应调整前、中支腿高度，使架桥机主梁纵向坡度 <1%。

（3）过跨施工过程中，要严格遵守架桥机的安全操作规程，所有零散构件都需要捆绑扎牢。

（4）每次过跨后要仔细检查架桥机两横移轨道间距，保证间距一致，并把轨道固定牢固。

（5）架桥机纵向就位必须严格控制位置尺寸，确保预制梁安装顺利就位。架桥机前支腿支好后，应用枕木或自制钢梁在支撑架和行走箱之间作保护。

（6）前、中支腿的横移轨道铺设要求水平，横移轨道下必须采用枕木按照"井"字架进行搭设，轨道接头位置将用枕木进行加密，保证轨道下方支垫平稳、密实牢固，不脱空。并严格控制间距，两条轨道必须平行。

（7）作业人员在进行前支腿摆放调平作业时，应全程佩戴安全带并系挂牢固，按要求办理高处作业许可证。

3）吊梁作业

（1）起吊天车提升作业与携梁行走严禁同时进行，提升结束后必须使梁体稳定后，再启动起吊天车的行走机构使天车携箱梁平稳前移，移动速度要缓慢。

（2）起吊前应分别对架桥机横移、起吊天车纵移及其吊钩升降空载试车，确认电气控制可靠有效后方可进行起吊作业。

（3）架桥机负荷运行时，应将吊物置于安全通道内运行路线无障碍物时，吊物底部距地面应保持在 0.5～1.5m 的高度；有障碍物时，吊物底部至障碍物的距离应大于 0.5m。

（4）架桥机作业过程中，桥面下必须有安全防范措施并设置警示标志，严禁行人和车辆从桥下经过。

（5）在架设边梁过程中起吊平稳、落梁精准，架桥机运行靠近轨道两端时，应减速缓行。

（6）起吊天车非工作时间不得停放于主梁跨中部位。

（7）架桥机应有可靠的防风设施，遇大风天气操作人员应按要求进行封车。

（8）吊装作业时，要经常注意安全检查，每吊装完一跨必须进行一次全面安全检查，发现问题要停止工作并及时处理后才能继续作业，不允许机械及电气带故障工作。

七 附着式升降脚手架爬升作业

1. 主要风险

附着式升降脚手架是建筑施工工具式脚手架之一，附着式升降脚手架爬升作业中存在高处坠落、触电和物体打击的风险。

2. 监督要点

（1）脚手架施工前应编制附着式升降脚手架专项方案，并按规定审批。

（2）附着式升降脚手架应具有产品合格证和安全使用、维护、保养说明书，生产厂家应具有政府主管部门颁发的相关资质，安全、防护装置应齐全、完备。

（3）爬升作业应由具备相应资质的专业分包单位进行，作业人员应按地方政府要求取得相应资格证书，持证上岗。

（4）附着式升降脚手架每次爬升前，应由总承包单位、专业分包单位、安装单位、监理单位联合检查合格后，方可进行爬升作业。

（5）作业前应解除所有影响爬升作业的约束、拆除妨碍升降的障碍物，爬升过程中架体上不得有施工荷载，操作人员应按爬升作业程序和操作规程进行作业，架体上各相邻提升点间的高差不大于30mm，整体架最大提升差不大于80mm。

（6）爬升过程中应实行统一指挥、统一指令。爬升指令应由总指挥一人下达；当有异常情况出现时，任何人均可立即发出停止指令。

（7）当采用环链葫芦作爬升动力时，应严密监视其运行情况，及时排除翻链、绞链和其他影响正常运行的故障；当采用液压设备作爬升动力时，应排除液压系统的泄漏、失压、颤动、油缸爬行和不同步等问题和故障，确保正常工作。

（8）架体爬升到位后，应及时按使用状况要求进行附着固定；在没有完成架体固定工作前，作业人员不得擅自离岗。

（9）附着式升降脚手架架体爬升到位固定后，应由总承包单位、专业分包单位、安装单位、监理单位进行联合复位检查。

（10）遇五级以上大风、大雾、暴雨、雷雨等恶劣天气，严禁开展附着式升降脚手架爬升作业。

八 脚手架搭设（拆除）作业

1. 主要风险

脚手架搭设（拆除）作业过程中主要存在脚手架坍塌、高处坠落和物体打击的风险。

2. 监督要点

1）脚手架搭设

（1）脚手架安装与拆除人员必须取得建筑架子工或登高架设作业特种作业操作资格证，

并持证上岗；搭拆脚手架人员应正确使用安全帽、安全带、防滑鞋、工具袋等个人安全防护装备；患有职业禁忌证人员，不应从事脚手架搭拆作业。

（2）脚手架搭设编制施工方案；搭设高度24m及以上的落地式钢管脚手架、附着式升降脚手架、悬挑式脚手架需编制专项施工方案；搭设高度50m及以上的落地式钢管脚手架、提升高度在150m及以上的附着式升降脚手架工程、分段架体搭设高度20m及以上的悬挑式脚手架应编制专项施工方案，由所属单位技术负责人批准。

（3）脚手架材料进入现场前，应对钢管、扣件、脚手板等进行检查验收，无质量证明文件、钢管外径和壁厚不达标、严重腐蚀、弯曲、压扁和裂缝、扣件、连接件和底座有脆裂、气孔、变形和滑丝等铸造缺陷、钢脚手板有严重锈蚀、油污、裂纹和较大变形以及木脚手板有破裂和严重腐朽的严禁使用。

（4）脚手架搭设（拆除）作业应按经批准的专项施工技术方案进行，作业前应办理高处作业许可证。搭设高度24m及以上的落地式钢管脚手架、搭设高度5m及以上的混凝土模板支撑架、悬挑式脚手架、异型脚手架、用于钢结构安装等的满堂支撑架，应办理脚手架搭设（拆除）作业许可证。脚手架搭设（拆除）区域应设置安全通道和隔离区，隔离区设置醒目的警戒带和警示标识。

（5）在生产区域进行脚手架搭设作业时，应提前做好防护措施，避免杆件、材料意外损坏装置设施。

（6）所有脚手架钢管、扣件、脚手板等材料应使用绳索或其他传送设施上下传递，严禁高处抛掷。

（7）脚手架基础必须平整，土质地面应夯实并有排水措施。脚手架的基点和依附构件（物体）必须牢固可靠。

（8）脚手架的每根立杆底部应设置底座和垫板，垫板应采用长度不少于2跨、宽度不小于200mm，厚度不小于50mm的木板。

（9）脚手架必须设置纵、横向扫地杆。纵向扫地杆应采用直角扣件固定在距钢管底端不大于200mm处的立杆上。横向扫地杆应采用直角扣件固定在紧靠纵向扫地杆下方的立杆上。

（10）立杆搭接必须采用对接扣件，除顶层顶部外，两根相邻立杆的接头不应设置在同步内，各接头中心至主节点的距离不宜大于步距的1/3；端部扣件盖板的边缘至杆端距离不应小于100mm；应每隔6跨设置一根抛撑，直至连墙件安装稳定后，方可根据情况拆除；当搭设至有连墙件的主节点时，在搭设完该处的立杆、纵向水平杆、横向水平杆后，应立即设置连墙件。

（11）在每个主节点处必须设置一根横向水平杆，用直角扣件与立杆相连且严禁拆除；纵向水平杆步距宜为1.4～1.8m，操作层横杆间距不应大于1m；各杆件端头伸出扣件盖板边缘的长度不应小于100mm。

（12）脚手架连墙件应采用能承受压力和拉力的刚性构件，并应与工程结构连接牢固；连墙点的水平间距不得超过3跨，竖向间距不得超过3步，连墙点之上架体的悬臂高度不应超过2步；在架体的转角处、开口型作业脚手架端部应增设连墙件，连墙件竖向间距不应大于建筑物层高，且不应大于4m。

（13）每道剪刀撑宽度应为4~6跨，宽度为6~9m；剪刀撑斜杆与水平面的倾角应在45°~60°之间；当搭设高度在24m以下时，应在架体两端、转角及中间每隔不超过15m各设置一道剪刀撑，并应由底至顶连续设置；当搭设高度在24m及以上时，应在全外侧立面上由底至顶连续设置；悬挑脚手架、附着式升降脚手架应在全外侧立面上由底至顶连续设置；横向斜撑应在同一节间，由底至顶层呈之字形连续布置；开口型双排脚手架的两端均必须设置横向斜撑。

（14）栏杆和挡脚板均应搭设在外立杆的内侧，上栏杆上皮高度应为1.2m，挡脚板高度不应小于180mm，中栏杆应居中设置。

（15）脚手板应设置在3根横向水平杆上，当脚手板长度小于2m时，可用2根横向水平杆支承；作业层端部脚手板探出长度应为150mm，两端必须固定在支承杆件上。脚手板应铺满、铺稳，离墙面的距离不应大于150mm。

（16）脚手架应设立上下通道，直爬梯通道横挡之间的间距宜为300~400mm，直爬梯超过8m高时，应从第一步起每隔6m搭设转角休息平台。直爬梯超过12m，应设生命绳或防坠器等防护设施。脚手架高于12m时，宜搭设之字形斜道，且应采用脚手板满铺。斜道应附着外脚手架或建筑物设置。

（17）悬吊式脚手架吊架挑梁应固定在建（构）筑物的牢固部位，悬挂点的间距不得超过2m，悬吊架立杆两端伸出横杆的长度不得小于200mm，立杆上下两端还应加设一道扣件，横杆与剪刀撑同时安装，且所有悬吊架设置供人员进出的通道。

（18）满堂脚手架搭设高度在8m以下时，应在架顶部设置连续水平剪刀撑；当架体搭设高度在8m及以上时，应在架体底部、顶部及竖向间隔不超过8m分别设置连续水平剪刀撑。水平剪刀撑宜在竖向剪刀撑斜杆相交平面设置，剪刀撑宽度应为6~8m。

（19）脚手架须自下而上逐层搭设，每层水平杆、立杆及支撑杆、连墙件等均安装到位且紧固完毕后方可搭设上一层。脚手架不得从下而上逐渐扩大，形成倒塔式结构。

（20）单、双排脚手架必须配合施工进度搭设，一次搭设高度不应超过相邻连墙件以上两步；如果超过相邻连墙件以上两步，无法设置连墙件时，应采取支撑固定等措施与建筑结构拉结。

（21）建筑用脚手架外侧应采用密目式安全网做全封闭，在高温、动火区域内应采用阻燃材料制作的密目式安全网，不得留有空隙。

（22）脚手架搭设作业当日不能完成的，在收工前应进行检查，并采取临时性加固措施。

（23）分别在基础完工后及脚手架搭设前、首层水平杆搭设后、作业脚手架每搭设一个楼层高度、搭设支撑脚手架进行验收，高度每2～4步或不大于6m后分阶段进行。

（24）脚手架搭设完毕，经验收合格，通道明显处悬挂绿色《脚手架准用牌》，如果验收不合格，悬挂红色《脚手架警示牌》，脚手架搭设人员应对不合格项进行整改，直至合格为止。

2）脚手架拆除

（1）脚手架拆除作业应由上而下逐层进行，不得上、下同时作业；应随脚手架逐层拆除连墙件，不得先采取连墙件整层或数层拆除后再拆脚手架；分段拆除高差大于两步时，应增设连墙件加固。

（2）水平方向分段或分立面拆除时，应先对剩余段进行加固。

（3）当脚手架拆至下部最后一根长立杆位置时，要先用抛撑加固，再拆除连墙件。

（4）拆下的脚手架材料应向下传递或用绳索送下，不得抛掷。

（5）拆除后的材料要做到"一步一清"，并摆放整齐。

九　沟下作业

1. 主要风险

沟下作业是指在出入受到限制且侧壁坍塌足以掩埋作业人员的基坑或沟槽内，进行清理积水、打桩、破除桩头、绑扎钢筋、支拆模板、浇筑混凝土、组对焊接、无损检测、补口防腐、光缆敷设、阴极保护、水工保护、回填等施工作业活动。作业过程中主要存在坍塌、物体打击、机械伤害、起重伤害、淹溺、中毒窒息等风险。

2. 监督要点

1）作业准备

（1）沟下作业必须制定专项施工方案，应明确放坡、固壁支护等防坍塌措施。

（2）因地质、超深、空间等原因，不能通过打桩或者放坡满足沟下作业安全条件的，必须采取"防塌棚"措施。防塌棚要有结构设计和受力计算，确保承载力满足要求。

（3）沟下作业监护人需经过专项培训，并取得沟下作业监护人资格证。

（4）审批人组织相关责任人逐条逐项对安全条件进行确认，安全管理人员对安全条件进行全面复核，措施落实不到位禁止开展沟下作业。

（5）边坡土壤应与施工图纸或勘察报告一致，坡度或固壁支护必须符合专项施工方案的要求。开挖的土方距离基坑或沟槽边缘不小于1m，堆土高度不高于1.5m。在基坑、沟槽边沿1m范围内不应堆放材料、停放车辆设备等。

（6）沟下作业区域上方体积较大的土石块应清除，应检查边坡或固壁支护结构的稳定性，确保边坡无裂缝、疏松，支撑无变形、移位等情况。

（7）基坑或沟槽内要设置足够的逃生梯或逃生通道。

（8）雨期施工，基坑或沟槽边应设置截水沟或挡水堤，边坡应做防水处理，坑底应设置集水沟、集水坑及排水设备或降水设施。雨后，基坑内的积水应尽快抽排干净，作业前应清除坑底淤泥，并用干料回填。

（9）基坑、管沟内严禁堆放易燃易爆物品。

（10）施工区域应设置警戒，醒目位置应悬挂安全警示标志，夜间应悬挂警示灯。

（11）作业前应组织开展应急演练，现场的应急物资应配备到位。

2）作业过程

（1）监护人员应对沟下作业实施全过程监护，制止无关人员进入沟下，随时检查边坡或固壁支护结构的稳定性，如发现边坡有裂缝、疏松或支撑有变形、移位等异常情况，应立即停止工作，撤出作业人员，并采取相应的处理措施。

（2）沟下作业人员发现异常情况应立即停止作业，撤回安全区域，并向现场作业负责人报告。

（3）挖掘机履带到管沟边缘的安全距离不应小于1.0m，吊管机、移动电站应与管沟边缘保持足够的安全距离。

（4）作业全过程必须进行远程视频监控。

3）作业完成

沟下作业结束后，现场作业负责人组织清理作业现场，清点人员，确认无隐患后，与开票人一同在沟下作业许可证上签字，关闭作业许可。

本章要点

1 石油工程建设主要包含建筑工程、公路工程、站库工程、陆上长输管道工程和海上工程等专项工程，每一类专项工程又可以划分为分项、分部工程。高处坠落、起重伤害、触电、火灾、机械伤害、物体和打击坍塌等施工中是重点防范的风险。

2 石油工程建设关键设备按照作业内容划分为起重搬运机械、工程机械、船舶和其他设备。重点关注起重搬运机械安拆、检测、人员相关持证要求，设备结构和相关作业的风险。

3 高风险作业为《石油工程建设公司直接作业环节》中除7项特殊作业外的爆破作业、试压作业、临近高压带电体作业、拖航作业、吊篮作业、架桥作业、附着式升降脚手架爬升作业、脚手架搭设（拆除）作业和沟下作业等九类非常规作业。

参考文献

[1] 中国安全生产科学研究院.安全生产技术基础[M].北京：应急管理出版社，2022.

[2] 中国安全生产科学研究院.安全生产管理[M].北京：应急管理出版社，2022.

[3] 吕郊.地震勘探仪器原理[M].东营：石油大学出版社，1997.

[4] 张桂林.钻井工程技术手册：第3版[M].北京：中国石化出版社，2017.

[5] 魏学成，高圣新.钻井专业现场安全标准化操作示范动作[M].青岛：中国石油大学出版社，2019.

[6] 程瑞亮.石油钻井设备使用与维护[M].北京：石油工业出版社，2015.

[7] 龙芝辉，于文平.井控技术[M].北京：石油工业出版社，2013.

[8] 沈琛.试油测试工程监督[M].北京：石油工业出版社，2005.

[9] 大庆油田有限责任公司.井下作业工（油气生产单位专用）[M].北京：石油工业出版社，2013.

[10] 谢军.长宁–威远国家级页岩气示范区建设实践与成效[J].天然气工业，2018.

[11] 沈琛.井下作业工程监督手册[M].北京：石油工业出版社，2005.

[12] 俞绍诚.水力压裂技术手册[M].北京：石油工业出版社，2010.

[13] 刘天科，王建军.石油工程技能培训系列教材：石油工程基础[M].北京：中国石化出版社，2023.

[14] 张延同.石油工程技能培训系列教材：石油勘探测量工[M].北京：中国石化出版社，2023.

[15] 陈治庆.石油工程技能培训系列教材：石油地震勘探工[M].北京：中国石化出版社，2023.

[16] 王建军.石油工程技能培训系列教材：石油钻井工[M].北京：中国石化出版社，2023.

[17] 郭良.石油工程技能培训系列教材：石油钻井液工[M].北京：中国石化出版社，2023.

[18] 张吉平.石油工程技能培训系列教材：钻井柴油机工[M].北京：中国石化出版社，2023.

[19] 李军.石油工程技能培训系列教材：测井工[M].北京：中国石化出版社，2023.

[20] 明晓峰.石油工程技能培训系列教材：综合录井工[M].北京：中国石化出版社，2023.

[21] 尤春光.石油工程技能培训系列教材：修井作业[M].北京：中国石化出版社，2023.

[22] 王琳，廖雄.石油工程技能培训系列教材：试油（气）作业[M].北京：中国石化出版社，2023.

[23] 骞铁成.石油工程技能培训系列教材：压裂酸化作业[M].北京：中国石化出版社，2023.

[24] 王汤，赵铭.石油工程技能培训系列教材：连续油管作业[M].北京：中国石化出版社，2023.

[25] 胡尊敬.石油工程技能培训系列教材：带压作业[M].北京：中国石化出版社，2023.

[26] JGJ 180—2009.建筑施工土石方工程安全技术规范[S].

[27] JTG F90—2015.公路工程施工安全技术规范[S].

[28] 梁玉萍，丰存斌.沟通与协调的技巧与艺术[M].北京：中国人事出版社，2009.

[29] 庞丽娟.管理好情绪，你就管好了整个世界[M].北京：中国华侨出版社，2020.